U0224867

# 美国飞行器结冰防冰标准概论

战培国 主编

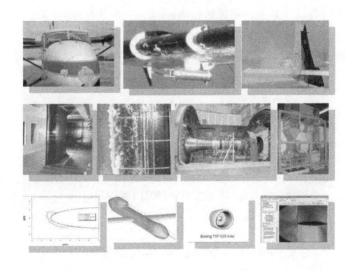

国防工业出版社

·北京·

# 内 容 简 介

飞行器在结冰大气环境下的飞行安全是适航管理部门和研制单位始终关注的一个重要问题。美国在近百年的飞行器结冰研究历程中,逐步总结结冰实践经验,形成了一系列有关飞行器结冰研究的标准,这些标准已成为航空飞行器结冰研究、国际交流合作的普遍遵循准则。本书概述 NASA 结冰研究历程,归纳其形成的结冰风洞、飞行试验(飞行风洞)和数值模拟(数值风洞)三大结冰研究平台,梳理美国 SAE 结冰技术总结类标准。主要内容包括:飞机结冰条件特征;结冰模拟试验设备;结冰风洞粒径测量设备;结冰风洞校准与验收;结冰风洞对比试验;用于人工制造结冰云的飞机;飞行结冰探测和结冰速率测量仪器;飞机除冰防冰方法;小水滴撞击与冰积聚计算程序;结冰研究术语;结冰研究重要历史文献;等等。

本书可以作为我国航空或其他领域结冰研究科研人员的参考书,是学习了解国外结冰研究成果、开展结冰研究工作和国际交流合作的工具书,同时也可为大专院校师生学习飞行器结冰相关知识提供指南。

## 图书在版编目(CIP)数据

美国飞行器结冰防冰标准概论 / 战培国主编 . — 北京 : 国防工业出版社,2021.3
ISBN 978 – 7 – 118 – 12240 – 4

Ⅰ. ①美… Ⅱ. ①战… Ⅲ. ①飞机 – 防冰系统 – 研究 – 美国 Ⅳ. ①V244.1

中国版本图书馆 CIP 数据核字(2021)第 022447 号

※

国防工业出版社出版发行

(北京市海淀区紫竹院南路 23 号 邮政编码 100048)
北京虎彩文化传播有限公司印刷
新华书店经售

*

开本 710 × 1000 1/16 插页 5 印张 25¾ 字数 461 千字
2021 年 3 月第 1 版第 1 次印刷 定价 208.00 元

**(本书如有印装错误,我社负责调换)**

国防书店:(010)88540777 书店传真:(010)88540776
发行业务:(010)88540717 发行传真:(010)88540762

# 《美国飞行器结冰防冰标准概论》编委会

主　　编　　战培国
副 主 编　　姜裕标　李　明
编写人员　　陈喜兰　段玉婷　刘典春　李友荣　易　贤
　　　　　　郭　龙　王梓旭　郭向东　曾　慧　张妍妍
　　　　　　黄怡璇　赵维明　陈圆圆　郭奇灵　孙东宁
　　　　　　罗月培　郭楚微　周　靓
编　　审　　易　贤　郭　龙

# 前　言

　　飞行器结冰研究涉及飞行器研制、适航认证和飞行安全,是空气动力试验研究的重要领域之一。据美国飞行安全部门 1990—1999 年数据,由结冰引起的飞机飞行事故约占航空事故的 12%,至今飞机结冰事故仍时有发生。人们观察到飞机飞行中的结冰现象可以追溯到 20 世纪 20 年代。1928 年,美国兰利实验室建成了一座试验段直径 152mm 的人工制冷结冰风洞,揭开了结冰风洞试验研究的序幕,但由于风洞技术的限制,早期飞机结冰研究主要以飞行试验为主,直到 20 世纪 50 年代,美国国家航空航天局(NASA)格林研究中心结冰研究风洞(IRT)解决了结冰云模拟技术问题后,结冰风洞才真正成为结冰研究的核心设备。1987 年,IRT 被美国机械工程师学会(ASME)评为“国际历史机械工程里程碑”,ASME 授予该风洞的铭牌上写道:“IRT 是世界上最大、历史最悠久的人工制冷结冰风洞。正是得益于该风洞发展的技术,今天世界上的飞机才能安全穿越结冰云飞行。该风洞建设的两个重要成果是独特的热交换器和模拟自然结冰云中小水滴的喷雾系统。”如今,美国构建了集结冰风洞、数值模拟、飞行试验和地面遥测于一体的飞行器结冰试验研究体系,成为世界上飞行器结冰试验研究手段最完善、试验研究成果积淀最丰富的国家。

　　在长期的结冰研究历程中,NASA 格林研究中心以 IRT 为核心,凝聚了一支结冰研究队伍,积累了大量结冰研究经验和成果,NASA 的结冰研究已成为美国政府航空管理部门和航空制造企业间的一个纽带,无论是美国联邦航空管理局(FAA)适航条例中有关结冰认证条件的制定和修订,还是工业界有关结冰方面的飞行器研制设计,都离不开 NASA 的参与及其结冰研究成果的应用。

　　根据国际标准化组织(ISO)的定义,“标准”是“由有关方面根据科学技术成就与先进经验,共同起草,一致或基本同意的技术规范或其他公开文件,其目的在于促进最佳的公众利益,并由标准化团体批准。”美国的标准体制是一种分散的、独立的、民间主导的、市场化的自愿性体制,众多的行业学会是各种标准制定的重要参与者,如美国航空航天学会(AIAA)组织制定了一系列有关风洞试验的标准。在结冰试验研究领域,NASA 主导形成了一系列结冰研究成果,并主要以国际自动机工程师学会(SAE International)的标准文件发布。SAE 结冰标准主

V

要由 SAE 飞机环境系统委员会(AC - 9)下属的飞机结冰技术专业委员会(AC - 9C)组织制定。SAE 结冰标准的主要文件形式有航空航天标准(AS)、航空航天材料规范(AMS)、航空航天推荐做法(ARP)、航空航天信息报告(AIR)等。

我国结冰研究起步较晚,直到 2013 年才建成比肩美国 IRT 的工程型结冰风洞,目前尚未建立结冰标准体系。如上所述,美国在飞行器结冰研究领域有悠久的历史并占据主导地位。另外,标准是行业内普遍遵循的基本准则,是实践经验和成果的总结,标准的制定需要花费大量时间、人力和财力。因此,我们需要学习、研究和借鉴美国的结冰经验和成果。

本书对美国 SAE 结冰技术总结类标准主要内容进行了梳理,共计 12 章、3个附录。第 1 章由战培国、姜裕标、李明编写;第 2 章由战培国、姜裕标、赵维明编写;第 3 章由刘典春、姜裕标、战培国编写;第 4 章由战培国、郭楚微、陈圆圆编写;第 5 章由郭向东、郭奇灵、孙东宁、陈圆圆、王梓旭、姜裕标、战培国编写;第 6 章由李明、郭向东、郭奇灵、孙东宁、陈圆圆、郭龙、战培国编写;第 7 章由战培国、李明、易贤、张妍妍编写;第 8 章由曾慧、李明、战培国编写;第 9 章由陈喜兰、李明、战培国编写;第 10 章由黄怡璇、李明、战培国编写;第 11 章由李友荣、李明、战培国、罗月培编写;第 12 章由段玉婷、李明、周靓、战培国编写;附录 1 由张妍妍、战培国编写;附录 2、附录 3 由战培国编写。姜裕标、李明、易贤、郭龙对全书进行了审校。

中国空气动力研究与发展中心是国家大型风洞试验运行和研究机构,始终关注国外飞行器结冰风洞试验设备和试验技术的发展。本书编写出版得到了中国空气动力研究与发展中心的大力支持,得到了国防工业出版社的热情帮助,在此表示衷心的感谢!

由于编者水平有限,书中疏漏和不足之处在所难免,敬请读者批评指正。

编者

2021 年 3 月

# 目　　录

# 第1章　美国结冰标准概述

## 1.1　NASA结冰研究

### 1.1.1　背景

20世纪20年代以前,航空研究的重点是推进问题和空气动力学,飞机结冰问题并不被关注。但随着航空运输的发展,需要保证航班按时正点飞行,有时却会碰到较差的气候条件,美国运送航空邮件的飞机发生了几次因结冰而导致的飞行事故,因此飞机结冰问题提上了美国国家航空咨询委员会(NACA,美国国家航空航天局(NASA)的前身)的议事日程。20世纪30年代的多次飞机飞行结冰事故,使当时的美国航空管理部门认识到结冰是飞行不可忽略的重要问题,飞机结冰问题的解决仅靠工业界自身的人力和小型风洞设备不足以完成。因此,美国航空管理部门强烈要求NACA介入,这促成了后来结冰研究风洞(Icing Research Tunnel,IRT)的建设。

美国20世纪早期的结冰研究始于兰利实验室。1928年,兰利实验室建成了一座试验段直径152mm的人工制冷结冰风洞(图1-1),揭开了结冰风洞试验研究的序幕,不过该风洞试验段太小,并没有实际的应用价值。1930年,美国Goodrich公司建成了试验段尺寸为0.9m×2.1m的结冰风洞。这些早期的结冰风洞受制于制冷能力和喷雾系统的模拟能力,风洞流场并不能很好地模拟结冰云环境。30年代后期,当时美国对飞机结冰研究手段存在不同的观点,一些专家认为结冰研究只能依靠飞行试验,结冰风洞无法进行有效的结冰研究,那时的结冰研究飞机主要有C-46、B-24等。兰利实验室虽然一度启动了新结冰风洞建设,但实验室的专家对用结冰风洞进行结冰研究缺乏信心,认为结冰问题是工程问题,不是研究问题,基于结冰风洞研究结冰问题没有前途。因此,兰利实验室的结冰风洞也就不了了之,转做它用了。在20世纪40年代以前,美国在艾姆斯研究中心大量采用真实飞行进行飞机结冰和防除冰系统研究,主流观点并不看好结冰风洞试验研究的前景,更倾向于通过飞行试验解决结冰问题。

但是,实践证明结冰飞行试验有一定的局限性,受气候限制且有一定风险

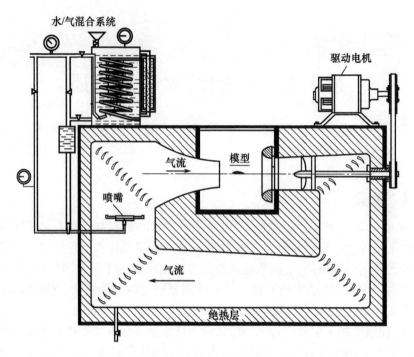

水/气混合系统

驱动电机

气流

模型

喷嘴

气流

绝热层

图 1 - 1　兰利实验室的结冰风洞(源自 NASA - SP - 2002 - 4226)

性。因此,1942 年,NACA 开始酝酿建设 IRT。IRT 技术指标是由兰利研究中心专家起草的,风洞的布局和气动性能与艾姆斯中心 2.1m(高) × 3.0m(宽)风洞基本一致。但航空发动机研究实验室的设计团队根据早期 Goodrich 公司结冰风洞的经验,考虑到试验段来流截面水雾密度要求及建造成本,最终试验段尺寸修改为 1.8m(高) × 2.7m(宽),风洞估算造价约 56 万美元。1944 年,IRT 建成,但喷雾系统模拟结冰云环境的性能不能满足要求,制约着结冰风洞的试验研究和工程应用,这个问题直到 1950 年才得以解决,从此,结冰试验研究开始由飞行试验主导转向 IRT 主导。

　　NASA 格林研究中心的核心研究领域是航空推进,其次是太空科学,它们与结冰风洞的关系似乎不大。此外,NASA 结冰研究的发源地是兰利研究中心,我们不禁要问:为什么 IRT 建设在了格林研究中心,而不是建在结冰研究的发源地以及有更多风洞设备的兰利研究中心?

　　20 世纪 40 年代初,美国国会批准投资建设新的 NACA 飞机发动机研究实验室,该实验室建设地点位于俄亥俄州克利夫兰市(Cleveland,现在的格林研究中心所在地)。实验室建设的一个重要试验设备是高空风洞(AWT),以满足发动机高空高速推进试验的需求。20 世纪 80 年代中期,NASA 对 AWT 进行过改造,主要增加结冰和声学试验能力。使该风洞具备结冰、冻雨和下雪条件下的试验模拟能力,成为高空、高速结冰风洞;增设无回声试验段,对风洞背景噪声进行抑制。AWT 试验段截面为正八边形,对边距离 6m。试验最大马赫数为 0.9,模拟高度 17000m,最低温度 −40℃,试验段最大噪声水平 120dB。AWT 是具备高速结冰试验能力的风洞。为了模拟高空低温环境,AWT 建设之初就配套有较大规模的制冷工厂。当时出于共用制冷系统(图 1 − 2)、降低新结冰风洞建造成本的考虑,IRT 既没有建设在结冰风洞的发源地兰利研究中心,也没有建设在曾一度主导结冰飞行试验的艾姆斯研究中心,而是落户在了格林研究中心。从此,NASA 的结冰研究力量逐步向格林研究中心集中,并成立结冰研究室,IRT 奠定了格林研究中心在美国和世界结冰研究中的核心地位。

图 1 − 2　IRT 和 AWT(源自 NACA − C − 27262)

20 世纪 80 年代后,IRT 进行了五次较大的更新改造(图 1 − 3)。1986 年,更新驱动电机,功率增加到 5000hp(1hp = 745.7W),电机控制改为变步长数字系统,风洞的其他控制也从模拟式升级为数字式,加工了备用的木制桨叶;1992年安装了洞壁西半部隔热层、5 分量外式天平、试验段照明和摄像系统,以便观察冰的形成过程;1993—1994 年,安装了洞壁东半部隔热层,及新的木制桨叶并提高了试验风速,增加了喷雾耙数量;1996—1997 年,安装了新喷雾耙系统并升级控制系统,喷雾耙数量进一步增加到 10 个,结冰云的范围和均匀度增加了近一倍,稳定结冰云所需时间也降低了 90%,安装了三维激光扫描仪记录冰形;1999 年,主要进行了以下改造:

(1)风扇电机改为电子控制。

(2)更换新的平板式热交换器。

(3)更换部分洞体的地板、开花板、天花板钢结构。

3

（4）改善由于 W 形热交换器产生的气流扭曲和湍流度。

（5）改进喷雾耙和试验段处温度的不均匀性。

（6）改进部分洞体的隔热，减小热载荷对热交换器的影响。

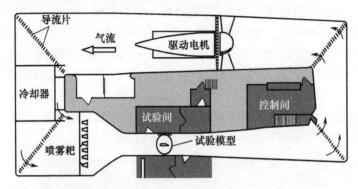

图 1-3　改造后的 IRT 示意图

由此可见，目前我们所见的 IRT，除了试验段尺寸未变外，可以说与最初建成时相比，已完全脱胎换骨了。最关键的改进是动力系统（图 1-4）、流场品质、制冷系统的性能提升以及喷雾系统的标准化。

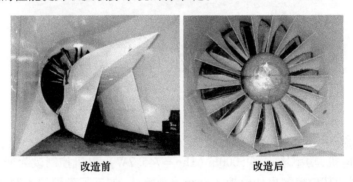

图 1-4　IRT 风扇段改造前、后对比（源自 NASA-CR-216733）

### 1.1.2　结冰飞行试验（飞行风洞）

结冰飞行试验研究可以划分为以下两个阶段。

（1）早期的型号飞行试验阶段。20 世纪 20—40 年代，由于技术所限，结冰风洞尺寸小，风洞的结冰模拟能力、相似准则等问题都有待探索，那时航空领域专家的主流观点是不看好用结冰风洞进行结冰试验。为了解决飞机型号的除冰问题，结冰研究主要以具体型号飞机的空中飞行试验为主，如 B-24、B-17、C-46、DC-6 等（图 1-5）。飞行试验主要由 NACA 的艾姆斯研究中心负责，这一阶段飞行试验的特点就是用真实型号飞机的实际飞行来研究发展有效实用的除冰系统,主要针对工程急需的实际问题。

图 1-5 B-24 挂载涡喷发动机飞行结冰试验(源自 NACA-C-20866)

(2)专用结冰研究机飞行试验阶段。这一阶段主要是 20 世纪 70—90 年代,著名的专用结冰研究机就是 NASA 格林(刘易斯)研究中心的"双水獭"(Twin otter)飞机,飞机上有测量结冰云参数的多种探头,冰形记录用的摄像、照相系统,飞机背部有固定结冰试验部件的平台。该飞机自身关键部位具有很好的防冰系统,确保飞机飞行安全,如螺旋桨、机翼前缘、风挡等部位都配有电热或气动除冰装置,专用结冰研究机被誉为"飞行风洞"。80 年代,NASA 专用研究机进行了大量结冰飞行试验,并制订了飞行结冰研究计划,飞行试验包括固定翼、旋翼和动力系统。这一阶段结冰飞行试验采用的专用研究机由格林研究中心负责,目的是用飞行试验数据验证 IRT 试验结果和发展 CFD 数值模拟工具。此外,还有多种固定翼和旋翼机改装的携带水箱、能在空中制造结冰云环境的飞机,利用这些飞机产生的人工结冰云环境,试验机携带试验件随其后进行飞行试验(图 1-6)。2000 年后,随着结冰风洞试验技术的成熟,飞行结冰试验研究大幅度减少。

图 1-6 "双水獭"飞机人造结冰云飞行试验(源自 NACA-C-88-1728)

### 1.1.3  IRT 运营

IRT 目前由格林研究中心航空推进设备和实验部(the Aeropropulsion Facilities and Experiments Division,AFED)管理和运行。2002 年,美国兰德(RAND)公司历时两年对 NASA 主要风洞和推进设备进行了一次全面评估,发表了《风洞和推进试验设备——NASA 服务于国家需求的能力评估专题研究报告》与《风洞和推进试验设备——NASA 服务于国家需求的能力评估支撑分析报告》。这两篇报告对 IRT 的评估都是非常积极和正面的,作为一种特种风洞设备,利用率高,运行好,具有战略重要性和用户基础,设备资金来源可靠,试验能力完备。从这两篇报告看,似乎航空领域对结冰风洞的需求旺盛,运营没有风险。但是,研究 IRT 的运营发展历史,可以感受到 IRT 的运营发展是曲折的,IRT 曾一度面临关闭和拆除,风洞管理者也曾为维持设备运行资金的来源、提高设备利用率而费尽心机。IRT 的发展经历表明,风洞管理者的管理运营态度对风洞的兴衰有重大影响。

IRT 建成后的第一个十年是 IRT 的一个黄金时期,风洞主要进行飞机热除冰和电除冰系统的试验研究和发动机螺旋桨结冰研究等。1955 年,NACA 召开了一个会议,结冰研究室主任 Von Glahn 宣布,基于 NACA 和其他机构的冰防护系统研究成果,飞机穿越结冰云没有问题了。NACA 当局和刘易斯研究中心(现格林研究中心)主任 Abe Silverstein 认为,NACA 的结冰研究计划应当终止,因为 NACA 的任务是前沿技术研究,工程问题可以留给飞机制造商。Abe Silverstein 开玩笑地说:"终止的最好方法就是给风洞里放一个炸弹。"这折射出了他对未来刘易斯研究中心结冰研究的态度。随后几年,IRT 试验大幅度减少,1957 年,IRT 只运行了 257h,当年年底,所有 NACA 在 IRT 的研究活动终止,结冰研究人员改行做其他工作了。

1958—1959 年,随着 NASA 结冰研究工作的终止,作为世界最大的结冰风洞,IRT 开始转型为工业飞机公司服务,如波音公司,但起初型号试验量很少,1960 年仅运行了 45h。这个时期,NASA 的管理者和结冰研究室主任 Von Glahn 都对 IRT 不感兴趣了,IRT 处于闲置状态,NASA 将其封存并认为在不久的将来可能拆除。从 60 年代到 70 年代末,工业界得到军方型号研制的支持,在直升机旋翼、动力系统防冰方面开展试验,同时,工业企业民用航空发展也对结冰风洞运行形成一定的支撑,结冰风洞工业部门的试验需求增加。在这一阶段,NASA 并不重视结冰研究工作,结冰研究没有取得显著成果,NASA 刘易斯研究中心只提供 IRT 的操作运行人员,结冰试验结果分析研究主要由试验型号部门自己负责,带有国家背景的项目,如波音公司获得军方资助的项目,使用国家性质的 IRT 设备不需要支付风洞费用,IRT 逐渐处于年久失修的破败状态。

1978 年,Beheim(刘易斯研究中心的一个部门主任)给刘易斯研究中心副主

6

任 Lubarsky 建议重塑结冰研究室。这个建议得到了刘易斯中心和 NASA 总部的批准,这是 IRT 也是 NASA 结冰研究的一个重大转折。同年 7 月,Beheim 在刘易斯研究中心举办了一个结冰专题会议,会议得到的响应超出预期,除来自工业、军方、政府组织的代表外,还有荷兰、英国、法国、瑞典和挪威的代表,共计 113 人参加。这次会议使 NASA 意识到重启结冰研究的必要性,NASA 很快批准了在刘易斯研究中心重塑结冰研究室,规划未来与工业界、政府机构合作,更新改造 IRT,并启动将高空风洞拓展成具有高速、变高度模拟能力更大结冰风洞的可行性论证。80 年代初,美国波音 737 等现代飞机的结冰事故,使 NASA 认识到结冰问题并非以前所认识的"只剩下工程问题"那么简单,结冰研究重新得到 NASA 的重视,IRT 开始得到大规模改造,并成为 NASA 最繁忙的风洞之一。

   IRT 于 1944 年建成,但直到 1950 年才解决了结冰喷雾系统的核心技术问题,使结冰风洞中的结冰云模拟均匀、可控、可知,满足结冰试验研究要求。这标志着 IRT 真正具备了实际意义的工程试验研究能力。

   图 1-7 给出了 IRT 从 1950 年到 2002 年的历年风洞利用情况。需要指出的是,图 1-7(a)是按风洞的年吹风运行小时数统计的,图 1-7(b)是按风洞的用户使用小时数统计的。由于统计者、统计概念和方法、掌握数据的完整性可能存在误差,因此数据存在一定偏差是可能的,但这不妨碍我们透过数据定性对 IRT 50 年运行的分析和认识。由图可见,1960 年、1974 年、1986 年和 1999 年是 IRT 利用的四个低点,其中前两个低点与后两个低点形成的原因不同,前两个低点是 IRT 最低迷时期形成的,而后两个低点是 IRT 由 1978 年复兴、风洞改造对当年吹风量影响产生的。通过这些改造建设,IRT 与早期的原型风洞相比完全脱胎换骨,几乎等同原地重建,IRT 变为一个现代化的结冰风洞。

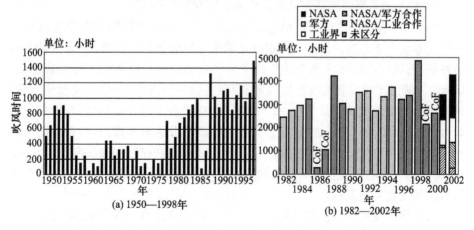

图 1-7   IRT 的历史利用情况(源自 NASA SP 2002-4226)

IRT 的用户有 NASA 自身、军方、商业用户、NASA 与军方的合作、NASA 与工业的合作等。从 IRT 历史看,第一个结冰风洞试验是美国冠蒂斯·莱特公司生产的 C-46 军用运输机,该机在第二次世界大战期间广泛使用,曾在著名的"驼峰"航线上经常飞行,遇到了许多结冰问题,NASA 和军方进行了大量飞行和风洞试验研究。50 年代,IRT 的主要客户是 NASA 自身以及军方;60—70 年代,NASA 自身的研究基本停止,麦克唐纳·道格拉斯公司、波音公司、GE、Douglas、Sikorsky、Deutsche Airbus 等工业公司的产品由于认证的需要在 IRT 进行一些试验;80 年代以后,NASA 重返结冰研究领域,并与军方(空军、陆军、海军)、工业界、政府组织(美国航空联邦局)、高校(Wichita 州立大学等)、国际组织(英国 RAE、法国、加拿大等)开展广泛合作,IRT 客户更为广泛。

为了保证风洞设备的正常运行维护、保持一定数量的风洞技术人才,风洞必须拥有一定的运营经费。IRT 的经费来源主要由三个部分组成:一是 NASA 的风洞设备运行财政预算。这个费用与设备的利用率有关,利用率高的设备获得的预算经费支持也越多。IRT 在建设运营初期,其主要用户是 NASA 自身以及军方,国家和军方的项目是不收费的,主要靠财政预算支持。二是工业企业的型号试验经费收入。在 60—70 年代,IRT 主要是工业企业客户,风洞的经费来源主要是型号收费,但仅靠这些费用风洞的维护保养是不够的,到 70 年代中期,IRT 破损非常严重。三是国内外各种组织的联合项目收费收入。80 年代以后,NASA 重返结冰研究领域,开展了广泛的合作,IRT 拓展了风洞的运营经费来源。

IRT 悠久的历史使其积累了丰富的风洞管理经验。在早期 IRT 运行时,可能是因为气流中水含量过高,风洞曾发生过驱动电机短路爆炸事故。IRT 汲取了以往的经验教训,制订了《NASA 刘易斯结冰研究风洞用户手册》。

《NASA 刘易斯结冰研究风洞用户手册》包括以下内容。

(1) IRT 流场品质管理。早期的结冰研究并不看好结冰风洞,原因就是当时的技术水平下结冰风洞并不能很好地模拟结冰云条件。因此,要保持 IRT 的良好状态,风洞的结冰云和气动热校准至关重要。根据长期的运行经验总结,IRT 对流场品质校准管理有严格规定,校准包括三种类型:一是全面校准,获取试验流场的全面气动-热信息,每 5 年一次,或设备经过大改后必做;二是中期校准,在全面校准一年后进行,有选择性地校准部分主要参数,目的是验证全面校准数据是否有变化、风洞是否运行正常;三是检验校准,一般每年进行 2~3 次,每次用一天时间进行重要参数的检验性校准,数据用于统计分析和监视设备运行的稳定性和重复性。

(2) 风洞使用申请。用户需提前一年与 IRT 管理负责人联系,商讨有关试验的打算,如试验目的、模型、大概的试验日期和持续时间等。商讨确定后,双方

签署协议或合同。试验前两个月,用户还需提供更为详细的试验信息,供风洞做计划安排。试验协议有以下四种类型:

① NASA 试验项目。

② NASA/工业公司合作项目。

③ 其他美国政府组织协议项目。

④ 工业公司客户项目或非合作项目。

(3)试验协调会。试验协调会通常召开不止一次,由试验的复杂程度决定。主要讨论试验计划、所需测试仪器、风洞硬件设备和数据要求等。参会人员包括用户、风洞主要操作人员、IRT 负责人、IRT 项目工程师、风洞的上级管理部门航空推进设备和实验部的负责人和关键人员。

(4)模型和硬件风险评估。用户需向 IRT 项目工程师提供模型设计的载荷和应力分析报告。IRT 模型评估的主要依据有《NASA 刘易斯风洞模型系统准则》(NASA TM – 106565)、联邦航空条例(FAR)中对航空模型许用应力的相关规定、模型制造材料的相关标准(如美国材料与试验学会(ASTM)、美国机械工程师学会(ASME)、国际自动机工程师学会、国防部航空航天结构金属手册(ASMH))等。

(5)试验时间。IRT 吹风采用两班制(周一到周五),白班(8:00—16:00)主要负责模型工作和设备检查;晚班(16:00—0:00)主要进行吹风试验。

(6)安全问题。安全管理主要包括两项内容。一是保密安全。IRT 对国内用户非保密试验项目的参试人员,需提前三天通知格林研究中心的访问控制中心;对非国内用户需通过大使馆提前一个月提出申请,并且试验期间需要有内部人员全程陪同。而敏感的试验项目只针对国内客户,并且客户需向格林安全办公室提供公司的通知函。二是人身安全。IRT 对客户在风洞试验期间的人身安全给予相关提示,如噪声、模型锋利的边缘磕碰、试验段地板结冰防滑、紧急情况处理等。

除 IRT 外,20 世纪 90 年代,为了满足发动机结冰试验研究的需要,NASA 格林研究中心对 PSL – 3 推进模拟试验设备进行了升级改造,使其具备了进行真实涡轮风扇发动机结冰试验研究的能力。PSL – 3 结冰试验模拟参数范围:中值体积直径(Median Volume Diameter, MVD)为 $40 \sim 60\mu m$;液态水含量(Liquid Water Content, LWC)为 $0.5 \sim 9.0 g/m^3$;温度为 $-600 \sim -50 \,℉$;马赫数为 $0.15 \sim 0.8$;模拟高度为 1200~12000m。

在结冰基础研究方面,格林研究中心建设了立式结冰研究风洞和小水滴成像风洞,分别用于平面驻点流和小水滴运动研究。立式结冰研究风洞试验段尺寸为 $1.6m \times 0.8m$。主要能力:MVD 范围 $20 \sim 2000\mu m$;LWC 范围 $0.1 \sim 1.5 g/m^3$;温度范

围为 −15℃至大气温度;收缩段最大速度 25m/s,设计点速度 17m/s。小水滴成像风洞试验段尺寸为 0.15m×0.15m,空风洞风速 78m/s,配有科氏高速相机、激光片光和放大相机。

格林研究中心还建立了结冰远程感知地面站(图 1 −8),主要用于发展和评估远程结冰条件探测算法。配备窄束多频率微波无线电测量仪,用于终端区域结冰探测和预警。

图 1 −8   结冰远程感知地面站(源自 N2013 −11558)

## 1.1.4   结冰数值模拟 (数值风洞)

NASA 格林研究中心结冰部门有发展结冰数值模拟方法的综合计划,范围从结冰基础机理研究、软件开发、试验验证到终端用户应用、维护。计划既包括 NASA 内部开展的结冰研究,也有与其他科研机构的合作。其最终目标是:为工业界发展一个结冰、防冰设计的实用工具;为政府航空管理机构提供一个飞机结冰评估和认证的工具。

NASA 开发的模拟飞机表面冰增长的数值工具是 LEWICE 和 LEWICE 3D,并已广泛应用于从飞机设计到认证分析的许多工程环境中。对这些程序仍在做的工作是扩展适用范围和增强程序修改、确认等过程的严密性。LEWICE 和 LEWICE 3D 两个程序是按照独立开发、内部相关的思路进行的。

LEWICE 中使用的冰增长模型是基于 Messinger 描述的公式。该模型是用一维稳态热动力控制的体积分析法应用于有限时间段物体表面离散位置形成的。对大多数结冰条件,这个模型能很好地估算飞机表面的冰增长。然而,对于接近冷冻温度的条件和云中液态水含量较高时,Messinger 模型没有正确地描述存在于表面的冰水混合动力特性。这样,冰增长过程的有些元素没有正确地在 LEWICE 中模拟。它们包括粗糙表面水膜动力学、冰粗糙度对边界层发展的作用和导致的对流热传导增加以及小水滴飞溅和破碎对水捕获的影响。

进一步发展二维 LEWICE 软件系统的工作有两方面内容：一是增加程序的可靠性；二是软件增加结冰机理新认知的扩展能力。当有新的结冰物理模型可用时，LEWICE 软件系统将继续更新，并且考虑用户期望增加的内容。

二维版本的 LEWICE 是 NASA 应用最广泛的软件，随着用户对三维冰增长模拟需求的增加，NASA 开发了 LEWICE 3D。这个软件是基于 LEWICE 二维冰生长模型的扩展，耦合三维流场和小水滴轨迹计算形成的。冰生长计算采用单时间步长覆盖整个结冰过程的方法。软件已成功用于评估小水滴撞击形成的图案以及飞机从发动机进气道、雷达罩、机翼到整个飞机构型上冰生长的形状。

计算机硬件和计算流体力学以及如网格生成和湍流模型等相关领域技术的发展，使人们能更多地使用三维建模来分析冰增长对空气动力学的影响。不同的科研机构进行三维空气动力计算一般也有不同的软件解法。因此，NASA 对 LEWICE 3D 的开发考虑了与不同流场模拟程序相衔接的问题。

LEWICE 3D 继续发展的目标是进行冰生长的多时间步长计算，这是二维版本的一个重要元素。单时间步长计算能够提供冰质量、总的形状和模型上感兴趣位置的相对冰增长，如果需要更详细的冰几何形状，就需要多时间步长计算。

另外，飞机设计机构和认证机构对冰防护系统性能的评估都有应用需求。为了确定一个给定设计在防冰和除冰工作模式的能力，有必要将冰防护系统性能的估算与冰增长的估算结合起来。NASA 为此扩展了 LEWICE 程序，使它能模拟一些类型冰防护系统。

在 LEWICE 的最新版本中，增加了几个子程序，用户利用它能模拟电热或热空气冰防护系统。两种情况下，无论植入电加热元件还是模拟被加热体内壁热空气热流，都需要知道热流比值。对这个增强版程序已经做了一些试验验证工作。LEWICE 中增加的另一个内容是称为"流动变湿"的系统，这个程序估算包括回流水影响的防冰热系统性能。这方面 NASA 要做的进一步工作是建立更多的验证信息，并把对这类系统的模拟扩展到包括热空气射流，进行更多的用于热系统分析的试验，以便进一步比较计算与试验结果。

此外，还有其他防冰方法，这些方法采用非热手段除冰。它们主要是机械系统和化学系统方法。机械系统采用其他技术来分离冰和飞机表面。这类方法包括附着在飞机表面的气靴到嵌入飞机表面的电磁线圈，当电流通过线圈，它将会在机翼表面产生涡流。化学系统工作是通过渗出一种液体，降低飞机表面的冰点来防止冰的形成，并使冰点低于大气条件。机械和化学系统的建模，NASA 也已经考虑。

NASA 发展的结冰数值计算软件包，能够计算大范围结冰条件下飞机表面的冰生长位置、形状和尺寸，能够模拟结冰热防护系统的性能，主要包括二维和三维冰生长模拟软件、SMAGGICE 翼型表面建模和网格生成软件。在某些方面数值模拟比飞行和风洞试验具有更显著的优势(图1-9),LEWICE 软件包用户超过 200 家,覆盖美国政府部门、航空工业和科研院校。

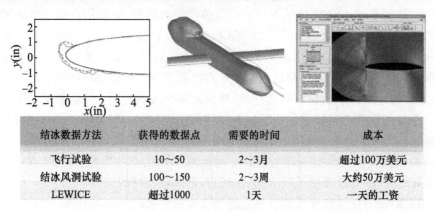

| 结冰数据方法 | 获得的数据点 | 需要的时间 | 成本 |
|---|---|---|---|
| 飞行试验 | 10~50 | 2~3月 | 超过100万美元 |
| 结冰风洞试验 | 100~150 | 2~3周 | 大约50万美元 |
| LEWICE | 超过1000 | 1天 | 一天的工资 |

图 1-9    结冰数值计算(源自 N2013-11558)(见彩图)

LEWICE 和 LEWICE 3D 程序是模拟物体处于无边界均匀结冰云环境中的冰增长。地面结冰模拟设备中,如 IRT 中,由于云均匀性的变化、洞壁的存在和风洞气动力特性等,情况有所不同。为了研究这些影响和最终发展一个能用来设计结冰试验的工具,NASA 开展了 IRT 的数值模拟工作。

这个模拟工作的目标是通过计算手段再现 IRT 试验段结冰云条件。进而,结合各种试验模型的建模,来估算它们在 IRT 中遭遇小水滴撞击形成的图形和冰形。这种能力有几个显著的优点。首先,无论是结构上还是功能上,将能先于试验模拟 IRT 的潜在变化,以便评估对冰云特征参数的影响。其次,结合试验模型建模,研究人员能事先规划 IRT 的试验过程,评估试验可能的结果,进而调整试验模型或试验大纲。此外,这种能力有助于研究人员认识风洞和模型支撑机构对模型上冰形的影响,这也将提供对试验结果的更好分析和对预期的飞行结冰试验结果的认识。

IRT 的数值模拟是从喷雾耙上游开始经过试验段到扩散段出口结束。Hancir 和 Loth 利用三维结构网格 N-S 解的一个 NPARC 程序来模拟 IRT 中的空气动力,并修改一种模拟喷油的 KIVA 程序来模拟喷嘴出口到试验段后小水滴的性能。这个新软件工具称为 K-ICE。小水滴性能的模拟不同于 LEWICE 程序,它在计算中考虑了气流湍流的影响。

NASA 还开展了结冰对空气动力学和飞行影响的数值模拟。当有代表性的冰形建立后,就要评估其对飞机部件空气动力学的影响。进行这样计算遇到的困难是冰形不规则的几何形状和与冰形相关的复杂流动性。NASA 用结构网格

12

的 N-S 程序,进行结冰飞机空气动力学模拟。第一步是创建网格,它将产生一系列复杂问题,大多数这些问题围绕怎样适当处理反映冰形特征的粗糙度量级。由于冰粗糙度已足够大,这些特征放在几何条件文件中输入网格生成软件。在许多情况下,冰增长的特征是弯度很大的小表面粗糙元,或凹或凸。大多数结构网格方法(甚至非结构网格方法)在这种形状上生成网格很费时间。为了减少网格生成方面的工作,NASA 一直在进行自动网格生成方面的工作。一旦网格建立,就能进行结冰对翼型/机翼性能影响的数值模拟。

为了进一步发展这类气动分析的准确性和可靠性,必须进行湍流、粗糙度和转捩模拟的进一步开发工作和建立验证这些模拟的适当试验数据库。这些方面的工作不仅对性能模拟有用,而且对冰增长模拟也有帮助。冰增长对飞机性能的影响也能用考虑了冰几何形状性质的计算程序模拟。

NASA 以结冰对部件空气动力特性影响数值模拟为基础,结合适当的结冰风洞和飞行试验数据,开发了飞行结冰模拟与训练器(图 1-10),主要用于培训飞行员熟悉和了解结冰带来的驾驶影响,提高飞行员处理飞行结冰能力。

图 1-10　飞行结冰模拟与训练器(源自 N2013-11558)

### 1.1.5　结冰研究计划

NASA 在 20 世纪 30—50 年代的结冰研究主要针对解决飞机除冰的迫切实际问题和解决结冰风洞自身的结冰环境模拟、风洞校准问题,使结冰风洞具备了工程适用的试验研究能力;60—70 年代,NASA 认为结冰问题基本解决并退出结冰研究;80 年代,重返结冰研究领域后,根据研究任务制订了结冰发展研究计划,促进了结冰研究的全面发展(图 1-11)。

20 世纪 80 年代初,NASA 重返结冰研究开始制订的结冰研究计划主要包括以下内容:

(1)新的冰防护系统。

(2)新的结冰测量设备。

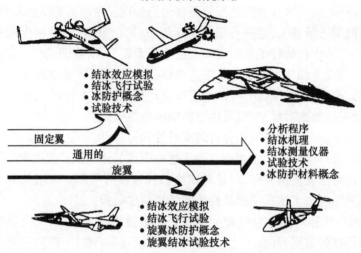

图 1-11　NASA 飞机结冰技术研究计划（源自 N89-22569）

（3）改进结冰试验设备和技术，特别是针对直升机试验。

（4）广泛使用大型高速计算机提高效率，降低成本。

上述只是 NASA 进入结冰研究的短期研究计划，同时，也有用结冰研究机"双水獭"开展飞行研究的计划，以及结冰研究长期计划。这表明 NASA 将长期致力于结冰研究。同时，在 1982—1987 年，NASA 与院校、工业公司成立了一个专门的结冰协会，共同致力于结冰研究。

20 世纪 90 年代，NASA 结冰研究计划强调了结冰研究对所有航空器飞行安全的重要性，CFD 数值模拟技术开始进入结冰研究，NASA 制订了结冰数值模拟发展计划，指出了结冰研究的三个战略目标：

（1）数值模拟结冰后的飞机响应。

（2）改进地面和飞行结冰试验的技术能力。

（3）提供冰防护的创新方法。

此外，NASA 与英国国防研究局（DRA）、法国航空航天研究院（ONERA）开展了国际结冰合作研究计划以及 NASA 与 FAA 的技术中心联合结冰研究计划等。NASA 的这些研究计划和开展的结冰研究活动都是以格林研究中心的 IRT 为基础的，IRT 汇聚了结冰研究队伍和人才。这些计划和活动促进了结冰研究工作的持续开展，奠定了 NASA 格林研究中心结冰研究的国家核心地位，发挥了结冰研究的主导和引领作用。

综上所述，美国的结冰研究可以追溯到 20 世纪 20 年代，IRT 建于 1944 年，但在 20 世纪 50 年代以后才真正解决了结冰云模拟问题。在 1955—1978 年，NASA 在结冰方面的研究工作非常有限，几乎没有正式的结冰研究计划。从 80 年代开始，NASA 重返结冰研究领域，制订了各种结冰研究计划，与工业部门、FAA 和欧洲其他国家建立了广泛的合作。NASA 格林研究中心以 IRT 为基础，构建了风洞试验、数值模拟和飞行试验三位一体的结冰研究综合体系（图 1-12），在工业型号部门和政府航空认证机构之间搭起了一座桥梁，确立了 NASA 结冰研究的核心引领地位。

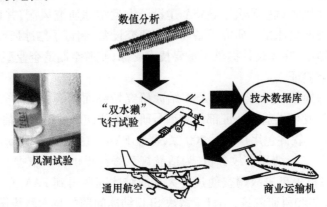

图 1-12　NASA 飞机结冰研究与应用（源自 N91-20120）

### 1.1.6　结冰适航研究

适航一般归国家专门的民用航空政府管理部门管理，该部门负责制定各种适航最低安全标准，对民用航空器的设计、制造、使用和维修等环节进行科学统一的审定、管理和监督。在世界民用航空器市场上，美国占据主导地位，其适航认证管理机构也最具权威性，其颁发的适航证得到较多国家航空管理部门的认可。美国联邦航空管理局成立于 1958 年，隶属美国运输部，负责民用航空的管理工作，是世界上认可度最高的民用航空器适航认证机构。

FAA 颁布的"联邦航空条例"主要内容包括行政法规、航空器、航空人员、空中交通管制、一般运行规则、运行合格审定、学校及经合格审定的其他部门、机场、经济与市场管理、航空安全信息与事故调查、航空安全保卫等。FAA 的适航规章体系最完整、系统、严密，其他国家/国际组织的航空规章在很大程度上都仿照了它的编排形式、编号和内容，其他国家政府也有直接采用或参考的。

在结冰适航方面，NASA 利用风洞试验、数值计算和飞行试验的综合研究优势，与 FAA 适航条例制订部门和 FAA 技术中心建立了战略伙伴关系，通过与 FAA 联合开展研究的方式，参与和适航有关的结冰研究工作，为飞行事故分析、适航条例制定/修订提供科学依据。NASA 结冰适航研究工作主要如下：

（1）结冰气象条件研究。FAA 联邦航空条例（FAR 25）附录 C 界定了适航结冰气象条件包线，其数据主要源自 NASA 做的大量数据采集和试验研究结果；20 世纪 90 年代，NASA/FAA 又联合开展了过冷大水滴（Supercooled Large Droplet，SLD）研究计划，NASA 采用"双水獭"结冰研究机采集 SLD 数据，丰富 FAA 数据库，2014 年，FAA 在联邦注册报上发布了过冷大水滴结冰适航的 25 - 140 号修正案，正式发布了 SLD、混合相和冰晶结冰条件包线。

（2）结冰风洞试验研究。NASA 建设了大型结冰研究风洞，并以此为核心构建了多种地面结冰试验研究设备和飞行研究设备，制订了结冰研究发展规划，为企业飞机防冰、除冰设计提供了重要技术支撑，使航空制造企业型号产品得以顺利通过适航验证。

（3）数值模拟工具开发。NASA 结冰研究始终面向解决航空安全问题，通过试验研究开发可供适航认证部门和型号研制单位使用的结冰评估或防冰设计工具。LEWICE 软件包用户超过 200 家，覆盖 FAA、航空工业和科研院校。

（4）参与飞行结冰事故分析，为适航规章修订提供科学依据。1994 年，美国 ATR 72 飞机失事事故调查使过冷大水滴结冰问题得到 FAA 关注，NASA 联合 FAA、工业界和科研院校，制订了解决 SLD 结冰问题的技术路线图，经过近十多年的努力，主要解决了 SLD 适航气象条件定义、测试仪器、试验方法、设备、数值评估/设计工具五个方面的问题。为 FAA 适航规章分析 SLD 结冰提供了科学依据。此外，NASA 与 FAA 技术中心有密切的合作，长期开展与适航有关结冰问题的联合研究，如飞机平尾结冰研究等。

## 1.2　美国标准体制与学会标准

根据国际标准化组织的定义，"标准"是"由有关方面根据科学技术成就与先进经验，共同起草，一致或基本同意的技术规范或其他公开文件，其目的在于促进最佳的公众利益，并由标准化团体批准。"美国的标准体制是一种分散的、独立的、民间主导的、市场化的混合性体制，既有一些政府通过立法方式明确由特定政府机构主持制定的强制性标准以及军方、国防部等国家安全部门相对封闭的标准，也有非政府部门市场化的民间标准，如各种协会的自愿性标准。

美国没有全国性的政府标准化管理机构，国家标准与技术研究院（NIST）隶属美国商务部，主要从事工程测试、物理、生物等领域基础应用研究，提供标准及标准参考数据等服务。该机构在科技标准领域发挥一定作用，美国政府部门通常是作为标准制定的一方参与有关标准制定并不主导标准制定。

美国国家标准协会(ANSI)是自愿性标准化体系的协调者,它由标准制定组织、专业技术协会、企业、政府部门、消费者组织等组成,是一个私营非营利机构,它受美国政府委托,管理和协调美国自愿性标准,并批准发布美国国家标准。ANSI 的主要任务是组织协调国家标准制定修订、认证标准化组织、组织建立评定体系,代表美国协调参加国际标准化活动。美国经过ANSI 认可的标准化组织,可以将其制定的标准提交 ANSI 批准成为美国国家标准。

ANSI 是美国自愿性标准体制的协调和参与者,它很少亲自制定标准,美国各种协会的标准化组织是自愿性标准体制的主导者和标准的制定者。ANSI 通常是将民间组织制定的标准中具有全国性影响的基础标准认证为国家标准,并冠以 ANSI 编号。协会的标准化组织是根据行业市场需求建立起来的以标准开发和推广为目的的组织,参与者包括用户、企业、政府机构、科研机构等,参与者的地位是平等的。美国很多标准化组织与 ANSI 没有直接联系,这些组织面向市场制定和推广标准,得到用户的广泛支持,也有强大的生命力。

协会的标准化工作与用户联系紧密,组织开放,形式灵活,能够平衡各方利益并吸收行业技术人员参与制定标准,因此能够得到业界的广泛认可。美国1995 年颁布《国家技术转移与进步法案》,要求政府一般不能制定标准,只能采用由协会标准化组织制定的标准。2004 年又颁布了《标准制定组织推动法案》,加强对自愿性标准制定组织的权利保护,鼓励标准制定组织制定标准,这些都进一步强化了行业学会标准的核心地位。

由此可见,美国标准体制除一些必要的强制性标准和军用标准(也鼓励采用民间或学会标准)外,众多的行业学会标准化组织是标准制定的重要力量。例如,AIAA 是全球航空航天领域的一个重要学会,其会员超过 3 万人,遍布世界主要国家。AIAA 由美国火箭学会和宇航学会合并成立于 1963 年,是致力于航空航天和国防科技发展的专业性非政府、非营利性组织,是 ISO 下属的航空航天技术委员会(TC20)和航天分技术委员会(SC14)的秘书单位,是 ANSI 认可的标准制定机构。AIAA 重视开展国际合作、技术交流和教育活动,在标准发展方面拥有长期的标准发展主动拓展计划。AIAA 下设 26 个专业领域的标准委员会,组织航空航天有关科研单位编写和颁布了一些风洞试验自愿性标准,如风洞试验管理标准、风洞试验从业者标准、风洞校准标准、风洞试验不确定度评定标准等。这些标准已成为世界各国风洞试验机构规范风洞试验、提高风洞试验质量和效率、提高行业内竞争力的重要遵循或参考。AIAA 标准的文件形式有标准(S)、指南(G)、推荐(R)、专项(SP)四种。

## 1.3　SAE 结冰标准简介

SAE International(国际自动机工程师学会,原美国汽车工程师学会)是一个技术性学会,它在全球范围内拥有超过 145 000 名会员,会员包括航空航天、汽车和商用车辆行业的工程师和相关技术人员。自动机是指通过自身动力运动的任何形式的交通工具,包括航空航天器、汽车、商用车、船舶等。SAE International 的核心竞争力是持续学习和开发一致性标准。

20 世纪初,美国等发达国家大量出现了汽车制造商。其中有些制造商和汽车零部件公司加入了贸易团体,这些团体帮助它们推动业务发展和提高公众对汽车这种新型运输工具的认知度。然而,专利保护、通用技术设计问题和工程标准制定方面的需求日益增长,许多汽车行业中的工程师希望建立一个知识交流和问题讨论的平台。

1905 年,美国汽车工程师学会宣告成立,总部位于纽约市。学会出版技术杂志和技术论文综合汇编(过去称为 SAE 汇刊,现在是国际汽车工程师学会期刊)。到 1916 年,SAE 的会员已达 1800 人。在当年的年度会议上,美国航空航天工程师学会代表、拖拉机工程师学会代表和动力艇行业代表纷纷称赞 SAE 对他们行业中技术标准的监督作用。

1916 年年度会议后,SAE 站到了一个全新的高度上。SAE 会员 Elmer Sperry 创造了术语"automotive",分别取自希腊语 autos(自己)和拉丁语 motivus(运动),从而代表任何形式的可自行提供动力的机械装置(即自动机)。该学会由此变为自动机工程师学会,涵盖的研究领域更加广泛,包括汽车而不仅限于汽车,如也包括航空航天等。

SAE 标准制定计划在两次世界大战盟军的军事行动中扮演着重要角色,该计划同时也是一个年表,从中可以看到汽车和飞机发展历史中的重要科技进步,以及推动这些科技进步的 SAE 标准发展。航空航天、汽车和商用车辆/重型车辆群体中相关标准的制定是 SAE 为这些行业服务的关键部分。1960 年,SAE 会长 Harry Cheesbrough 说:"汽车工程无边界"。SAE 始终是国际关注的焦点,SAE 与日本、德国、英国、澳大利亚和印度等国家和地区的组织签署了合作协议。1973 年,由于学会规模的快速扩大以及对员工和空间的需要,总部迁到了现在的宾夕法尼亚州沃伦德尔市(匹兹堡市郊外)。如今,学会的行业服务和个人服务规模更大且更趋全球化、多样化、电子化,SAE 创建和管理着比全球任何其他实体更多的航空航天标准和地面车辆标准。

SAE 标准超过 8000 项,其中航空航天标准有 6000 多项。SAE 标准具有国际权威性,美国、欧洲、日本等国在航空航天领域广泛采用 SAE 标准,NASA 是 SAE 结冰标准制定的一个重要参与者,SAE 标准是美国国防部采用标准的主要来源之一,很多标准被 ANSI 认可。

SAE 有 380 多个技术委员会,AC - 9 飞机环境系统委员会(AC - 9 Aircraft Environmental Systems Committee)就是其中之一,有关飞机结冰的标准制定属于其下的 AC - 9C 飞机结冰技术专业委员会(AC - 9C Aircraft Icing Technology Subcommittee)的工作范畴。AC - 9C 飞机结冰技术专业委员会根据结冰标准制定的需要,组织相关小组开展具体工作,如结冰技术目录小组、结冰设备特性小组等。SAE 有关结冰的标准文件形式有航空航天标准(AS)、航空航天推荐做法(ARP)、航空航天信息报告(AIR)、航空航天材料规范(AMS)等。

SAE 对发布的标准文件,最少每五年要进行一次评估,确定这些标准文件是否继续沿用、修订或废除。据初步不完全检索统计,涉及结冰的 SAE 标准文件近百个。本书重点介绍与飞行器空气动力试验密切相关的 11 个标准,这些标准是美国长期结冰试验研究的经验总结,是我们学习国外先进经验和开展结冰试验研究的重要参考。具体如下:

(1)《飞机结冰条件特征》(SAE AIR 5396)。2001 年 3 月,SAE 发布《飞机结冰条件特征》(SAE AIR 5396)。自 20 世纪 40 年代以来,有关飞机结冰气象条件数据采集和研究一直在断断续续中开展,直到 21 世纪,有关过冷大水滴等气象条件仍在研究。该标准给出了自然结冰云条件下与飞机结冰相关的大气变量图表。其中最著名的就是 FAA 适航标准 FAR 25 附录 C 的结冰条件,它广泛用于民用飞机的工程设计、试验和适航验证。欧洲航空安全局(EASA)和中国民用航空管理局(CAAC)适航条例中的结冰条件均源自美国的 FAR 25。该标准的目的是汇总与结冰条件有关的重要研究成果,它不仅包括业界广为人知的 FAR 25 附录 C 结冰条件,还包括鲜为人知的美国空军试验设计用的结冰条件(主要针对军用飞机)等其他应用条件。

(2)《结冰模拟试验设备》(SAE AIR 5320)。AC - 9C 专委会组织结冰设备特性小组,开展了世界结冰地面设备的调研工作,工作小组设计了一个结冰设备性能调查表,包括设备类型、尺寸、结冰云模拟能力、测量仪器、校准方法、风洞简图等,调查表被发往已知的主要结冰风洞所属机构,最终汇总了世界 27 座地面结冰试验设备,主要是发动机结冰设备、风洞试验设备。1999 年 7 月,SAE 发布《结冰模拟试验设备概要》(SAE AIR 5320),目的是更好地了解和改进地面结冰试验设备的品质,帮助用户更好地选择设备用于不同项目的结冰试验。

(3)《结冰试验设备中使用的粒径测量仪器》(SAE AIR 4906)。该标准于 1995 年 3 月发布,2007 年 12 月进行了确认。主要介绍小水滴直径测量仪器的原理、仪器选择、操作和应用限制,以便用户根据结冰设备粒径测量实际需求,正确选用这些设备。该标准是对结冰研究小水滴粒子直径测量仪器应用经验的总结,主要包括前向散射分充探头(FSSP)、光学阵列探头(OAP)、相位多普勒粒子分析仪(PDPA)、马尔文粒径分析仪(MPSA)、油片技术和旋转多圆柱测量仪。

(4)《结冰风洞校准与验收》(SAE ARP 5905)。1997 年,美国联邦航空局制订了一个包含 14 项工作的"FAA 飞机飞行结冰计划",其中,第 11 项工作是发展用于确定飞机结冰模拟方法的验证数据和验证准则,该工作的成果之一是形成了三个重要文献,分别是关于结冰风洞、人造结冰云飞机和结冰数值计算的,并以 SAE 标准发布,SAE ARP 5905 标准是其中之一,该标准于 2003 年 9 月发布,2009 年进行了确认。它给出了结冰风洞接收和校准的推荐做法,包括设备的性能目标、校准类型、校准仪器使用、校准过程和准则、校准报告等,这是保证地面试验获取可靠飞机结冰试验数据的重要前提。

(5)《结冰风洞对比试验》(SAE ARP 5666)。该标准由 AC‑9C 专业委员会设备标准化小组制定,2012 年 10 月发布。设备小组邀请了北美和欧洲六座主要结冰风洞参与,以 NACA 0012 翼型为试验模型,进行了试验结果的对比分析讨论。该项工作目的是要为航空工业界建立可供结冰风洞试验比较的冰形基准试验数据。该标准可视为结冰风洞的标模对比试验,是各国结冰风洞交流的基础,可为改进结冰风洞试验技术提供参考。

(6)《空中人造结冰云飞机》(SAE ARP 5904)。该标准是美国联邦航空管理局"FAA 飞机飞行结冰计划"的工作成果之一。2002 年 10 月以 SAE 标准发布,2007 年 12 月进行了确认。在 FAA 有关飞机和旋翼机适航条例中,均要求飞机或其部件必须在可测量的自然结冰环境中进行飞行试验验证,如果需要,还应该用其他试验手段补充进行试验验证。在可测量的人工制造结冰云中进行飞行试验就是补充方法之一。通常仅在自然结冰条件下进行飞行试验,要覆盖整个 FAA 结冰适航包线是不可能的,有时也是危险的。适当利用人工制造结冰云飞机进行飞行试验,能够拓展自然结冰试验结果,满足 FAA 结冰适航包线和验证分析的要求。该标准建立了用人造结冰云飞机辅助进行飞机结冰防护系统设计和认证的准则和推荐做法,总结了典型人造结冰云飞机试验能力及应用。

(7)《飞机结冰探测器和结冰速率测量仪器》(SAE AIR 4367)。结冰探测系统是监测飞机重要防冰部件是否存在冰积聚现象,或指示飞行环境中是否存在结冰条件的重要飞行安全系统。在满足一定结冰条件下,该系统将启动飞机防冰/除冰装置,确保飞机飞行安全。美国 AC‑9C 专业委员会与欧洲民用航空设备组织(EUROCAE)第 54 工作组联合制定了 SAE AS 5498 标准,给出了结冰探测系统设备的设计、性能指标、认证试验和安装使用等最低要求。1995 年,为了汇总结冰探测技术方法和应用,SAE 编写和发布 SAE AIR 4367 标准,并于 2007 年进行了修订,SAE AIR 4367 标准是对结冰探测系统标准 SAE AS 5498 的补充,目的是为冰探测传感器和结冰速率测量仪器发展提供技术信息指南,总结各种结冰探测方法并探讨有关技术问题,这些技术主要用于飞行中机翼前缘结冰和进气道结冰,也用于冷油箱上冰的探测和低速工作时的结冰探测。

(8)《小水滴撞击与冰积聚计算程序》(SAE ARP 5903)。该标准是美国联邦航空管理局"FAA 飞机飞行结冰计划"的工作成果之一,2003 年 10 月发布,2009 年 12 月进行了修订确认。发展结冰数值模拟工具是结冰研究领域的一项重要工作,其主要目标是为工业界提供一个飞机防冰设计的实用工具,同时也为航空管理部门提供一个结冰评估和认证工具。SAE ARP 5903 标准提供了国外 14 款二维/三维小水滴撞击和结冰计算软件的有关信息和应用指南,这些软件可以进行飞机结冰数值模拟,计算小水滴撞击飞机部件的运动轨迹、产生的水载荷和冰积聚,这些冰积聚特性被用于飞机设计和认证过程。与任何其他工具一样,小水滴撞击和冰积聚计算软件的使用,要求使用者对该软件是否适用于所需解决的问题做出判断。SAE 编写 SAE ARP 5903 标准的目的就是总结各国形成的小水滴撞击和冰积聚计算软件能力和用途,为航空工业界和政府认证机构提供一种培训指南文件。这些软件如果使用得当,可向设计者和适航当局提供关于飞机部件的水载荷和冰生长情况,也能提供其他与冰生长过程有关现象的有用信息。

(9)《飞机地面除冰/防冰方法》(SAE ARP 4737H)。该标准是用于飞机地面除冰和防冰,为地面维护提供方法和过程指南。地面上的飞机受气候影响会结冰、积霜、积雪等,对飞机控制面、机械装置和各种传感器等产生不利影响,各国飞机适航标准都要求有结冰沉积物的飞机不得放飞。该标准的主要目的是为地面飞机防冰和除冰提供方法指南。

(10)《飞机结冰术语》(SAE ARP 5624)。术语是在特定科学领域用来表示概念的集合,是限定科学概念的约定性语言符号,是科技人员交流的基础工具。在结冰研究的发展历程中,产生了一些关于结冰的术语定义,但这些定义分布在不同的细分专业领域中,如飞机适航、空气动力学、热力学、气象学等。在 2002 年以前,没有集中统一的飞机结冰术语,并且由于细分应用领域不同,有些术语在使用中存在一些混淆。2002 年 9 月,SAE 发布了《飞机飞行中结冰术语》(SAE AIR 5504),主要包括在飞机结冰系统设计、分析、研究和操作中常用的术语,也包括一些结冰分析中常用的热力学方面的术语。SAE 制定该标准的目的是期望在结冰领域形成一个统一的、集合在一起的结冰术语,探讨一些术语的不同含义。2008 年 3 月,SAE 对 SAE AIR 5504 进行了修订,并以 SAE ARP 5624 标准号发布《飞机飞行中结冰术语》。2013 年 4 月,SAE 对该术语进行了确认。

（11）《结冰技术目录》（SAE AIR 4015D）。该标准于 1987 年 11 月颁布，2007 年、2013 年进行过修订。该标准总结了 1986 年以前，世界各研究机构或组织结冰研究发表的重要文献，技术目录对结冰研究问题进行了梳理，划分了 25 个结冰研究专题，它们是结冰云气象学、气象测量仪器、螺旋桨结冰、感应系统结冰、涡轮发动机和进气道结冰研究、机翼结冰、风挡玻璃结冰、冰附着和力学特性、热传导、直升机气候试验和结冰、直升机旋翼桨叶结冰、发动机雪吸入和雪测量、小水滴轨迹和撞击、冰积聚建模、结冰试验设备和结冰模拟、飞机冰形成、跑道结冰、微波探测和冰防护系统、结冰翼型性能、陆地和海上结冰研究、液体和两相流动力学、液体蒸发和冰晶形成研究、电建模、整流罩结冰、其他。共计包含大约 2000 篇世界各国结冰技术文献。

# 参 考 文 献

[1] Donald J C. NASA Glenn research center overview[R]. NASA/CP—2003 – 212458,2003.

[2] William M L. "We freeze to please" – A history of NASA's Icing Research Tunnel and the quest for flight safety[R]. NASA SP 2002 – 4226,2002.

[3] Eric K. Overview of icing research at NASA Glenn[R]. N2013 – 11558,2013.

[4] Reinmann J J. Aircraft icing research at NASA[R]. N82 – 30297,1982.

[5] Reinmann J J. NASA's aircraft icing technology program[R]. N91 – 20120,1991.

[6] Potapczuk M G. A review of NASA Lewis' development plans for computational simulation of aircraft icing[R]. AIAA – 99 – 0243,1999.

[7] Zunwalt G W. A NASA/University/Industry Consortium for research on aircraft ice protection [R]. N90 – 25969,1990

[8] Wright W B, et al. DRA/NASA/ONERA collaboration on icing research[R]. NASA – CR – 202349,2014.

[9] Ratvasky T P. NASA/FAA tailplane icing program overview[R]. AIAA – 99 – 0370,1999.

[10] Shaw R J. The NASA aircraft icing research program[R]. N88 – 15803,1988.

[11] Reinmann J J. NASA's program on icing research and technology[R]. N89 – 22569,1989.

[12] 战培国. 国外风洞试验[M]. 北京:国防工业出版社,2018.

[13] 战培国. 美国 AIAA 风洞试验标准汇编[M]. 北京:国防工业出版社,2015.

[14] 孔宪伦. 军用标准化[M]. 北京:国防工业出版社,2003.

[15] 战培国. 结冰风洞研究综述[J]. 实验流体力学,2007,21(3):92 – 96.

[16] 战培国. 国外结冰试验研究平台综述[J]. 飞航导弹,2016(11):70 – 73.

[17] 战培国. NASA 在飞机适航领域的气动研究工作[J]. 民用飞机设计与研究,2015(2):89 – 92.

[18] 战培国. 国家大型结冰风洞运营管理研究[J]. 航空科学技术,2014,25(08):95 – 99.

［19］战培国. 美国 AIAA 风洞试验标准体系研究[J]. 飞航导弹,2015(11):21-25.

［20］战培国. 空气动力学标准体系研究初探[J]. 标准科学,2009(11):10-13.

［21］张书卿. 美国国家标准管理体系及运行机制[J]. 标准化研究,2007(10):17-19.

［22］刘辉. 中美自愿性标准体制比较[J]. 中国科技论坛,2018(4):174-179.

［23］贺鸣. 中美协会标准的对比分析[J]. 工程建设标准化,2011(7):52-56.

# 第 2 章　飞机结冰条件特征

## 2.1　概述

2001 年 3 月,SAE 发布《飞机结冰条件特征》(SAE AIR 5396)。自 20 世纪 40 年代开始,人们断断续续地进行有关大气飞行结冰气象条件的研究,直到 21 世纪,有关过冷大水滴等气象条件仍在研究。采集大量结冰气象条件数据,研究并形成可用于指导飞行器防冰设计和适航认证的标准气象条件,需要大量人力、时间和财力,气象数据主要采集自北美上空,NASA 是这项工作重要贡献者。FAA 颁布的《运输类飞机适航条例》(FAR 25)附录 C 所界定的结冰气象条件,主要是 NASA 的多年研究成果,欧洲航空安全局和中国民用航空管理局的适航条例中的结冰条件均源自美国 FAA 的 FAR 25。

云中的结冰温度远低于冰点,那些没有受到扰动的云中小水滴甚至在 −40℃时(过冷条件)都处于液态。空中飞机与这些小水滴碰撞时,会迅速冻结在飞机表面,冰积聚的量取决于处于云中飞机的表面尺寸、形状、速度、温度以及结冰云的一些参数,如云尺度、液态水含量、航线气温、持续时间等。当设计飞机防冰或除冰系统时,就需要考虑这些气象条件的极限值。

该标准目的是总结研究结冰气象条件的一些新观点及各种应用,给出四种表达和使用数据的方法。标准编写采用了 NASA、FAA、美国军方等一些研究成果。

## 2.2　民用设计包线

1945—1948 年,NACA(NASA 的前身)在冬季 6000m 高空过冷云层中,采用机载测量设备累计飞行了大约 5560km,测量了大量气象数据,通过研究分析确定了结冰条件数据包线,1949 年开始建议采用。1956 年,这些数据包线被用于运输类飞机必须装备的冰防护系统设计的结冰气象条件,也被用于结冰风洞试验条件指南和结冰适航验证的条件,这就是美国 FAA 颁布的《运输类飞机适航条例》(FAR 25)附录 C 中的结冰条件,尽管是民用结冰条件,军用飞行器结冰设计也广泛采用。

在美国 FAA 颁布的《运输类飞机适航条例》(FAR 25)附录 C 中界定了运输类飞机适航验证的大气结冰条件,如图 2-1 和图 2-2 所示。图 2-1 是连续最大结冰条件,对应的是层状云;图 2-2 是间断最大结冰条件,对应的是积云。图 2-1 和图 2-2 的(a)给出了最大可能的 LWC 与温度和 MVD 的函数关系;(b)给出了结冰条件下预计的极限温度与气压高度的函数关系;(c)给出了按照感兴趣的平均距离调整 LWC 的曲线。长期以来,这些结冰大气条件数据是世界大多数国家民用飞机防冰设计和适航验证的主要依据。

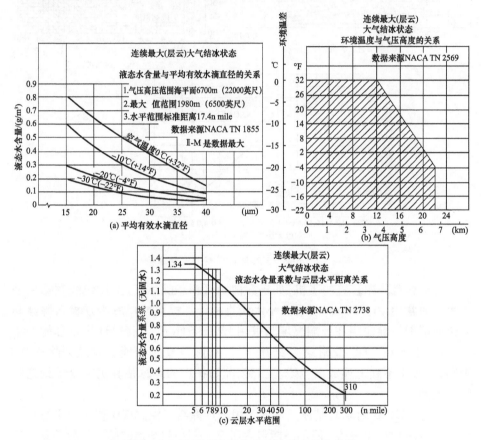

图 2-1 (FAR 25)附录 C 连续最大结冰条件

这些数据包线通常被用于选择温度设计值和可能的最大 LWC 值,以便计算未防护零部件上可能产生的最大结冰量,或者计算机翼表面、尾翼和发动机进气道防冰需要的最大热条件。所有这些应用都需要选择各种飞行高度上的温度和 LWC 组合值,但对某些临界飞行状态不适用,如喷气飞机慢车下降时此时热吹出气流最小。

25

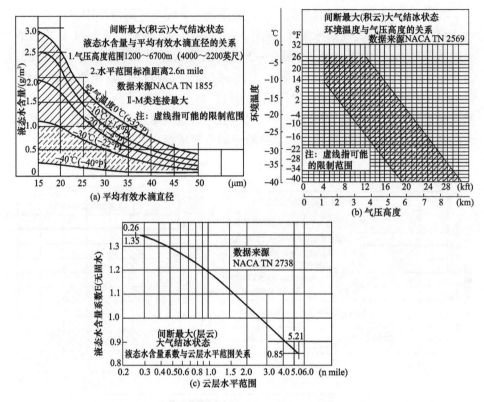

图 2-2　FAR 25 附录 C 间断最大结冰条件

对于具有除冰装置的飞机,如机翼前缘可膨胀除冰套,上述包线数据用处不大。通常用 40～50μm 的最大小水滴直径计算机翼或尾翼必须覆盖除冰套的弦向范围。除非想在极端温度和可用 LWC 条件下,飞行验证橡胶套能否正常工作,以及在 FAR 25 附录 C 结冰条件下,除冰套是否能够有效去除积冰;否则,一般用不到上述数据包线。当然,非防护区的结冰估算仍需要用到这些结冰条件。

尽管 FAR 25 附录 C 结冰条件能够用来选择与气温、MVD 和云中飞行距离组合的各种 LWC 极端值,但仍不能包含所有人们期望知道的结冰环境信息。例如,不能给出结冰云中将出现某 LWC 或 MWD 值的可能性。军用飞机设计师从飞机动力、重量和有效载荷考虑,希望降低冰防护能力,这时,如果能有结冰条件下各种 LWC 值出现的概率值会很有帮助。设计上能够接受采用较低的 LWC 值,而这个值可能有 10% 的时间会超过。FAR 25 附录 C 结冰条件只给出较大的 LWC 值,只有 1% 的时间可能会超过这些值。另外,从图 2-1(a)和图 2-2(a)可见,15μm 以下的 MVD 没有数据,这是由于该图是 NACA-TN-1855 中推荐设计点采集数据的一个简化曲线,在 1940 年,15μm 被认为是对机翼和尾翼设计需要考虑的最小 MVD 值,但对当今而言,旋翼、薄层流翼型普遍被采用,它们对 MVD 值 15μm 以下的小水滴搜集效率很高。FAR 25 附录 C 结冰条件也缺少高度对应 LWC 的信息,尽管这个可以间接从云外温度与高度包线获得,但无法确定 3000m 以上高度的极限 LWC 值。因此,上述数据包线仅是设计包线,不是结冰大气的完整描述。

20 世纪 70 年代后期,直升机领域针对直升机较低的飞行高度,呼吁用新的数据包线降低 LWC 较大的设计值。也有一些要求重新评估 FAR 25 附录 C 结冰条件的呼声,因为用于云物理研究的机载测量设备有所发展并获得了一些新的数据。为了回应这些问题,在 FAA 的资助下,开展了新的数据采集和分析工作,累计飞行测量逾 $5 \times 10^4$ km,进一步充实了数据库。一些结冰行业从业者用新数据库数据进行相关分析试验和应用。SAE 还发布了三个不同应用案例,以便感兴趣的从业者了解和激发新的思维,其中两个源自具体的军用需要,另一个源自克服结冰飞行试验数据与《运输类飞机适航条例》(FAR 25)附录 C 结冰条件比较困难问题。

## 2.3    美国空军试验设计包线

美国空军是将集成计划概念用作武器系统发展基本工具的倡导者,这个概念始于飞机机体集成和发动机结构集成计划,这两个计划的成功,使美军期望将集成的思维方法用于系统及软件开发。在集成计划中,特征和分析工作属于环境特征范畴,飞行结冰环境是其中的子问题。武器的设计、使用等都需要精确的环境条件参数。关于结冰环境的军用标准已经不能满足集成计划概念应用于武器系统发展。莱特·帕特森空军基地航空系统部的发展计划也发现目前的定义烦琐且不能反映实际情况。反映实际结冰环境数据的研究,促使美国空军试验设计包线产生。

目前美国军用标准中的结冰条件主要还是源自《运输类飞机适航条例》(FAR 25)附录 C 结冰条件,这些数据曲线主要基于临界水滴尺度,小水滴撞击研究主要是针对厚翼型和中等速度,一些现在认为重要的数据并没有包含在这些数据曲线中。因此,目前标准中的数据曲线并不能定义结冰环境的极限,而只能用作冰防护系统设计的包线。当我们想找到空中某处小水滴尺寸、温度和液态水含量(LWC)时,就会发现目前包线的缺点,因为这些数据曲线无效且不能用来定义环境。美国 FAA 已考虑过《运输类飞机适航条例》(FAR 25)附录 C 结冰条件对一些类型的飞机来说过度保守了,并采用新机载测试设备建立结冰数据库,这个数据库由以前在海军研究实验室工作的理查德·杰克建立和管理,并以此构建了美国空军试验设计包线。

美国空军试验设计包线仅针对过冷结冰云情况,建立了两组飞行结冰环境包线,一组对应层云(图2-3),另一组对应对流云(图2-4)。它们分别是温度与高度、云水平范围与LWC、LWC与温度、LWC与高度的曲线。这些包线代表了99.9%的结冰条件,即这些数据是0.001概率分析的结果,它们是工程师需要的环境定义和设计师需要的使用数据的一个折衷。这些数据是最基本的并欢迎有关团体补充。SAE期望这些数据能与国防部以及将来的FAA进行协调,尽可能统一,并减轻飞机制造商的压力。

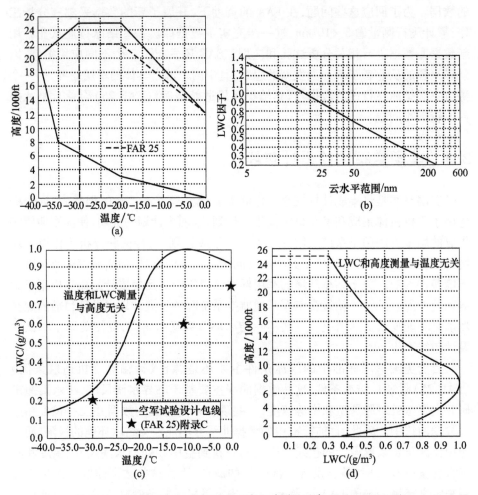

图2-3　MVD=23μm以下层状云数据包线(源自SAE AIR 5396)

28

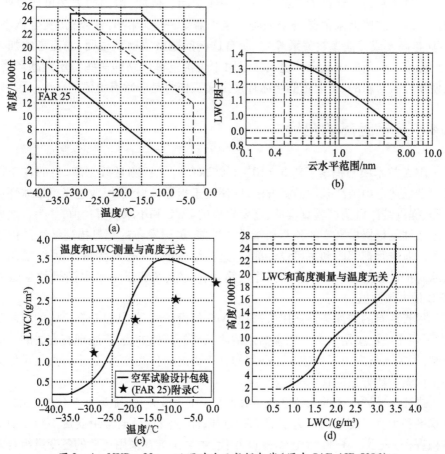

图 2 - 4　MVD = 23μm 以下对流云数据包线(源自 SAE AIR 5396)

图 2 - 3 和图 2 - 4 分别对应层状云和对流云。其中:(a)给出飞机正常飞行会遇到的结冰条件中温度和高度包线,并不表示这些条件的严重性;(b)基于层状云中遇到的结冰云长度尺度与 LWC 因子关系;(c)给出感兴趣温度对应的 LWC 范围;(d)给出高度对应的 LWC 范围。

上述美国空军新的设计试验包线与美国军用标准 MIL - E - 87231 建议的结冰条件相比,以层状云中低空盘旋飞行为例,在 MIL - E - 87231 标准中,对于短飞行时间 LWC 更为严重,而对最长的飞行时间 LWC 最不严重;而用上述新试验包线则似乎相反。对流云中短飞行时间,结果一样。这仅仅是新试验设计包线与原标准差异的一个例子,SAE 期望能在更广的意义上使用,这将能确定更多的试验条件参数,也将能给出更多温度和高度的不同组合,而不仅仅是 LWC 作为临界条件。

对这个新的设计试验包线也存在一些疑问。例如,给出的方法可接受吗?给出的所有这些极限值是需要的吗?是否需要一些新的信息补充(发生概率、MVD与高度或其他参数关系等)?所有这些问题必须得到说明,才能考虑加入军用标准。但新的试验设计包线已经用于美国空军计划的一些特定结冰环境,其使用经验对新的、更通用的结冰环境定义工作将是非常有价值的。

## 2.4  基于距离的包线

FAA 技术中心积累了约 $5 \times 10^4$ km 结冰条件飞行测量数据库,目的在于探索定量描述空中结冰条件的新方法,以便用于指导工程设计、改进飞行结冰环境预测、提供结冰风洞试验真实的、需要模拟的 LWC 和小水滴直径值,并为自然界结冰条件飞行提供真实的预测和指导。目前,美国发布的定量描述结冰条件来自民用航空管理部门和军用设计部门,这些结冰条件一般称为设计包线,被用于结冰防护设备的工程设计标准,并被简化作为温度和云中小水滴尺寸函数的LWC 最大预测值。

尽管现有的结冰条件被用来选择 LWC 的设计值,但其自身有一定的限制条件,不便于广泛应用。为了探索描述结冰条件的其他方法,克服现有方法的一些限制,研究人员提出了描述结冰条件的基于距离的包线方法,这个方法只是作为一个探索替代方法的技术交流。

描述与结冰有关的云特性变量有 LWC、小水滴直径、随高度变化的温度、云的水平和垂直尺度范围。为了简化和方便,小水滴直径通常用变量 MVD(中值体积直径)表示。在 20 世纪 40—50 年代,最早是推荐采用离散的各变量组合来设计冰防护系统。尽管结冰条件的水平范围区域变化很大,NACA 的研究人员还是根据云的类型,推荐采用 1.5ft(1ft = 0.3048m)、3ft 和连续三种固定距离。在 FAR 25 附录 C 结冰条件中,LWC 和 MVD 随着不同的平均距离变化着,应用需要采用一个固定距离值,然后根据距离变化提供一个修正因子。

这种方法存在问题(如试验点插值困难),因为通常所画包线的固定参考距离不同,很难将实际 LWC 转换到相等参考距离上去。如果距离不同,想比较包线上的几个点也无法进行。也就是说,现有的结冰条件包线图很难匹配距离变化的这种真实情况。

解决问题的方法之一就是将水平距离作为基本变量,将 MVD 作为控制参数,给出 LWC 随水平距离的变化。图 2 - 5 给出了层状云数据库 LWC 平均值与水平距离的关系。图 2 - 6 以温度和水平距离函数的形式给出观察到的 LWC 上限,可以用来预测空中最坏的结冰条件。由图可见,随着云层变冷,不仅最大可用 LWC 下降,而且给定的 LWC 保持距离变短。这无疑告诉我们,温度越低,过冷云状态就越难维持,它将越可能变为冰晶。

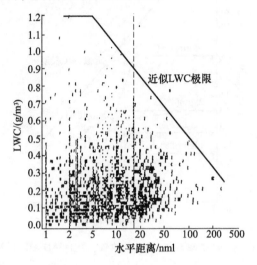

图 2-5　测量数据库绘制的水平距离与 LWC 平均值(源自 SAE AIR 5396)

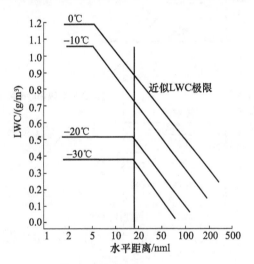

图 2-6　水平距离与经历的平均 LWC(源自 SAE AIR 5396)

图 2-7 以 MVD 函数的形式给出观察到的 LWC(和水平距离)上限,也可以用来预测空中最坏的结冰条件。图 2-8 是基于水平距离的自然试验数据。除了通常的试验点(图中大黑点)代表整个距离最后 LWC 的平均值外,如果需要,LWC 测量的整个历程都可以插值。

图 2-9 给出了水拦截率(RWI)与水平距离的关系。水拦截率对防冰应用

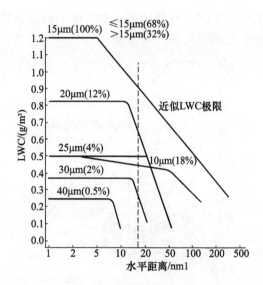

图 2-7　水平距离与 LWC 平均值(源自 SAE AIR 5396)

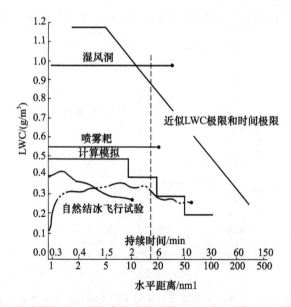

图 2-8　经过的水平距离与自然试验平均 LWC 值(源自 SAE AIR 5396)

非常重要,RWI 特性表明,一个给定的 RWI 值在自然结冰条件下能持续多久,也能用来插值 RWI 试验点。图 2-10 给出了比较试验点与设计点的方法。如果防冰系统设计能在 17.4nml 标准距离上经受 0.5g/m³ 的 LWC,那么低于这个距离和 LWC 值的区域就是一个"设计防护区"。如果接下来的飞行试验验证了该防冰系统在给定的距离内能经受某个 LWC 值,那么就能确定"验证防护区"。该图能够按照相对尺寸和覆盖防护区范围直接比较设计点和试验点。

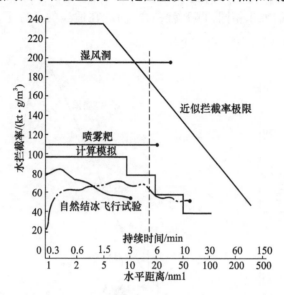

图 2-9  经过的水平距离与 RWI 值(源自 SAE AIR 5396)

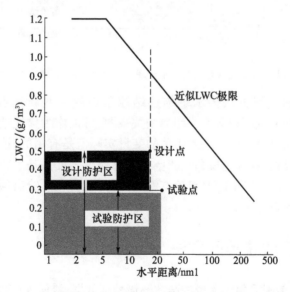

图 2-10  经过的水平距离与平均 LWC 值(源自 SAE AIR 5396)

图 2-11 给出从数据库绘制的总的水经受量,即总水路途(TWP)与距离的关系。TWP 决定最终的冰积聚量,因此,对除冰系统和未防护面都很重要。

TWP 数据点可简单地由每个 LWC 值乘以其平均距离获得。该图表明 TWP 作为距离的函数,有一个自然的上限,TWP 可以替代 LWC 作为一个设计变量。只要 LWC 和距离的乘积相同,TWP 就一样,因此在适当的条件下,可以通过调整 LWC 和距离,达到一个特定的 TWP。

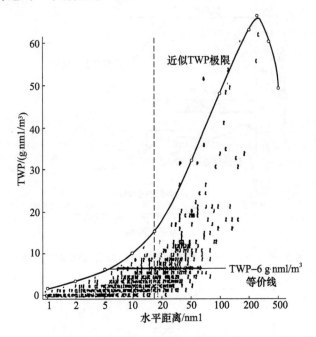

图 2 - 11　测量数据库绘制的水平距离与 TWP(源自 SAE AIR 5396)

　　基于距离的包线方法揭示了描述结冰条件的某些新观点和可能性,将 LWC、RWI 或 TWP 绘制成与水平距离的关系图,可以作为描述结冰条件的一种方法。这些特征值对选择与结冰相关的变量实际值是有用的,该方法可以用于结冰风洞参数设置、计算建模和预测空中结冰条件强度。基于距离的方法可以简化试验点绘制,RWI 和 TWP 等价特性以及防护区概念,给出预测和实际飞行试验结果比较的新方法。

## 2.5　列线图和统计的方法

　　长期以来,美国采集了大量的结冰环境特征数据,科研人员也在不断研究如何用清晰易用的方式给出这些数据,以满足航空领域的使用需要。随着对现代飞机结冰云数据分析研究的深入,对广泛使用的 FAA(FAR 25)附录 C 结冰条件的精度、实用性和适用性有些怀疑。FAR 25 附录 C 是否能很好地给出我们关心的数据变量、推测的数据关系和趋势,人们是否能正确理解绘制曲线的含义并始终如一完整地使用图表,这是对 FAR 25 附录 C 结冰条件的顾虑所在。例如,液态水含量值在主图表中相对于特定的水平范围(HEX)是呈正态分布的,而任意范围的试验值就不能与该表中的数据曲线直接比较。鉴于结冰环境条件的多样性和复杂性,以及飞机所处的各种不同状态,在结冰环境数据给出方式研究中,列线图和统计方法是一个方便使用的表达形式,其目的不在于改变已有的标准,而在于克服标准存在的某些不足,方便实际应用。

利用列线图和统计方法,工程人员能够更方便地进行冰防护系统设计、权衡和试验;技术人员用于资质和认证评估;管理人员用于设计、成本和进度决策;气象学家和天气预报人员能够进行天气评估和简报。该方法考虑了历史和现存的表达方式、将来的应用、积云环境、飞行区域和使用者的需求。

列线图和统计方法是建立在对已有结冰条件表达方式和数据图表分析评估基础上的,目前广泛接受的标准是源自一系列 20 世纪 40—50 年代 NACA 技术机记中的数据,其表达格式是一些不同的组合和统计格式。60—70 年代,气候学和天气预测研究在结冰条件方面做了大量工作,其数据表达形式主要是全场图或标准的天气列线图。70 年代至今,特征方法学取得了很大进展,我们需要在环境特征(天气预测和气候学)和工程标准化(设计、认证)之间给出一个描述,因为不同的应用目的,信息和特征值使用是不同的。

在长期的实践中,人们根据特定的使用需要,绘制了一些各自应用方便的列线图,因此,需要做的是标准化和基本的图表格式统一。一个基本的通用图表格式对研究、工程、气象预测、导航等领域应用都是有益的,列线图应包括环境特征和设计标准曲线以及气候学和天气预测格式。建议的格式应当作为一个基准,用来绘制相对一套标准变量固定的坐标轴,不同环境、飞行、参数变量和曲线类型的列线图。

绘制这些列线图的数据源包括世界范围内的各种数据,它们可以相互验证。目前使用的数据库是 FAA 结冰数据库、NOAA/FSL 结冰导航报告数据库、NOCD/NCDC 全球高空气象地图数据库和 NCAR/ARL WISP 结冰预测修正,也有更精确地用于具体军事项目的结冰环境特征,下面给出两个列线图实例。

飞行中一个具体问题是需要"实景范围"或距离,它能清楚地表达在一个飞行任务或阶段中,飞机所处环境的典型状态,而不是仅当穿越一个具体类型云层时。图 2 - 12 给出了一个实景水平范围等高线的结冰包线的例子。而一般所见的 FAA 的图表数据是经过处理的,不能完整和准确地展示结冰环境和潜在结冰可能,FAA 的图表格式用于设计目的的效率也不高。

图 2 - 12 给出了美国 V - 22"鱼鹰"倾转旋翼飞机结冰环境图。图表是压力

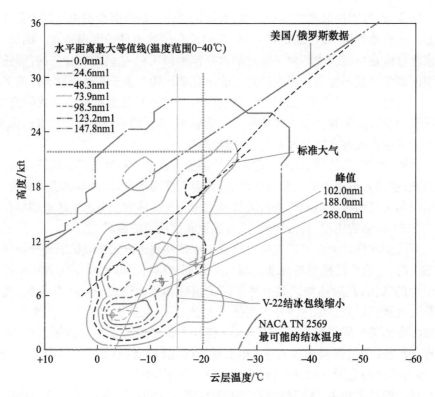

图 2 - 12　实景水平范围列线图样例(源自 SAE AIR 5396)(1kft = 304.8m)(见彩图)

高度、外部气温和空速的一个组合表达,实际上融合了结冰和飞行包线、高度、范围和持续时间。这些数据的融合,使我们能直接比较特定飞机的飞行极限条件和暴露于结冰环境的范围。实际上,任何感兴趣的参数变量一般是高度或空速的函数,都可以绘制于图中。图 2 - 13(a)给出具体条件下的结冰飞行边界和性能;图 2 - 13(b)绘制了飞行包线,实景水平距离等高线(层云和对流云)。空速/水平距离范围比较在各个高度都可以进行,同时可以评估边界的缩小变化;给定关键的高度和空速/水平距离范围组合,飞机性能的衰减就可以测量或模拟并绘制在图 2 - 13(a)中;在这种情况下,给出了有/无结冰时的有效载荷与距离曲线,以及结冰条件下高度与比距离的关系。

## 2.6　FAR 25 附录 O 结冰条件

很长时间以来,研究者认为飞机结冰主要是由 MVD 小于 50μm 的过冷小水滴引起的,这种云层的特征是不含超过 100μm 的过冷小水滴。因此,长期以来

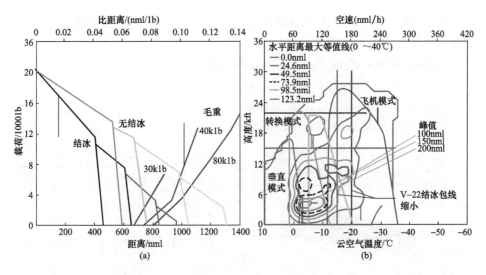

图 2-13　V-22 飞机结冰列线图样例(源自 SAE AIR 5396)(1000lb=453.59kg)(见彩图)

飞机结冰研究工作、防除冰系统设计以及结冰适航条例(美国 FAA FAR 25 附录 C)的制定主要针对 MVD 小于 50μm 的过冷小水滴,这种认识一直延续到 20 世纪 90 年代的 ATR-72 结冰事故。1994 年 10 月 31 日,一架 ATR-72 飞机在接近美国印第安纳州境内的罗斯蓝(Roselawn)机场时坠毁。事故调查发现,当天飞机遇到了超出适航规范的结冰气象条件,大气中含有直径超过 100μm 的过冷大水滴(Supercooled Large Droplet,SLD),机翼出现异常结冰情况,而飞机的除冰系统无法有效去除 SLD 结冰,最终导致飞机失控坠毁。之后,又发生了多起因 SLD 结冰引起的空难,这些事故均表明,SLD 结冰导致的后果可能会更加严重。FAA 意识到,为了满足当今社会更高的飞行安全要求,FAR 25 附录 C 的结冰条件需要拓展,飞机设计和结冰适航认证需要考虑 SLD 气象条件。为此,FAA 联合 NASA、工业界和高校,自 20 世纪 90 年代以来,开展了大量关于 SLD 气象条件数据的采集和研究,为建立 SLD 结冰适航环境要求和符合性验证方法奠定了基础。

2014 年,FAA 发布了 FAR AMDT. 25-140/33-34,进一步扩展需要审定的结冰气象条件的范围,提出了冻细雨(Freezing Drizzle,FZDZ)和冻雨(Freezing Rain,FZRA)两种 SLD 结冰云条件,相应修订了 FAR 25/33 中与结冰条件下运输类飞机和涡轮发动机审定相关的条款,进一步提高了结冰条件下飞行的安全标准。欧洲航空安全局 EASA 也于 2012 年发布了 CS 25 Amendment 16、CS-E Amendment 4 以及 2016 年发布了 CS 25 Amendment 18,其中均新增了 SLD 结冰认证条款。

FAR 25 附录 O 规定的 SLD 结冰云主要包括两个方面:一是水滴分布要求;二是 MVD 和 LWC 模拟范围,具体如下。

冻细雨 MVD < 40 μm:0.29 ~ 0.44g/m$^3$(图 2 – 14)。

冻细雨 MVD > 40 μm:0.18 ~ 0.27g/m$^3$。

冻雨 MVD < 40 μm:0.21 ~ 0.26g/m$^3$。

冻雨 MVD > 40 μm:0.25 ~ 0.31g/m$^3$。

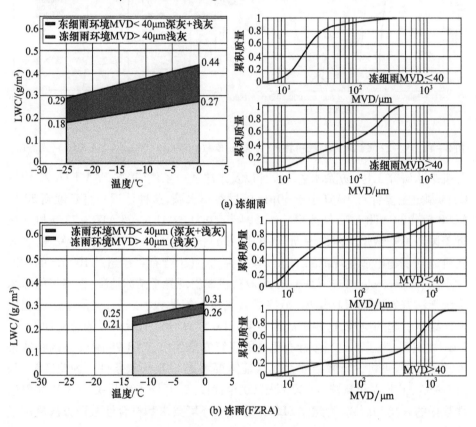

图 2 – 14  FAR 25 附录 O 的 SLD 结冰条件

# 参 考 文 献

[1] SAE AIR 5396. Characterization of aircraft icing conditions[S]. SAE,2001.

[2] DOT. Airplane and engine certification requirements in supercooled large drop, mixed phase, and ice crystal icing conditions; final rule[S]. Federal Register,2014,79(213).

# 第3章 结冰模拟试验设备

## 3.1 概述

1999年7月,SAE发布《结冰模拟试验设备》(SAE AIR 5320)。结冰地面模拟试验对民用和军用航空器飞行安全具有重要意义,尽管人们在持续改进试验设备和测试技术,但地面结冰试验设备所达到的试验数据品质与预期仍有差距。地面模拟试验的主要困难是小水滴分布和液态水含量的均匀性,以及测量仪器固有的不确定度。细心校准和运行结冰试验设备,能够改善试验数据品质和重复性。地面试验与自然结冰比较可以确定地面试验数据品质。为了验证地面试验结果,地面模拟结冰云的均匀性和冰积聚试验要尽可能与自然结冰气候条件一致。

为了更好地了解和改进地面结冰试验,SAE飞机技术委员会下属的结冰技术专业委员会组织了一个结冰设备性能小组,开展了世界结冰地面设备的调研工作。1990年10月,在加拿大蒙特利尔市召开了有关设备代表人员的会议,讨论了世界结冰试验设备的状况、试验方法和流程、测量和标准化问题,协商结冰性能小组需开展的工作。与会代表一致认为,第一步工作应当做一个结冰设备以及其所用结冰云特性测量方法的汇编,这是结冰领域技术人员期盼的。为此,工作小组设计了一个结冰设备性能调查表,包括设备类型、尺寸、结冰云模拟能力、测量仪器、校准方法、风洞简图等,该表被发往已知的主要结冰风洞所属机构,最终汇总了27座地面结冰试验设备,其中大约一半是结冰风洞,另一半是发动机试验设备。

《结冰模拟试验设备》(SAE AIR 5320)可以视为是对《北美飞机结冰模拟试验设备调查》(NASA-TM-81707)的补充。该标准于1999年发布后未发现有后续更新,随着时代变迁,标准中设备性能和技术参数可能发生更新,但它仍可作为了解国外结冰设备和测试技术发展的一个参考。

## 3.2 结冰地面试验设备

### 3.2.1 阿廷顿结冰风洞

该风洞属于英国吉尔福德郡的阿廷顿冷藏库公司(ACT),风洞示意图见图 3 - 1。

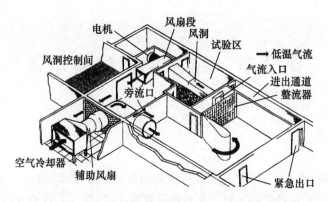

图 3 - 1　阿廷顿结冰风洞(源自 SAE AIR 5320)

**1. 风洞技术参数**

试验段:0. 5m ×0. 5m ×5. 5m(宽 ×高 ×长,下同)。

试验速度:6. 1 ~183m/s。

空气流量:20. 4kg/s。

总温: -27 ~15℃。

总压:100kPa。

LWC:0. 1 ~5g/m³。

MVD:12 ~100μm。

湿度:环境湿度 ~100% 。

结冰均匀区范围:均匀区和 LWC 都不确定。

**2. 测量仪器**

速度:皮托管;温度:热电偶;压力:传感器和皮托管;喷水流量:涡轮流量计;喷嘴水温:温度探头;喷嘴气压:压力计;喷嘴空气温度:温度探头。

**3. 结冰流场校准**

水处理:去除矿物质得到软化水。

LWC:测量仪器采用冰刀和棒,用卡尺和秒表计量。均匀区测量方法相同。测量仪器校准频率 6 个月。

MVD:测量仪器采用马尔文粒径分析仪和油片技术,用显微照相机和射灯拍摄。均匀区测量方法相同。测量仪器校准频率 6 个月。

## 3.2.2　AERAZUR Givrage 风洞

该风洞属于法国 AERAZUR 公司,是一座直流式风洞,隔热低温室内通过氟

40

利昂热交换器和液氮进行降温,见图 3 - 2。风洞主要用于结冰研究与发展。

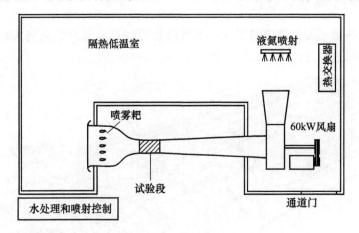

图 3 - 2   AERAZUR Giyrage 风洞(源自 SAE AIR 5320)

**1. 风洞技术参数**

试验段:0.5m×0.3m×0.8m。

试验速度:20 ~ 90m/s。

空气流量:4 ~ 17kg/s。

总温: - 30 ~ 20℃。

总压:100kPa。

LWC:0.5 ~ 10g/m$^3$。

MVD:10 ~ 40μm。

湿度:环境湿度。

结冰均匀区范围:0.45m×0.25m;LWC: ±20% 。

**2. 测量仪器**

速度:根据 $p_s$(静压)、$p_t$(总压)、$T_t$(总温)或皮托管进行计算;温度:喷雾耙上游热电偶;压力:传感器;喷水流量:涡轮流量计和校准箱;喷嘴水压:每个喷雾耙上传感器;喷嘴水温:储箱温度传感器;喷嘴气压:多管传感器;喷嘴空气温度:多管热电偶。

**3. 结冰流场校准**

水处理:过滤并去除矿物质得到软化水。

LWC:测量仪器采用旋转圆柱并进行计算。均匀区测量用旋转圆柱,在多个部位进行结冰测量。测量仪器校准频率为 1 年。

MVD:测量仪器采用油片或激光器,离线标定。均匀区测量采用油片,多点测量。测量仪器根据需要进行校准。

### 3.2.3 AIT 高空试验设备

该设备属于英国航空与工业技术有限公司(AIT),是地面高空实验室,主要用于发动机进气道试验,见图 3 – 3。

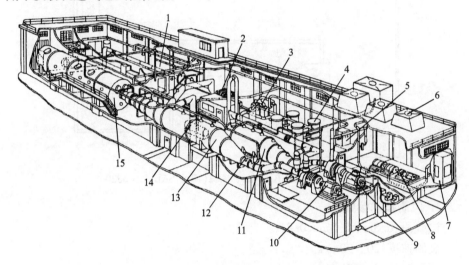

图 3 – 3　AIT 高空试验设备(源自 SAE AIR 5320)
1—燃烧试验舱;2—180kW 加热器;3—辅助干燥器;4—吸收干燥器;5—干燥器;
6—水冷却塔;7—进气口过滤机组;8—Reavell 压缩机;9—Derwent 抽吸机;10—Nene 抽吸机;
11—内置冷却器;12—高度控制阀;13—主空气冷却器;14—冷却干燥器;15—发动机试验舱。

**1. 风洞技术参数**

试验段:直径 4m,长 12.2m,进气管 0.51m。

试验速度:10 ~ 142m/s。

空气流量:1 ~ 5.4kg/s。

总温: – 65 ~ 90℃。

总压:11.7 ~ 98kPa。

LWC:0.2 ~ 2.5g/m³。

MVD:15 ~ 40μm。

湿度:干燥 ~ 25gr/lb。

结冰均匀区范围:直径 0.46m;LWC:±20%。

**2. 测量仪器**

速度:根据 $p_s$、$T_t$、$W_a$(空气质量流率)、$A$(横截面积)或皮托管/静压排管进行计算;温度:喷雾靶上游热电偶;压力:传感器和压力计;喷水流量:管道浮标、涡轮流量计、校准箱;喷嘴水压:水箱压力表;喷嘴水温:喷雾靶热电偶;喷嘴气流:空气流量管;喷嘴气压:喷嘴传感器;喷嘴空气温度:喷雾耙热电偶。

**3. 结冰流场校准**

水处理:去除矿物质。

LWC:通过计算获得。均匀区测量用格栅,测量结冰厚度。测量仪器在每次试验之前进行校准。

MVD:测量仪器采用马尔文粒径分析仪(2600C),瞄准线测量(离线)。均匀区测量仪器相同,垂直扫描。测量仪器在每次试验之前进行校准。

## 3.2.4 AEDC发动机试验设备 T-1、T-2、T-4

T-1、T-2、T-4试验设备属于美国阿诺德工程发展中心(AEDC),是用于发动机试验的试验舱,见图3-4。

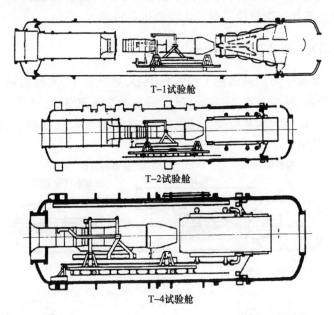

图3-4 AEDC发动机试验设备 T-1、T-2、T-4(源自 SAE AIR 5320)

## 1. 风洞技术参数

试验段:直径0.9m、2.1m、3.8m,长5.2~22.9m。

试验速度:30~275m/s。

空气流量:6~330kg/s。

总温:-32~38℃。

总压:38~100kPa。

LWC:0.2~3.9g/m³。

MVD：15 ~ 35μm。

湿度：干燥 ~ 2gr/lb。

结冰均匀区范围：0.55 ~ 1.7m，管道的 80% ；LWC：±20% 。

**2. 测量仪器**

速度：根据 $p_s$、$T_t$、$W_a$ 进行计算；温度：热电偶；压力：传感器；喷水流量：涡轮流量计；喷嘴水压：多管传感器；喷嘴水温：储箱中测量；喷嘴气压：多管传感器；喷嘴空气温度：热电偶。

**3. 结冰流场校准**

水处理：去除矿物质。

LWC：通过计算获得，包括蒸发量。均匀区测量用格栅，测量结冰厚度。

MVD：测量仪器采用光纤光学粒子测量仪，单点测量（离线）。均匀区测量仪器采用全息照相。测量仪器每日用线规进行校准。

### 3.2.5 AEDC 发动机试验设备 J–1、J–2

J–1、J–2 属于美国阿诺德工程发展中心，是开展中、大型涡轮发动机试验的模拟试验设备，模拟高度 23000m，试验马赫数 2.6 和 3.2。J–1 用于中型涡轮发动机性能、航空力学和可操作性试验；J–2 用途与 J–1 类似，可试验的发动机尺寸更大，见图 3–5。

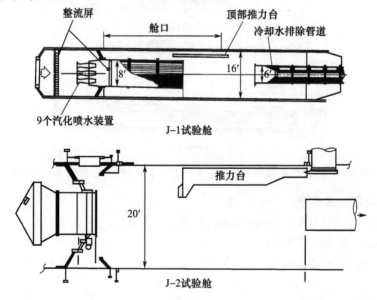

图 3–5　AEDC 发动机试验设备 J–1、J–2（源自 SAE AIR 5320）

44

**1. 风洞技术参数**

试验段:直径 4.9m、6.1m,长 22m、21m。

试验速度:30 ~ 275m/s。

空气流量:23 ~ 590kg/s。

总温: - 35 ~ 38℃。

总压:38 ~ 100kPa。

LWC:0.2 ~ 3.9g/m³。

MVD:15 ~ 35μm。

湿度:干燥 ~ 2gr/lb。

结冰均匀区范围:0.55 ~ 1.7m,管道的 80% ;LWC: ±20% 。

**2. 测量仪器**

速度:根据 $p_s$、$T_t$、$W_a$ 进行计算;温度:热电偶;压力:传感器;喷水流量:涡轮流量计;喷嘴水压:多管传感器;喷嘴水温:储箱中测量;喷嘴气压:多管传感器;喷嘴空气温度:热电偶。

**3. 结冰流场校准**

水处理:去除矿物质。

LWC:通过计算获得,包括蒸发量。均匀区测量用格栅,测量结冰厚度。

MVD:测量仪器采用光纤光学粒子直径测量仪,单点测量(离线)。均匀区测量仪器采用全息照相。测量仪器每日用线规进行校准。

## 3.2.6 AEDC 发动机试验舱 C - 2

C - 2 属于美国阿诺德工程发展综合体,是一种发动机试验舱,它与 C - 1 试验舱一起,被称为航空推进系统试验设备(ASTF),见图 3 - 6。

图 3 - 6 波音 787 发动机安装在 C - 2 中(源自 http://www.arnold.af.mil)

45

风洞技术参数如下。

试验段:直径8.5m,长26m。

试验速度:30~275m/s。

空气流量:35~745kg/s。

总温:-32~38℃。

总压:38~97kPa。

LWC:0.2~3.9g/m³。

MVD:15~35μm。

湿度:干燥~2gr/lb。

结冰均匀区范围:0.9~2.8m,管道的80%;LWC:±20%。

### 3.2.7　AEDC高空试验舱R-1D

该风洞属于美国阿诺德工程发展综合体,是一种高空试验舱。

风洞技术参数如下。

试验段:直径0.9m,长2.7m。

试验速度:30~275m/s。

空气流量:4~154kg/s。

总温:-29~38℃。

总压:56~97kPa。

LWC:0.2~3.9g/m³。

MVD:15~40μm。

湿度:干燥~2gr/lb。

结冰均匀区范围:0.25×0.4m,管道的80%;LWC:±20%。

### 3.2.8　BFG结冰风洞

该风洞属于美国BF Goodrich除冰系统公司(BFG),主要用于进行二维和三维机翼试验、吸气和非吸气(自由流)进气道试验、测量仪器试验以及带动力旋翼机的桨叶试验,风洞示意图见图3-7。

**1. 风洞技术参数**

试验段:0.56m×1.1m×1.5m。

试验速度:14~85m/s。

空气流量:11~39kg/s。

总温:-30℃~环境温度。

总压:100kPa。

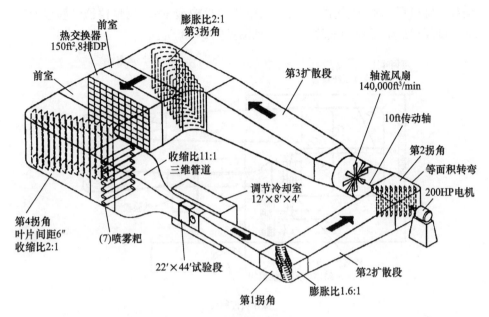

图3-7　BFG结冰风洞(源自SAE AIR 5320)

LWC:0.4~3.04g/m³。

MVD:10~50μm。

湿度:干燥~100%。

结冰均匀区范围:0.5m×1m;LWC:±20%。

**2. 测量仪器**

速度:根据$p_t$、$p_s$和$T_s$进行计算;温度:驻室内用热电偶和电阻测温装置;压力:传感器;喷水流量:热流量计;喷嘴水压:喷雾耙传感器;喷嘴水温:喷口位置热电偶;喷嘴气压:喷雾耙传感器;喷嘴空气温度:喷口位置热电偶。

**3. 结冰流场校准**

水处理:过滤并去除矿物质。

LWC:测量仪器采用冰刀和热线水流量计,进行单点测量,离线计算。均匀区测量用格栅,测量结冰厚度。测量仪器校准频率:LWC测量结果与水流量计结果进行比较,每年校准两次。

MVD:测量仪器采用相位多谱勒粒子分析仪,单点测量(离线)。测量仪器校准频率:单分散小水滴发生器,每两年校准一次。

### 3.2.9　波音研究气动结冰风洞

该风洞属于美国波音商用飞机集团公司飞机系统实验室,主要用于进行二维和三维机翼试验、吸气进气道试验、整机缩尺模型试验、测量仪器试验以及带动力旋翼机的缩尺模型试验,风洞示意图见图3-8。

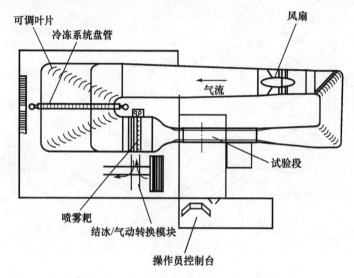

图3-8 波音研究气动结冰风洞(源自 SAE AIR 5320)

**1. 风洞技术参数**

试验段:1.5m×2.4m×6.1m、1.2m×1.8m×6.1m。

试验速度:4.6~128m/s。

空气流量:15.9~453.6kg/s。

总温:-40~38℃。

总压:65~100kPa。

LWC:0.25~3.0g/m$^3$。

MVD:15~40μm。

湿度:95%。

结冰均匀区范围:1.5/0.9m;LWC:±10%。

**2. 测量仪器**

速度:$p_s$、$p_t$,测量探头需要加热;温度:喷雾耙上游电阻测温装置;压力:收缩段入口总压,试验段入口静压;喷水流量:每个喷雾耙处涡轮流量计;喷嘴水压:每个喷雾耙处传感器;喷嘴水温:每个喷雾耙处热电偶;喷嘴气压:每个喷雾耙处传感器;喷嘴空气温度:每个喷雾耙处热电偶。

**3. 结冰流场校准**

水处理:去除矿物质。

48

LWC：测量仪器采用冰刀，进行单点测量。均匀区测量用7根水平杆，测量结冰。

MVD：测量仪器采用相位多谱勒粒子分析仪，进行实时测量。均匀区测量用PDPA和三坐标轴移测机构。测量仪器校准频率：使用振动喷嘴雾化发生器，每年校准两次。

### 3.2.10 法国CEPr高空试验舱S1

该风洞属于法国推进试验中心（CEPr），是一种发动机试验舱，主要用于进行带进气道发动机试验、吸气和非吸气（自由流）进气道试验、测量仪器试验以及带动力旋翼机的桨叶试验，见图3-9。

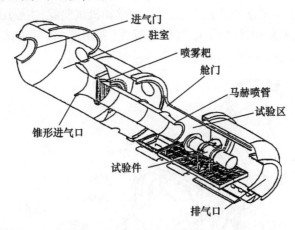

图3-9　CEPr高空试验舱S1（源自SAE AIR 5320）

**1. 风洞技术参数**

试验段：直径3.5m，长4.9m。

试验速度：7～270m/s。

空气流量：15～130kg/s。

总温：-50～50℃。

总压：30～115kPa。

LWC：0.15～10g/m³。

MVD：15～50μm。

湿度：干燥～100%。

结冰均匀区范围：0.7m×1.3m。

**2. 测量仪器**

速度：根据$p_s$、$p_t$、$T_t$、$W_a$或风速计进行计算；温度：驻室中用探针；压力：总压

49

耙;喷水流量:涡轮流量计;喷嘴水压:传感器;喷嘴水温:热电偶;喷嘴气压:传感器;喷嘴空气温度:热电偶。

**3. 结冰流场校准**

水处理:去除矿物质。

LWC:空气饱和情况下计算 $W_a$ 和 $W_w$(水质量流率)。均匀区测量采用格栅,进行目视检测。

MVD:测量仪器采用 FSSP/OAP 马尔文粒径分析仪,进行单点测量。均匀区测量采用 FSSP/OAP,进行垂直和水平扫描。测量仪器用玻璃球进行校准。

### 3.2.11　法国 CEPr 高空试验舱 R6

该风洞属于法国推进试验中心,是一种发动机试验舱,主要用于进行二维机翼试验、带进气道发动机试验、吸气和非吸气(自由流)进气道试验以及带动力旋翼机的桨叶试验,见图 3 - 10。

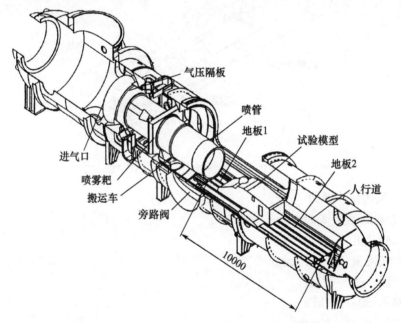

图 3 - 10　CEPr 高空试验舱 R6(源自 SAE AIR 5320)

**1. 风洞技术参数**

试验段:直径 5m,长 10m。

试验速度:10 ~ 270m/s。

空气流量:30 ~ 300kg/s。

50

总温：$-50 \sim 50^{\circ}\text{C}$。

总压：$30 \sim 115\text{kPa}$。

LWC：$0.05 \sim 10\text{g/m}^3$。

MVD：$15 \sim 50\mu\text{m}$。

湿度：干燥 $\sim 100\%$。

结冰均匀区范围：$0.7\text{m} \times 1.8\text{m}$。

**2. 测量仪器**

速度：根据 $p_s$、$p_t$、$T_t$、$W_a$ 或风速计进行计算；温度：驻室中用探针；压力：总压耙；喷水流量：数字阀；喷嘴水压：传感器；喷嘴水温：热电偶；喷嘴气压：传感器；喷嘴空气温度：热电偶。

**3. 结冰流场校准**

水处理：去除矿物质。

LWC：空气饱和情况下计算 $W_a$ 和 $W_w$。均匀区测量采用格栅，测量结冰厚度。

MVD：测量仪器采用 FSSP/OAP 马尔文粒径分析仪，进行单点测量。均匀区测量采用 FSSP/OAP，进行垂直和水平扫描。测量仪器用玻璃球进行校准。

### 3.2.12 法国 CEPr PAG（Petit Anneau Givrant）风洞

该风洞属于法国推进试验中心，主要用于进行二维机翼试验和测试仪器试验，风洞示意图见图 3-11。

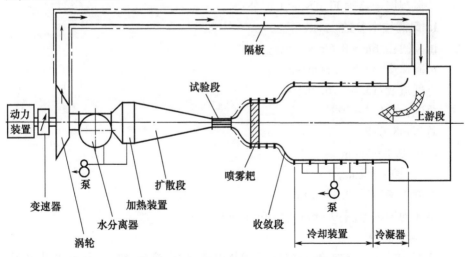

图 3-11 CEPr PAG 风洞（源自 SAE AIR 5320）

**1. 风洞技术参数**

试验段:0.2m×0.2m×1m 或 0.2m×0.5m×1m。

试验速度:30~187m/s。

空气流量:2~12.5kg/s。

总温:−40~8℃。

总压:80~100kPa。

LWC:0.1~10g/m³。

MVD:15~50μm。

湿度:环境湿度。

结冰均匀区范围:0.2m×0.2m 或 0.2m×0.5m。

**2. 测量仪器**

速度:根据 $p_s$、$p_t$ 和 $T_t$ 进行计算;温度:热电偶;压力:传感器;喷嘴流量:科氏流量计;喷嘴水压:传感器;喷嘴水温:热电偶;喷嘴气压:传感器;喷嘴空气温度:热电偶。

**3. 结冰流场校准**

水处理:去除矿物质。

LWC:计算 $W_a$ 和 $W_w$(水质量流率)。均匀区测量采用格栅,测量圆柱体上的结冰。

## 3.2.13 FluiDyne 22in ×22in (1in = 2.54cm) 结冰风洞

该风洞属于美国 FluiDyne 工程公司。

**1. 风洞技术参数**

试验段:0.6m×0.6m×1.5m。

试验速度:30.5~274m/s。

空气流量:13.4~76.2kg/s。

总温:−31.7~30℃。

总压:98.6kPa。

LWC:0.1~5g/m³。

MVD:10~35μm。

湿度:0.0001~0.83gr/lb。

结冰均匀区范围:0.46m×0.46m;LWC:±15%。

**2. 测量仪器**

速度:皮托管,静态测量;温度:J 型热电偶;喷水流量:管道浮标;喷嘴水压:传感器;喷嘴水温:热电偶;喷嘴气压:传感器;喷嘴空气温度:热电偶。

**3. 结冰流场校准**

水处理:去除离子。

LWC:测量仪器采用冰刀和旋转圆柱体,每次试验单点测量。均匀区测量采用格栅,测量格栅上的结冰。测量仪器采用水流量计算进行校准。

MVD:测量仪器采用油片,进行单点测量(离线)。测量仪器校准是与旋转圆柱体进行比较,每年进行一次。

## 3.2.14　G.E.6 号试验场设备

该风洞属于美国通用电器皮布尔斯试验运行公司,是一种发动机露天试验设备,主要用于进行带进气道的发动机试验、非吸气(自由流)进气道试验和测量仪器试验。

**1. 风洞技术参数**

试验段:11.3m×9.8m。

试验速度:0～30m/s。

空气流量:1362～8500kg/s。

总温:−18℃～环境温度。

总压:1100ft 高空气压。

LWC:0.3～3.6g/m$^3$。

MVD:14～40μm。

湿度:30%～90%/环境湿度。

结冰均匀区范围:直径 9.8m;LWC:±5%。

**2. 测量仪器**

速度:皮托管,静态测量,热线;温度:热电偶;压力:$p_s$、$p_t$;喷水流量:涡轮流量计和质量流量计;喷嘴水压:传感器;喷嘴水温:热电偶;喷嘴气流:文氏管;喷嘴气压:传感器;喷嘴空气温度:热电偶。

**3. 结冰流场校准**

水处理:去除矿物质。

LWC:测量仪器采用旋转圆柱体和 FSSP/OAP,根据 FSSP/OAP 和旋转圆柱体的测量值计算 LWC。均匀区测量采用格栅,视觉检测格栅结冰。测量仪器校准是 FSSP/OAP 和旋转圆柱体的测量值进行比较。

MVD:测量仪器采用油片、旋转圆柱体、FSSP/OAP,离线测量建立可能的在线校准曲线。均匀区测量采用 FSSP/OAP,进行多点测量。测量仪器校准频率:FSSP/OAP 使用前进行校准。

### 3.2.15 NASA 格林研究中心结冰研究风洞

该风洞属于 NASA 格林研究中心,主要用于进行二维和三维机翼试验、吸气和非吸气(自由流)进气道试验、整机缩尺模型试验、测量仪器试验以及带动力旋翼机的缩尺模型试验,风洞示意图见图 3 – 12。

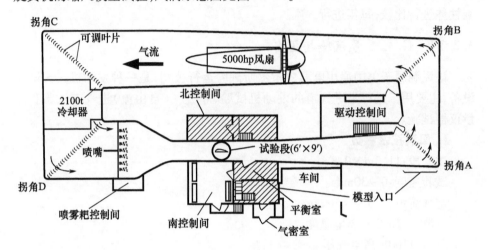

图 3 – 12   NASA 格林研究中心结冰研究风洞(源自 SAE AIR 5320)

**1. 风洞技术参数**

试验段:2. 7m × 1. 8m × 6. 1m。

试验速度:26 ~ 180m/s。

总温: – 25 ~ 5℃。

总压:90 ~ 101kPa。

LWC:0. 2 ~ 3g/m³。

MVD:15 ~ 50μm;50 ~ 500μm。

湿度:95%。

结冰均匀区范围:1. 2m × 0. 9m;LWC: ±20%。

**2. 测量仪器**

速度:试验段入口处进行皮托管测量和静态测量;温度:T 形喷嘴上游用热电偶;压力:传感器和皮托管;喷水流量:科氏流量计;喷嘴水压:喷雾耙传感器;喷嘴水温:喷雾耙热电偶;喷嘴气压:喷雾耙传感器;喷嘴空气温度:喷雾耙热电偶。

**3. 结冰流场校准**

水处理:过滤并去除离子。

54

LWC:测量仪器采用冰刀和热线,离线单点测量。均匀区测量采用9个垂直圆柱体,目视检测结冰(离线)。

MVD:测量仪器采用FSSP/OAP,单点测量(离线)。均匀区测量采用FSSP/OAP,水平和垂直方向移动进行测量。测量仪器校准采用旋转针孔和旋转分划板,校准频率:使用时每天进行。

### 3.2.16 NRC燃气涡轮结冰试验设备——4号试验舱

该设备属于加拿大国家研究委员会(NRC),是一种发动机试验舱,见图3-13。

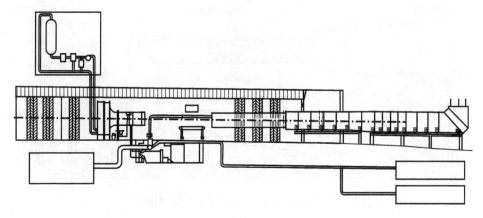

图3-13 NRC燃气涡轮结冰试验设备——4号试验舱(源自SAE AIR 5320)

**1. 风洞技术参数**

试验段:直径7.6m,长10m。

试验速度:5~125m/s。

空气流量:0~136kg/s。

总温:-30~30℃。

总压:100kPa。

LWC:0.1~2g/m³。

MVD:15~40μm。

湿度:环境湿度。

**2. 测量仪器**

速度:根据 $p_s$ 和 $T_t$ 进行计算;温度:热电偶;压力:气压计和传感器;喷水流量:管道浮标;喷嘴水压:压力计;喷嘴水温:热电偶;喷嘴气压:压力计;喷嘴空气温度:热电偶。

### 3. 结冰流场校准

水处理:去除矿物质。

LWC:进行包括蒸发量的计算。均匀区测量采用格栅,测量结冰厚度。

MVD:测量仪器采用油片,单点测量(离线)。

## 3.2.17　NRC 结冰风洞设备

该风洞属于加拿大国家研究委员会,风洞示意图见图3-14。

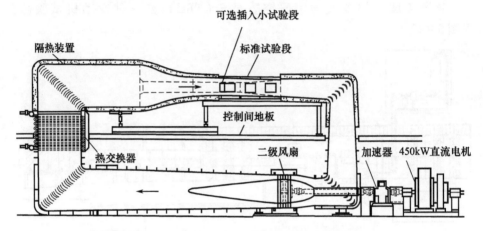

图3-14　NRC 结冰风洞设备(源自 SAE AIR 5320)

### 1. 风洞技术参数

试验段:0.57m×0.57m×1.83m。

试验速度:5~90m/s。

空气流量:2~35.9kg/s。

总温:-30~30℃。

总压:42~101kPa。

LWC:0.1~1.7g/m³。

MVD:10~35μm。

湿度:100%。

结冰均匀区范围:直径0.46m;LWC:±25%。

### 2. 测量仪器

速度:根据$p_s$、$T_t$和$p_t$进行计算;温度:驻室中用热电偶;压力:传感器,试验段静态测量,驻室测量总压;喷水流量:管道浮标;喷嘴水压:管道浮标;喷嘴气流:热电偶;喷嘴气压:压力计;喷嘴空气温度:热电偶。

**3. 结冰流场校准**

水处理:蒸馏。

LWC:测量仪器采用旋转圆柱体和热线,进行单点测量(离线)。均匀区测量采用格栅(热线),测量结冰厚度。测量仪器校准采用热线,与圆柱体结果进行比较。

MVD:测量仪器采用油片或 FSSP,单点测量(离线)。均匀区测量仪器相同,多点测量。FSSP 用玻璃球进行校准。

## 3.2.18 NRC 直升机结冰设备

该风洞属于加拿大国家研究委员会,是一种露天试验设备,见图 3-15。

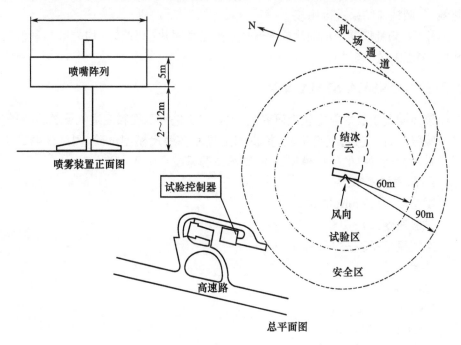

图 3-15 NRC 直升机结冰设备(源自 SAE AIR 5320)

**1. 风洞技术参数**

喷嘴阵列:23m×5m。

试验速度:2.2~13.4m/s。

总温:-17~0℃。

总压:100kPa。

LWC:0.1~1.0g/m³。

MVD:30 ~ 60μm。

湿度:100%。

结冰均匀区范围:22.9m × 4.5m。

**2. 测量仪器**

速度:环形风速计;温度:通风型电阻温度测量装置;压力:气压计;喷嘴流量:管道浮标;喷嘴气压:压力计;喷嘴空气温度:热电偶。

**3. 结冰流场校准**

水处理:软化。

LWC:测量仪器采用旋转圆柱体和热线,根据冰的重量和暴露时间计算LWC(离线)。均匀区测量仪器相同,进行多点测量(离线)。测量仪器校准采用热线,与圆柱体结果进行比较。

MVD:测量仪器采用油片或 FSSP,分析显微照片(离线)。均匀区测量仪器相同,多点测量(离线)。

### 3.2.19 ONERA S1MA 风洞

该风洞属于法国航空航天研究院,主要用于进行二维和三维机翼试验、吸气和非吸气(自由流)进气道试验、整机的全尺寸和缩尺模型试验、测试仪器试验以及带动力旋翼机的缩尺模型试验,结冰试验系统见图 3 – 16。

**1. 风洞技术参数**

试验段:直径 8m,长 14m。

试验速度:10 ~ 100m/s。

空气流量:550 ~ 5500kg/s。

总温:–15 ~ 0℃。

总压:88/83kPa。

LWC:0. 4 ~ 10g/m³。

MVD:10 ~ 300μm。

湿度:大气条件/饱和湿度。

结冰均匀区范围:2m × 2m 或 4m × 1m。

**2. 测量仪器**

速度:根据 $p_s$、$T_t$ 和 $p_t$ 进行计算;温度:驻室中用热电偶;压力:传感器,驻室中用皮托管,试验段静态测量;喷嘴流量:涡轮流量计;喷嘴水温:格栅上用热电偶;喷嘴气压:格栅上用传感器;喷嘴空气温度:格栅上用热电偶。

**3. 结冰流场校准**

水处理:没有进行。

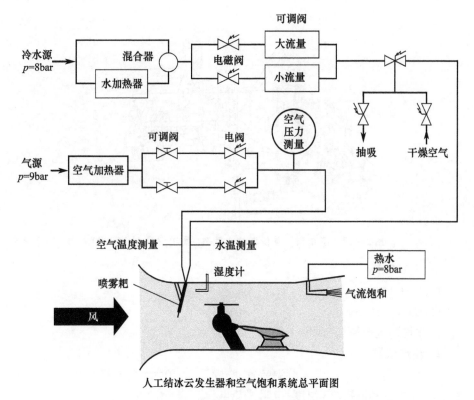

人工结冰云发生器和空气饱和系统总平面图

图 3-16　ONERA S1MA 风洞结冰试验系统(源自 SAE AIR 5320)

($1bar = 10^5 Pa$)

LWC:根据水流量进行计算。均匀区测量采用激光器束,激光束用目视检查。

MVD:测量仪器采用 ASSP/OAP(离线)PDPA,离线测量确定校准曲线在线测量。均匀区测量采用旋转圆柱体或 PDPA,结冰圆柱体上进行多点测量。测量仪器校准频率:使用时每天进行。

## 3.2.20　罗尔斯·罗伊斯 Hucknall 15in (1in =25.4mm) 结冰风洞

该风洞属于英国罗尔斯·罗伊斯公司,风洞示意图见图 3-17。

**1. 风洞技术参数**

试验段:直径 0.46m。

试验速度:0~152m/s。

空气流量:~13.6kg/s。

总温:−34~12.2℃。

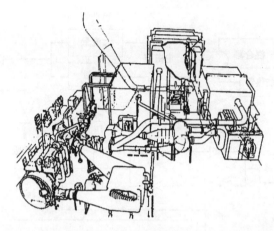

图 3 - 17　罗尔斯·罗伊斯结冰风洞(源自 SAE AIR 5320)

总压:100kPa。

LWC:0.1~5g/m³。

MVD:10~50μm。

结冰均匀区范围:充满整个风洞。

**2. 测量仪器**

速度:风速计;温度:电阻测温装置;喷嘴流量:流量计;喷嘴水压:压力计;喷嘴气压:压力计;喷嘴空气温度:电阻式热电偶。

**3. 结冰流场校准**

水处理:蒸馏。

LWC:根据水流量进行计算。

MVD:测量仪器采用油片和马尔文粒径分析仪(离线)。均匀区测量仪器相同。

### 3.2.21　罗尔斯·罗伊斯 Derby ATF 风洞

该风洞属于英国罗尔斯·罗伊斯公司,风洞示意图见图 3 - 17。

风洞技术参数如下。

试验段:直径4m。

空气流量:0~180kg/s。

总温: - 22~284℃。

MVD:10~50μm。

结冰均匀区范围:充满整个风洞。

### 3.2.22 罗斯蒙特结冰风洞

该风洞属于美国罗斯蒙特航空航天分部,主要用于进行测试仪器的试验,风洞示意图见图 3－18。

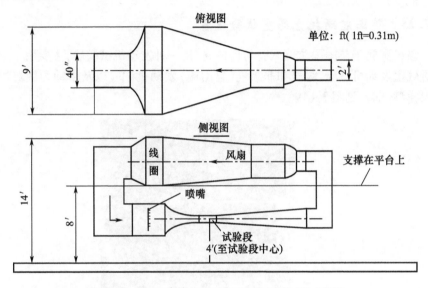

图 3－18　罗斯蒙特结冰风洞(源自 SAE AIR 5320)

**1. 风洞技术参数**

试验段:0.25m×0.25m×0.61m。

试验速度:15.4～92.6m/s。

总温:–30～30℃。

总压:100kPa。

LWC:0.1～3g/m³。

MVD:15～40μm。

结冰均匀区范围:直径 0.015m;LWC:±25%。

**2. 测量仪器**

速度:皮托管;温度:热电偶;喷水流量:管道浮标;喷嘴水压:传感器;喷嘴水温:热电偶;喷嘴气流:传感器;喷嘴气压:传感器;喷嘴气温:热电偶。

**3. 结冰流场校准**

水处理:去除离子。

LWC:测量仪器采用 6.35mm 旋转圆柱体,测量结冰质量和暴露时间(离线)。均匀区测量采用长 254mm、宽 127mm 的冰刀,沿冰刀长度方向测量结冰厚度(离线)。

　　MVD:测量仪器采用油片,利用图像分析仪测量捕获的小水滴(离线)。均
匀区测量仪器相同,多点测量(离线)。测量仪器校准是采用存储在分析仪中的
分划板图像。

### 3.2.23　英国皮斯托克高空试验设备

　　该风洞属于英国国防部试验与评估局,是一种发动机试验舱,主要用于进行
带进气道发动机试验、吸气和非吸气(自由流)发动机试验以及带动力旋翼机的
缩尺模型试验,见图 3-19。

直升机安装在3号舱西

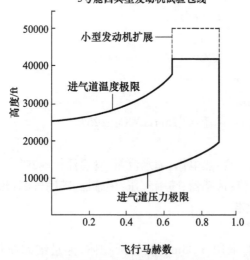

图 3-19　皮斯托克高空试验设备(源自 SAE AIR 5320)

**1. 风洞技术参数**

试验段:直径 7.6m、长 12.2m,直径 6.1m、长 17.1m。

试验速度:15~180m/s。

空气流量:15~364kg/s。

总温:-37~20℃。

总压:14~93kPa。

LWC:0.3~2.5g/m³。

MVD:15~40μm。

湿度:100%。

结冰均匀区范围:0.9m×2.6m;LWC:±5%。

**2. 测量仪器**

速度:根据 $p_s$、$T_t$ 和 $W_a$ 进行计算;温度:管道中铂式片电阻桥;压力:传感器,总压探针;喷嘴流量:涡轮流量计;喷嘴水压:喷嘴中传感器;喷嘴水温:喷嘴中热电偶;喷嘴气流:格栅上传感器;喷嘴气压:格栅上传感器。

**3. 结冰流场校准**

水处理:去除矿物质。

LWC:根据水流量和空气流量进行计算。均匀区测量采用格栅,进行目视检测。

MVD:测量仪器采用马尔文粒径分析仪。均匀区测量仪器相同,在测量仪器安装到设备中之前进行喷管测量(离线)。测量仪器校准采用分划板,校准间隔时间为 6 个月。

## 3.2.24 Textron 小型发动机/进气道结冰地面试验设备

该风洞属于美国德仕隆·莱康明公司,是一种部件/发动机试验舱,主要用于进行带进气道发动机试验、吸气和非吸气(自由流)发动机试验,见图 3-20。

**1. 风洞技术参数**

试验段:直径 0.9m。

试验速度:3~200m/s。

空气流量:1~3.3kg/s。

总温:-40~90℃。

总压:87~108kPa。

LWC:0.5~3g/m³。

MVD:15~40μm。

湿度:90%。

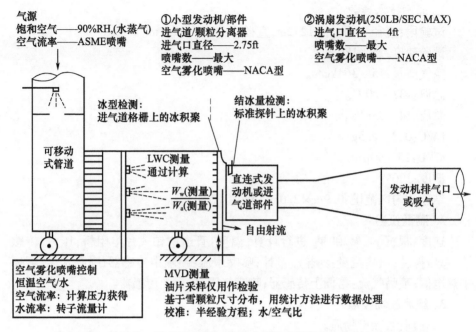

图 3-20  德仕隆·莱康明发动机结冰地面试验设备(源自 SAE AIR 5320)

结冰均匀区范围:直径 0.9m;LWC:驻室中结冰云较差的不均匀性在发动机进气道中会改善。

说明:设备暂停不用。

**2. 测量仪器**

速度:根据 $p_s$、$T_t$、$W_a$ 和 $A$ 进行计算;温度:进气道中热电偶;压力:驻室中传感器;喷水流量:涡轮流量计;喷嘴水压:喷杆进气口中压力计;喷嘴水温:喷杆进气口中热电偶;喷嘴气流:没有测量,但可从校准值与美国机械工程师学会标准喷嘴的对比中获得;喷嘴气压:喷杆进气口中压力计;喷嘴气温:喷杆进气口热电偶。

说明:喷杆在试验开始时插入,在试验结束时收起。

**3. 结冰流场校准**

水处理:蒸馏。

LWC:根据水流量和空气流量进行计算。均匀区测量采用格栅,对格栅结冰厚度进行目视检测。

MVD:测量仪器采用油片,用统计分析过程进行图像分析(离线)。测量仪器校准频率:在每次新的试验之前进行校准,有时在关键试验过程中进行校准。

### 3.2.25 Textron 涡扇发动机结冰地面试验设备

该风洞属于美国德仕隆·莱康明公司,是一种发动机试验舱,主要用于进行带进气道发动机试验,见图 3 – 20。

**1. 风洞技术参数**

试验段:直径 1.25m。

试验速度:3~200m/s。

空气流量:5~110kg/s。

总温:–50~90℃。

总压:100kPa。

LWC:0.2~3g/m³。

MVD:15~40μm。

湿度:90%。

结冰均匀区范围:直径 1.25m;LWC:驻室中结冰云较差的不均匀性在发动机进气道中会改善。

说明:设备处于暂停使用状态。

**2. 测量仪器**

速度:根据 $p_s$、$T_t$、$W_a$ 和 $A$ 进行计算;温度:进气道中热电偶;压力:驻室中传感器;喷嘴流量:涡轮流量计;喷嘴水压:喷杆进气口中压力计;喷嘴水温:喷杆进气口中热电偶;喷嘴气流:没有测量,但可从校准值与美国机械工程师协会标准孔的对比中获得;喷嘴气压:喷杆进气口上压力计;喷嘴气温:喷杆进气口热电偶。

**3. 结冰流场校准**

水处理:去除矿物质(没有测量)。

LWC:根据水流量和空气流量进行计算。均匀区测量采用格栅,对格栅结冰厚度进行目视检测。

MVD:测量仪器采用油片,用统计分析过程进行图像分析(离线)。测量仪器校准频率:在每次新的试验之前进行校准,有时在关键试验过程中进行校准。

### 3.2.26 UQAC 结冰风洞

该风洞属于加拿大魁北克大学,风洞示意图见图 3 – 21。

**1. 风洞技术参数**

试验段:0.5m×0.6m×1.6m。

试验速度:1~60m/s。

空气流量:0.3～22kg/s。

总温:-40～30℃。

总压:98～100kPa。

LWC:0.05～3g/m³。

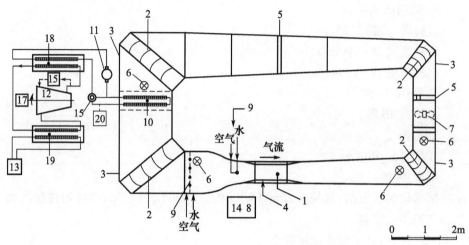

图 3-21 UQAC 结冰风洞(源自 SAE AIR 5320)

| 1 | 试验段 | 11 | 乙二醇泵 |
|---|---|---|---|
| 2 | 拐角导流片 | 12 | 压缩机（75t） |
| 3 | 侧门 | 13 | 总水管 |
| 4 | 侧板 | 14 | 仪表板控制装置 |
| 5 | 柔性连接 | 15 | 开/关控制器 |
| 6 | 排水孔 | 16 | 三通阀 |
| 7 | 风扇和电机 | 17 | 电机驱动装置 |
| 8 | 电机控制装置 | 18 | 氟利昂/乙二醇热交换器 |
| 9 | 喷洒装置 | 19 | 氟利昂/水热交换器 |
| 10 | 空气/乙二醇热交换器 | 20 | 温度控制器 |

MVD:10～500μm。

湿度:20%～98%。

结冰均匀区范围:0.4m×0.4m;LWC：±10%。

**2. 测量仪器**

温度:热电偶、电阻测热装置和热敏电阻;压力:静压表;喷嘴流量:转子流量计、螺旋状泵;喷嘴水压:布尔登管式压力计;喷嘴水温:热电偶;喷嘴气压:布尔登管式压力计;喷嘴气温:热电偶。

**3. 结冰流场校准**

水处理:过滤并去除矿物质。

LWC:测量仪器采用旋转圆柱体,测量结冰质量和厚度。均匀区测量仪器采用格栅,测量结冰厚度。测量仪器校准频率:每次运行前以及需要时进行。

MVD:测量仪器采用油片和OAP,使油片处于试验条件下然后拍照。均匀区测量仪器和测量过程相同。测量仪器校准频率:每次运行前以及需要时进行。

### 3.2.27 UQAC 冻雨/冻细雨设备 (FRFD)

该风洞属于加拿大魁北克大学,是一种速度非常低的立式风洞,同图3-21。

**1. 风洞技术参数**

试验段:1.8m×8m×1.8m。

试验速度:0.2~2m/s。

空气流量:0.8~8kg/s。

总温:-30~30℃。

总压:100kPa。

LWC:5~10mm/h。

MVD:200~2000μm。

湿度:30%~90%。

结冰均匀区范围:0.9m×0.9m;LWC:±20%。

**2. 测量仪器**

速度:皮托管和热线;温度:热电偶、电阻温度测量装置和热敏电阻;喷嘴流量:水容量差分仪;喷嘴水压:布尔登管式压力计;喷嘴水温:热电偶;喷嘴气压:布尔登管式压力计;喷嘴气温:热电偶和电阻测热装置。

**3. 结冰流场校准**

水处理:过滤并去除矿物质。

LWC:测量仪器采用天平,测量收集的冰质量。均匀区测量仪器和测量过程相同。测量仪器校准频率:每次运行前以及需要时进行。

MVD:测量仪器采用油片和OAP,使油片处于试验条件下然后拍照。均匀区测量仪器和测量过程相同。测量仪器校准频率:每次运行前以及需要时进行。

# 3.3 结冰试验设备补充

SAE AIR 5320标准指出,该标准是对NASA《北美飞机结冰模拟试验设备调查》报告(见参考文献[2])的补充。另外,1999年发布后,随着时代变迁,标准中的设备性能和技术参数可能发生更新,也出现了一些新建的结冰设备。

### 3.3.1　NASA 北美飞机结冰模拟试验设备调查简表

从第 2 章飞机结冰条件特征可知,单一的结冰试验设备要覆盖整个结冰条件是困难的。通常各种结冰试验设备的最低要求是能产生直径 $20\mu m$ 的小水滴,以便进行全尺寸飞机或部件的结冰试验。为了以造价最低、最方便的方式满足不同试验对象的结冰试验要求,北美航空界发展了约 60 余座结冰试验设备,可分为以下四类(表 3-1)。

表 3-1　北美各类结冰试验设备

**(a) 结冰风洞**

| 编号 | 单位和风洞名称（所在位置） | 单位/m | 结冰试验参数范围 | | | |
|---|---|---|---|---|---|---|
| | | 试验段 | 气流速度/(km/h) | 最低总温/℃ | LWC/(g/m³) | MVD/μm |
| A-1 | NASA 格林研究中心(俄亥俄州的克里夫兰市) 1. 结冰研究风洞 | $H=1.8$ $W=2.7$ $L=6$ | 10~470 | -30 | 0.5~3.0 | 11~25 |
| | 2. 高空风洞 | $D=6$ | 10~$Ma=1$ | -30 | 0.2~3 | 10~50 |
| | | $D=14$ | 95 | | | |
| A-2 | 洛克希德(加州的伯班克市) | $H=1.2$ $W=0.8$ | 90~340 | -20 | 0.7~4.0 | 10~25 |
| A-3 | 波音结冰风洞(华盛顿州西雅图市) | $H=0.5$ $W=0.4$ $L=0.9$ | 180~370 | -30 | 0.3~5.0 | 10~50 |
| A-4 | 国家研究委员会(加拿大的渥太华) 1. 低速风洞 | 不详 | 不详 | 不详 | 不详 | 不详 |
| | 2. 高速风洞 | $H=W=0.3$ | 90 至 $Ma=0.8$ | -30 | 0.2~2.0 | 15~25 |
| A-5 | AEDC(田纳西州的 Arnold AFS) | $D=0.9$ | 150~$Ma=0.7$ | -30 | 0.2~3.0 | 15~30 |
| A-6 | Rosemount(明尼苏达州的明尼阿波利斯市) 1. 低速风洞 | $H=0.15$ $W=0.1$ $L=0.3$ | 90~170 | -20 | 0.2~1.5 | 20~40 |
| | 2. 高速风洞 | $H=0.15$ $W=0.3$ $L=0.8$ | 90~740 | -25 | 0.1~3.0 | 10~40 |

| 编号 | 单位和风洞名称（所在位置） | 单位/m 试验段 | 结冰试验参数范围 |  |  |  |
|---|---|---|---|---|---|---|
|  |  |  | 气流速度/(km/h) | 最低总温/℃ | LWC/(g/m³) | MVD/μm |
| A-7 | Broat 风洞（加拿大 Alberta 大学） | $D=0.5$ $W=$不详 $L=0.9$ | 10~240 | -20 | 0.4~3.0 | 20~50 |
| A-8 | UCIA 风洞 | $H=0.15$ $W=0.15$ $L=0.5$ | 0~55 | -30 | 0.1~3 | 2~50 |
| A-9 | 陆军 Natick 研究中心（马萨诸塞州的 Natick）空调室 | $H=3$ $W=4.5$ $L=18$ | 4~55 | -30 以下 | 10cm/h(雨量) |  |

**（b）发动机结冰试验设备**

| 编号 | 单位和设备名称（所在位置） | 单位/m 试验段 | 结冰试验参数范围 |  |  |  |
|---|---|---|---|---|---|---|
|  |  |  | 气流速度/(km/h) | 最低总温/℃ | LWC/(g/m³) | MVD/μm |
| B-1 | AEDC(田纳西州) 1. ETF(发动机测试厂) | $D=3.7$ 或 4.5 $L=11$ | 0~$Ma=0.7$ | -30 | 0.2~3.0 | 15~30 |
|  | 2. 自由射流 | $D=3.7$ 或 4.5 $L=11$ | 0~$Ma=0.7$ | -30 以下 | 0.2~3.0 | 15~30 |
|  | 3. ASTF | $D=8$ $L=18$ | 0~$Ma=0.7$ | -30 以下 | 0.2~3.0 | 15~30 |
| B-2 | 底特律柴油机厂（印地安纳州印第安纳波利斯市） 1. 部件测试厂 | $D=2.3$ $L=9$ | 0~$Ma=0.7$ | -30 以下 | 0.2~3.0 | 15~40 |
|  | 2. 小型发动机厂 | $D=0.45$ $L=1.2$ | 0~$Ma=0.7$ | -30 以下 | 0.2~3.0 | 15~40 |
| B-3 | 通用电气公司（俄亥俄州的 Peebles 市） | 户外 | 90 | 气温至 -20 | 0.4~3.5 | 15~50 |
| B-4 | P&W 的高空室（康涅狄格州的哈特福德市 E 区） 1. 大型 | $D=5.5$ $L=10$ | 0~$Ma=0.5$ | -25 | 0.2~9.0 | 15~40 |

（续）

| 编号 | 单位和设备名称<br>（所在位置） | 单位/m<br>试验段 | 结冰试验参数范围 | | | |
|---|---|---|---|---|---|---|
| | | | 气流速度/(km/h) | 最低总温/℃ | LWC/(g/m³) | MVD/μm |
| B-4 | 2. 小型 | $D=3.7$ | $0\sim Ma=0.5$ | −30 以下 | 0.2~9.0 | 15~40 |
| | 3. P&W 的海平面车间 | 随着测试间的不同而不同 | $0\sim Ma=0.5$ | −20（周边） | 0.2~9.0 | 15~40 |
| B-5 | 麦金利气候实验室发动机测试间<br>（佛罗里达州 Eglin 空军基地） | $H=7.5$<br>$W=9$<br>$L=40$ | 30~70 | −30 以下 | 0.1~3.0 | 12~60<br><br>800~1500 |
| B-6 | 海军空气推进力厂<br>（新泽西州特伦顿市）<br>1. 五个小型发动机工作间 | $H=W=3$<br>$L=6$ | $0\sim Ma=0.7$ | −30 以下 | 0.1~2.0 | 15~50 |
| | 2. 两个大型海平面工作间 | $H=4.5$<br>$W=7$<br>$L=17$ | $0\sim Ma=0.7$ | −30 以下 | 0.1~2.0 | 15~50 |
| | 3. 三个大型高空室 | $D=5$<br>$L=9$ | $0\sim Ma=0.7$ | −30 以下 | 0.1~2.0 | 15~50 |
| B-7 | Teledyne 高空室<br>（俄亥俄州托莱多市）<br>1. 号室 | $D=2.7$<br>$L=5$ | $0\sim Ma=0.7$ | −30 以下 | 最高为 3 | 15~25 |
| | 2. 号室 | $H=2.5$<br>$W=2.5$<br>$L=4$ | $0\sim Ma=0.7$ | −30 以下 | 最高为 3 | 15~25 |
| B-8 | Avco Lycoming<br>（康涅狄格州斯特拉特福市）<br>1. 部件厂 | | 0~370 | −30 以下 | 0.1~3.0 | 15~40 |
| | 2. 发动机测试厂 | $W=3.7$<br>$H=2.7$ | 0~200 | −30 以下<br>−20 | 0.1~3.0 | 15~40 |
| B-9 | NRC 的 H 操作间<br>（加拿大渥太华市） | $H=W=7.5$ | 0~650<br>0~93 | −20 以下<br>环境温度 | 0.2~2.0 | 15~40 |
| B-10 | Carret 结冰室<br>（亚利桑那州菲尼克斯市） | $H=3$<br>$W=4$<br>$L=10$ | $0.01\sim Ma=0.7$ | −30 以下 | 0.1~6.0 | 10~50 |

70

## (c) 低速结冰试验设备

| 编号 | 单位和设备名称（所在位置） | 单位/m 试验段 | 结冰试验参数范围 | | | |
|------|---------------------------|----------------|-----------------|---|---|---|
| | | | 气流速度/(km/h) | 最低总温/℃ | LWC/(g/m³) | MVD/μm |
| C-1 | NRC 的直升机结冰试验台（加拿大渥太华市） | | 环境风速 20~30 | -20 环境温度 | 0.1~0.8 | 30~60 |
| C-2 | 通用电气公司（俄亥俄州的 Peebles 市） | | 90 | -20 环境温度 | 0.4~3.6 | 15~50 |
| C-3 | 麦金利气候实验室发动机测试间（佛罗里达州 Eglin 空军基地）<br>1. 主操作室 | $H=21$<br>$W=76$<br>$L=76$ | 30~75 | -30 以下 | 0.1~3.0 | 12~60，800~1500 |
| | 2. 发动机测试间 | $H=7.5$<br>$W=9$<br>$L=40$ | 30~75 | -30 以下 | 0.1~3.0 | 12~60，800~1500 |
| | 3. 所有气象间 | $H=4.5$<br>$W=6.5$<br>$L=12$ | 30~75 | -30 以下 | 0.1~3.0 | 12~60，800~1500 |
| C-4 | 美陆军 CRREL 冷房（新罕布什尔州的 Hanover 市） | $H=1.1$<br>$W=0.7$<br>$L=1.5$ | 0~20 | -30 以下 | 1~2.5 | 10~60 |
| C-5 | 华盛顿山天文台（新罕布什尔州的 Gorham 市） | 山顶设备自然结冰 | 0~20 | -20 以下 | 通常在自然状态下工作 | |
| C-6 | 美国海军 TMPC（Pt. Magu）CBmatic Hanger | $H=7.6$<br>$W=18$<br>$L=18$ | 0~75 | -30 以下 | 30cm/h(雨量) | 500~4500 |
| | | | | | 5cm/h(雪量) | 50~100 |
| C-7 | 阿克顿环境测试公司（马萨诸塞州的阿克顿） | $H=6$<br>$W=4.5$<br>$L=7.5$ | 0~45 | -30 以下 | 10cm/h(雨量) | 1000~40 |
| C-8 | NRC（加拿大的渥太华市）<br>1. 号冷工作间 | $H=4.3$<br>$W=4.5$<br>$L=15.2$ | 0~55 | -30 以下 | 0.3cm/h(雨量) | 500~1000 |

71

(续)

| 编号 | 单位和设备名称（所在位置） | 单位/m 试验段 | 结冰试验参数范围 气流速度/(km/h) | 最低总温/℃ | LWC/(g/m³) | MVD/μm |
|---|---|---|---|---|---|---|
| C-8 | NRC（加拿大的渥太华市）2.号冷工作间 | $H=5$ $W=5$ $L=7$ | $0\sim55$ | $-30$ 以下 | 0.3cm/h(雨量) | $500\sim1000$ |
| C-9 | Wyle 试验室（加利福尼亚州的 Norco 市）冷房 | $H=5$ $W=4.5$ $L=11$ | $0\sim35$ | $-30$ 以下 | 12cm/h(雨量) | |
| C-10 | Arctec Canda 有限公司(加拿大渥太华)冷房 | $H=3.7$ $W=5.5$ $L=9$ | 35 以下 | | | |

**（d）飞行结冰试验设备**

| 编号 | 单位和飞机名称（所在位置） | 单位/m 前后机距离，结冰云范围 | 结冰试验参数范围 气流速度/(km/h) | 最低总温/℃ | LWC/(g/m³) | MVD/μm |
|---|---|---|---|---|---|---|
| D-1 | 空军(加利福尼亚州的 Edwards 空军基地) 1. KC-135 人造结冰云飞机 | $L_B=60$ $d=3$ | $300\sim650$ （正常为370） | $-20$，环境温度 | $0.05\sim1.5$ | $28\sim35$ |
| | | | | | $0.5\sim32$ | $200\sim800$ |
| | 2. C-130 人造结冰云飞机 | $L_B=60$ $d=5$ | $190\sim390$ （正常为280） | $-20$，环境温度 | $0.05\sim1.5$ | $23\sim35$ |
| | | | | | $0.05\sim32$ | $200\sim800$ |
| D-2 | 陆军 H-188 人造结冰云直升机(加利福尼亚 Edwards 空军基地) | $L_B=50$ $h=3$ $w=12$ | $110\sim140$ （正常为120） | $-20$，环境温度 | $0.1\sim1.0$ | $25\sim30$ |
| D-3 | Cessna404 人造结冰云飞机（堪萨斯州 Wichita 市） | $L_B=150$ $d=6$ | $165\sim330$ （正常为260） | $-20$，环境温度 | $0.05\sim4.0$ | $20\sim49$ |
| D-4 | Piper Cheyenne 人造结冰云飞机(宾夕法尼亚州的 Lock Haven 市) | $L_B=50$ $h=3$ $w=5$ | $200\sim300$ （正常为240） | $-20$，环境温度 | $0.1\sim1.7$ | $30\sim50$ |
| D-5 | 飞行系统 T-33 人造结冰云飞机(加利福尼亚州的莫哈韦) | $L_B=60$ $d=2.5$ | $230\sim420$ （正常为370） | $-20$，环境温度 | $0.1\sim1.0$ | $17\sim50$ |

72

（1）结冰风洞。大多数结冰风洞都是回流式的,在这些风洞中,试验段尺寸最大的是 NASA IRT,其试验段尺寸为 2.7m×1.8m,试验风速为 130m/s;较新的结冰风洞是美国 Cox 公司的结冰风洞。这些风洞基本都能满足产生结冰云的试验条件,满足产生直径 20μm 小水滴的最低要求。有的还可以模拟较大冻雨滴的试验条件。新建的 Cox 公司结冰风洞还能模拟下雪试验条件。

（2）发动机结冰试验设备。这类结冰设备有两类,即自由射流式和直连式。这些发动机试验设备可以进行发动机各种类型的试验,结冰试验只是整个发动机试验项目中的一种,约占 10%。这些设备能产生结冰云环境,有的还能模拟固态冰颗粒,但不能模拟下雪。这些试验设备能够满足发动机验证试验的要求,能够较好地模拟高度和气流速度。

（3）低速结冰试验设备。这类试验设备都具有冻雨模拟能力,但一般不能模拟高空结冰云环境,分室内、室外两种形式。低速试验设备主要进行地面环境下人员和设备防冻特性试验,通常在一个大的冷室里。在这种设备里,飞机结冰试验占很少部分,试验设备如图 3-22 所示,在试验物体前,用风扇吹雾滴发生装置形成散布的小水滴。加拿大渥太华的室外直升机结冰试验台就属于此类设备。

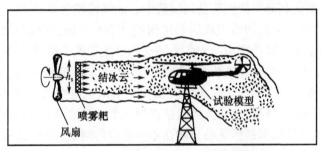

(a) 在一个大屋子中或室外,风扇吹喷雾耙

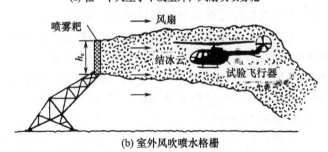

(b) 室外风吹喷水格栅

图 3-22　低速结冰试验设备示意图(源自 NASA-TM-81707)

（4）飞行结冰试验设备。飞行试验设备由固定翼飞机或直升机携带人造喷雾系统在空中飞行,被试验飞行器紧随其后(见第 9 章)。喷雾系统的形状、大

小、位置随飞机而定。这种试验方法的主要问题是结冰云环境不均匀,产生的小水滴较大,容易造成跟随飞行器头部形成大的积冰,试验也受季节限制。另外,飞行试验也可以在高空真实云层中进行,这需要选择合适的自然气象条件。

欧洲是航空工业和汽车工业发达地区,航空和汽车工业的发展,促使欧洲建立了一批能进行地面结冰试验的设备。这些结冰试验设备有20座左右,主要分布在法国、德国、英国、意大利、瑞典、奥地利等国的航空科研机构,如法国航空航天研究院、意大利航空航天研究中心等。欧洲的地面结冰试验设备主要有四种类型(表3-2)。

(1)配备结冰试验专用设备的常规风洞,如法国 ONERA 直径8m 的 S1MA 风洞。

(2)主要用于结冰试验的结冰风洞,如意大利航空航天研究中心的结冰风洞。

(3)发动机高空试验舱,其气流流动是由进行试验的发动机喷流诱导产生,如英国国家燃气轮机研究中心直径7.6m 的西3号试验舱。

(4)能进行某些特定模型结冰试验的其他类型风洞,如德国大众汽车公司的气候风洞、意大利菲亚特汽车公司试验中心的气候风洞等。

欧洲用于结冰试验的最大风洞是法国的 S1MA 风洞,该风洞地处阿尔卑斯山脚下,风洞结冰试验是利用当地冬季寒冷的自然气象条件,使风洞中气流与外部大气交换,这样风洞中气流温度可低于 -5℃,甚至 -10℃,有时可以到 -15℃,这取决于冬季自然气象条件。在风洞中试验模型前安装 $4m^2$ 的喷雾格栅,格栅上有444个喷嘴,这样就可以在模型区形成结冰试验所需的人造结冰云条件。为了解决该风洞结冰试验只能在冬季进行的问题,ONERA 在探索将风洞试验段气流温度人工冷却的方法。

在欧洲真正为结冰试验而建造的大型结冰风洞是20世纪90年代末新建成的意大利航空航天研究中心现代化的结冰风洞,为了更好地适应用户对速度、模型尺寸、云覆盖区域和均匀度的要求,风洞有四个不同的试验段。主试验段、开口试验段和附加试验段尺寸都足够大以便进行飞行部件的结冰试验,试验段上开槽以满足较大阻塞度模型的试验要求,这些开槽都有自身的防冰系统,以防结冰堵塞。闭口试验段开槽通气率为7%,壁面透光率80%,可见度好,便于观察。

德国大众汽车公司和意大利菲亚特汽车公司试验中心的气候风洞主要用于车辆试验,可以进行雨雪气候下的车辆性能测试。

为了研究结冰对发动机进气道的影响,欧洲主要在发动机高空试验舱进行。例如,法国 CEPr 的 R2(直径1.1m)和 R3(直径2m)试验舱;英国伯恩利的高空试验设备(直径4m)、英国国家燃气轮机研究中心西3号试验舱(直径7.6m)和

3号舱(直径6.1m),其大多数试验是研究潮湿结冰条件和混合态(冰颗粒和过冷小水滴)结冰条件下的航空发动机结冰问题。欧洲主要结冰试验设备见表3-2。

表3-2 欧洲主要结冰试验设备

| 国家 | 设备或地点 | 试验段尺寸/m | 最高速度/(m/s) | 最低温度/℃ | 小水滴粒径/μm | LWC/(g/m³) | 备注 |
|---|---|---|---|---|---|---|---|
| 奥地利 | 车辆试验站 | 4.9×4.9 | 32 | -15 | — | — | 雪和结冰试验 |
| 法国 | 图卢兹航空试验中心 | $\phi 0.25$<br>$\phi \leq 1$ | 250<br>80 | -40 | 20~30 | — | 两个试验段,水流量10g/s |
| 法国 | 发动机试验中心 | $\phi 1.1$<br>$\phi 2$ | 150 | -60<br>-60 | 15~30<br>15~30 | 0~6<br>0~10 | |
| 法国 | 武器试验技术研究中心 | $L=3.75-5.5$<br>$H=3-4.1$ | 22~44 | -40 | | | 蒸汽喷射 |
| 法国 | 莫当试验中心 | $\phi 8$ | 150 | -5~-15 | 10~20 | 0.4~10 | 结冰云面积4m² |
| 意大利 | 菲亚特汽车公司试验中心气候风洞 | 3×4 | 45 | -45 | — | — | |
| 意大利 | 航天研究中心 | 2.35×2.25 | $Ma=0.4$ | -32 | 5~300 | | 多试验段 |
| 德国 | 大众气候风洞 | $S=37m^2$ | 55 | -35 | — | — | |
| 德国 | 飞机/武器试验研究中心 | $\phi 1.2$<br>$\phi 1.8$ | 140<br>110 | -30<br>-30 | 30 | 3 | |
| 英国 | 阿廷顿结冰风洞 | 0.3×0.3 | 100 | -40 | | | |
| 英国 | 波恩利高空试验设备 | $\phi 4$ | — | — | | | |
| 英国 | 国家燃气轮机研究中心 | $\phi 6.1$<br>$\phi 7.6$<br>$\phi 2.4$ | —<br>90<br>— | -37 | 20 | 0.2~2.5 | 自由射流 |
| 英国 | 克兰菲尔德大学 | (米量级) | $Ma=$<br>0.4~0.8 | -35 | 20~300 | — | 多试验段水流量400g/s |
| 瑞典 | FFA (Bromma)风洞 | $\phi 3.6$ | 40 | | | | |

### 3.3.2 几座典型的结冰风洞

**1. NASA格林研究中心结冰研究风洞**

1944年,NASA格林研究中心建成结冰研究风洞,但直到20世纪50年代初,才真正解决了结冰云模拟技术问题,结冰风洞开始成为结冰研究的核心设备。1987 年,美国 IRT 被美国机械工程师协会评为"国际历史上机械工程里程碑",该协会授予 IRT 的铭牌上写道:"IRT 是世界上最大和历史最悠久的人工制冷结冰风洞。正是得益于该风洞发展的技术,今天世界上的飞机才得以安全穿越结冰云飞行。该风洞建设的两个重要成果是独特的热交换器和模拟自然结冰云中微小水滴的喷雾系统。"IRT 试验段长约 6.1m、宽 2.7m、高 1.8m。该风洞内含有一台平板式热交换器,气流温度为 −25~5℃。洞体内的风扇由一台功率为 5000hp(1hp = 735W)的电机驱动,它运转时最高可产生约 180m/s 的风速。洞中的喷雾系统由 10 根喷雾耙组成,每根喷雾耙有多达 55 个喷嘴。试验过程中,研究人员可通过更换不同形状的喷嘴来改变洞体中液态水含量(即 LWC),其变化范围为 0.2~3.0g/m³,小水滴直径为 15~50μm,从而得到理想的试验条件。

风洞建成后进行过多次更新改造,1986—1999 年进行了五次较大的更新改造。1986 年更新驱动电机,功率增加到 5000 马力;电机控制改为变步长数字系统;风洞的其他控制也从模拟式升级为数字式;加工了备用的木制桨叶;1992 年安装了洞壁西半部隔热层;安装了五分量外式天平;安装了试验段照明和摄像系统以便观察冰的形成过程;1993—1994 年,安装了洞壁东半部隔热层;安装了新的木制桨叶,提高了试验风速;增加了喷雾耙数量;1996—1997 年,安装了新喷雾耙子系统并升级了控制系统;喷雾耙数量进一步增加到 10 个,结冰云的范围和均匀度增加了将近一倍,稳定结冰云所需时间也降低了 90%;安装了三维激光扫描仪记录冰形;1999 年主要进行了以下改造。

(1)风扇电机改为电子控制。

(2)更换新的平板式热交换器。

(3)更换 C‐D 段地板、开花板、天花板钢结构。

(4)改善由于 W 形热交换器产生的气流扭曲和湍流度。

(5)改进喷雾耙和试验段处温度的不均匀性。

(6)改进 C‐D 段四壁的隔热,减小热载荷对热交换器的影响。

**2. 意大利航空航天研究中心结冰风洞**

该结冰风洞是一座拥有 3 个可更换试验段、1 个开口试验段的回流式风洞(图 3‐23)。风洞气流由电机风扇驱动产生,风扇电机系统位于风洞试验段下游第二拐角后面。两排热交换器位于风扇后扩散段中。风洞驻室中安装有减小气流大涡的蜂窝器并使气流平直。蜂窝器后面是可更换段,根据需要它可以安装结冰试验喷雾耙,也可以安装低湍流网进行低湍流度试验。喷雾系统距试验模型 18m。固定收缩段后是风洞试验段区,它由两个可更换组件(可移动的收缩段和试验段)以及一个可调部件(收集扩散器)组成。

图 3-23    意大利航空航天研究中心结冰风洞(源自 AIAA-2003-0900)

风洞主试验段宽2.35m,高2.25m,最大马赫数0.4,最低温度-32℃;第2个试验段宽1.15m,高2.35m,最大马赫数0.7,最低温度-40℃;第3个试验段宽2.35m,高3.60m,最大马赫数0.25,最低温度-32℃;开口试验段宽2.35m,高2.25m,最大马赫数小于0.4。

热交换器除制冷功能外,还能通过制冷加热循环和蒸汽注射控制气流的相对湿度,调整范围为70%~100%。另外,一个减/增压空气系统能够在39~145kPa调整气流压力。该风洞也能进行发动机内流动模拟试验,流量范围为1.5~55kg/s,单独的发动机短舱模型直径可做到1m。由于试验段低温可到-32℃,压力可到1.45atm(1atm=101325Pa),所以试验 $Re$ 数可与许多大设备相比,以10%试验段面积平方根为参考长度的 $Re$ 数可达五百万。

试验段上开有槽缝以满足较大阻塞度模型的试验要求,这些开槽都有自身的防冰系统,以防结冰堵塞,闭口试验段开槽通气率为7%,壁面透光率为80%。

风洞模拟结冰高度为7000m,湿度可到70%,雾水滴尺寸为5~300μm。风洞具有发动机进气道模拟系统。

意大利航空航天研究中心的结冰风洞建成于20世纪末,设计先进,功能完善,风洞具有较宽的结冰试验范围和优良的流动品质。该风洞也是一座多功能的风洞,它除能满足结冰试验研究外,通过将风洞喷雾段更换为阻尼网,也能进行低湍流度试验。另外,气流压力可调,试验 $Re$ 数范围大,这些特点大大增强了该风洞的综合试验能力,针对不同试验的需要,风洞采用了可更换多试验段构型,结冰试验速度范围广。

### 3. NASA 格林研究中心的高空风洞

AWT 是具备高速结冰试验能力的风洞(图 3 − 24)。20 世纪 40 年代初,美国国会批准投资建设新的 NACA 飞机发动机研究实验室(AERL),该实验室建设地点位于克利夫兰市(现在的格林研究中心)。实验室建设的一个重要试验设备是高空风洞,以满足发动机高空高速推进试验的要求。20 世纪 80 年代中期,NASA 对 AWT 进行过改造,主要增加结冰和声学试验能力。使该风洞具备结冰、冻雨和下雪条件下的试验模拟能力,成为高空、高速结冰风洞;增设无回声试验段,对风洞背景噪声进行抑制,可弥补 IRT 速度低的问题。为了模拟高空低温环境,AWT 建设有较大规模的制冷厂。后来 IRT 建设,可能正是出于降低建造成本、共用该制冷系统的考虑,才落户格林研究中心。

AWT 试验段剖面为正八边形,对边之间距离为 6m。试验最大马赫数为0.9,模拟高度为 17000m,最低温度为 −40℃,试验段最大噪声水平为 120dB。

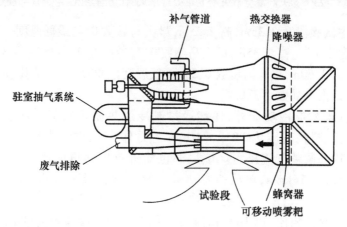

图 3 − 24　NASA 格林研究中心高空风洞(源自 NASA − TM − 86920)

### 4. 法国莫当研究中心 S1MA 风洞

可用于结冰试验的最大风洞是法国的 S1MA 风洞,该风洞地处阿尔卑斯山脚下,风洞结冰试验是利用当地冬季寒冷的自然气象条件,使风洞中气流与外部大气交换,风洞中气流温度可低于 −5℃,有时可以到 −15℃,这取决于冬季自然环境温度。在风洞中试验模型前安装 4m² 的喷雾格栅,格栅上有 444 个喷嘴,这样就可以在模型区形成结冰试验所需的人造结冰云条件(图 3 − 16)。为了解决该风洞结冰试验只能在冬季进行的问题,ONERA 曾探索将风洞试验段气流温度人工冷却的方法。

该风洞不是以结冰试验为主的风洞,其优点是风洞尺寸大,可以较好地解决结冰试验模型缩尺带来的问题,但试验受气象条件影响大。

### 5. NASA 格林研究中心推进系统实验室(PSL-3)

1973 年,NASA 格林研究中心推进系统实验室建成发动机试验舱 PSL-3,主要用于中等尺度发动机高空试验(图 3-25)。20 世纪 90 年代,发动机动力损失发生情况增加,NASA 升级该设备用于冰晶、混合相结冰发动机试验研究。主要试验能力:MVD 范围 40~60μm;LWC 范围 0.5~9.0g/m³;温度范围 -51~-9℃;马赫数范围 0.15~0.8;模拟高度范围 1200~12000m。

图 3-25　NASA 格林研究中心 PSL-3(源自 GRC-E-DAA-TN-7983)

### 3.3.3　其他新建的结冰风洞

#### 1. 美国 LeClerc 结冰实验室的考克斯(Cox)结冰风洞

20 世纪 90 年代,为了满足结冰试验的需求,美国考克斯工厂建立了一个 LeClerc 结冰实验室,该实验室建有一个串列式双闭口试验段的结冰风洞(图 3-26),风洞占地面积 22m×13.4m。因风洞建于纽约曼哈顿市区的一栋 12 层的工厂楼房中,因此在风洞噪声、振动、电力等方面都有一定的设计考虑,采取了一些抑振、降噪措施。

风洞有两个串列试验段,第一试验段宽 0.71m、高 1.17m、长 1.98m,最大试验风速 98m/s。第二试验段宽 1.22m、高 1.22m、长 1.52m,最大试验风速 53m/s。两个试验段上下及左右侧壁上均安装观察窗。最低可控温度 -30℃。喷雾耙上的喷嘴采用的是 NASA 格林研究中心设计的 MOD 系列和 STD 系列喷嘴。为了进行发动机进气道结冰试验,风洞设计了抽气系统,可模拟的进气道流量为 6.82kg/s。

#### 2. 英国克兰菲尔德大学结冰风洞

英国克兰菲尔德大学于 2003 年初建成了一座结冰风洞。该风洞受建设场

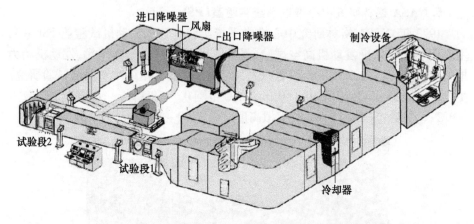

图 3 – 26  美国考克斯结冰风洞（源自 AIAA 2003 – 0903）

地限制,采用侧立式布局(图 3 – 27),动力采用柴油机以适应某些具体环境条件的限制,风洞制冷系统还担负为邻近实验室提供冷空气的任务。

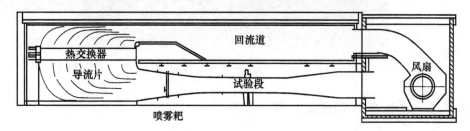

图 3 – 27  英国克兰菲尔德大学结冰风洞（源自 AIAA 2003 – 0901）

该结冰风洞建设设计是要满足翼剖面厚度为 100mm 量级的机翼翼型结冰试验,在马赫数等于 0.4 的条件下,风洞堵塞度控制在 15%。此外,风洞能满足较小尺度模型在马赫数等于 0.8 时的试验要求。风洞具有三个试验段。试验设备基本参数:最大流量 100kg/s;最大压力 100mbar;MVD 小水滴直径 20μm 时的最大水流量为 400g/s;水滴尺寸范围 20 ~ 300μm;总制冷功率 400kW;可控静气流温度 5 ~ – 35℃。

该结冰风洞专用测量仪器有:气流中液态水含量和湿度测量用的 Isokinetic 采样探头;水和雾化空气的供给监测采用"科里奥利"型流动测量仪;水滴尺寸分布和空间均匀性检测采用"马尔文"型 FSSP 测量仪。另外,还有极高速成像和热像测量辅助仪器等。

**3. 立式结冰研究风洞**

立式结冰研究风洞主要用于平面驻点流研究,试验段尺寸 1.6m × 0.8m

(图 3 – 28(a))。主要试验能力:MVD 范围 20 ~ 2000μm;LWC 范围 0.1 ~ 1.5g/m³;温度范围:– 15℃至大气温度;收缩段最大速度 25m/s,设计点速度 17m/s。

**4. 小水滴成像风洞**

小水滴成像风洞用于小水滴运动研究,试验段尺寸 0.15m × 0.15m,空风洞风速 78m/s,配有科氏高速相机和激光片光和放大相机(图 3 – 28(b))。

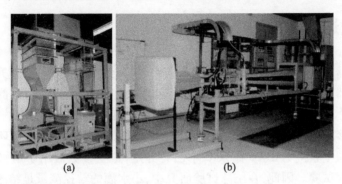
(a)                    (b)

图 3 – 28　NASA 立式结冰研究风洞和小水滴成像风洞(源自 GRC – E – DAA – TN7983)

# 参 考 文 献

[1] SAE AIR 5320. Summary of icing simulation test facilities[S]. SAE,1999.

[2] William O. Survey of aircraft icing simulation test facilities in north America[R]. NASA – TM81707,1981.

[3] David W H. The Cranfield University icing tunnel[R]. AIAA 2003 – 901,2003.

[4] Kamel A K. Mixed phase icing simulation and testing at the Cox icing wind tunnel[R]. AIAA 2003 – 903,2003.

[5] Ludovico V. An overview of the CIRA icing wind tunnel[R]. AIAA 2003 – 900,2003.

[6] Ai – Khalil K. Development of the Cox icing research facility[R]. AIAA 98 – 0097,1998.

[7] Eric K. Overview of icing Research at NASA Glenn[R]. GRC – E – DAA – TN7983,2013.

# 第4章　结冰试验设备中使用的粒径测量仪器

## 4.1　概述

　　飞行器在结冰云层中飞行时,某些部件表面会出现结冰情况,直升机和通用航空飞行器经常碰到这种飞行环境。结冰能导致飞行器性能下降、部件损坏甚至机毁人亡。结冰源自结冰云环境,即在这些高度含有超冷小水滴的云层;在低空大的超冷小水滴(即冻雨)也会导致结冰。结冰云环境下的大气环境参数在美国联邦航空条例 FAR 25 附录 C 中已有界定,这些参数被用于运输机的设计和适航认证试验。因此,在结冰试验研究中,小水滴的粒径测量是结冰研究的一项关键基础技术,它关系到结冰环境模拟、测量和试验结果的准确性。

　　在长期的结冰研究过程中,测量设备制造公司、气象和结冰研究机构研发了多种小水滴直径测量设备和技术。基于光学的测量技术主要有以下几个。

　　(1) 前向散射分光探头。

　　(2) 光学阵列探头。

　　(3) 相位多普勒粒子分析仪。

　　(4) 马尔文粒径分析仪。

　　基于非光学测量技术有以下几个。

　　(1) 油片测量仪。

　　(2) 旋转多圆柱测量仪。

　　SAE AIR 4906 标准《结冰试验设备中使用的粒径测量仪器》由 SAE 飞机技术委员会下属飞机结冰技术专业委员会编写,该标准于 1995 年 3 月发布,2007年 12 月重新确认。主要介绍小水滴直径测量仪器的原理、仪器选择、操作和应用限制,以便用户根据结冰设备粒径测量实际需求,正确选用这些设备。

## 4.2　小水滴直径测量仪器术语

　　讨论粒径测量仪器,通常会涉及仪器参数、测量的量和误差一些基本术语。

　　在仪器参数方面,最常见的通用术语是"尺寸箱"(Size Bin)。术语"箱"可能源自粒径测量仪器,用它来将粒子按不同的直径分置于各个箱中,在电子仪器中,分组或"箱"不是一种粒子容器,而是一种仪器的输出,如某一给定尺寸范围的粒子数量。尺寸箱都有一个"箱宽",即某一尺寸箱内的粒子直径不是都一样的,而是有一个范围,其中粒子直径的最大值和最小值的差,就是该尺寸箱的箱宽。

描述测量区域的术语有"探头体积""采样面积"和"采样体积",见图4-1。测量仪器的"探头体积"是指小水滴必须在该空间内才可被测量,对许多基于激光的测量仪器,它是指激光束聚焦的区域。因而,一个小水滴在激光束中,但可能它不在探头体积中。"采样面积"是探头体积的投影,垂直于小水滴的运动速度方向。采样面积乘以小水滴速度和测量时间就是"采样体积",即"采样体积"是采样面积以给定的速度和时间扫过的空间区域。

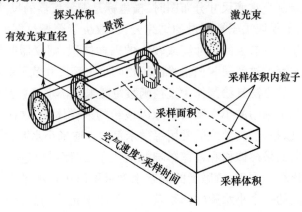

图4-1 光学小水滴测量仪中术语定义图解

涉及各种测量和采样技术的术语有"单一粒子计数""总体测量""瞬间解"和"空间解"。"单一粒子计数"是指一次只能测量一种粒径的那类仪器,其探头体积必须足够小,以确保一次只有一个粒子处于探头体积内。单一粒子计数测量需要大量测量时间,并且通常测量被限定在一个非常小的空间。因此,单一粒子计数是空间解析测量,这些仪器测量取决于通过采样区的小水滴流量。有些仪器是做"总体测量",即它们一次测量许多小水滴。这类仪器测量一般时间较短,并有一个相对较大的探头体积,该技术是瞬间解析,需要在探头体积内有许多小水滴。

在测量的量方面,小水滴测量仪器可以测量许多参数,但最基本的术语是"小水滴尺寸分布",它是用小水滴数量作为直径的函数。实际的小水滴尺寸分布是连续的,但测量用仪器尺寸箱的离散分布来近似。具有更多尺寸箱和窄的箱宽的仪器,能够给出更好的实际小水滴尺寸分布近似。一旦获得了小水滴尺寸分布,就可以据此计算各种平均值。结冰研究最常用的一个值就是中值体积直径,它是小水滴分布中具有以下特性的直径:小水滴分布体积的一半包含在小于该直径的小水滴中,小水滴分布体积的另一半包含在大于该直径的小水滴中。方程式(4-1)描述了连续分布的 MVD,即

$$\int_0^{MVD} \frac{4}{3}\pi \left[\frac{D}{2}\right]^3 n(D)\,\mathrm{d}D = \int_{MVD}^{\infty} \frac{4}{3}\pi \left[\frac{D}{2}\right]^3 n(D)\,\mathrm{d}D$$

$$\int_0^{MVD} D^3 n(D)\,\mathrm{d}D = \int_{MVD}^{\infty} D^3 n(D)\,\mathrm{d}D \tag{4-1}$$

式中:数量 $n(D)$ 为小水滴直径($D$)的函数,由于 MVD 是用 $D^3$ 衡量,所以它对大水滴很敏感。绘制小水滴尺寸分布图时,横坐标是测量仪器的尺寸箱;纵坐标是小水滴数量,它不仅取决于被测量的结冰云,也取决于测量仪器的特性。例如,如果所用测量仪器具有大的尺寸箱或较大的采样体积,则仪器能记录任何给定直径的更多小水滴。这使得我们很难比较相同小水滴尺寸范围的两种不同测量仪器。一种替代的方法是绘制作为直径函数每微米的小水滴数量密度。这个量的计算首先由每个箱中的小水滴数量除以该箱的采样体积,这样就得到了数量密度,然后再除以箱宽,其单位通常用每微米每立方厘米小水滴数表示。如此就使不同测量仪器的采样体积和箱宽影响标准化了,因而可以进行不同测量仪器的测量分布值比较。同理,每微米的液态水含量可以用每微米小水滴数量密度乘以尺寸箱中间的一个小水滴的体积获得。除非水是均匀的;否则也应包含小水滴的密度。单位用每微米 LWC 或每微米每立方米克表示。为了获得总的数量密度或 LWC 分布,分别积分每微米数量密度或每微米 LWC。

"空当时间"是小水滴进入测量仪器探头体积时小水滴之间的时间长度。这个量对单独小水滴计数很重要,因为它可以用来确定小水滴是否达到得太快,以至于仪器测量不到。空当时间与小水滴速度、小水滴数量密度和采样面积大小成反比。但在风洞应用中,增加气流速度并保持风洞中喷嘴的水流速率不变,并不影响小水滴的空当时间,因为在给定的时间内,流过喷嘴的空气体积更大,小水滴扩散到空中更多。尽管小水滴以较高的速度到达测量仪器,但这小水滴之间增加的距离抵消了(小水滴数量密度降低),所以空当时间不变。

与光学小水滴粒径测量仪器有关的一个常用术语是"散射",即来自小水滴的散射光。当一个小水滴被光源(如激光)照射时,一些光线因小水滴而改变方向,即散射。这包括绕小水滴的衍射、小水滴表面的反射和通过小水滴的折射。正是通过分析散射光,光学小水滴尺寸测量仪确定小水滴直径。

在误差方面,小水滴尺寸测量中有很多误差源。一些误差源对所有类型仪器都常见,而有一些是特定仪器才有的。任何测量的精度基础是统计学的有效采样。在采样中必须测量足够多的小水滴,这样结冰云中的随机统计波动才不会影响测量结果。采样是否足够大最简单的鉴别方法是看测量的小水滴分布。如果测得的小水滴尺寸分布平滑连续,那么采样一般就有效。注意,对有些分布,大尺寸小水滴并不像其他尺寸小水滴分布那样很快趋于零。这些分布称为"长尾巴",会给测量带来麻烦。这些分布的"尾巴"会有一些这样的区域,其中某一尺寸箱计数为零,而相邻的尺寸箱有明显更多的计数。如果由这样的分布计算 MVD,在分布的尾巴中采样足够多的小水滴是至关重要的,因为它们对测得的 MVD 值有很大的影响。

与小水滴尺寸测量仪器有关的两个最基本的误差是"粒径测量误差"和"计数误差"。粒径测量误差是仪器把一些小水滴归类到了错误的尺寸箱中。在一定程度上说,光谱发散是所有小水滴测量仪器都有的一种计量误差类型。当光谱发散出现时,应当归类到某一尺寸箱的小水滴于相邻的尺寸箱中。计数误差对单粒子计数器很特别,当特定区域的小水滴尺寸分布计数不足或过计数时,计数误差就会发生。这个误差经常会被忽略,但它与计量误差一样严重,并能导致MVD、小水滴数量密度和 LWC 测量不正确。然而,如果计数误差是随机的,即所有小水滴直径都有一个相同的概率被计错,那么小水滴分布的形状将没有影响,并且由此分布计算出的 LWC 也不受影响。计算的小水滴数量密度和 LWC取决于测得的小水滴分布形状和高度,它将受随机计数误差影响。修正算法是用来预测给定仪器的计量误差和计数误差并相应调整测得分布的数学模型。

对单粒子计数器独有的两种情况是"重合事件"和"停滞时间事件"。当两个小水滴同时出现在探头体积中时,重合事件发生。重合事件会导致计量误差和计数误差。当测量仪器忙于分析以前的小水滴而对通过探头体积的小水滴不敏感时,停滞时间事件发生。停滞时间事件将导致随机计数误差,但不影响 MVD。

## 4.3 前向散射分光探头

前向散射分光探头(FSSP)是一种用于测量自然或人工结冰云中小水滴直径的光学粒径测量仪,是结冰云研究中应用最广泛的一种测量仪器(图 4 - 2)。1976 年,美国科罗拉多州粒子测量系统公司创建人 Robert Knollenberg 研制成功该仪器。FSSP 长约 1m,探头中包含一个 10mW 氦氖激光器、光学和电子器件。另外,需要一台微机用作外部数据采集系统来显示、处理和存储数据。FSSP 有两个与空气直流管相连的探头臂(图4－3),一个臂中含有激光传输光学器件,另一个含有接收光学器件。空气直流管用来确保两个臂的结构稳定性,同时保证含有小水滴的气流垂直通过激光束。探头中的反光镜和棱镜对气流是开放的,探头前部被加热,防止结冰。直流管的前部也需加热,防止结冰堵塞管道。

图4－2　FSSP在结冰风洞和飞机上的应用(源自 AIAA－2001－02331,SAE AIR 4906)

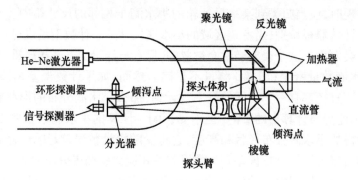

图4－3　FSSP构造示意图

### 4.3.1 工作原理

FSSP测量小水滴直径是通过测量小水滴经过激光束焦面形成散射光的功率获得的,小水滴直径由一条散射功率与小水滴直径的校准关系曲线确定。由图4－3可见,激光束经过聚光反射后垂直照射流经直流管中的气流,光束最中心的聚焦区域就是探头采样体积。探头采样体积中的激光束直径,对不同测量仪器是不同的,典型的是200μm。探头采样体积的长度(或景深)为2～3mm。

当一个小水滴进入激光束时,就开始向各个方向散射光,其中一些散射光被棱镜等光学镜组搜集并聚集传到探测器。没有散射的光被棱镜前面的倾泻点阻隔,倾泻点和镜组的直径决定光线角,进而决定被搜集的散射光是多少。在FSSP用户手册上,这个光线角度是4°～14°,但可以有几度变化,校准FSSP时这

86

是一个重要的参数。信号探测器是用于确定小水滴尺寸的一个元件,当小水滴通过激光束时,光线被小水滴散射聚焦到信号探测器。信号探测器产生一个正比于入射光功率的电压脉冲。当小水滴完全处于激光束中时,产生电压峰值。小水滴直径可以通过电压与粒径关系校准曲线,由电压峰值确定。

很好地定义探头体积对精确测量非常重要。理想情况下,探头体积内通过激光束的所有小水滴都应当被测量,探头体积外经过激光束的小水滴都不被测量。FSSP 的探头体积物理形状是圆柱形的,可以用轴向和径向分量来描述。

探头体积的轴向分量,即景深,沿激光束中点向两端延伸一定的距离。FSSP 确定景深是通过评估称为环形探测器的第二探测器收到的分光。这样,当一个小水滴(或任何散射光的物体)在激光束的景深范围内时,散射光将被聚焦到环形探测器前面的一点上。环形探测器前有一个倾泻点阻塞光进入探测器,然而,如果散射光总是来自于景深范围的两端,射到探测器上的光将分叉并模糊为一个斑而不是一个点。如果光斑大到一定程度,一些光将溢出倾泻点并进入环形探测器。当有足够多的光射到环形探测器上时,就表示小水滴远离激光束景深范围的两端,也就是超出了探头体积。

探头体积的径向分量由小水滴通过激光束的时间确定。假设被测量的小水滴都以相同的速度运动,一些小水滴靠近激光束的径向边缘,因此通过的时间较短,每个小水滴通过探头体积的时间都被测量,并与以前通过探头体积小水滴的通过平均时间比较,如果该小水滴通过时间小于平均值,那么就认为它在探头体积外并被排除。

## 4.3.2　结冰环境中的使用

FSSP 工作手册包含了大多数情况下 FSSP 校准和使用的标准流程。然而,在结冰环境下使用 FSSP 仍有一些问题需要强调。最值得注意的问题是仪器上的积冰(图 4 - 4),在结冰风洞中试验时,FSSP 上的积冰会造成延迟,需要停车清除仪器上的积冰,然后恢复风洞的试验速度和温度。需要从探头上清除积冰的原因是其可能堵塞 FSSP 通往探头采样体积的通道,这可能出现在 FSSP 的三个关键位置处。第一个位置是在直流管的前端。一般在高液态水含量条件下出现,当温度过低时,FSSP 加热器不能让直流管前端的冰融化。第二个位置是在直流管的后部。在特别低的温度下,为了融化直流管前端的积冰,加热器使用的电压一般会高于推荐值几度。这可以保证直流管前端不积冰,但引起了其他结冰问题。因为只有直流管的前半部被加热,融化的冰水就流到了后部,因为后部没有加热,就会结冰。积冰就会使流管堵塞。FSSP 的圆顶端可以增设加热器,缓解这个区域的结冰问题。第三个位置是在直流管内激光的出口位置。这个位置设计有防止小水滴进入光学系统的小凸起。这个小凸起会积冰并扭曲通往探头体积的流动,甚至遮挡激光束。由于这个问题发生在风洞试验中的直流管内,很难观察到,因而难以被发觉,其他结冰问题都很明显,而这个问题很隐蔽。

图4-4　结冰风洞中 FSSP 上的积冰(源自 SAE AIR 4906)

在风洞试验中常见的一个问题是 FSSP 光学元件中的积水。积水会导致 FSSP 信号衰减并造成小水滴尺寸测量值偏小。接收器一端的光学元器件包括棱镜、聚焦镜片组以及后端的分光镜,一般都会变潮湿。棱镜上的水可能来自光学口飞溅的水,其他元件受潮可能由冷凝引起。这个问题通常需要在风洞试验进行中经常校准检查,以确保光学系统污染得不会太严重。一旦出现潮湿污染,唯一解决的方法是拆除仪器、晾干元件。减少光学元件污染问题方法之一是在结冰吹风试验车次之间,用不含小水滴的空气吹 FSSP,帮助蒸发结冰吹风积累的水。如果用空气吹不起作用,或光学元件上已形成水斑,可能需要连续用不含小水滴的空气吹。

在一些风洞中需要考虑的另一因素是高数量密度。FSSP 测量一个称为"活跃度"的量,它在一定程度上可以用作云的数量密度。活跃度是 FSSP 忙于测量小水滴的百分比时间。如果 FSSP 测得过分的活跃度(大于80%),那么就需要关闭一些喷嘴,因为数量密度过高,FSSP 就不能测得正确的小水滴直径。在高数量密度条件下,FSSP 测得 MVD 偏大。关掉一半喷嘴对风洞中小水滴尺寸分布没有任何影响,但可以将数量密度降低到可接受的水平。然而,如果风洞中只用几个喷嘴,将会导致试验段中的小水滴播洒图形不均匀。

不规则的冰粒也能导致 FSSP 测量误差。尽管使用目前的光学模型不能评估误差的严重程度,也没有试验测量,但能够探测到冰颗粒。采样中冰颗粒的存在可以由 FSSP 测得的小水滴分布扁平度和特征宽度识别。还没有可用的方法来区分正确的小水滴数据和错误的冰颗粒数据,所以这样的分布不能用于有效测量。

### 4.3.3 校准

校准 FSSP 的装置有几种,包括玻璃珠、小水滴发生器和旋转针孔,其中旋转针孔方法接受程度最高。旋转针孔校准方法是 NASA 格林研究中心研发的,已经有了商业化的产品。该装置无论在实验室中还是试验现场都很有用。

正如名字所言,"旋转针孔"是一种在 FSSP 激光束中旋转针孔进行校准的装置。它由一个电机连接旋转针孔的皮带和滑轮系统组成(图4-5),整个系统安装在一个双轴小定位盘上,这样针孔通过激光束的轨迹可以精确控制。不需要移开直流管,整个装置很容易在 FSSP 探头臂上移动安装。

图4-5 旋转针孔校准装置及应用(源自 SAE AIR 4906)

旋转针孔的工作原理:给定直径的针孔会衍射一定量的光,其强度可以计算得到。给定直径的针孔在激光束中旋转时,会在 FSSP 中产生可预测的、高度重复的响应。如果得到的响应不是预测的值,FSSP 就在校准量程外了。

在实验室和试验现场使用旋转针孔有几个优点。首先,针孔直径精度很高,是一个稳定、可持续和可重复的标准元,可以重复使用。其次,针孔轨迹对一些具体的实验室工作容易控制,如校准 FSSP 景深、激光束剖面或查找仪器故障等。

在风洞试验中,旋转针孔是一种快速检查仪器的方法。校准几秒就可以确认,由于光学元件安装偏差或镜片变潮湿导致的小变化,很容易就能探测到。针孔旋转器甚至能帮助重新设置 FSSP。

### 4.3.4 量程和精度

FSSP 有四个量程范围,即 $0.5 \sim 8\mu m$、$1 \sim 16\mu m$、$2 \sim 32\mu m$、$2 \sim 47\mu m$。也可以用扩展的 FSSP 量程 $5 \sim 95\mu m$ 替代 $0.5 \sim 8\mu m$ 量程。FSSP 的每个量程有

15 个尺寸箱。结冰试验最常用的量程是 2 ~ 47μm,有 15 个尺寸箱、3μm 的箱宽:2 ~ 5μm、5 ~ 8μm、8 ~ 11μm、…、44 ~ 47μm。

主要有两个环境因素会影响 FSSP 小水滴测量精度:一个是小水滴数量密度;另一个是小水滴速度。如果这两个因素超出下面讨论的极限值,都会导致 FSSP 测量误差。为了减少这两个因素产生的误差,已经有一些修正算法,从而可以拓展 FSSP 的数量密度和速度范围。

FSSP 数量密度的上限取决于探头体积尺寸和仪器的电子电路速度。数量密度极限通常是 500 个/cm³,超过这个值,探头体积中过多的小水滴会导致计数误差和粒径测量误差。数量密度也有一个下限,低于这个下限,FSSP 需要越来越长的时间,以便测量到给定速度下满足统计学有效采样要求的足够小水滴数。

如果 FSSP 探头体积中同时有多个小水滴,就会发生重合事件,很可能出现计数误差和粒径测量误差。另外,探头体积外的小水滴(但在激光束中)会导致探头体积内小水滴的粒径测量误差。误差的量级取决于整个激光束中的小水滴数、它们相对于探头体积的位置、它们相互之间的位置及其尺寸。当光线被多个小水滴散射时,会导致比一个小水滴散射更强,从而导致粒径测量误差,FSSP 把多个小水滴当成了一个大水滴。高小水滴数量密度影响 FSSP 测量的原因:测得的 MVD 值一般大于实际值,测得的数量密度小于实际值,测量的 LWC 值可能大于也可能小于实际值,取决于是计数误差主导还是粒径测量误差主导。

如果小水滴高速通过探头体积,FSSP 会产生粒径测量误差。这是仪器的一个电子极限,是 FSSP 电路时间响应的函数。上面曾提到,小水滴直径是通过测量小水滴通过探头体积时,来自粒径探测器的峰值电压得到的。如果小水滴快速通过探头体积,探测器的输出是一个非常短的电压脉冲。如果脉冲时间小于电路响应时间,脉冲变宽且幅值很小,如此,小水滴直径测量就小于实际尺寸。当速度达到 80m/s 时,FSSP 开始出现误差。FSSP 也有一个 10m/s 速度测量下限。FSSP 的电子信号处理采用一个高旁通比过滤器去除直流信号并慢慢改变信号,这就可以去除散射光中的干扰反射、阳光或室内光线。

FSSP 已经确定的其他误差源包括校准误差和激光束激发误差。冰颗粒导致的误差也很重要,但它们还没能定量分析,因此,它们对 FSSP 精度的影响仍未知。

FSSP 有一个由其内部电路确定的校准曲线,这个仪器校准曲线由厂家根据试验(用玻璃珠)和理论(米氏散射理论)设定。仪器校准曲线是小水滴在 FSSP 散射光中的基本模型。该模型与小水滴在 FSSP 实际散射光中状态的任何差别将产生小水滴粒径测量误差,这些误差叫做校准误差。

校准误差的一个例子是 FSSP 遇到大水滴。FSSP 校准曲线是基于米氏散射理论预测的。尽管米氏理论是正确的,但它的某些假设在 FSSP 中不是总能满足。例如,米氏理论的一个假设是小水滴散射光是由激光束均匀照亮的。然而,FSSP 的激光束是多模态,也就意味着激光束径向强度剖面有许多峰值和低谷。如果小水滴小于这些空间变化,可以认为小水滴被均匀照亮的假设是正确的,并且用米氏理论可以准确预测散射。当小水滴大于激光束这个空间变化时,小水滴表面的照亮程度不再是均匀的,这时,米氏理论就不能准确预测散射。改进的米氏理论已能够计算这个影响,大水滴的粒径测量误差为 5% ~ 10% 。

　　FSSP 不均匀激光束照亮也会产生另一个误差。如果两个完全相同的小水滴通过探头体积照亮程度不同的区域,就会获得不同的测量结果,通过较强光区的小水滴测量值偏大。这类误差使小水滴尺寸谱变宽,它取决于详细的激光束剖面。

## 4.4　光学阵列探头

　　光学阵列探头(OAP)同 FSSP 一样,也是一种常用的置于结冰云中测量小水滴直径的仪器(图 4 - 6)。这种仪器由粒子测量系统公司 Robert Knollenberg 研发成功,并于 1970 年发布了最早的有关研究论文。

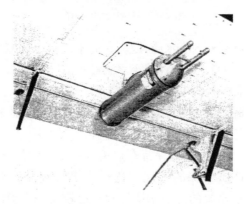

图 4 - 6　悬挂在机翼下的 OAP(源自 SAE AIR 4906)

　　OAP 是测量直径大于 $100\mu m$ 云中小水滴应用最广的仪器。OAP 分为一维模型和二维模型,一维模型仅测量直径,二维模型也能提供图像,这样就能看到小水滴的形状。同 FSSP 一样,OAP 也是一种长约 1m 的自包含探头,探头包含了一个 5mW 的轻便小激光器。该仪器同样也需要一个外部数据采集系统来显示、计算和保存数据。OAP 有两个探头臂,但没有直流管。一个探头臂中含有激光束传输光学系统,另一个含有光学接收系统,两个探头臂都有加热装置。

### 4.4.1 工作原理

OAP 是使用图像技术测量小水滴直径的单粒子计量器。当一个小水滴通过 OAP 中的激光束时,光学系统就将小水滴图像传到一个线性阵列探测器上(图 4 - 7)。当图像(即小水滴的阴影)通过探测器阵列单元时,这个单元的光强度就减弱。如果强度减弱大于 50%,就认定该探测单元在小水滴阴影内。小水滴通过激光束后,光强度降低 50% 的探测器单元数量就被记录下来,这个数量正比于小水滴直径,通过使用校准因子可以确定实际小水滴的直径。

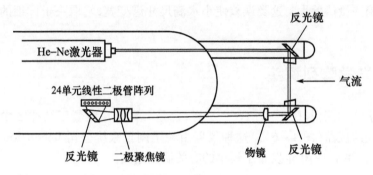

图 4 - 7 OAP 工作原理

OAP 必须排除焦距外的小水滴,因为它们不能被正确测量。确定一个小水滴是否正好在焦距上,OAP 通过评估小水滴经过激光束时每个探测器单元强度的衰减来确定。如果探测器单元强度都降低大于 66%,则小水滴都在焦距上,可以正确测量小水滴尺寸。换句话说,如果阴影通过探测器单元后很暗,图像的边缘就能很好地界定并准确计算出小水滴直径。

沿激光束的轴向,小水滴能保持在焦距内的距离就是景深,这也是表示采样区的一个尺寸。OAP 景深的长度正比于小水滴直径的平方。景深的范围从对应最小尺寸箱小水滴的几毫米增加到对应较大小水滴探头臂之间的整个距离。

OAP 也必须排除图像没有完全在探测阵列上的小水滴。为了做到这一点,OAP 检测位于阵列两端的探测器单元。如果两端探测器单元在小水滴阴影内(即光强降低 50%),就认为小水滴图像超出了探测器阵列范围。发现这种情况,小水滴必须被排除在外,因为不能正确测量。

小水滴图像通过探测器阵列的距离可以被确定,它表示采样区的第二个尺寸,叫做有效阵列宽度。当在景深范围内时,有效阵列宽度取决于小水滴直径。

92

例如,如果一个大水滴(它的图像几乎与探测器阵列一样大)通过采样区,为了能有效计数,它的图像必须正好在探测阵列中心上。任何偏差都将导致探测器的一端落于小水滴阴影内,造成小水滴被排除计数。另外,一个小水滴的图像远小于探测器阵列尺寸,它就有多条通过采样区的轨迹宽度,它的图像就不会通过探测器两端。

图4-8给出了一个OAP Model 260×型号的测量仪性能曲线,其中参数包括景深、有效阵列宽度、采样面积。注意,对直径小于150μm的水滴,景深随水滴直径的平方增加,但在62mm处终止,因为这就是探头臂之间的距离。另外,对最小的可探测水滴,有效阵列宽度是0.62mm,并且对直径为620μm的水滴,有效阵列宽度降低到零。景深和有效阵列宽度相乘得到采样面积,对应水滴直径150μm时最大。因此,当测量水滴尺寸分布时,直径150μm的水滴被测量到的概率最大。考虑到这个影响,OAP每个尺寸箱的计数必须用该计数除以每个尺寸箱采样面积来修正。

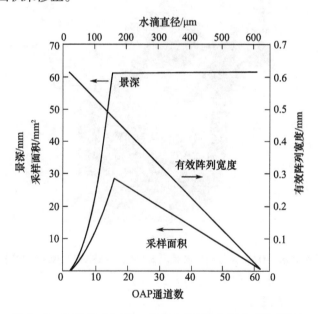

图4-8    OAP Model 260×性能曲线(源自SAE AIR 4906)

### 4.4.2    结冰环境中的使用

在结冰环境中使用OAP,面临与FSSP一样的结冰问题,仪器上也需要加热,保持各种光学器件不受结冰或潮气污染。尽管污染不会造成小水滴粒径测量误差,但严重的污染会导致数据采集速率下降。

### 4.4.3 校准

OAP 校准包括确认将镜头系统设置到已知的放大率。方法是将单个分散的玻璃珠样品吹入 OAP 探头体积,调整聚焦镜,使 OAP 输出值与通过探头体积的玻璃珠直径一致。另一个方法是用旋转分划板,见图 4-9。分划板可以校准OAP Model 260×型号仪器的 62 个尺寸箱。分划板是一个直径 10cm、厚度 3mm的玻璃盘,盘表面镀刻了一系列已知直径的同心圆,用直流电机驱动分划板旋转,同心圆就能通过 OAP 探头体积。尽管在 NASA 格林研究中心飞机结冰研究计划中采用分划板校准 OAP,但它的应用并不广泛,主要原因是分划板的成本高,并且 OAP 校准非常稳定,一般不会漂移。

图 4-9　OAP 旋转分划板校准器(源自 NASA C-89-13795)

### 4.4.4 量程和精度

OAP 型号很多,能够测量小到 10μm 大到几毫米的水滴,可以有 15、30 或 62个尺寸箱。评估 OAP 精度有几个因素需要考虑,包括计数误差、焦外水滴造成的水滴尺寸谱变宽、重合误差、速度误差和统计不确定度。

计数误差主要有两个原因,即小水滴尺寸和小水滴速度。非常小的水滴图像可以达到 OAP 探测器单元间隙的量级,对某些小水滴轨迹,图像很重要的部分能从探测器单元之间通过,OAP 将探测不到小水滴。如果小水滴的速度快到

94

一定程度,OAP 电路也探测不到图像通过时强度的快速变化,这样,小水滴也探测不到,不过这个问题的修正算法也已经有了。小水滴通过 OAP 的最小速度小于1m/s。

源自小水滴轻微出焦造成的小水滴尺寸谱变宽,实验和理论都有这方面的研究,粒径测量误差大约为 15%。因此小水滴尺寸可能大于,也可能小于实际尺寸的 15%,这就使小水滴尺寸分布变宽。对这个误差尚没有修正算法。

对单粒子计数器,高数量密度会导致 OAP 产生重合误差。例如,如果两个小水滴紧密靠在一起,它们的图像就会同时出现在探测器上,这样就被测量为一个大水滴。另外,小水滴通过后,OAP 也需要一段时间分析。如果小水滴图像在探测器上显现时间间隔很短,可能就会有一些小水滴被漏掉。

一些 OAP 采样面积对最大的尺寸箱中的小水滴能降低到零,意味着对这些小水滴需要大的修正因子。如果一个小水滴在 OAP 最大的尺寸箱中碰巧被计数到,那么大的修正因子就会应用到这个尺寸箱,将导致测量的 MVD 值发生显著变化。这是一个结合有修正因子的采样问题,为了保证统计学上的有效采样,可能会导致不实际的长采样时间。

## 4.5　相位多普勒粒子分析仪

相位多普勒粒子分析仪(PDPA)研发于 20 世纪 80 年代早期,主要用于实验室和小风洞播撒和燃烧分析。1984 年,美国加利福尼亚州的气动测量公司创建人 William Bachalo 发表了相位多普勒技术的论文,该公司目前是 PDPA 的制造商。PDPA 经过后期技术升级,能够用于大型结冰风洞和结冰研究飞机上的测量。PDPA 安装于 NASA 格林研究中心 IRT 中的照片见图 4-10。

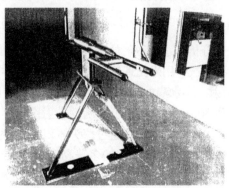

图 4-10　PDPA 在 IRT 中的应用(源自 SAE AIR 4906)

用于飞行试验的 PDPA 包含一个用于传输激光束的探头臂和一个用于搜集散射光的探头臂。在接收臂上也有一个小凸起用作激光束的倾泻点。仪器有一个外盒用于放置其他的电子装置,需要用一个微机处理、分析和存储数据。

## 4.5.1 工作原理

PDPA 是一种单粒子计量器,可以测量通过探头体积小水滴的尺寸和速度。PDPA 工作原理见图 4-11。低功率激光器发出的光束被分为两束光,然后用镜头聚焦。两束光交叉并形成明暗相间的干涉图案。当一个小水滴通过这些条纹时,根据其相对于条纹的位置将散射或多或少的光。这个源自小水滴散射光的周期性脉动称为多普勒闪烁。多普勒闪烁的频率正比于垂直于条纹的小水滴速度。为了测量多普勒闪烁,用一个镜头系统搜集散射光,镜头系统可以将光束交叉区的图像投射到空间过滤器上。空间过滤器的用途是只允许光束交叉区小水滴的散射光通过。这个过滤方法决定了 PDPA 的探头体积。通过空间过滤器的光被镜头搜集并传输到三个探测器上。其中一个探测器用于测量多普勒闪烁,另外两个用于小水滴尺寸测量。

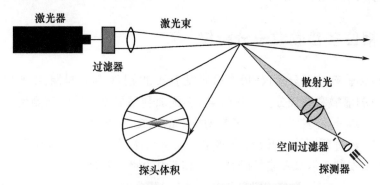

图 4-11　PDPA 工作原理(源自 SAE AIR 4906)

小水滴的尺寸通过分析小水滴散射的光确定。图 4-12 给出了一对交叉激光束中小水滴的远场散射。这些用米氏理论计算得到的图,其中黑色表示高强度散射,白色表示低强度散射。小水滴的尺寸信息包含在水平波段的间隔中(即空间频率),图中比较了直径 $30\mu m$ 和 $60\mu m$ 小水滴的散射图形。总地来说,散射光的空间频率正比于小水滴尺寸。当小水滴通过探头体积时,散射图形发生改变,变化的光波段和暗纹通过探测器,这就是上述的多普勒闪烁。由于探测器位置相对来说有轻微的不同,它们各自测得多普勒闪烁有轻微的相位不重合,因此称为相位多普勒。由于探测器之间的间隔是已知的,空间频率和小水滴尺寸就可以通过任意两个探测器的相位差确定,第三个探测器用来做辅助的相位检查。

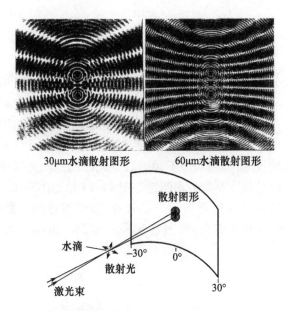

30μm水滴散射图形          60μm水滴散射图形

图 4 - 12    PDPA 计算图形样例(源自 SAE AIR 4906)

### 4.5.2  结冰环境的使用

PDPA 在结冰飞行试验和结冰风洞中的使用并不多见,为了避免仪器上结冰,需要适当加热。

### 4.5.3  校准

PDPA 一般由制造商用小水滴发生器校准。PDPA 工作是否正常,可以在实验室环境下,用小水滴发生器来验证。尚没有光学方法可用于试验现场验证。

### 4.5.4  量程和精度

PDPA 的量程和速度可以根据其光学构型而改变。在一种用于结冰云测量的构型中,制造商列出了速度范围 20 ~ 350m/s、直径量程 1 ~ 150μm,有 50 个尺寸箱。PDPA 的小探头体积能够使测量的数量密度达到 $10^4$ 个/$cm^3$。拥有小探头体积的代价就是需要较长的采样时间,以满足统计学有效采样的需要。

精度方面可能有非圆形粒子对 PDPA 测量影响的担忧。所有 PDPA 测量都是假设小水滴是圆形的,圆度偏差可以导致测量误差。结冰云中非圆形小水滴对小水滴直径分布测量的实际影响尚没有论文很好地阐述。可能是 PDPA 简单地拒绝非圆形粒子测量,这种情况下,由圆形小水滴测得的 MVD 不会产生任何误差。

## 4.6 马尔文粒径分析仪

马尔文粒径分析仪是一种设计用于实验室的仪器,并广泛用于燃料雾化液滴尺寸的分析。马尔文粒径分析仪有一些独特的属性,使其在高密度雾化测量上有优势。马尔文粒径分析仪由英国谢菲尔德大学在 20 世纪 70 年代中期开发的。1976 年,Swithenbank 发表了一篇重要论文阐述了该技术。也有一些更早的论文描述了类似的技术,但用的是不同的激发光源和探测光路图。目前马尔文粒径分析仪由英国马尔文测量公司制造。图 4-13 给出了马尔文粒径分析仪的照片。该仪器包括一个发射器和一个接收器,由轨道连接。发射器包含 5mW 氦氖激光器,接收器包含镜头、探测器和采样电路。由微机进行数据采集和存储。

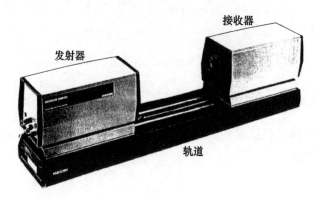

图 4-13　马尔文粒径分析仪(源自 SAE AIR 4906)

### 4.6.1　工作原理

马尔文粒径分析仪是通过分析一组小水滴的散射光来确定小水滴的直径。小水滴由激光束照射,这些小水滴的散射光在靠近前方的位置被搜集。由于靠近前方的散射由衍射主导,因此,马尔文粒径分析仪常被归为集合衍射类的仪器。

马尔文粒径分析仪的工作原理见图 4-14。激光束通过过滤并被扩展为直径为 9mm 的光束,光束射过结冰云进行测量。一组小水滴的衍射光通常由焦距 300mm 的镜头搜集。镜头将衍射光传输到距离镜头 300mm 远的光学探测器上。

散射光由同轴的 30 个半圆探测器分析,每个探测器对应一个不同散射角范

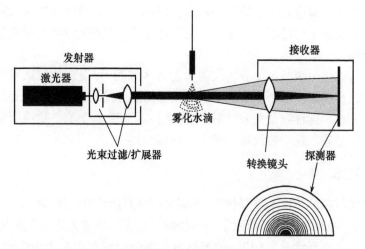

图 4-14 马尔文粒径分析仪工作原理(源自 SAE AIR 4906)

围。由于较小的小水滴用较大的散射角散射了它们的大部分光,较大的小水滴散射它们更多的光到较小的散射角,每个探测器环上光的相对功率可以用来确定小水滴粒径分布。

小水滴尺寸确定采用迭代技术由计算机完成。首先,计算机假设一个小水滴尺寸分布,并从该分布用米氏理论计算每个探测器上的散射功率,确定计算功率和测量功率的随机误差。然后,调整假设的小水滴分布,再计算随机误差,探测器上测量功率与计算功率匹配最好的小水滴分布就是测得的小水滴尺寸分布。

马尔文粒径分析仪计算的尺寸分布称为重量分布。它应当用体积分布描述而不是重量分布,因为实际测量的是体积分布。这非常适用于结冰,因为大多数结冰研究人员感兴趣的量是小水滴体积分布和 MVD。

集合衍射测量仪器不适用于确定数量密度或液态水含量。这类仪器测得的体积分布是一个分布的相对测量,它们仅正比于绝对体积分布。比例常数可以用另外的测量确定,理论上这也可以给出数量密度和液态水含量,但在实际中很少这样做。

## 4.6.2 结冰试验设备中的使用

马尔文粒径分析仪并不是设计用于结冰试验设备中严酷结冰环境的。为了能进行测量,必须对其进行防护,以便光学系统可以进入结冰云测量。测量仪进入结冰云中需要两个窗口:一个用于发射器;一个用于接收器。窗口需要有防反射涂层并具有轻微的偏角,以避免不期望有的反射光出现在探测器上。镜头到

99

结冰云的工作距离应当小于镜头的焦距。因此,马尔文粒径分析仪仅能用于很小试验段的风洞中。已经有一些研究工作通过使用定制光学器件扩展该分析仪的工作距离。

对不能直接使用马尔文分析仪的大型结冰风洞,可以在替代试验设备中对单个喷嘴进行测量。单个喷嘴的小水滴喷雾测量可以外推给出结冰风洞中的小水滴尺寸分布。这种测量的假设是:风洞条件不显著改变单个喷嘴所做测量的小水滴尺寸分布。这个假设可能成立,也可能不成立。

### 4.6.3 校准

马尔文粒径分析仪不需要校准,然而与所有测量仪器一样,确认其性能参数是有用的。因此,研究人员研发了一种校准分划板。分划板是一个玻璃板,其上刻有模拟小水滴尺寸分布($10^4$)的镀铬盘。当分划板置于激光束中时,分划板的衍射光类似于实际小水滴衍射光的情况。分析仪测量分划板的响应并与仪器预测的响应比较,由此确定马尔文粒径分析仪工作状态是否良好。如果存在差异,问题通常源自位置偏差或光学器件污染。

### 4.6.4 量程和精度

马尔文粒径分析仪独特的一点是对激光束中小水滴的运动速度没有限制。小水滴可以是向任何方向运动的小水滴,它们可以是静止的,也可以是超声速运动的,这些对测量没有影响。它的假设是激光束中所有小水滴分布不随时间变化。如果在测量期间实际小水滴分布发生变化,那么测到的将是一个平均分布。

马尔文粒径分析仪中的尺寸箱是对数距离,取决于所用镜头的焦距。例如,一个300mm镜头、型号为 Model 2200 的分析仪,尺寸箱如表4-1所列。

表4-1  2200型马尔文粒径分析仪300mm焦距镜头的尺寸箱

| 范围/$\mu m$ | 范围/$\mu m$ |
| --- | --- |
| 5.8 ~ 7.2 | 39.0 ~ 50.2 |
| 7.2 ~ 9.1 | 50.2 ~ 64.6 |
| 9.1 ~ 11.4 | 64.6 ~ 84.3 |
| 11.4 ~ 14.5 | 84.3 ~ 112.8 |
| 14.5 ~ 18.5 | 112.8 ~ 160.4 |
| 18.5 ~ 23.7 | 160.4 ~ 261.6 |
| 23.7 ~ 30.3 | 261.6 ~ 564.0 |
| 30.3 ~ 39.0 | |

在使用马尔文粒径分析仪前,需要先读取无喷雾小水滴的背景读数。该读数用于补偿照射到探测器上的外来光。当进行喷雾小水滴测量时,背景读数在有喷雾小水滴的条件下被提取。然而,如果喷雾小水滴对光有稀释,探测器上的散射光将不会显著大于背景读数,并且测量的精度会做适当的折衷。马尔文粒径分析仪有一个特点,它允许信号对时间积分,这将降低随机噪声脉动的影响。但是,这需要假设喷雾小水滴在积分时间段上没有变化。对大多数风洞这个假设成立。

马尔文粒径分析仪对镜头或窗口污染、杂光反射、室光和光学器件偏移很敏感。尽管在一定程度上背景读数可以对这些影响进行补偿,但在实际使用中,用户必须小心谨慎地操作仪器,以便获得最好的数据。

# 4.7　油片技术

## 4.7.1　工作原理

一个覆盖油膜的薄片放置于含结冰云小水滴的气流中,当小水滴撞击薄片时,就会被油膜捕获。油片放到显微镜下,通过计算机分析图像,就可以测量单个小水滴的尺寸。这种测量技术假设捕获的小水滴在撞击过程中和撞击后保持其质量,并且采样代表结冰云。油片宽 2.5mm。在速度 50m/s、小水滴直径 5μm 的条件下,油片搜集效率大约是 60%。这个误差对 MVD 几乎没有影响,除非小水滴直径接近 5μm。典型的结冰试验很少有 MVD 小于 10μm 的情况。

## 4.7.2　小水滴捕获设备

小水滴用覆盖在定制的一小块薄片上的硅油膜捕获。薄片的材料是树脂玻璃,固定在一个特制的固定架上,见图 4 – 15。薄片上的搜集区长 38mm、宽 2.5mm。这种细窄的设计是为了最大限度地提高捕获效率;油片的拿持部分很宽,便于操作移动;玻璃树脂透明、加工性能好;硅油的黏度为 $5 \times 10^3 \sim 5 \times 10^4$ CS(厘沲,1CS = 10mm$^2$/s),这主要是根据硅油的可用性确定的。油片的握柄设计既能稳固保持油片在气流中采样,又能方便快速地将其移动到显微镜下判读。油片置于气流中 10s 内就能获取放大的图像。

结冰云中采样由人工操作,要求结冰环境不能太恶劣。如果设计加工自动穿梭机构,可以将其应用于人不能到达的严重结冰区。

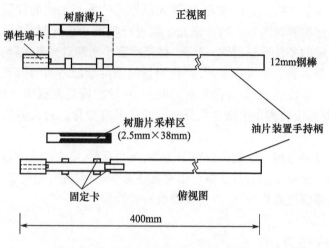

图 4-15  油片结构(源自 SAE AIR 4906)

### 4.7.3  图像分析

小水滴尺寸测量由显微镜、录像机和计算机完成。录像机从显微镜捕获放大的图像,记录在计算机的图像处理卡上并显示在显示器屏幕上。在焦距上的小水滴具有很好的对比度,图像可清晰地被抓出。测量软件自动标记单个小水滴边界并进行小水滴图像的形状、尺寸测量,过滤出不圆的小水滴,形成每个小水滴数据的计算机文件。单个小水滴汇集的数据作进一步处理,得到小水滴分布并显示分布图形、计算 MVD。

### 4.7.4  油片的使用

油膜的厚度对产生的图像质量有重要影响。当油膜太厚时,油膜和小水滴能产生移动;油膜太薄,小水滴穿过油膜并在树脂片和油的分界面扩展开来,而不是被锁定在油中。油片准备可用注射器将一滴或两滴硅油注射上去,用另一块薄片压在滴有油的薄片上,将第二块薄片沿长边方向拖离第一块薄片,使其成为油膜。如果油膜覆盖不均匀,再重复上述步骤。形成的油膜厚度由均匀性观察确定。

控制油片在结冰云中的暴露时间有一定困难(一般几秒钟)。在严酷的结冰条件下,由于暴露的时间需要很短,不好控制。人工动作太慢,所以需要一个自动暴露装置。对低速风洞,人工暴露是可行的。一种人工暴露方法是将油片装置放入油片,将握柄插入一个稍大的管中,将管置于气流中。当油片表面面对来流时,快速推并拉握柄,使其通过管端,快速进出气流,然后取下油片并置于显微镜下判读分析。首先观察油片的暴露时间是否适当,有没有过曝或欠曝,如果只能看到几个小水滴,表明欠曝,可以尽管使用,但仍需更多的采样。如果小水滴覆盖区大于一半采样面积,就是过曝。通过分析一个小水滴落入另一个小水滴所占面积上的可能性得出过曝结论。

另一个关注点是油片置于显微镜下的时间,因为小水滴可见时间会随时间缩小。小水滴缩小最可能的原因是显微镜使用的高强度光,一些小水滴在 5min 后完全消失。曾做过一个实验,观察油片置于显微镜下 10s、20s、30s 后 MVD 采样是否变化,结果没有发现变化。这最可能出现,因为大水滴最可能影响 MVD,它缩小最小。

### 4.7.5　校准和精度

油片装置的精度取决于采样暴露时间、图像分析校准和 MVD 计算。图像测量软件用分划板校准。分划板图像置于焦距上,校准者确定图像上的两点,并测定分划板上两点的实际距离。软件记录两点间的像素总数,并除以每个图像像素对应的距离。由于显微镜和录像机使用固定的放大倍数,而且再无其他缩尺发生,所以像素缩尺不变。校准的人工检验通常给出对 1μm 测得的重复性。

MVD 校准用 2μm 的尺寸箱宽确定小水滴尺寸分布,如 0 ~ 2μm、2 ~ 4μm、4 ~ 6μm 等。这个 MVD 解析度给出了尺寸容差 ±1μm。

该方法的总重复性通过对相同结冰云所做的多次测量来检验。结果表明,该方法在测量结冰云 MVD 上重复性很好。

## 4.8　旋转多圆柱测量仪

旋转多圆柱用于测量低于冰点云中液态水含量和小水滴的中值体积直径,也可以得到粗略的小水滴尺寸分布。1944 年,Langmuir 阐述了该方法,它利用不同直径圆柱对云中小水滴采集效率不同的原理。在 1945—1950 年间,利用旋转多圆柱测量仪在高山和高空飞机上进行了 3600 多次试验,测量 MVD 和 LWC。

搜集效率随小水滴直径和风速增加而增加、随圆柱直径增加而降低。如方程式(4 - 2)所示,直径为 $D$ 的圆柱搜集效率 $E$ 取决于

$$\Phi = \frac{9\rho_a^2 DU}{\rho_w \mu_a} \qquad (4 - 2)$$

其类似于圆柱雷诺数,且惯性参数为

$$K = \frac{\rho_w d^2 U}{9\mu_a D} \tag{4-3}$$

式(4-2)、式(4-3)中:$d$ 为小水滴直径;$U$ 为风速;$\rho_a$ 为空气密度;$\rho_w$ 为水密度;$\mu_a$ 为空气动力学黏性系数。

Langmuir 和 Bodgett 使用差分分析器确定绕无限长圆柱的小水滴轨迹,给出了 $E$ 与 $K$ 和 $\Phi$ 的关系曲线。1988 年,Finstad 等用计算机重新计算了小水滴轨迹,改进了小水滴阻力系数公式,给出了 $E$ 作为 $K$ 和 $\Phi$ 函数的公式。

在美国新罕布什尔州华盛顿山上(海拔 1918m),经常用多圆柱测量仪测量自然结冰云中小水滴尺寸。挪威高斯塔托彭山、芬兰禹拉斯山上也用这种方法测量结冰云中的小水滴直径。华盛顿山上天文台使用的多圆柱测量仪是六个圆柱堆叠在一起,直径为 1.6 ~ 76mm,旋转速度 1r/min。堆叠的大圆柱大约是相邻小圆柱直径的两倍。最小的两个圆柱长 100mm,其余四个圆柱长 70mm,见图 4-16,使用风速范围为 5 ~ 40m。较低风速下限用搜集效率确定,上限用难以在高风速中工作的状态确定。当在飞机上使用时,在较高的相对风速中,应增加旋转速率。1950 年,NACA 曾使用五个圆柱堆叠的测量仪以 80r/min 的旋转速率在飞机上应用。为了避免机身诱导的空气动力效应,多圆柱测量仪需要伸出机身顶部足够远。

图 4-16　旋转多圆柱测量仪(源自 SAE AIR 4906)

在用旋转多圆柱测量仪测量时,测量仪必须冷到冰点下,云中小水滴才能撞击冻上。多圆柱置于低于冰点的云中,直到最小圆柱结冰后的直径大约是原直径的 2 倍。这个经验法则能积聚足够质量的冰,因此冰质量测量的相对误差小,测量中圆柱的搜集效率变化在可接受的限度内。在华盛顿山上,一般暴露时间是 5 ~ 30min,飞机上是 1 ~ 5min。旋转多圆柱测量仪工作时,暴露时间、平均风速、空气温度和大气压需要记录下来。测量完毕,结冰的圆柱在处理前保持冰冻状态。每个圆柱的结冰质量(计量到 0.01g)被记录下来,结冰圆柱的直径也测量到 0.01mm 或用假设或计算的冰密度计算。这个过程大约需要 10min。每个圆柱结冰后的平均直径和冰质量被用来迭代计算结冰云的 MVD 和 LWC。人工多圆柱分析方法及其使用方法已有详细阐述的有关文献。使用该方法,小水滴尺寸分布从九个预先确定的分布中估算。表 4 - 2 给出了 A ~ I 9 个分布,包括均匀分布 A、小水滴窄范围分布 B 到较宽小水滴分布 I。计算机程序用来分析数据并计算 MVD 和 LWC,但不含小水滴尺寸分布。人工方法费时并需要有经验的专家,但的确可以给出小水滴尺寸分布的宽度。计算机分析大约需要 5min,人工方法大约 30min。

表 4 - 2　旋转多圆柱测量小水滴尺寸分布

| LWC 在每组中的比例 | 分布 A | 分布 B | 分布 C | 分布 D | 分布 E | 分布 F | 分布 G | 分布 H | 分布 I |
|---|---|---|---|---|---|---|---|---|---|
| 0.05 | 1.00 | 0.56 | 0.42 | 0.31 | 0.23 | 0.18 | 0.13 | 0.10 | 0.56 |
| 0.10 | 1.00 | 0.72 | 0.61 | 0.52 | 0.44 | 0.37 | 0.32 | 0.27 | 0.195 |
| 0.20 | 1.00 | 0.84 | 0.77 | 0.71 | 0.65 | 0.59 | 0.54 | 0.50 | 0.42 |
| 0.20 | 1.00 | 1.17 | 1.26 | 1.37 | 1.48 | 1.60 | 1.73 | 1.88 | 2.20 |
| 0.30 | 1.00 | 1.00 | 1.00 | 1.00 | 1.00 | 1.00 | 1.00 | 1.00 | 1.00 |
| 0.10 | 1.00 | 1.32 | 1.51 | 1.74 | 2.00 | 2.30 | 2.64 | 3.03 | 4.00 |
| 0.05 | 1.00 | 1.49 | 1.81 | 2.22 | 2.71 | 3.31 | 4.04 | 4.93 | 7.34 |

多圆柱山顶风速下测量 MVD 的精度大约是 ±2μm,飞机上空速 45 ~ 180m/s,随小水滴尺寸和空速增加,MVD 误差增加。

综上所述,不同的测量仪器都有各自的特点和优势。结冰试验中,一般需要用几种不同的测量技术,以便确保能够测量整个小水滴尺寸分布。光学的仪器复杂,每次使用前都需要检验,确保光学元器件位置准确、无污染、电路功能正常。没有一种测量仪器是“打开即用”型,所有仪器都需要操作人员熟悉工作原理、了解其擅长的应用范围等。本章讨论的六种测量技术简要归纳如下:

(1) FSSP 主要应用于风洞和飞行试验。具有四组量程/15 个尺寸箱,量程范围为 1 ~ 95μm。该技术广泛应用于结冰云研究,已有多年的使用研究,其应用限制比较清晰。

(2) OAP 主要应用于风洞和飞行试验。尺寸箱数量可以有多种选择,量程范围大于100μm。该技术可能是测量大水滴(大于200μm)的最好技术之一,可以用于研究非圆形冰颗粒。

(3) PDPA主要应用于风洞和飞行试验。具有50个尺寸箱,量程范围为1~150μm。飞行版的PDPA能够测量小水滴尺寸和速度。

(4) 马尔文粒径分析仪主要用于实验室和小风洞。具有15个对数尺寸箱,量程范围为5~500μm。马尔文粒径分析仪适用于在严格控制的条件下进行测量,它是唯一没有速度限制的仪器。

(5) 油片测量技术主要应用于风洞。可以测量小至2μm的小水滴,该技术是最古老的测量运动空气中小水滴尺寸的技术之一。

(6) 旋转多圆柱测量仪主要应用于结冰风洞和结冰飞行试验。量程范围取决于圆柱的直径,仪器相对简单,易于加工制作,它不能用于冰点以上环境。

## 参 考 文 献

[1] SAE AIR 4906. Droplet sizing instrumentation used in icing facilities[S]. SAE,2007.

# 第5章 结冰风洞校准与验收

## 5.1 概述

结冰风洞是一种用于飞机结冰和防除冰研究的重要地面试验设备。1928年,美国兰利实验室建成了一座试验段直径152mm的人工制冷结冰风洞。但由于风洞尺度和结冰云模拟技术的限制,该风洞并不具备飞机结冰研究的实用性,早期飞机结冰研究手段是飞行试验。1944年,NACA建成了一座工程型结冰研究风洞,试验段尺寸2.7m×1.8m,即目前格林研究中心的结冰研究风洞,飞机结冰试验研究开始进入以结冰风洞为主导的时代。美国机械工程师学会曾给予该风洞高度评价,称"正是得益于该风洞发展的技术,今天世界上的飞机才能安全穿能越结冰云飞行"。20世纪末,意大利航空航天研究中心建成一座多功能结冰风洞,主试验段尺寸2.25m×2.35m。除这两座结冰风洞外,国外较大的结冰风洞还有:美国波音气动研究结冰风洞,试验段最大尺寸2.4m×1.5m;美国Goodrich除冰系统公司结冰风洞,试验段尺寸1.1m×0.6m;美国LeClerc结冰实验室的Cox结冰风洞,试验段尺寸0.7m×1.2m;加拿大国家研究委员会的高空结冰风洞(AIWT),试验段尺寸0.6m×0.6m;等等。发动机结冰试验主要在专用发动机试验设备上进行,典型设备有NASA的PSL,AEDC的C1、C2,法国推进试验中心的S1、R6等等。

1997年,美国联邦航空管理局为了提高人们对空中飞行结冰问题的认识,制订了一项"FAA飞机飞行结冰计划",组织编写相关文件为监管机构、飞机运营商、研究机构和飞机制造商提供培训和指导,该计划包括14项工作,其中,第11项工作要求发展用于确定飞机上冰形的模拟方法验证准则和数据,并明确要求这些数据包括结冰风洞试验获得的数据、冰积聚程序计算获得的数据和人造结冰云中飞行试验的数据。在FAA的建议下,有关研究组织、工业界和航空管理当局等派人参与了该项工作,并编写了三个报告,用SAE ARP标准号发布。三个报告分别是《小水滴撞击与冰积聚计算程序》(见第9章)、《空中人造结冰云飞机》(见第7章)和《结冰风洞校准与验收》(见本章)。该标准于2003年9月发布,2009年12月进行了重新确认。

根据 SAE ARP 5905 标准,如果一座结冰风洞打算用于飞机部件和冰防护系统认证试验,那么应该验证该风洞及其辅助设备是否符合标准要求,并且应该给出结冰风洞结冰云模拟包线与适航规章规定包线的比较。因此,为了满足飞机适航局方要求,工程型结冰风洞的校准应该遵循 SAE ARP 5905 标准进行。

## 5.2 风洞类型

### 5.2.1 结冰风洞

如图 5-1 所示,大型结冰风洞通常采用回流式布局。根据试验段风速要求,电动机按控制指令驱动风扇在风洞回路内产生气流,气流经过稳定段上游的热交换器时被冷却。热交换器设计指标能为试验段达到所需要的低温提供足够的制冷量。为了保证流场品质,风洞稳定段安装蜂窝器和阻尼网,气流经过一定面积比的收缩段后,在试验段达到良好的气流条件。为了模拟结冰云中的小水滴,风洞稳定段中安装小水滴喷洒装置(喷雾系统),通过相关控制可获得试验条件所需的中值体积直径和液态水含量。喷雾系统中的水需要进行软化处理,以便去除水中的钙离子等,避免喷嘴结垢。为防止喷嘴冻结,软化处理后的纯净水需要加热。

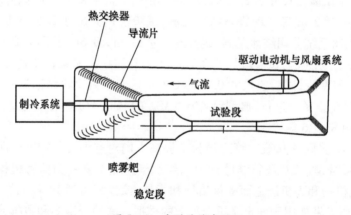

图 5-1 典型的结冰风洞

### 5.2.2 发动机结冰试验设备

发动机试验设备通常是一种直流式具有圆形截面管道的特殊试验设备。经压缩和温度/压力调节后的空气输入到驻室。驻室相当于一个稳定室,内部安装栅格和纱网,作用是使经过的气流变直并改善气流均匀性。结冰喷雾装置也安装在驻室内。由于收集器进口有一定的收缩比,当气流通过时会被加速,然后通过一条直管道进入放置试验模型的试验段。调整直管道长度,可以提供足够的时间来稳定流动特性,如温度、速度分布、LWC 分布等,并确保喷雾装置产生的小水滴能达到适当的过冷度。从直管道喷口出来的自由射流撞击在试验模型上进行结冰试验。从驻室到自由射流喷口的收缩比通常在 4:1 ~ 10:1。一般而言,此类发动机结冰试验设备试验段中的流场特性,如气流偏角、湍流度等,要比上述风洞中的流场差。如图 5 – 2 所示,美国军方的阿诺德工程发展综合体的 R1D 就是这种发动机结冰试验设备的代表。

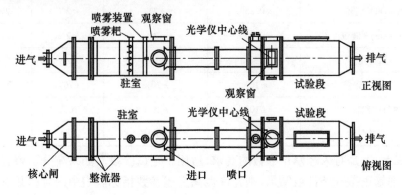

图 5 – 2　发动机结冰试验设备

需要说明的是,大多数情况下这种直流式发动机试验设备是用于特定发动机试验的,并不是以结冰试验为主的。因此,这些设备的流场品质并不是按常规风洞的标准来执行的。喷雾装置的喷嘴要进行流量校准和小水滴直径标定,对喷嘴进行阵列排布以生成特定的云雾场。为了克服这类设备的不足,通常在试验前或试验期间要进行云雾参数校测。这些校测仅适用于特定试验,不适用于一般风洞校准。但是,这些校测应使用 SAE ARP 5905 标准规定的操作方法。

## 5.3　风洞参数指标

结冰风洞在进行了气动热流场校测、结冰云雾场校测以及其他试验辅助设备校准后,才能进行结冰试验研究。风洞应按照标准规定的校准计划和校准方法进行校测。结冰云均匀区对应的试验段流场品质和结冰云雾场参数应满足表 5 – 1 的要求。结冰云雾均匀区是指在给定气流速度和小水滴尺寸的情况下,风洞试验段中心线处液态水含量值变化不超过 ±20% 的区域。

表 5 - 1　结冰风洞流场品质要求[①]

| 指标 | 测量仪器最大不确定度[①] | 试验段中心线处时间稳定性[②] | 空间均匀度[③] | 极限值[④] |
|---|---|---|---|---|
| 试验段气流速度 | ±1% | ±2% | ±2% | N/A |
| 试验段气流静温低于 -30℃时 | ±2℃ | ±2℃ | ±2% | N/A |
| 试验段气流静温在 -30 ~5℃ | ±0.5℃ | ±0.5℃ | ±1℃ | N/A |
| 试验段气流偏角 | ±0.25° | N/A | N/A | ±3° |
| (Pa - Off)[⑤]湍流度[⑦] | ±0.25% | ±2% | <2% | 2% |
| (Pa - On)[⑥]湍流度[⑦] | ±0.25% | ±2% | <2% | 5% |
| 压力高度 | ±50m | ±50m | N/A | N/A |
| 液态水含量 | ±10% | ±20% | ±20% | N/A |
| 中值体积直径[⑧] | ±10% | ±10% | N/A | N/A |
| 相对湿度 | ±3% | N/A | N/A | N/A |

表 5 - 1 是对未经修正参数的要求,适用于空试验段。如果充分了解流场品质,局部修正参数条件或结果,则允许偏离上述参数指标。表中内容的几点说明如下:

① 不确定度是指仪器测量的不确定度。给出的不确定度值是相对风洞试验段几何中心 $(x,y,z)$ 的单点测量值。

② 时间稳定性是指试验运行期间,某几何中心 $(x,y,z)$ 处测量的参数随着时间的变化。建立时间稳定性的最小时间间隔为 30s。

③ 空间均匀度是指均匀结冰云区内任意点在平均时间内相对于试验段中心线处的最大允许偏差。

④ 极限值是均匀结冰云区内任意一点单次测量的最大允许误差值。

⑤ Pa - Off 表示喷嘴雾化空气系统关闭。

⑥ Pa - On 表示喷嘴雾化空气系统处于工作状态。如果使用液压雾化喷嘴,可忽略这条内容。

⑦ 该湍流度定义见有关标准。

⑧ 对于中值体积直径小于 $30\mu m$ 的情况,测量不确定度采用 $3\mu m$ 代替 10% 。

不确定度由一个统计过程决定,该过程使用普遍认可的方法对试验数据进行分析。风洞试验数据不确定度评估方法可详见 AIAA 的有关标准。AIAA 的风洞数据不确定度评估方法值得学习和借鉴。稳定性定义为试验运行过程中参

110

数的变化。均匀性是指均匀结冰云区截面上参数随空间的变化。表 5 - 1 最后一列的极限值是风洞设计的特征参数,通常不受控制。

除了表 5 - 1 中给出的不受控制的性能参数外,试验人员还应记录喷雾系统(空气和水压力)达到稳定的时间。结冰风洞的这种性能特征不适用于表 5 - 1 中的定义,但这是一个需要记录的重要性能特征,因为试验人员需要确保给定测试点达到稳定云雾场的时间与喷雾持续时间一致。试验人员应知道喷雾系统达到稳定状态所需时间应在 ±2s 内。

## 5.4　测量仪器

用于监测风洞运行和测量空气动力与结冰云雾场特性的仪器,如传感器、数据采集系统等,应该符合美国国家标准与测试研究所、加拿大国家研究委员会、意大利 Servizio di Taratura 等制定的标准,并且应至少每年或根据每个设备运营商组织的流程和程序要求进行校准。

### 5.4.1　风洞仪器

试验段中测量速率/速度和温度条件应使用标准仪器。风洞操作人员能够通过改变驱动电机的转速保持试验风速在设定的容差范围内。下面简述有关测量风洞总压、静压和总温最基本的仪器信息。由于存在结冰现象,应特别注意结冰风洞中仪器的选择。通常用加热的方法防止测量探头结冰。

结冰风洞中常用的温度有两种,即总温和静温。通常,通过测量总温计算风洞试验段风速,同时使用静温作为结冰条件的限定温度。静温是由总温、总压和静压的测量值计算得到,并使用有关公式计算得到马赫数。

总温探头。通常位于风洞的稳定段中,在热交换器及风洞第四拐角导流片的下游与喷雾耙上游之间的位置。如图 5 - 3 所示,如果探头是封闭加热型,则必须吸气,以尽量减少加热系统引起的测量误差。如果感应电阻温度装置(RTD)或热敏电阻的探头通过稳定段中的气流自然通风,则必须有足够的气流使自加热温度降到最低。由于需要通风或吸气,在换算总温时,应对测量温度进行恢复误差修正。

确定试验段风速需要测量总压和静压。单独的总压探头和静压探头或组合的皮托静压探头可用于压力测量。通常使用类似于图 5 - 4 所示的飞翼型探头。

总压。$p_T$,根据标准风洞实践,可以在试验段上游的稳定段中直接测量,但不能使用总压探头在喷雾耙下游测量,也不能在试验模型前恒定区域使用皮托

图 5 - 3 总温探头样例(源自 SAE ARP 5905)

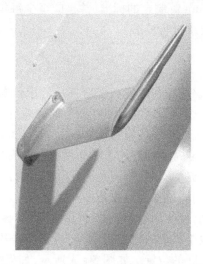

图 5 - 4 总压探头样例(源自 SAE ARP 5905)

静压探头测量。

静压。$p_s$,根据标准风洞实践,可以在试验段试验模型上游的恒定区域使用静压探头(图 5 - 5)、皮托静压探头或侧壁压力片测量,应考虑风洞特点来选择最合适的静压测量方法。

喷雾仪器。风洞结冰云雾场的液态水含量和小水滴直径主要是输送到喷雾系统喷嘴的水质量流量和用于雾化水的空气压力的函数。假设使用的喷嘴是混合型,也就是说,需要提供空气和水,典型的做法是将在风洞试验段中测量到的液态水含量和小水滴直径结果与喷雾耙中空气和水压(或流速)的设

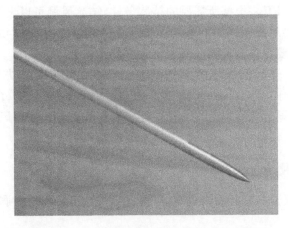

图 5 – 5　静压探头样例 (源自 SAE ARP 5905)

置相关联来校准喷雾系统。一旦完成校准,某一具体设置将重复地给结冰云雾场提供相同液态水含量和小水滴直径。遵循已建立的、适当的维护程序,如喷嘴清洁,以及对各个喷嘴喷雾模式的定期目视检查,能够提高对校准稳定性的信心。

　　仪器应用。喷雾耙位于稳定段中,等间隔并水平横跨洞体。喷嘴安装在每个耙中固定的位置,以提供所需的喷雾覆盖率和均匀性。每个耙使用专用仪器来监控输送的水和空气。应注意喷雾耙和管道设计,以确保耙内第一个和最后一个喷嘴之间空气和水的压降不会导致显著的喷射特性改变。仪器应尽可能靠近喷雾耙入口。校准喷雾系统后,不应更改仪器的位置。对于水压测量仪器尤其如此,其中高度的变化可能导致压力测量的明显偏移。

　　测量参数替代方案。控制喷雾耙喷嘴性能有三种常用方法。不能说其中一种方案优于另一种方案,而是依赖于喷嘴设计。替代方案 1 是独立测量喷雾耙空气和水压。替代方案 2 是监测空气压力和水与空气之间的压差。替代方案 2 通常比替代方案 1 更方便和直接,因为喷嘴小水滴中值体积直径输出通常表示为压差的函数。替代方案 3 是监测空气压力和水流速率。可以用转子流量计、涡轮流量计或类似装置测量流速。与用于测量压力的传感器一样,仪表选择应考虑在预期工作范围内的精度和分辨率要求。

　　喷雾耙空气和水加热。通常必须加热输送到喷嘴的空气和水,以防止管路中的水冻结并防止小水滴冻结。当空气小水滴混合物从喷嘴释放喷出时,会经历温度降低。在喷出之前,加热空气和水补偿了这种温度下降。如果加热不充分可能会导致一部分水冻结,从而降低 LWC,使得在校准期间建立的压力或流量设置比预期的 LWC 低。因此,建议加热喷雾耙空气和水,并监测温度,监测仪

器精确应达到 ±1℃。根据所需要的结冰条件,结冰风洞可以设置不同的温度,空气和水不需要加热到相同的温度。典型的加热温度范围为 45～100℃,出口温度高,可能需要更高的喷嘴空气压力。

仪器精度。选择和操作喷雾耙测量仪器应使仪器的均方根误差不大于LWC 产生的不确定度 2.5%,MVD 的不确定度小于 3.5%。有许多方法可用于检测喷雾耙,仪器的选择和误差估算可能会有很大差异。根据风洞设备应分析和选择最合适的仪器。

## 5.4.2 仪器校准

这里所述仪器在后面风洞校准中需要用到,并不意味着风洞试验期间需要使用。

气动热校准。应使用标准的结冰风洞测量探头来测量速度分布、总温分布、总压、静压和流向角。

压力/温度校准仪器。在空气动力校准期间,应使用标准压力/温度校准测量装置,例如,用类似于图 5-6 所示的测量耙测量速度和流向角。每个风洞都要负责设计适合该风洞的校准测量装置。这种类型的压力校准装置通常具有四个或更多个压力端口。压力端口应根据风洞的工作范围进行校准。

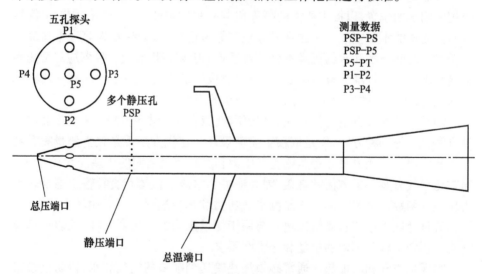

图 5-6 压力/温度校准耙

在校准测量设备中,吸气式总温传感器应使用铜/康铜线(T 型)、铬/铝镍线(K 型)或铂电阻温度式传感器。

湍流仪器。使用单元件和/或交叉线探头的标准热线风速计耙,可用于测量试验段干燥空气湍流。图 5 – 7 是典型的热线风速计耙配置。各个探头可以如图所示安装在公共底座上,或沿横跨试验段的校准耙安装在翼展上,采用通用的方法测量湍流。

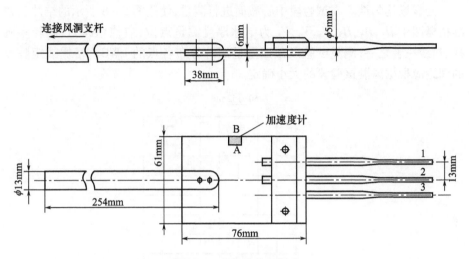

图 5 – 7　热线风速仪探头
A—水平;B—垂直;1,2—交叉线;3—单线。

结冰云雾场校准。包括测量试验段中心线小水滴直径、LWC 及 LWC 均匀性,它们是喷雾耙中空气、水设置以及风洞风速的函数。在仔细考虑 LWC 和小水滴直径对测量 LWC、小水滴直径和云雾场均匀性技术的依赖性之后,确定这三个测量的顺序。

小水滴直径测量系统。小水滴直径以中值体积直径表示,应使用 SAE AIR 4906(见第 4 章)中描述的一种或多种常用仪器(如 FSSP、OAP、PDPA、MPSA)在试验段中测量。

液态水含量。应在风洞试验段中心线处使用冰刀、旋转多圆柱或热线测量仪进行测量。有关这些测量技术的详细信息可见有关文献和产品说明书。使用这些测量设备时,风洞中不安装测试模型。

区间液态水含量。在发动机试验设备中,在安装了模型的试验段中用于确定 LWC 的替代方法,是基于水流量修正蒸发。所需的区间液态水含量基于以下水流量确定,即

$$\omega_{wB} = KLWC_B v_{TS} A \qquad (5 – 1)$$

式中:$\omega_{wB}$ 为区间水流量(kg/s);$v_{TS}$ 为试验段自由流速度(m/s);$A$ 为流动横截面积($m^2$);$K$ 为单位换算系数,$K = 1 \times 10^{-3}$ kg/g。

区间水流量修正蒸发。这是通过基于绝对湿度、大气温度、注入水的初始温度、空气和水的速度、空间布局和小水滴谱计算蒸发的水量来完成的。在闭环控制方案中用校准的涡轮流量计测量区间水流量。

云雾场均匀性。在试验段中心截面进行测量,使用图5-8所示的结冰云校准格栅图中 $H_1, H_2, H_3, V_1, V_2, V_3$ 为结冰厚度测量点位,或使用冰刀、旋转多圆柱、热线三者之一,测量试验段截面上呈矩阵分布各点的LWC。格栅或矩阵点的间距应根据风洞试验段的大小确定。

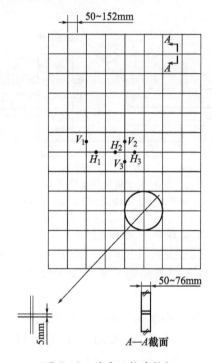

图5-8 结冰云校准格栅

## 5.5 校准类型划分

进行结冰认证试验时,风洞应当进行校准。校准的目的是逐步建立风洞重复性的历史数据,搜集从风洞建成起的长期气动和结冰相关参数的记录。风洞应进行三种类型的校准,它们是基础校准、中期校准和检查校准。

### 5.5.1 基础校准

基础校准是风洞的全面校准,包括气动热校准和结冰云雾场校准。在初次

116

调试或更改气动结构或结冰云的任何主要风洞改造之后,都需要进行全面校准,如改变热交换器、试验段、喷雾耙系统等。至少每五年进行一次基础校准。

### 5.5.2　中间校准

中间校准在初始调试或风洞重大变更完成基础校准后的前两年进行,应作为一个年度试验工作的基础。中间校准应至少包括:①确认结冰云雾场均匀性与基础校准的结果相比没有变化(使用已建立均匀性风速的代表性数据点);②确认风洞轴向中心线 LWC 测量值。中间校准应当包括在一定试验风速和温度范围内,测量试验模型空间范围的总压、静压和总温。临时校准还应包括使用基础校准的代表性数据确认 MVD 校准。如果中间校准显示风洞性能与基础校准的偏差大于表5-1中的值,则风洞校准人员应查找问题并重复中间校准。如果超出容差条件仍然存在,则校准人员在确认系统稳定且正常之后,需要重新进行基础校准,建立全面的基准数据。

### 5.5.3　检查校准

检查校准应每六个月进行一次,除非它被基础校准或临时校准取代。从基础校准中选择一个代表性的均匀性采样区和中心线 LWC 测量值,进行校准对比检查。如果检查校准表明风洞性能偏离基础校准值大于表5-1中的值,则应查找问题并重复检查校准。如果问题仍然存在,则需要在确保风洞系统正常和稳定的情况下,重新进行基础校准,建立全面的基准数据。

### 5.5.4　冰形连续性检查

在上述校准试验期间、之前或之后,可以进行某一模型试验,用上述校准试验评估风洞积冰特性的变化或稳定性。在调试新风洞时,冰形试验用于建立自有模型的参考冰形。模型的选择和设计由风洞运行单位自行决定。结冰条件的设置可用于冰形比较试验。

## 5.6　风洞校准

风洞的校准过程应进行编号、发布并符合单位质量控制过程框架,这种做法通常被航空航天工业界和监管部门普遍接受。风洞应按上述规定的时间间隔进行气动热和结冰云雾场校准,以证明风洞、仪器和试验流程能继续产生合格的数据。校准应覆盖风洞试验段用于试验的区域,满足表5-1中液态水含量的空间均匀度要求。

### 5.6.1 气动热校准

应进行干空气气动热校准,以确定风洞的基本流动品质。需要校测以下流场特性:

(1)速度分布。

(2)温度分布。

(3)湍流度分布。

(4)中心线速度修正。

(5)空风洞流向角分布。

每个风洞应编制针对其未来运行范围的校准试验矩阵。校准矩阵至少应包括以下几项:

(1)空气动力学校准,包括中心线静压和总压校正测量,以及环境温度下的速度、流向角和湍流测量,如表5-2所列。

(2)热力学校准,包括温度测量,在0~-30℃(或试验所用的最低运行温度)范围内,选择四个温度点,如表5-3所列。

表5-2 最小空气动力校准试验矩阵

| 垂直方向/% | 水平方向/% | 喷雾耙气压 | 风洞静温 | 试验段风速(试验风速的百分比) |
|---|---|---|---|---|
| 0、±25、±50、±75 | 0、±25、±50、±75 | 最大值 | 环境温度 | 0、33% 、67% 、100% |

表5-3 最小热力学校准试验矩阵

| 垂直方向/% | 水平方向/% | 喷雾耙气压 | 风洞静温/℃ | 试验段速度(试验风速的百分比) |
|---|---|---|---|---|
| 0、±25、±50、±75 | 0、±25、±50、±75 | 最大值 | 4、-6、-18、-30 | 0、33% 、67% 、100% |

需要说明的有以下几点:

① 风洞的水平几何中心线是0坐标水平基准线。垂直方向的百分比是从水平几何中心线到风洞底板或顶板的距离百分比。

② 风洞的垂直几何中心线是0坐标垂直基准线。水平方向的百分比是从垂直几何中心线到风洞侧壁的距离百分比。

③ 喷雾耙最大气压是用于为风洞运行范围产生最小MVD值的气压。喷雾耙温度应设定在名义运行温度。

在第①、②条中,校准试验应以未来风洞试验风速范围的至少四个等百分比间隔风速重复进行。例如,风洞最小试验速度50m/s,最大试验速度250m/s,然后校准速度为50m/s、117m/s、183m/s和250m/s。温度和速度的其他数据点可由风洞运行人员自行决定。

中心线总压和静压校准:将皮托静压探头定位在试验段的几何中心采集总

118

压和静压校准数据,并以表5-2中规定的速度来进行。其他额外的测量可以由风洞运行人员自行决定。然后用这些测量值以及风洞标准总压和静压测量值来计算风洞中心线速度修正。中心线静压与指示的试验段静压的比率用于计算修正的风洞自由流速度。图5-9是静压校正的一个例子。

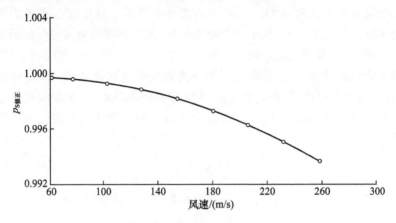

图5-9  风洞中心线静压校正

风速和风洞流向角分布:应在表5-2规定的水平线和垂直线的每个交叉点以及在规定的速度下采集试验段速度和流向角测量值。将压力/温度测量装置定位在每个指定的水平线和垂直线位置来获得数据。数据采样率和持续时间应满足产生统计学上稳定值的要求。

湍流强度分布。湍流测量通常应在风洞中用来安装试验模型的空间位置进行,如沿典型的飞机模型机身长度的翼展方向。测量位置间距由风洞运行人员决定。受测量设备的限制,这些测量应按表5-2规定的速度进行。数据采样率和持续时间应满足产生统计学上稳定值的要求。不需要在测量压力和温度的所有空间位置测量湍流强度数据。

温度分布。试验段温度测量应在水平线和垂直线的交叉点以及表5-3中规定的温度和速度下采集。应将温度测量装置定位在指定的水平线和垂直线位置来测量数据。数据采样率和持续时间应满足产生统计学上稳定值的要求。

## 5.6.2  结冰云雾场校准

应进行结冰云雾场校准以确定风洞的基本结冰云特性。小水滴 MVD、LWC和云雾场均匀性测量仪器通常有前向散射分光探头、光学阵列探头、相位多普勒粒子分析仪和马尔文粒径分析仪、冰刀、旋转多圆柱、热线等。

喷嘴校准:喷嘴校准包括空气和水流量特性。对于外部混合喷嘴,应包括无量纲的喷出系数 $C_{da}$ 和 $C_{dw}$,因为雾化气体流和水流是分开的。对于内部混合喷嘴,通常需要基于 $C_{da}$,$C_{dw}$ 和 $C_{dw/a}$ 表征喷嘴喷流特性,其中 $C_{da}$ 和 $C_{dw}$ 是在气流存在下的水流动特性,或者建立组合水/气流量系数。当安装新的喷雾系统时,原始喷嘴组将根据最大偏差 3% ~ 5% 进行校准和选择。从建立云雾场均匀性并记录喷嘴配置的角度来看,如果一个喷嘴损坏,则新换喷嘴应与被替换的喷嘴性能尽可能接近,通常流量系数匹配应在 1% 左右。对于外部混合喷嘴,无量纲喷出系数比流量系数更合适,并定义为实际流量与理想流量之比。对于外部混合喷嘴,仅存在两个喷出系数 $C_{da}$ 和 $C_{dw}$,并且两者都是必需的,因为水和气流在喷嘴内是独立的,因此雾化气流和水流没有耦合。如果喷嘴的上游气压与环境气压比为

$$\frac{p_a}{p_S} > 1.893 \qquad (5-2)$$

那么通过喷嘴的流动将被阻塞,气体喷出系数将由下式给出,即

$$C_{da} = K \frac{\omega_a}{\frac{\pi}{4} d_0^2 \frac{p_a}{\sqrt{T_{Ta}}}} \qquad (5-3)$$

式中:$\omega_a$ 为空气质量流率(kg/s);$d_0$ 为喷嘴直径(m);$p_a$ 为喷嘴绝对总空气压力(kPa);$T_{Ta}$ 为喷嘴绝对总空气温度(K);$K$ 为单位换算系数,$K = 2.474 \times 10^{-2}$。

水的喷出系数是基于不可压缩流和接近直径远大于喷嘴直径的假设,即 $D \gg d_0$,所以 $\left(\frac{d_0}{D}\right)^4 \approx 0.0$,并定义为

$$C_{dw} = K \frac{\omega_w}{\frac{\pi}{4} d_0^2 \sqrt{\frac{2(p_{S\,up} - p_{S\,dwn})}{\rho_w}}} \qquad (5-4)$$

式中:$\omega_w$ 为水流量(gal/min,1gal/min = 0.2271m³/h);$d_0$ 为喷嘴直径(ft,1ft = 0.3048m);$p_{S\,up}$ 为喷嘴上游的静压(psi,1psi = 6.895kPa);$p_{S\,dwn}$ 为喷嘴下游的静压(psi);$\rho_w$ 为水密度(1b/ft³);$K$ 为单位换算系数,$K = 3.2733 \times 10^{-5}$。

对于内部混合喷嘴,必须在水流动的情况下获得气体喷出系数 $C_{da}$,而水喷出系数 $C_{dw}$ 必须在气流存在情况下获得,因为水和空气流动特性是耦合在一起的。因此,根据水和空气压力的差异,使用 NASA 方法并定义水流系数 $C_{dw/a}$ 可能更容易,即

$$C_{dw/a} = K \frac{\omega_w}{\sqrt{p_w - p_a}} \qquad (5-5)$$

120

式中:$\omega_w$ 为水流量;$p_w$ 为水静压;$p_a$ 为空气静压;$K$ 为单位换算系数,$K=3.2733\times10^{-5}$。

结冰云雾场的大小和均匀性:测量点的矩阵应在位于模型支撑系统旋转中心的参考平面上进行。矩阵中各点之间的间距与矩阵总跨度之比不应大于 12.5%,任一方向跨度不得超过 150mm。

冰积聚技术:对于用积冰厚度来测量的风洞,应在以下霜冰条件下对每个喷嘴配置进行冰积聚测量。

(1) 风洞试验段静温:$T_s<-18℃$。

(2) 目标小水滴直径:20μm。

(3) 目标冰积聚厚度:6.4mm。

(4) 目标喷雾持续时间(近似值):100s。

(5) 风洞试验段速度(最大风速百分比):25%、50%、75%、100%。

上述值的目的是平衡 LWC,使得在 100s 内积冰 6.4mm。设定持续时间以免对收集效率产生不利影响。目标最大积冰厚度为 6.4mm。厚度测量应在垂直和水平格栅单元的中点进行,在图 5-8 中由符号 $V_1$、$V_2$、$V_3$、$H_1$、$H_2$ 和 $H_3$ 指示的位置处进行。测量结果应转换为相对冰厚度 $\tau_{iceR}$,标准化为风洞中心的冰厚测量值,即

$$\tau_{iceR}=\frac{\tau_{(x,y)}-\tau_{grid}}{\tau_c-\tau_{grid}}\propto\frac{LWC_{(x,y)}}{LWC_c} \tag{5-6}$$

式中:$\tau_{(x,y)}$ 为 $x$ 和 $y$ 位置的厚度测量值;$\tau_{grid}$ 为未结冰条件下的格栅厚度。

在结冰条件下的风洞中心线厚度测量由下式给出,即

$$\tau_c=\frac{\sum(V_2+V_3+H_2+H_3)}{4}$$
$$或$$
$$\tau_c=\frac{\sum(V_2+V_3)}{2} \tag{5-7}$$
$$或$$
$$\tau_c=\frac{\sum(H_2+H_3)}{2}$$

应将数据转换为 LWC,并依次将结冰云雾场均匀性表示为等高线图,如图 5-10 所示。

热线技术:热线或其他实时 LWC 测量仪器可用于测定云雾场的范围和均匀性。LWC 的测量应在上述定义的测试矩阵点上进行。任何给定点处的 LWC 值应该是该点统计学上稳定的 LWC 测量值的平均值。如果使用移动测量系统在测试区域的平面矩阵点上测量,则应注意确保测量点在上游足够远的位置,以避免支撑臂的气动干扰。同时,支撑臂应有足够的刚度,以使仪器的振动最小化。

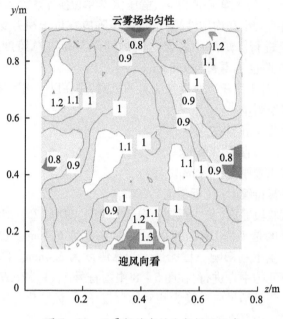

图 5 – 10　云雾场均匀性和数据区尺度

MVD 校准:小水滴直径用 MVD 表示,对于采用空气辅助雾化的喷嘴,它是喷嘴空气和水流率的函数。应确定 MVD 与空气和水流率之间的函数关系。风洞运行人员可以选择确定其他与流率相关的参数,如空气、水压及 MVD。应根据需要使用一种或多种仪器测量小水滴直径。这些仪器应该实时校准。为了充分确定 MVD 与自变量之间的关系,风洞应在由两个独立变量定义的阵列点处测量 MVD。选择用于定义阵列的值不应超过覆盖风洞 MVD 范围所需的每个独立变量范围的 15%。风洞可以选择将 MVD 与喷嘴空气压力和水流率相关联。在这种情况下,可以确定 MVD、气压和水流率之间的关系,类似于图 5 – 11。

图 5 – 11 显示了喷嘴空气压力、水流率与 MVD 的关系。图中测试点阵列由空心方形符号表示。测试点在最小到最大空气压力和最小到最大水流率之间的区域上等间隔分布。在任何给定的自变量交叉点处取得的 MVD 值应间隔足够的时间,以便满足获得统计学上稳定 MVD 值的要求。为了评估这一过程产生的 MVD 关系有效性,应该采用足够数量的广泛分布的其他测量值来确定 MVD 测量的可重复性。对于 MVD 校准,风洞条件应设置为最大空速的 50% ~ 100%,并且试验段静温足够冷以使结冰云的再循环最小化。MVD 测量应在风洞试验段恒定区域的中心线上进行。

122

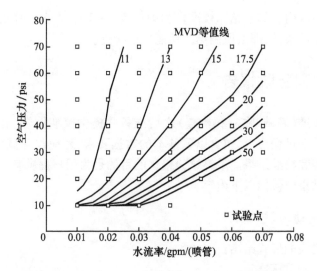

图 5 - 11　设备小水滴直径校准(1gpm = 3.785L/min)

液态水含量校准:风洞试验段中的 LWC 主要取决于喷雾耙水流率、试验段风速和云雾场横截面积。在一定程度上,它还取决于 MVD、喷嘴空气压力、相对湿度、试验段温度或其他因素。每个风洞应首先确定 LWC、水流率和试验段风速之间的函数关系。这可以通过试验来完成,只要有足够数量统计学上有效的数据点,就可以定义函数关系曲线。或者,可以假设分析关系,这种情况下,有必要通过试验验证这种关系。无论何种情况,都必须进行一组试验,用一种或多种LWC 仪器来测量或证实这种关系。

## 5.7　验收准则

验收要求与表 5 - 1 中定义的变量和数量一致。

### 5.7.1　空气动力

空气动力性能特征仅适用于选定的试验空间范围。如果风洞校准显示空气动力学性能符合表 5 - 1 中的空间均匀度要求,那么风洞可用于结冰试验。

### 5.7.2　结冰云雾场

校准应覆盖试验段的一定区域,LWC 的空间均匀度满足表 5 - 1 中定义。该区域可能因条件而异。LWC 的瞬态稳定性和小水滴 MVD 值可以从受控的喷雾耙参数推断,或试验期间在原位测量。结冰试验的可接受区域应限制在定义的结冰云均匀区内。如果结冰校准表明满足表 5 – 1 中结冰云参数的空间均匀度和瞬态稳定性条件,那么风洞结冰性能可以接受。

## 5.8 校准和验收报告

在每次校准(基础、临时和检查)之后准备并提供校准报告,报告应说明校准符合上述校准过程要求,包含以下基本的数据要求,还应包含试验装置照片、所用仪器列表和校准结果。最终试验报告的目的是为用户提供有关校准过程和结果。校准结果应包括以下内容。

### 5.8.1 空气动力校准

以图或曲线的形式给出:
(1) 静压和总压修正。
(2) 速度分布和流向角。
(3) 湍流强度。
(4) 温度分布。

### 5.8.2 冰云校准

以图或曲线的形式给出:
(1) 云雾场的大小和均匀性。
(2) 每种喷嘴配置的小水滴直径校准。
(3) LWC 校准。
风洞运行人员应保留用于上述(2)和(3)原始数据记录。

### 5.8.3 测试设备资格声明

如果测试结果用于接收设备,设备中产生的数据将提交给监管/认证机构,以获得认证信用,设备运营商应提供一份声明,表明所有测试和校准均已完成,符合 5.7 节中规定的验收标准,风洞可以使用。

## 参 考 文 献

[1] SAE ARP 5905. Calibration and acceptance of icing wind tunnels[S]. SAE,2009.

# 第6章 结冰风洞对比试验

## 6.1 概述

结冰风洞试验结果与空气动力流场、小水滴结冰云雾场和温度场密切相关。长期以来,结冰风洞没有标模试验结果数据供业界对比分析。为响应 FAA 飞机结冰计划,美国 SAE 飞机结冰技术专业委员会风洞标准化小组发起了结冰风洞试验结果对比活动。目的是建立一个可供结冰风洞试验结果进行比较的基准,即标模数据,也为不同结冰风洞之间,改进结冰风洞试验技术提供交流基础。该活动邀请北美和欧洲主要六座结冰风洞参加,选用三个模型,其中两个是不同尺寸的 NACA 0012 翼型,另一个是圆柱,开展了不同结冰风洞产生冰形的比较。

2003 年 3 月,参加结冰试验结果对比的六座结冰风洞向风洞标准化小组提交了各自的试验结果。根据风洞标准化小组的事前会议商定,在最终报告发布前,各风洞试验结果保持匿名,为避免某具体风洞产生的特定结果被认出,各风洞用随机分配的字母来表示,它们分别是 A、E、F、H、M 和 P。各风洞试验结果分析完成后,在最终报告中才公开 A、E、F、H、M 和 P 分别代表美国 Cox(考克斯公司)、美国 Goodrich(古德里奇公司)、美国 BRAIT(波音公司)、加拿大 AIWT(NRC)、美国 IRT(NASA)、英国 GKN ATS 结冰风洞。

2003 年 8 月,各参试风洞代表在美国新泽西州银河科学公司举行了研讨会,分析和讨论试验结果;同年 10 月,在意大利卡普亚市的意大利航空航天研究中心(CIRA)举行的风洞标准化小组会议上再次对试验结果进行了讨论。

2012 年 10 月,SAE AIR 5666《结冰风洞对比试验》发布了各结冰风洞试验结果,并对试验结果的某些特征成因进行了讨论。六座美国和欧洲的主要结冰风洞、三个试验模型的结冰试验结果对比,这无疑是世界结冰风洞试验研究领域的一次重要活动,其产生的试验数据,为其他航空科研机构结冰风洞提供了一个重要参考。

## 6.2 风洞设备、模型和试验条件

### 6.2.1 风洞设备

参加对比试验的六座结冰风洞及所用云雾场测量仪器见表 6 – 1。

表 6-1 风洞及测量设备

| 风洞代号 | H | P | F | A | E | M |
|---|---|---|---|---|---|---|
| 风洞名称<br>（国家） | AIWT<br>（加拿大） | GKN ATS<br>（英国） | BRAIT<br>（美国） | Cox<br>（美国） | Goodrich<br>（美国） | IRT<br>（美国） |
| 试验段高度/m | 0.6 | 0.8 | 1.8 | 1.2 | 1.1 | 2.7 |
| 喷嘴到模型弦线<br>中点距离/m | 4.0 | 4.9 | 6.1 | 5.8 | 6.4 | 13.4 |
| 收缩比 | 5.8 | 15.5 | 7.2 | 9.6 | 11.0 | 14.1 |
| 湍流度（喷嘴开） | 1.5% | — | <2% | 1% ~1.25% | 3% | <1.5% |
| LWC 测量仪 | 旋转单圆柱；<br>旋转多圆柱；<br>King 探头 | 冰刀 | 冰刀 | 冰刀 | 旋转多圆柱 | 冰刀 |
| MVD 测量仪 | 马尔文；<br>PDPA；<br>旋转多圆柱 | 马尔文<br>（OHD-<br>EPCS-4.0) | PDPA | 马尔文<br>（RTS5214）；<br>FSSP；OAP | TSIPDPA | FSSP；OAP |
| LWC<br>校准标准 | 旋转单圆柱<br>和冰刀 | 根据试验模型或风速和MVD，用间距25.4mm或50.8mm的格栅校准 | 冰刀 | SAE ARP 5905 | SAE ARP 5905 | — |
| MVD<br>校准标准 | 流场校准；<br>马尔文用分划板校准 | 制造商每年用标准分划板校准马尔文 | 按波音规程用单离散小水滴发生器校准 | 马尔文用分划板校准 | SAE ARP 5905 | FSSP 用玻璃珠；OAP 用分划板 |
| 试验日期 | 2002.07，<br>2004.07 | 2003.02，<br>2004.05 | 1998.11 | 2002.09 | 2002.10，<br>2003.10 | 1998.11，<br>2000.09 |

## 6.2.2 试验模型

对比试验采用三个模型，根据对比试验时间安排，从一个风洞运到另一个风洞供试验使用。三个模型分别如下：

（1）弦长 914mm 的 NACA 0012 翼型。

（2）弦长 305mm 的 NACA 0012 翼型。

（3）直径 38mm 的圆柱。

## 6.2.3 试验条件

六座风洞的名义试验条件规定如下：

(1) NACA 0012 翼型试验迎角为 3°。

(2) 气流静温：-7℃、-23℃和 -30℃。

(3) 液态水含量：0.5g/m³、1.0g/m³。

(4) 小水滴直径：20μm、40μm。

(5) 试验风速：67m/s、90m/s。

某些试验条件下进行了最多三次重复性试验，大多数风洞都对中心线和偏离中心线的冰形进行了测绘。试验状态如表 6-2 所列。

表 6-2  试验状态表

| 试验条件 | 静温/℃ | LWC/(g/m³) | 小水滴直径/μm | 风速/(m/s) | NACA 0012翼型(弦长914mm) | NACA 0012翼型(弦长305mm) | 圆柱(直径38mm) | 结冰类型 | 重复次数 |
|---|---|---|---|---|---|---|---|---|---|
| | | | | | 结冰时间/min | | | | |
| 1 | -7 | 0.5 | 20 | 67 | 25 | 20 | 15 | 明冰 | 3 |
| 2 | -7 | 0.5 | 20 | 90 | 20 | 15 | 10 | 明冰 | 3 |
| 3 | -7 | 1.0 | 20 | 67 | 20 | 15 | 10 | 明冰 | 3 |
| 4 | -7 | 1.0 | 20 | 90 | 15 | 10 | 10 | 明冰 | 3 |
| 5 | -7 | 1.0 | 40 | 67 | 20 | 15 | 10 | 明冰 | 3 |
| 6 | -7 | 1.0 | 40 | 90 | 15 | 10 | 10 | 明冰 | 3 |
| 7 | -30 | 0.5 | 20 | 67 | 25 | 20 | 15 | 霜冰 | 2 |
| 8 | -30 | 0.5 | 20 | 90 | 20 | 15 | 10 | 霜冰 | 2 |
| 9 | -23 | 0.5 | 20 | 67 | 25 | 20 | 15 | 霜冰 | 2 |
| 10 | -23 | 0.5 | 20 | 90 | 20 | 15 | 15 | 霜冰 | 2 |
| 11 | -30 | 1.0 | 20 | 67 | 15 | 10 | 10 | 霜冰 | 3 |

没有标准可以用来衡量哪种冰形结果最接近"真实"。试验结果包括主要测绘的冰形。对不同风洞中获得的冰形进行了比较，可以看出风洞之间不同的试验结果差异。

最初的试验计划包含 12 个状态试验条件。试验条件 12 与试验条件 2 名义上一样，不同的是进行试验的风洞将调整气流温度，使模型表面的温度与 NASA 风洞进行试验时模型表面的温度一致。其目的是评估不同风洞间测得气流温度的差异。由于试验计划中对如何运行试验条件 12 的描述不充分，以及对运行该条件意图的混淆，试验条件 12 没有持续广泛地进行。因此表 6-2 没有给出试验条件 12 的结果。

表 6-2 中给出了试验的相关信息,如果每个试验条件指定重复次数的话,则每个模型要开展 29 次试验,三个模型一共开展 87 次试验。有些风洞进行的重复试验次数比较少,主要是减少了重复次数。预计有半数的试验条件下结的是明冰,剩下的是霜冰。将冰形测绘在纸板模板上作为试验结果,这是每个风洞的常规操作技术。风洞试验人员应从每次的结冰模型上测绘三条冰形:一条位于中心线(半展长的位置);一条位于中心线左侧的某个位置;还有一条位于中心线右侧的某个位置。三条冰形之间的展向距离由试验人员确定。

三条测绘冰形分别被标记为中心线的、左侧的和右侧的。但是,只有一个风洞按这种命名进行了测绘。为了便于比较数据,风洞试验人员给出的不同称呼可以对应为中心线、左侧和右侧。试验人员给出的称呼及其与左侧、右侧对应关系如表 6-3 所列。所有中心线的测绘都是由试验人员指定的中心线,这些中心线都是假设的。

表 6-3　左侧/右侧与其他称呼的对应关系

| 左侧 | 右侧 |
| --- | --- |
| 西 | 东 |
| 右舷 | 左舷 |
| - | + |
| 下 | 上 |

## 6.3　数据处理及结果

所有冰形均采用美国金色软件公司开发的 Didger 3 软件进行数字化处理。每个冰形生成的初始数字化文件里通常包含数千个坐标。通过数据抽取的方法,将坐标的数量减少到大约 200 个。同时将这些坐标输入到 MS - Excel 电子表格中。检查表明,保留的坐标数量足以详细描绘出冰形。

采用笛卡儿坐标系绘制未附冰模型和数字化后的冰形。坐标原点位于模型的前缘,$x$ 轴与模型的弦线重合。$x$ 轴指向右侧,即图的下游方向。模型的坐标按顺序输入,从模型的后缘($x/c, y/c = 1.0, 0$)开始,其中 $c$ 是弦长,沿逆时针方向移动。冰形的坐标以顺时针还是逆时针方向输入,取决于冰形图形的复杂性。在 Excel 中准备绘制冰形曲线和未附冰模型的数据点坐标。数据点的坐标为无量纲坐标($x/c, y/c$)。SAE ARP 5666《结冰风洞对比试验》只给出了部分代表性的结果进行讨论。全部试验结果存储在一张 CD 盘上,保存在 FAA 技术中心飞行安全部。CD 盘数据包含每个参与试验风洞(A、E、F、H、M 和 P)的目录,以及复合目录

128

表 6-4 风洞试验总表

**1期试验**

| 风洞,车次号 | NACA 0012(914mm) | | | | | | | | | | | NACA 0012(305mm) | | | | | | | | | | | 圆柱(直径38mm) | | | | | | | | | | | 总冰形数 | 总车次 |
|---|---|---|---|---|---|---|---|---|---|---|---|---|---|---|---|---|---|---|---|---|---|---|---|---|---|---|---|---|---|---|---|---|---|---|---|---|
| | 1 | 2 | 3 | 4 | 5 | 6 | 7 | 8 | 9 | 10 | 11 | 1 | 2 | 3 | 4 | 5 | 6 | 7 | 8 | 9 | 10 | 11 | 1 | 2 | 3 | 4 | 5 | 6 | 7 | 8 | 9 | 10 | 11 | | |
| A | 3 | 2 | 3 | 3 | 3 | 3 | 3 | 3 | 3 | 3 | 3 | 3 | 3 | 3 | 3 | 3 | 3 | 3 | 3 | 3 | 3 | 3 | 3 | 3 | 3 | 3 | 3 | 3 | 2 | 2 | 3 | 3 | 3 | 83 | 29 |
| E | 3 | 3 | 3 | 3 | 3 | 3 | 3 | 3 | 3 | 3 | 3 | 3 | 3 | 3 | 3 | 3 | 3 | 3 | 3 | 3 | 3 | 3 | 3 | 3 | 3 | 3 | 3 | 3 | 3 | 3 | 3 | 3 | 3 | 81 | 27 |
| F | 3 | 3 | 3 | 3 | 3 | 3 | 3 | 3 | 3 | 3 | 3 | 3 | 3 | 3 | 3 | 3 | 3 | 3 | 3 | 3 | 3 | 3 | 3 | 3 | 3 | 3 | 3 | 3 | 3 | 3 | 3 | 3 | 3 | 90 | 30 |
| H | 3 | 1 | 3 | 3 | 3 | 3 | 3 | 3 | 3 | 3 | 3 | 3 | 1 | 3 | 3 | 3 | 3 | 3 | 3 | 3 | 3 | 3 | 3 | 3 | 3 | 3 | 3 | 3 | 3 | 3 | 3 | 3 | 3 | 88 | 30 |
| M | 3 | 3 | 3 | 3 | 3 | 3 | 3 | 3 | 3 | 3 | 3 | 3 | 3 | 3 | 3 | 3 | 3 | 3 | 3 | 3 | 3 | 3 | 3 | 3 | 3 | 3 | 3 | 3 | 3 | 3 | 3 | 3 | 3 | 96 | 32 |
| P | 1 | 1 | 1 | 1 | 1 | 1 | 1 | 1 | 1 | 1 | 1 | 1 | 1 | 1 | 1 | 1 | 1 | 1 | 1 | 1 | 1 | 1 | 1 | 1 | 1 | 1 | 1 | 1 | 1 | 1 | 1 | 1 | 1 | 26 | 26 |

**2期试验**

| 风洞,车次号 | NACA 0012(914mm) | | | | | | | | | | | NACA 0012(305mm) | | | | | | | | | | | 圆柱(直径38mm) | | | | | | | | | | | 总冰形数 | 总车次 |
|---|---|---|---|---|---|---|---|---|---|---|---|---|---|---|---|---|---|---|---|---|---|---|---|---|---|---|---|---|---|---|---|---|---|---|---|---|
| | 1 | 2 | 3 | 4 | 5 | 6 | 7 | 8 | 9 | 10 | 11 | 1 | 2 | 3 | 4 | 5 | 6 | 7 | 8 | 9 | 10 | 11 | 1 | 2 | 3 | 4 | 5 | 6 | 7 | 8 | 9 | 10 | 11 | | |
| A | 3 | 3 | | 3 | 3 | 2 | | | | 3 | 3 | 3 | 3 | 3 | 3 | 3 | | | | 3 | 2 | 3 | 3 | 3 | 3 | 3 | 3 | | | | 3 | 3 | 3 | 42 | 15 |
| E | 3 | 3 | 3 | 3 | 3 | 3 | 3 | 3 | 3 | 3 | 3 | 3 | 3 | 3 | 3 | 3 | 3 | 3 | 3 | 3 | 3 | 3 | 3 | 3 | 3 | 3 | 3 | 3 | 3 | 3 | 3 | 3 | 3 | 72 | 24 |
| F | 3 | 3 | 3 | 3 | 3 | 3 | 3 | 3 | 3 | 3 | 3 | 3 | 3 | 3 | 3 | 3 | 3 | 3 | 3 | 3 | 3 | 3 | 3 | 3 | 3 | 3 | 3 | 3 | 3 | 3 | 3 | 3 | 3 | 90 | 30 |
| H | 2 | 3 | 3 | 3 | 3 | 3 | 3 | 3 | 3 | 3 | 3 | 3 | 3 | 3 | 3 | 3 | 3 | 3 | 3 | 3 | 3 | 3 | 3 | 3 | 3 | 3 | 3 | 3 | 3 | 3 | 3 | 3 | 3 | 77 | 26 |
| M | 3 | 3 | 3 | 3 | 3 | 3 | 3 | 3 | 3 | 3 | 3 | 3 | 3 | 3 | 3 | 3 | 3 | 3 | 3 | 3 | 3 | 3 | 3 | 3 | 3 | 3 | 3 | 3 | 3 | 3 | 3 | 3 | 3 | 79 | 27 |
| P | 1 | 1 | 1 | 1 | 1 | 1 | 1 | 1 | 1 | 1 | 1 | 1 | 1 | 1 | 1 | 1 | 1 | 1 | 1 | 1 | 1 | 1 | 1 | 1 | 1 | 1 | 1 | 1 | 1 | 1 | 1 | 1 | 1 | 13 | 13 |

**3期试验**

| 风洞,车次号 | NACA 0012(914mm) | | | | | | | | | | | NACA 0012(305mm) | | | | | | | | | | | 圆柱(直径38mm) | | | | | | | | | | | 总冰形数 | 总车次 |
|---|---|---|---|---|---|---|---|---|---|---|---|---|---|---|---|---|---|---|---|---|---|---|---|---|---|---|---|---|---|---|---|---|---|---|---|---|
| | 1 | 2 | 3 | 4 | 5 | 6 | 7 | 8 | 9 | 10 | 11 | 1 | 2 | 3 | 4 | 5 | 6 | 7 | 8 | 9 | 10 | 11 | 1 | 2 | 3 | 4 | 5 | 6 | 7 | 8 | 9 | 10 | 11 | | |
| A | | 3 | | | | | | | | | | | | | | | | | | | | | | | | | | | | | | | | 3 | 1 |
| E | | 3 | | | | | | | | | | | | | | | | | | | | | | | | | | | | | | | | 3 | 1 |
| F | 3 | 3 | 3 | | 3 | | | | | | 3 | 3 | 3 | 3 | | 3 | | | | | | 3 | 3 | 3 | 3 | | 3 | | | | | | 3 | 54 | 18 |
| H | | | | | | | | | | | | | | | | | | | | | | | | | | | | | | | | | | 0 | 0 |
| M | 3 | 3 | 3 | 3 | | | | | | | | 3 | 3 | 3 | | | | | | | | | 3 | 3 | | | | | | | | | | 33 | 11 |
| P | | | | | | | | | | | | | | | | | | | | | | | | | | | | | | | | | | 0 | 0 |
| 总冰形数 | 37 | 34 | 42 | 27 | 34 | 32 | 13 | 13 | 29 | 30 | 23 | 32 | 32 | 34 | 20 | 34 | 31 | 16 | 15 | 31 | 29 | 31 | 34 | 34 | 35 | 19 | 35 | 34 | 15 | 18 | 32 | 26 | 29 | 930 | 340 |
| 总车次 | 14 | 12 | 16 | 9 | 12 | 11 | 5 | 5 | 11 | 10 | 9 | 12 | 12 | 12 | 8 | 12 | 11 | 6 | 5 | 11 | 11 | 11 | 12 | 12 | 13 | 8 | 13 | 12 | 5 | 7 | 12 | 10 | 11 | 930 | 340 |

129

和 W. Wright 为 NASA 格林研究中心编写的 THICK 计算机程序目录。表 6 - 4 给出了每个风洞所做试验的情况,CD 盘上总的试验计划表文件里也有。风洞目录里有 Excel 电子表格,包含该风洞每个试验条件的所有冰形图。复合目录包含组合图的 Excel 文件,即不同风洞在表 6 - 2 所列每个试验条件下中心线冰形的重叠图。复合目录中的图便于比较不同风洞的试验结果。详细信息 CD 盘上有说明。

在 2003 年 8 月的研讨会和 10 月的会议之后,一些参与对比试验的风洞进行了补充试验。试验仍按表 6 - 2 进行,补充试验的原因要么是在早期试验时未进行的项目,要么是因为风洞参数设置或结冰时间与表 6 - 2 中规定的不符,所以需要重新试验。对于补充进行的试验,CD - ROM 上只录入了新的试验结果。对应的早期试验结果被覆盖。最终结果共包括 340 次试验,共计 930 条冰形。

风洞吹风试验采用了以下标识顺序:

首先是模型代号,N36、N12、C15 分别表示弦长 36in 的 NACA 0012 翼型、弦长 12in 的 NACA 0012 翼型以及直径为 1.5in 的圆柱形。

其次是试验条件,见表 6 - 2,共 11 组。

然后是重复次数,R1、R2、R3 表示某试验条件第 1 次、第 2 次、第 3 次吹风。如果不止一次重复吹风,这一项就省略。

最后是风洞代号,A、E、F、H、M 或 P。

例如,N12 - 05 - R1E 表示:模型是弦长为 12in 的 NACA 0012 翼型,试验条件是表 6 - 2 中的第 5 组试验条件,在风洞 E 中进行的第 1 次试验。此约定用于计算机文件以及电子表格标题命名。

表 6 - 2 是名义试验条件。在实际试验中,吹风条件通常与表 6 - 2 中指定的值有些不同。通常情况下差异不大,但在某些情况下差异会很大。如果差异超过表 6 - 5 中给出的允许值,结果仍正常处理和显示,但要注意到相关图形中出现的差异,并且要在电子表格中标注出这些超差的值。2005 年,Miller 等的研究结果表明,尽管 ±5% 的液态水含量变化和 ±0.5℃ 的温度变化引起的冰形变化能辨别出,但表 6 - 5 所列的偏差范围内的参数变化所引起的冰形变化相对较小。

表 6 - 5　参数最大偏差

| 参数 | 偏差 |
|---|---|
| 温度 | ±0.5℃ |
| LWC | ±5% g/cm$^3$ |
| MVD | ±2μm |
| 自由流速度 | ±1m/s |
| 试验时间 | ±2% s |

图 6-1 给出了某参加对比风洞在一个试验条件下的所有试验结果,该例是弦长为 12in 的 NACA 0012 翼型在风洞 F 中进行试验条件 6(表 6-2)的三次吹风试验。图 6-2 给出了参加对比风洞在同一试验条件下的冰形叠加图。除非没有提供中心线的冰形,否则叠加图只包括沿中心线的冰形。

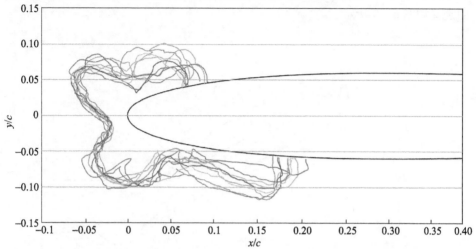

图 6-1 12in NACA 0012 翼型在风洞 F 中获得的所有冰形(对应表 6-2 试验条件 6)(见彩图)

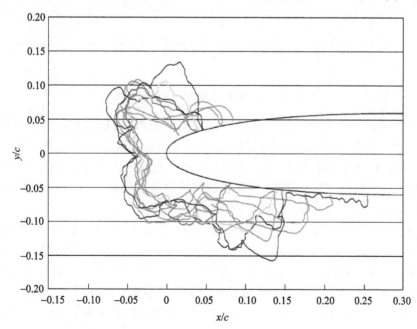

图 6-2 12in NACA 0012 翼型在所有风洞中的中心线冰形(对应表 6-2 试验条件 6)(见彩图)

为了能简明地量化和描述试验结果,使用 THICK 软件数字化处理中心线冰形的坐标。按 $x$、$y$ 坐标输入净模型和冰形,THICK 软件确定以下八个冰形形状参数:上冰角高度(S1)、上冰角角度(S2)、下冰角高度(S3)、下冰角角度(S4)、结冰面积(S5)、前缘最小厚度(S6)、结冰上限(S7)和结冰下限(S8)。角度参数的定义如图 6 – 3 所示。

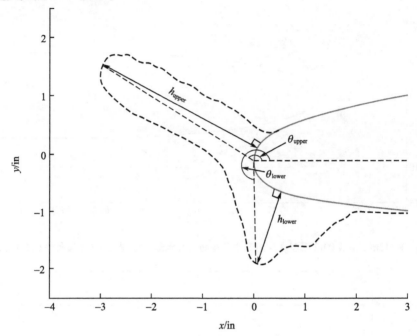

图 6 – 3    THICK 软件给出的冰角参数定义

当然其中一些参数不适合用来描述某些冰的形状,在这种情况下,THICK 软件可能会给出无意义或不合理的值。对每次试验 THICK 产生的冰形包线(图 6 – 1 至图 6 – 3 所示的曲线)和非包线(即冰层厚度作为纵坐标,$s/c$ 作为横坐标的曲线)进行检查,以验证结果是否合理并给出合理的试验结果。如果结果不合理,则尽可能给出从曲线中选择的合理值。

用 THICK 软件处理得到的结果包含在三个 Excel 文件中,它们是 ThickSmry – RunID – 12in. xls、ThickSmry – RunID – 36in. xls 和 ThickSmry – RunID – Cylinder. xls,这些文件存储在 CD 盘里。所有三个文件的标签都是相同的,它说明在哪个风洞进行的哪次试验得到的数据。结果样本如表 6 – 6 和表 6 – 7 所列。有关用 THICK 软件进行的详细处理信息可参见 SAE AIR 5666 附录 B。

表 6－6　THICK 软件提供的结果样本

（中心线冰形,所有风洞,试验条件 N12－06）

| 风洞代号 | 车次编号 | S8/in | S7/in | S3/in | S6/in | S1/in | S5/in² | S4/(°) | S2/(°) |
|---|---|---|---|---|---|---|---|---|---|
| A | N12－06－CR1A | 1.65 | 0.44 | 0.67 | 0.09 | 1.24 | 2.01 | 263 | 114 |
| F | N12－06－CR1F | 2.49 | 1.01 | 1.08 | 0.25 | 1.02 | 2.21 | 257 | 121 |
| H | N12－06－CR1H | 3.05 | 0.56 | 1.26 | 0.44 | 1.26 | 3.76 | 310 | 90 |
| M | N12－06－CR1M | 0.96 | 0.19 | 0.90 | 0.60 | 1.08 | 1.56 | 280 | 110 |
| P | N12－06－CR1P | 1.68 | 0.48 | 0.80 | 0.36 | 1.01 | 2.25 | 311 | 92 |
| A | N12－06－CR2A | 1.63 | 0.48 | 0.87 | 0.28 | 1.23 | 2.18 | 256 | 117 |
| F | N12－06－CR2F | 2.12 | 0.81 | 0.91 | 0.29 | 0.90 | 2.43 | 248 | 133 |
| H | N12－06－CR2H | 1.75 | 0.54 | 1.15 | 0.47 | 1.30 | 2.94 | 300 | 127 |
| F | N12－06－CR3F | 2.10 | 0.82 | 0.91 | 0.24 | 0.99 | 2.23 | 268 | 139 |

表 6－7　THICK 软件提供的结果样本

（中心线冰形,所有风洞,试验条件 C15－06）

| 风洞代号 | 车次编号 | S8/in | S7/in | S3/in | S6/in | S1/in | S5/in² | S4/(°) | S2/(°) |
|---|---|---|---|---|---|---|---|---|---|
| A | C15－06－CR1A | 0.51 | 0.50 | 1.05 | 0.33 | 1.00 | 2.18 | 260 | 107 |
| E | C15－06－CR1E | 0.56 | 0.39 | 1.46 | 0.31 | 1.26 | 2.29 | 244 | 125 |
| F | C15－06－CR1F | 0.70 | 0.54 | 1.23 | 0.17 | 1.08 | 1.98 | 239 | 131 |
| H | C15－06－CR1H | 0.56 | 0.62 | 1.22 | 0.36 | 1.22 | 2.95 | 245 | 115 |
| M | C15－06－CR1M | 0.40 | 0.40 | 1.17 | 0.33 | 1.16 | 1.93 | 256 | 112 |
| P | C15－06－CR1P | 0.51 | 0.51 | 0.98 | 0.26 | 1.08 | 1.98 | 278 | 95 |
| E | C15－06－CR2E | 0.70 | 0.73 | 1.23 | 0.28 | 1.28 | 2.26 | 236 | 130 |
| F | C15－06－CR2F | 0.54 | 0.46 | 1.15 | 0.26 | 1.04 | 1.68 | 246 | 126 |
| H | C15－06－CR2H | 0.61 | 0.59 | 1.27 | 0.35 | 1.23 | 2.89 | 242 | 113 |
| M | C15－06－CR2M | 0.47 | 0.50 | 1.04 | 0.29 | 1.09 | 1.79 | 253 | 106 |
| F | C15－06－CR3F | 0.66 | 0.62 | 1.20 | 0.22 | 1.18 | 2.44 | 236 | 135 |
| M | C15－06－CR3M | 0.59 | 0.62 | 0.98 | 0.17 | 1.17 | 1.76 | 270 | 102 |

# 6.4　结果分析和讨论

## 6.4.1　基本情况

如前所述,存有全部试验结果的 CD 盘保存在美国 FAA 技术中心飞行安全部,这里只对选定的典型结果进行讨论。三个模型冰形的主要特征是相同的,这里讨论的结果主要是针对 12in 弦长的 NACA 0012 翼型。这是因为 36in 弦长的 NACA 0012 翼型在 3°迎角下,小尺度结冰风洞的洞壁干扰较为严重,而圆柱模型上的结冰和机翼模型有很大的区别。

风洞结冰试验的重复性通常很好,图 6 - 4 和图 6 - 5 分别是风洞 F/试验条件 N12 - 06 和 N12 - 02 重复性试验结果,图 6 - 6 和图 6 - 7 是相同试验条件下风洞 A 的试验结果,风洞 M 的 C15 - 02 的重复性试验结果如图 6 - 8 所示。值得注意的是,结冰显然是非常不规则的,特别是对于试验条件 N12 - 06,图 6 - 4 至图 6 - 7 中不同结冰风洞试验的冰形差异主要源于随机的不规则性,而不是系统性地缺乏重复性。

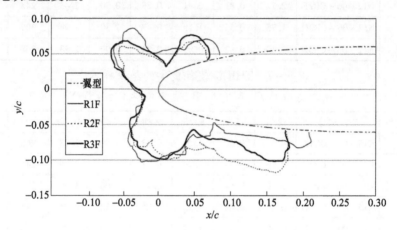

图 6 - 4　典型的重复性实例:风洞 F/试验条件 N12 - 06 的中心线截面冰形

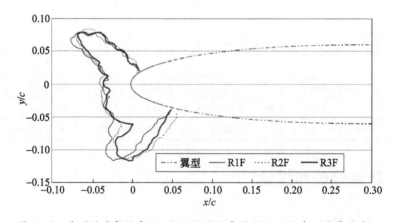

图 6 - 5　典型的重复性实例:风洞 F/试验条件 N12 - 02 中心线截面冰形

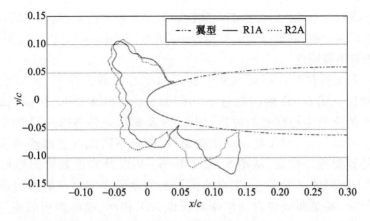

图 6 - 6　典型的重复性实例:风洞 A/试验条件 N12 - 06 中心线截面冰形

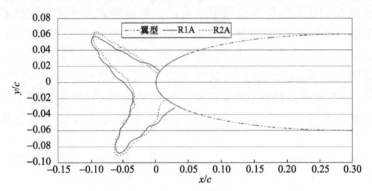

图 6 - 7　典型的重复性实例:风洞 A/试验条件 N12 - 02 中心线截面冰形

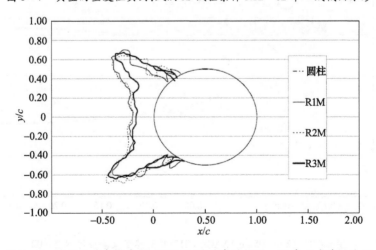

图 6 - 8　典型的重复性实例:风洞 M/试验条件 C15 - 02 中心线截面冰形

135

中心线和中心线以外冰形的一致性通常非常令人满意,这表明测量范围内云雾场的均匀性很好,典型的试验结果一致性可见图6-1。再一次强调,必须记住冰形有不规则性。

同一个试验模型在不同风洞中获得的中心线截面冰形,可以绘制在一张图中对比。图6-2绘制的是12in(305mm)NACA 0012翼型、试验条件N12-06的全部中心线截面冰形,图6-9是试验条件N12-02的中心线截面冰形。可以认为,对于特定的试验条件,来自不同风洞的试验冰形之间存在广泛的相似性。然而,从图6-2和图6-9以及其他复合图中可以明显看出,对于相同的试验条件,来自不同风洞的冰形之间存在显著的差异。不仅结冰形状,甚至曲线包含的结冰面积也大不相同,结冰面积的差异能达到2倍之多。由THICK软件处理的数值冰形参数反映了这个结果,从表6-6、表6-7和图6-10中的样本结果可以看出。各风洞之间的差异远远超过任意一座风洞重复性试验结果的差异。不只是明冰试验条件会产生差异,大多数霜冰试验条件(图6-11),三种模型(如图6-11~图6-14)均会产生较大差异。从好的方面看,霜冰条件下,圆柱模型在各风洞之间显示出非常好的一致性,如图6-15所示。然而,试验结果显示的总体情况是:各风洞的结冰形状以及结冰量存在显著的差异。在后面的讨论中将尝试找出导致差异的可能原因。

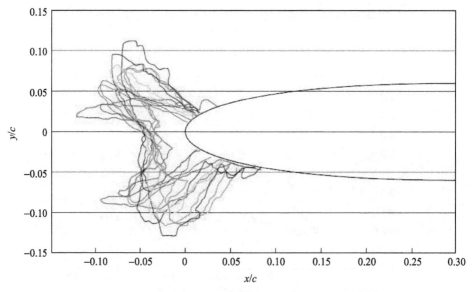

图6-9　12in(305mm)NACA 0012翼型模型试验条件N12-02
各风洞的中心线截面冰形(见彩图)

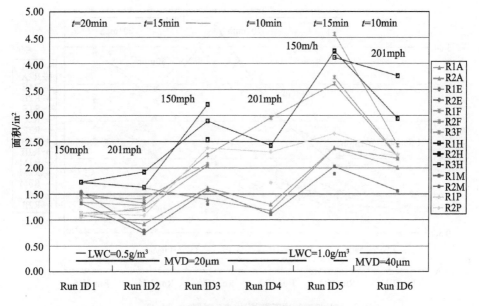

(a) 12in NACA 0012翼型模型结冰面积
(明冰(表6-2试验条件1~6),1mph=0.45m/s)

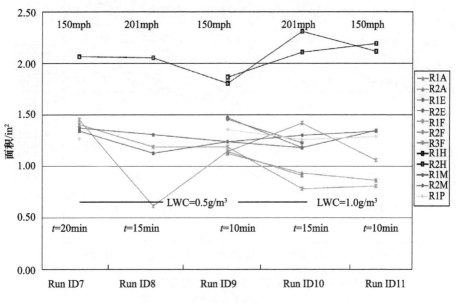

(b) 12in NACA 0012翼型模型结冰面积
(霜冰(表6-2试验条件7~11))

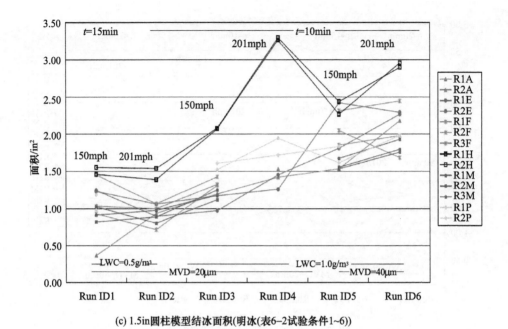

(c) 1.5in圆柱模型结冰面积(明冰(表6-2试验条件1~6))

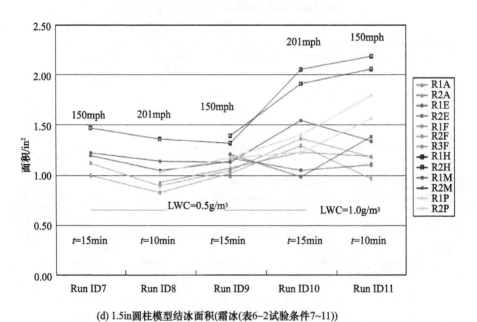

(d) 1.5in圆柱模型结冰面积(霜冰(表6-2试验条件7~11))

图 6-10 用 THICK 软件计算的各风洞 12in NACA 0012 翼型和
1.5in 圆柱模型结冰面积(见彩图)

138

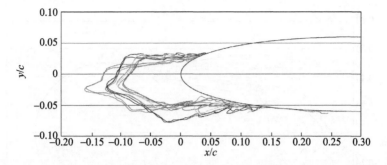

图 6 – 11    12in NACA 0012 翼型模型各风洞中心线截面冰形(表 6 – 2 试验条件 9)(见彩图)

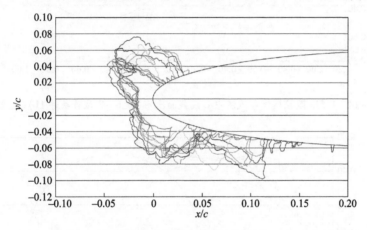

图 6 – 12    36in NACA 0012 翼型模型各风洞中心线截面冰形(表 6 – 2 试验条件 5)(见彩图)

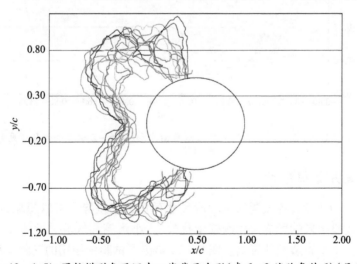

图 6 – 13    1.5in 圆柱模型各风洞中心线截面冰形(表 6 – 2 试验条件 6)(见彩图)

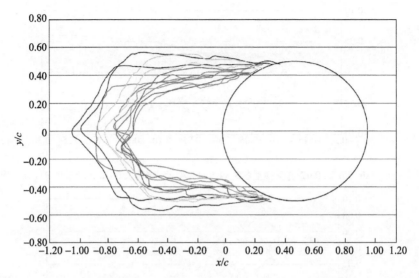

图 6 - 14　1.5in 圆柱模型各风洞中心线截面冰形(表 6 - 2 试验条件 11)(见彩图)

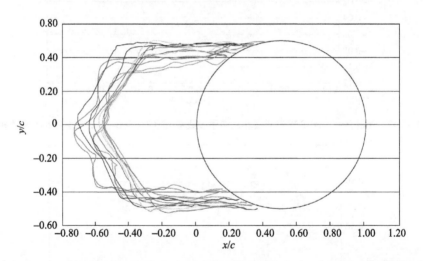

图 6 - 15　1.5in 圆柱模型各风洞中心线截面冰形(表 6 - 2 试验条件 9)(见彩图)

## 6.4.2　差异原因分析

如表 6 - 1 所列,各风洞的试验段尺寸存在很大差异。可以想象,风洞试验段尺寸对试验结果的影响包含洞壁干扰效应、小水滴和气流之间速度与温度的不一致以及小水滴蒸发的影响。图 6 - 16 给出了试验中使用的三种模型受洞壁干扰效应的影响,洞壁干扰效应表达为风洞试验段高度的函数。此图给出了每

140

个模型最大速度点处的气流速度百分比误差,这是用势流计算软件计算获得的。迎角为 3°时,对 12in NACA 0012 和 1.5in 圆柱模型,各风洞的洞壁干扰效应影响都较小,可以接受,但对于 36in NACA 0012 翼型在小尺度风洞里的洞壁干扰效应的影响可能是个问题。

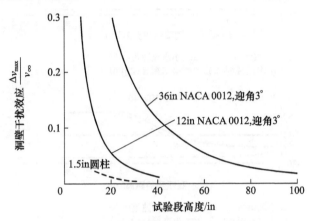

图 6 – 16   三种模型的洞壁干扰效应

在 Excel 中开发了一种时间积分的代码,用于计算小水滴沿着风洞中心线从喷嘴到模型的速度、温度和直径。此算法使用 Bragg 在 1982 年提出的阻力定律、Smolik 等在 2001 年建立的对流传热关系式,有效条件是 $0 < Re < 100$。Kreith 在 1965 年提出的对流传热与传质公式用来估算蒸发量和蒸发热传导。发现当满足条件"采用修正的理论极限值努塞尔数($Nu$)为 2.0,雷诺数($Re$)低于 1.0 时",试验结果对热传导不敏感。

图 6 – 17 给出了假设在小尺度风洞中,$20\mu m$ 和 $40\mu m$ 小水滴参数在风洞中移动的变化,风洞收缩段的收缩比为 6,收缩段长度为 3m。风洞中空气和液滴的初始温度分别假设为 –7℃ 和 +20℃。喷嘴处小水滴的初始速度假设为 10m/s,风洞试验段中空气速度为 90m/s。曲线图表明,在收缩段出口下游约 0.5m 处,小水滴与空气的温度、速度几乎相同。当喷嘴处小水滴的初始温度、速度和收缩率三者参数设置合理时,均是如此结果。而且,即使风洞中空气相对湿度为 70%,直径为 $20\mu m$ 的小水滴在喷嘴下游 8m 处仅下降约 4%。对于更大的 100% 相对湿度,直径仅降低 1%。可以得出结论,对于表 6 – 2 的试验条件,温度和速度的不均匀以及液滴蒸发都不会因参试风洞尺度大小产生附加影响。

假设各参试风洞的动压波动和流向角偏差在可接受的范围内,那么各风洞流场的时间平均流场品质就不是一个重要的讨论问题。

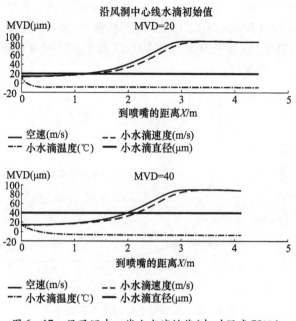

沿风洞中心线水滴初始值

MVD(μm)　　　　　　MVD=20

到喷嘴的距离X/m

—— 空速(m/s)　　　---- 小水滴速度(m/s)
—·— 小水滴温度(℃)　—— 小水滴直径(μm)

MVD(μm)　　　　　　MVD=40

到喷嘴的距离X/m

—— 空速(m/s)　　　---- 小水滴速度(m/s)
—·— 小水滴温度(℃)　—— 小水滴直径(μm)

图6-17　沿风洞中心线小水滴性能(相对湿度70%)

Chigier 在 1993 年研究指出,喷嘴的湍流特性、振动和声学现象会影响小水滴雾化过程并最终影响小水滴直径分布。然而,前提是重复性要好,这些影响将在风洞校准中考虑。

自由流湍流强度和(或)湍流尺度可能会影响结冰过程。然而,几乎没有相关的研究。White 在 1991 年研究指出,单相气流中湍流特性会影响转捩、边界层发展、分离位置和对流换热系数。这个影响有点类似于表面粗糙度。结冰情况下,尤其是明冰时,附着物的表面结冰是粗糙的,分离位置往往依附于表面斜度的突变。我们认为这样的假设是合理的:湍流潜在的影响在表面粗糙度和积冰的几何突变影响面前显得比较弱化。此外,参试风洞试验段流场湍流强度大致相同,因为所有风洞的收缩比大致相同(表6-1),在收缩段上游均具有喷雾靶,整个雾化的距离较短,且在喷雾靶和试验段之间没有任何流量调节装置。各风洞之间湍流特性的差异似乎不太可能是导致积冰形状和大小差异的主要原因。

当把风洞自身基本特性的差异从可能的主要原因排除后,注意力转到模型当地的结冰云雾场特征上。如前所述,在相同特定的试验条件下,不同风洞的结冰形状和积冰量有很大差异。这一点从冰形轮廓图(图6-2、图6-9、图6-11至图6-14)和 THICK 软件计算结果(表6-6、表6-7和图6-10)均可以得到印

142

证。特别是,有时结冰截面积的差异约为 2 倍。下面讨论的重点集中于结冰截面积的差异,结冰截面积与试验模型上的积冰量成正比。结冰形状的差异可能由同样的原因引起,尤其是在明冰的情况下,液态水撞击率差异导致冷冻率和溢流的不同。

试验期间实际撞击在模型上的液态水质量由积聚参数 $A_c$ 和收集效率 $\beta$ 的乘积来表达,即 Kind 等在 1998 年给出的关系式为

$$A_c \beta = \left[ \mathrm{LWC} \cdot v \cdot \frac{\tau}{(L \rho_w)} \right] \beta \qquad (6-1)$$

式中:LWC 为液态水含量;$v$ 为自由流速度;$\tau$ 为试验时间;$L$ 为模型尺寸;$\rho_w$ 为液态水密度。

如果对总结冰量感兴趣,则 $\beta$ 可使用平均值。如果对结冰的空间分布感兴趣,则 $\beta$ 可使用当地值。$\beta$ 的当地值分布对结冰形状有影响。在这里,除了试验人员的操作误差外,各风洞间 $v$、$\tau$、$L$ 和 $\rho_w$ 的差异可以忽略不计。在表 6-5 的误差范围内准确测量和控制 $v$ 和 $\tau$ 较容易。模型尺寸 $L$ 也是相同的,$\rho_w$ 是几乎恒定的。这使得 LWC 和 $\beta$ 成为小水滴撞击量差异的可能来源。

LWC 和 $\beta$ 的差异将直接转化为结冰面积的差异,前提是假定液态水的气动特性在各风洞中相同或者它们的差异可忽略不计,假定积冰密度也大致相同。满足液态水的气动特性相似的附加条件是作用于冰表面上的液态水积聚的气动剪切力和压力应在所有风洞中大致相同。这样的假设也是合理的:各风洞间的冰密度变化很小,特别是对明冰试验情况。

可以得出结论,LWC 和(或)$\beta$ 不同是各风洞结冰面积差异的最可能原因。当然,收集系数 $\beta$ 与结冰云中的小水滴直径(即 MVD)以及其他参数直接相关。SAE AIR 5666《结冰风洞对比试验》附录 C、附录 D 对试验结果进行了广泛的分析和讨论,认为 LWC 和(或)MVD 的不同是各风洞差异的关键因素。这些附录中的分析给出了各风洞 LWC 和(或)MVD 的差异是最可能出现问题的原因。

在确定了 LWC 和(或)MVD 的不同是各风洞结冰差异最可能的原因之后,现在讨论导致它们不同的原因。结冰风洞通常使用类似于 SAE ARP 5905 中描述的流程进行校准。通常,校准过程包括:风洞运行包线内 LWC、小水滴粒径分布或 MVD 的测量;建立 LWC 和 MVD 与喷雾系统设置(如水压、水温和流量、雾化空气压力和温度)的对应关系。在校准数据的基础上,建立试验需求 LWC 和 MVD 与喷雾系统设置的对应关系。这似乎可以确保在风洞能力范围内,只需使用校准关系中对应的喷雾系统设置,就可以在试验过程中轻松地获得 LWC 和 MVD 的指定值。然而,理论上至少可能发生以下两种问题。

首先,校准过程中的 LWC 和(或)MVD 测量可能是不准确的,因此在进行某些设定试验时会产生不同的实际值,导致各风洞中试验的实际 LWC 和MVD 不同。其次,可能存在未知因素,这些因素会随机影响 LWC 和 MVD 与系统设置之间的对应关系。

因此,对于某些或所有的试验,校准关系可能是严重错误的。随机因素会导致重复性不足。接下来需讨论的问题:一是 LWC,二是 MVD。

### 6.4.3 LWC 的准度和重复性问题

SAE ARP 5905 建议使用冰刀、旋转圆柱或校准的热线仪进行 LWC 校准。有关每种方法的详细信息,可参见 SAE ARP 5905 的附录,其中热线仪使用的是特殊的 King 探头。精心使用旋转圆柱或热线仪进行测量,LWC 的校准准度可以优于 ±10%,冰刀也可以达到类似测量准度。Strapp 等在 2003 年的一篇论文中,阐述了关于 LWC 和小水滴粒径测量仪器准度问题,其研究非常有价值。Strapp 等指出冰刀和旋转圆柱可以作为 LWC 的基础测量仪器,它们的准度约为 ±5%。由于风洞的随机偏差会为校准点带来约 3.5% 的额外误差,使得其整体准度与 SAE ARP 5905 提出的 ±10% 一致。Strapp 等还通过他们自己和其他人的试验证明 King 探头的响应在 MVD 值大于 30μm 后,随着 MVD 值增大而下降。在相同的参考 LWC 情况下,当 MVD 为 50μm 时,King 探头测量的 LWC 值仅为 MVD =20μm 时的 70%。因此,除非对每个试验的 MVD 进行精确校准,否则 King 探头会在表 6－2 试验条件 5、6 下(MVD =40μm)给出低于实际 LWC 值 25% 的读数。因此,如果尚未在 MVD 为 40μm 的附近值对 King 探头进行校准,建立对应的 LWC 值,那么 LWC 校准的不准确性可以解释试验条件 5、6 结冰面积差异 25% 的原因。然而,观察到的最大差异要大得多,大约为 100%。此外,当 MVD 为 20μm 时,结冰面积也出现了较大差异。假设各风洞的 LWC 校准是在比较规范的情况下进行的,可以得出结论,LWC 校准中的不准确性可能不是各风洞观察到的结冰面积或冰形差异的主要原因。

如果试验运行期间监测到喷嘴的水流量与设备校准时的值一致,试验段的总水含量不太可能与校准值存在太大差异。然而,如果存在随机的、不确定的水凝结而不是保持过冷水的状态存在,则液态水含量可能会有很大差异。众所周知,如果雾化空气的温度在膨胀时下降太低,则会发生小水滴结晶现象。也就是说,喷出的一些小水滴可能会冻结,而不是保持液态变成过冷小水滴。当然,这会导致 LWC 降低。SAE ARP 5905 的附录 B 概述了在风洞校准过程中,应如何处理液态水冻结问题。它要求在所有的试验条件下,喷雾靶的雾化空气和液态水在可接受的温度范围内。如果冻结现象在较长吹风时间中是稳定的,则能确保从校准数据中精准地确定实际 LWC 值。然而,如果冻结现象随时间变化是不稳定的,则风洞试验结果的重复性将受到影响。

这可能是观察到的各风洞间试验模型上结冰面积和形状差异的主要原因。但是,在对比试验研讨会上进行讨论后,目前的意见并不支持这种推测。因此,各结冰风洞试验结果差异存在很大程度的无法解释原因。由于喷雾耙中纯水或雾化空气随机变化引起的小水滴冻结可能性,不应在这个阶段完全排除小水滴冻结是潜在的原因,尽管相较于明冰试验条件,它更可能引起各风洞间所结霜冰的差异。

### 6.4.4 MVD 的准度和重复性问题

SAE ARP 5905《结冰风洞校准与验收》对结冰风洞的 MVD 校准给出了指南,但没有考虑对结果至关重要的粒径测量仪器的准度。对于小水滴粒径尺寸低于 $60\,\mu m$ 的测量仪器主要有前向散射分光探头、马尔文粒径分析仪和相位多普勒粒子分析仪。FSSP 通过在管内照射激光束,部分载有小水滴的气流经过激光束从而被测量到。在这些风洞中进行试验时,MPSA 不能放置在潮湿的气流中,仅适用于小型风洞;它向试验段气流照射激光束,通过激光束的散射推导出粒径谱的横向平均值。PDPA 将激光束分成两部分,利用粒子穿过两个激光束相交部分干涉时产生的多普勒频率和空间频率来测量。Schick 和 SAE AIR 4906 提供了以上仪器和其他仪器的更详细说明。SAE AIR 4906 明确了它们在结冰试验中的应用,并从定性角度讨论了准度,定量评估了一些仪器的重复性。

2003 年,Strapp 等讨论了粒径测量仪的准度。在 Strapp 等的研究中,他们在 NASA IRT 中测试了几种 FSSP 探头,发现结冰风洞对 FSSP 来说是一个特别具有挑战性的环境,因为风洞模拟结冰云中的小颗粒液滴浓度很高,而 FSSP 通常广泛用于空中自然云环境中。只有尽最大努力,它们才能在 $67\,m/s$ 的风速下获得稳定的数据,而在 $100\,m/s$ 时获得的数据无效。这表明在结冰风洞校准时使用 FSSP 测量可能是非常不准确的,除非在校准过程中采取一些措施,如减少喷嘴的数量。在 1983 年的一项研究中,Olsen 等用 FSSP 和 ASSP 进行的试验取得了成功,ASSP 是一种已不再使用的测量小水滴粒径的仪器。Olsen 发现单独 FSSP 或 ASSP 仪器的重复性良好,不确定度约为 ±3%(95% 置信区间或 2 倍标准偏差),但不同仪器的 MVD 指示差异很大,整体不确定度约为 ±30%。另外,Strapp 等得出结论,在小水滴直径小于 $62\,\mu m$ 的范围内,PDPA 准度约为 ±10%,对于 MVD = $20\,\mu m$ 试验条件,可能同样如此。根据

SAE AIR 4906,MPSA 更适合用于高液态水含量测量,但他们的报告没有给出相关结果。

FSSP、MPSA、PDPA 和其他光学粒径测量仪器的校准依赖于散射或其他光学理论。Strapp 等研究指出,没有真正的 MVD 校准参考标准,因此无法进行严格的误差评估。油片技术似乎可用作 MVD 校准参考标准,但它既麻烦又烦琐,因此并不适合用于 MVD 测量仪器校准或风洞校准。2005 年,Knezevici 等采用旋转圆柱方法在结冰风洞中测量 LWC 和 MVD 取得了很大成功,旋转圆柱早期仅用于气象结冰方面的测量。将直径 2.1 ~ 40mm 的四个单独的旋转圆柱一个接一个地放入结冰风洞试验段中,通过称重确定每个圆柱上的结冰量。由于小水滴撞击效率取决于 MVD 以及圆柱直径,因此通过回归分析程序与 LWC 即可确定 MVD。该方法似乎具有很好的潜力,可用作校准 LWC 和 MVD 测量仪器的参考标准。

目前可用于粒径测量的仪器是较为复杂的,使用也相对困难,并且由于各种原因存在一些误差。SAE AIR 4906《结冰试验设备中使用的粒径测量设备》标准认为,没有一个可以被认为是可信赖测量系统。而且,它们的绝对准度很难或无法量化。表 6 – 1 包含参试风洞粒径校准研究中使用的相关仪器信息。2003 年,Strapp 等初步评估在本研究范围内 MVD 值的不确定度在 10% ~ 30% 。如前所述,Olsen 等也发现不同 FSSP/ASSP 仪器的 MVD 测量值的不确定度为 30% 。30% 的不确定度对应的是 95% 的置信区间、2 倍标准偏差。也就是说,测量值有 95% 的概率落在真值的 2 倍标准差范围内,或真值 30% 范围内。假设概率分布是正态分布或高斯分布,可以预期约 1% 的值有 40% 的概率可以超过真值 2.6 倍标准偏差,或真值 40% 范围。因此,对于相同的 MVD 定义值,6 个风洞中最高的实际 MVD 值大约是另一个风洞 MVD 值的 2 倍(140% 对 60% ),这是合理的。

图 6 – 18 给出了对应试验条件 N12 – 07 下用 LEWICE 2.0 结冰软件计算的收集系数和结冰形状结果,给定的 MVD = 13μm、20μm、27μm。请注意收集系数分布曲线下面积的巨大差异以及直接对应的冰面积差异。显然,真实 MVD 值 30% 的不确定度可能是风洞之间观察到的冰形差异的重要部分。分布的差异也会导致霜冰和明冰条件下的冰形差异。

如前所述,如果小水滴冻结的不可重复性确实是一个问题,MVD 很可能也极有可能受不可重复性影响,因为较大的小水滴更容易发生冻结。这是因为,根据热力学分析,较大的液态小水滴在低于冰点的温度下更不稳定。因此,对于给定的初始小水滴分布,MVD 会随着小水滴的冻结而减少。收集效率值较低时,对风洞试验段中 LWC 降低的影响可能有所加重。

146

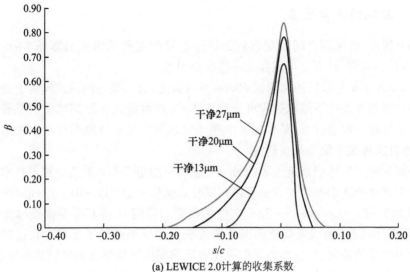

(a) LEWICE 2.0计算的收集系数

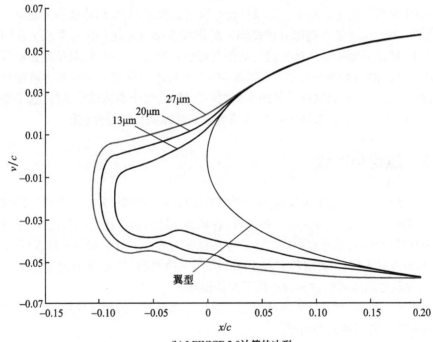

(b) LEWICE 2.0计算的冰形

图 6-18  LEWICE 2.0 计算收集系数和冰形
（12in NACA 0012 翼型,迎角 $\alpha = 3°$, MVD $= 13\mu m$、$20\mu m$、$27\mu m$, $-30°C$,
$v = 67m/s$,LWC $= 0.5g/m^3$ ,$t = 20min$）

### 6.4.5 其他的次要因素

如上所述,各风洞之间所观察到的冰形差异的主要原因是云雾场 LWC 和(或)MVD 的问题,然而也可能存在一些次要因素。

在 2003 年 8 月举行的风洞试验结果研讨会上,有人提出回流式风洞中循环的冰颗粒对霜冰条件下结冰过程可能产生影响,这可能是导致结冰面积差异的原因。估计在一定条件下,某些风洞中循环的冰颗粒是来自风洞部件上脱落的冰,是否有这种现象值得调查研究。

各风洞间产生冰形系统差异的另一个原因可能是工作人员描绘冰形技术的差异。不同描绘冰形技术的方法可以在试验总结果中的 N12 – 01 – Composite – SAE 和 N12 – 03 – Composite – SAE 文件中找到。风洞 H 将其标准描绘冰形技术(使用专用仪器)的结果与使用铅笔描绘获得的结果进行了比较。在比较时可以看出明显的差异,但这些差异似乎比各风洞间冰形结果所观察到的差异小。

2005 年,Miller 等给出了当 LWC 变化约 ± 15% 且所有其他参数保持不变时,结冰总质量变化的结果。如果流动分离可以忽略不计,结冰质量的测量变化与 LWC 的变化通常不是像方程式(6 – 1)那样直接成正比。这表明至少在明冰条件下,结冰表面液态水产生的气动分离可能非常重要。另外,对模型振动等可能影响结冰的因素进行监测。可以推测,各风洞之间模型振动的差异可能在某种程度上是观察到的冰形差异的成因之一。然而,对于霜冰试验条件,这不是问题,表 6 – 2 中的试验条件 7 ~ 11,各风洞之间结冰面积的差异也很大。

## 6.5 结论和建议

本章探讨六个结冰风洞使用相同模型进行的一系列设定试验条件下的试验研究问题。对于任何特定的试验条件,各风洞结冰具有广泛的相似性,但是各风洞中获得的冰形、结冰面积或结冰量存在显著的差异。对于 36in NACA 0012 翼型、12in NACA 0012 翼型和直径 1.5in 圆柱三种模型,结冰面积的差异大约为 2 倍,并且在霜冰和明冰试验条件下都是如此。

对于少数特定的试验,各风洞的可重复性都很好。虽然是少数,但可能能反映存在的某些定性上的问题。

各风洞结冰存在差异的可能原因在前面已经讨论。在所有风洞中,洞壁干扰的影响、液滴对流场速度和温度的影响以及液滴蒸发影响是可接受的,并且被排除在可能造成差异的原因之外。各风洞 LWC 和 MVD 的偏差被认为是各风洞冰形和结冰面积差异的最可能原因。

校准 LWC 的常用测量技术被认为足够准确。然而,由于液滴凝结的影响,实际的 LWC 值可能偶尔与校准值无关的方式随机变化,这种变化受到喷雾耙液态水质量的影响,可能也会受到喷雾耙空气质量的影响。

通常校准的 MVD 的测试技术的不确定度难以量化,并且不确定度相当大,为 ±30%。然后,对于相同的 MVD 目标值,不同风洞实际 MVD 值可能会相差大约 2 倍。同时,收集系数也会有很大差异,从而导致结冰面积和冰形出现显著差异。

LWC 和(或)MVD 问题的基本原因可能只能通过对比性的试验来验证。建议风洞试验人员偶尔运行表 6 – 2 中的一个或多个试验条件(如 CASE2 和 CASE6),不间断地验证风洞的可重复性。圆柱模型简单、易加工,很适合做这项工作。各风洞间日常的对比观察可以提供一些线索与思路。建议其他风洞也使用 NRC/AIWT 风洞的多旋转圆柱装置,将几个目标试验条件下四个圆柱体结冰量进行对比。还建议同一个或多个风洞同时使用多种 LWC 和 MVD 的测量设备进行标定测量。风洞工作人员还应考虑讨论中提到的潜在次要问题的重要程度。

# 参 考 文 献

[1] SAE AIR 5666. Icing wind tunnel interfacility comparison tests[S]. SAE,2012.

# 第7章 空中人造结冰云飞机

## 7.1 概述

飞行试验是飞机结冰研究的重要手段之一。飞行结冰试验有两种方式:一是结冰研究飞机在空中自然结冰云环境中飞行进行试验;二是结冰研究飞机在人造结冰云中飞行进行试验。人造结冰云就需要用到携带喷洒设备的飞机,该飞机在空中喷洒小水滴,形成满足试验要求的人造结冰云。1997 年,FAA 为了提高人们对飞机飞行结冰问题的认识,制订了一项"FAA 飞机飞行结冰计划",通过编写一些相关报告为监管机构、飞机运营商、研究机构和飞机制造商提供培训和指导。该计划包括 14 项工作,其中,第 11 项工作要求发展用于确定飞机上冰形的模拟方法、验证准则和数据,并明确要求这些数据包括结冰风洞试验获得的数据、冰积聚程序计算获得的数据和人造结冰云中飞行试验的数据。在 FAA 的建议下,有关研究组织、工业界和航空管理当局等派人参与了该项工作,并编写了三个报告,用 SAE ARP 标准号发布。三个报告分别是《小水滴撞击和冰积聚计算程序》(见第 9 章)、《结冰风洞校准与验收》(见第 5 章)和《空中人造结冰云飞机》(见本章)。该标准于 2002 年 10 月发布,2007 年 12 月重新确认。

在 FAA 有关飞机和旋翼机适航规章中,均要求飞机或其部件必须在可测量的自然结冰环境中进行飞行试验验证,如果需要,还应该用其他试验手段补充进行试验验证,如实验室干空气试验、人工结冰试验、干空气飞行试验、在可测量的人工制造结冰云中进行飞行试验。这些方法综合应用,确认分析 FAA 结冰适航包线内的飞机结冰情况。通常仅在自然结冰条件下进行飞行试验,要覆盖整个 FAA 结冰适航包线是不可能的,有时也是危险的。适当利用人造结冰云进行飞行试验,能够拓展自然结冰试验结果,满足 FAA 结冰适航包线和验证分析的要求。

## 7.2 载机平台和喷雾系统

人造结冰云载机平台可以是固定翼飞机或直升机,其性能应满足结冰试验任务对速度、高度、续航和载水量的要求。载机平台在携带水喷雾系统工作时需要保证良好地操控品质,几个典型的载机平台例子如下。

### 7.2.1　美国军方多用途人造结冰云飞机

美国空军飞行试验中心将以前 NKC - 135A 飞机上小水滴喷雾能力移植到了 KC - 135R 飞机上,使该飞机具备多种用途,从而降低运营成本。新研发的小水滴喷雾系统由三方合作完成,美国海军负责新的喷嘴阵列研制;美国空军飞行试验中心负责水喷雾系统、试验控制台和相关测试设备研制;美国空军阿诺德工程发展中心协助其他辅助系统性能要求的开发。美国空军也协助海军为新阵列选择喷嘴。新的小水滴喷雾系统阵列将更大,有更多的喷嘴,并提供比以前圆形阵列更高的液态水含量。距离 KC - 135R 飞机尾部喷雾阵列 15m 的地方,人造结冰云的范围直径可达 2.3m。一个利用发动机高压排气工作的系统使水雾化并加热阵列。

图 7 - 1 给出了 NKC - 135A 飞机用以前的圆形阵列喷雾系统正在对一架波音 777 飞机进行人造结冰云飞行试验。图 7 - 2 在 FAR 25 附录 C 图中给出了 NKC - 135A 飞机圆形阵列喷雾系统的采样数据。图 7 - 3 和图 7 - 4 是新的水喷雾系统的能力。

KC - 135R 人造结冰云飞机主要用于固定翼飞机结冰和雨试验,试验高度 1500 ~ 7600m,试验速度 77 ~ 154m/s。飞机能够满足绝大多数天气条件的飞行试验要求,美国空军飞行试验中心负责为用户提供飞行试验所需的基本保障。

图 7 - 1　NKC - 135A 人造结冰云飞机飞行试验中(源自 SAE ARP 5904)

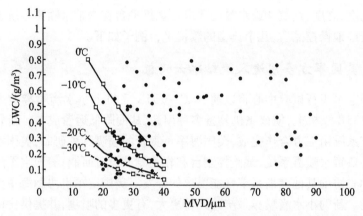

图 7-2 FAR 25 附录 C 连续最大(层云)结冰条件与人造结冰云采样数据
(源自 SAE ARP 5904)

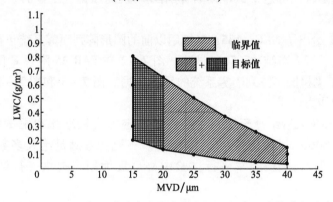

图 7-3 KC-135R 飞机人造结冰云能力(FAR 25 附录 C 连续最大结冰情况)
(源自 SAE ARP 5904)

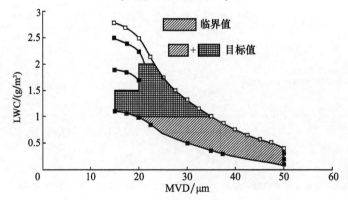

图 7-4 KC-135R 飞机人造结冰云能力(FAR 25 附录 C 间断最大结冰情况)
(源自 SAE ARP 5904)

### 7.2.2　美国陆军人造结冰云直升机

美国陆军在一架改进型 CH-47D 直升机上安装了结冰喷雾系统(HISS)，直升机小水滴喷雾耙布置和飞行试验情景见图 7-5。一根扭矩管横穿过直升机货舱前部，小水滴喷雾耙悬挂在 CH-47D 下方5.8m 处。用液压作动器旋转扭矩管来调整小水滴喷雾杆空中所处位置。机械插销将吊杆总成固定在完全展开或完全缩回的位置。直升机内部安装的铝制水箱容量6800L。外部吊杆总成和内部供水系统在紧急情况下都可以抛弃。

图 7-5　CH-47 直升机人造结冰云试验(源自 SAE ARP 5904)

指向后方的高度计雷达天线安装在直升机后部，机身下方闪烁的红色、黄色和绿色信号灯，为后方试验飞机提供目视提示，以保持所需的适当距离。人造结冰云范围高约2.4m、宽约11m，能将后面跟随试验的直升机旋翼叶片大部分置于该区域内。喷嘴采用的是喷射系统有限公司的产品，为内部水气混合喷嘴。试验空速为41~67m，高度范围为460~3700m，温度范围为0~-23.5℃，试验通常在每年冬季的明尼苏达州德卢斯进行，陆军在那里有一个加热的机库设施。为了满足客户的需要，也飞到其他地区试验。在德卢斯的冬季，观察到冰一般不会融化，因此试验飞行器可以带冰着陆，冰形状仍然完好无损，以便观察和记录结果。试验机从退出人造结冰云区到着陆之间的时间内，冰的细节可能会出现升华。图 7-6 在 FAR 25 附录 C 连续最大(层云)结冰条件图中给出了 CH-47D 直升机结冰喷雾系统的采样数据。

### 7.2.3　塞斯纳飞机公司的人造结冰云飞机

该机是一种称为"塞斯纳奖状"的公务机，携带足够的水，能连续进行大约40min 的喷雾。图 7-7 给出了该机和喷雾系统构型。机舱内水罐压力827kPa。小水滴喷雾臂在飞机垂尾顶部呈 V 形，人造结冰云的直径范围随距离不同而变

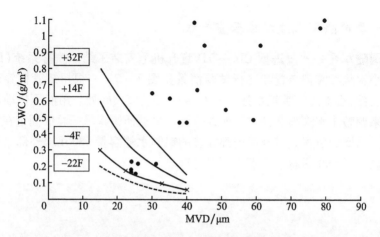

图 7 - 6　FAR 25 附录 C 连续最大(层云)结冰条件与人造结冰云采样数据
(源自 SAE ARP 5904)

图 7 - 7　"塞斯纳奖状"人造结冰云飞机(源自 SAE ARP 5904)

化,为 1.2 ~ 1.8m。喷雾阵列有四个液压雾化喷嘴。在 FAR 25 附录 C 连续最大(层云)结冰条件下,该机结冰喷雾系统的校准采样数据见图 7 - 8。

根据多年使用过程中收集的数据,塞斯纳使用 MVD = 30μm 进行 FAR 25 附录 C 结冰包线中液态水含量的所有试验。在试验飞机上测量试验条件下的 LWC,并在试验期间通过改变除人造结冰云飞机和试验飞机之间的距离来改变 LWC。这也可能改变 MVD,但仍使用 30μm 的值。试验前或试验过程中未使用粒径测量仪器。这对某些试验是一种保守方法,如确定机翼或尾翼上的小水滴撞击极限,因为在整体液滴谱中忽略了大水滴统计数据。这种方法所产生的冰比自然结冰试验中的要多。

小水滴喷雾耙是部分加热的,但如果喷嘴被灰尘污染,就会结冰。如果喷嘴被污染,水将不会以干净的方式离开喷嘴。此外,在非最佳条件下进行的试验

154

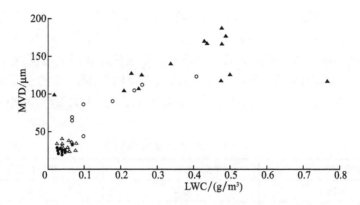

图 7 - 8　"塞斯纳奖状"飞机的人造结冰云采样数据(源自 SAE ARP 5904)

(如喷嘴受到污染)将导致小水滴谱 MVD 大于 $30\,\mu m$。尽管这给结冰云的特性带来了相当大的不确定度,但在一定范围内,相对于某些试验目标,这仍然是一种保守的方法。

"塞斯纳奖状"人造结冰云飞机能提供全年可用的结冰条件,通常结冰试验可以在任何天气条件下完成。喷雾阵列为选定的试验区域提供连续的结冰云。它所产生的人造冰形可以用于进一步试验,由于不用寻找自然结冰环境条件,所以能节省大量时间。

### 7.2.4　雷神公司人造结冰云飞机

雷神公司一直将多种型号的飞机用于人造结冰云,因为水箱和小水滴喷雾系统可以安装在不同的飞机上。B - 200 型"空中国王"就是目前采用的一种人造结冰云飞机,该飞机采用双引擎涡轮螺旋桨为动力,具有高 T 形尾翼,小水滴喷雾装置安装在尾翼顶端,如图 7 - 9 所示。

图 7 - 9　雷神 B - 200 型人造结冰云飞机(源自 SAE ARP 5904)

155

飞机飞行试验速度为 82m/s,飞行高度为 1500~5500m。该飞机是单飞行员驾驶,另有一名水箱和喷雾装置操作员。水箱可拆卸,容积约 1.135m³。它通过对水箱施加吹气压力向尾部喷嘴输送水。垂尾顶部有四个喷嘴,用以形成结冰云。在飞机后面约 30.5m 处,人造结冰云直径约 1.2m。雷神公司喷嘴有四种直径,即 1676μm、2388μm、3378μm 和 4775μm,可产生的 LWC 和小水滴尺寸见表 7-1。

表 7-1　雷神公司喷嘴性能

| 喷嘴直径/μm | 平均 LWC/(g/m³) | 平均粒径/μm |
|---|---|---|
| 1676 | 0.4 | 111 |
| 2388 | 1.0 | 87 |
| 3378 | 2.0 | 97 |
| 4775 | 3.5 | 131 |
| 基准管 | 7.7 | 150 |

在飞行试验前,使用飞机上的便携式粒径测量仪对人造结冰云进行取样。该装置使用 JTD 环境服务公司的粒子测量系统 FSSP 和 OAP 进行校准。雷神人造结冰云飞机全年可提供结冰条件,结冰飞行试验可以在大多数天气条件下完成,能为选定的空域提供有限时间内的连续结冰云。雷神公司在分包的基础上为客户提供飞机、机组人员、维护、拍照和部分测量仪器。

### 7.2.5　费尔柴尔德-多尼尔公司人造结冰云飞机

该飞机是基于原德国注册生产批号的 DO228-200 型飞机改装的,装备两个 0.5m³ 的水箱,图 7-10 给出了飞机尾部小水滴喷雾装置构型,主要用于结冰设计和认证飞行试验。小水滴喷雾装置有两种工作状态,一是使用 43 个喷嘴,可以喷雾小水滴 37min;二是使用 61 个喷嘴,可以喷雾小水滴 26min。水泵压力 7MPa,为了避免喷嘴结冰,需要持续给喷嘴供水。喷嘴型号是德国莱克勒喷嘴公司的 L212.205。喷嘴外径 0.6mm,最细的截面直径 0.3mm。在使用 61 个喷嘴、水压 7MPa 的条件下,计算质量流量为 10.14g/min;使用 43 个喷嘴时,为 27.1g/min。

小水滴喷雾系统校准时分别记录相对湿度和水流量。差分 GPS 定位系统用来精确定位(三维)人造结冰云飞机和试验跟随飞机的位置,人造结冰云飞机还安装参考 GPS 系统,测量精度 0.3m。在小水滴喷雾装置的上部和下部分别安装摄像机,以便精确定位跟随试验飞机在人造结冰云中的位置。试验 LWC 值取决于多种因素,如两架飞机之间的距离、使用喷嘴数量、外部气温,能够做

到 $0.3 \sim 1.6 \mathrm{g/m^3}$；MVD 能够达到约 $40 \mu \mathrm{m}$。

图 7 - 10　DO228 - 200 型人造结冰云飞机(源自 SAE ARP 5904)

　　人造结冰云飞机上的水喷雾系统要能提供足够大的喷雾均匀区,以便满足覆盖试验飞机上试验部件的需要。为满足特定试验目的,如果需要覆盖整个试验部分,则整个表面(或表面的代表性部分)应被喷雾的小水滴覆盖,而不是"扫过"试验部件。在某些情况下,故意用小水滴扫掠试验件是可以接受的。例如,在一些气靴和热除冰系统试验中,以及延迟启动冰保护系统效果试验(这些试验是基于冰的厚度,而不是时间)。对于这样的试验,在启动冰防护系统之前,可以使用扫掠或穿过云层的方法获得均匀的结冰层。对于某些试验和飞机,可以用直径小至 $0.9 \sim 1.3 \mathrm{m}$ 的人造结冰云获得满意的结果。

　　为了满足多试验点、校准以及试验飞机在人造结冰云外观察记录冰形等长时间消耗,需要人造结冰云飞机携带足够的水。所用的水应选用纯净水,防止堵塞供水系统喷嘴。用于结冰试验的纯净水可以含有某种染料,如海洋标记染料,这种染料没有副作用,可以更好地观察冰积聚。人造结冰云飞机小水滴喷雾系统要能以恒定的小水滴直径和流量连续喷雾,以便产生满足试验需要的 MVD 和 LWC。通常,这些参数可以由喷嘴尺寸、水压、空气雾化压力和试验飞机与人造结冰云飞机之间的距离来控制。试验飞机与人造结冰云飞机需要保持适当的距离,这样才能使喷雾的小水滴变成过冷小水滴(接近自由流静温)。喷嘴系统应防止结冰。喷嘴内、喷嘴上或喷嘴周围形成的冰会改变人造结冰云的形状、MVD 和 LWC 如果在试验过程中冰碎片脱落,将会对跟随试验的飞行器造成严重危害。人造结冰云飞机小水滴喷雾装置安装位置应能保证小水滴不受飞机尾流干扰,避免使跟随试验飞行器(飞机或直升机)在不可接受的飞机尾流湍流和抖振情况下飞行;否则会影响试验结果。

## 7.3　应用和实例

人造结冰云条件下的结冰试验可以有多种应用。例如,在美国联邦航空管理局的 FAR 25 附录 C 结冰包线极限条件下,验证分析小尺度风洞试验结果;人造结冰云试验获得的冰积聚数据,可用于制造飞行试验的模拟冰型,以便评估基本冰积聚效应和飞机飞行品质;与 FAA 认证办公室协商并获得批准,可以使用人造结冰云飞机获取认证信息。

人造结冰云飞机试验任务包括但不限于以下几点:

(1) 确定自由流中的机翼、尾翼和其他表面的小水滴撞击极限。

(2) 在试验飞机部件上形成结冰,用高速摄像机记录冰脱落和冰脱落轨迹,这些脱落的冰可能对试验飞行器造成危害。

(3) 在冰保护系统正常运行下,确定或验证产生的冰型。模拟的形状相对于试验目标(如操控品质、气动性能和冰脱落轨迹)应该保守些。如果用可靠的计算程序生成给定表面的计算冰型,人造结冰云试验通常用于验证冰型位置和分析预测其一般特征。

(4) 确定或验证未受保护区域的冰型,特别是难以用分析计算程序预测的复杂三维区域,如天线、吊舱等。

(5) 获取或验证分析模型中用于预测整个 FAR 25 附录 C 结冰包线的热防冰系统表面温度的数据。

(6) 评估以前用其他方式批准的防冰/除冰装置系统的微小变化。

(7) 评估皮托管和挡风玻璃等部件上的加热面。

在获得适航认证部门同意的情况下,人造结冰云试验可以用于认证试验,但需要满足一个条件,即能够很好地满足特定结冰试验的目标条件,或者相对目标,试验是保守的。

用大于 MVD 目标值的人造结冰云确定机翼或尾翼表面冲击极限,可以作为保守试验的一个例子。其试验目的是确定 FAR 25 附录 C 结冰包线中指定目标条件下的冲击极限。虽然已知这种试验最重要的变量是小水滴直径,对一个更加保守的试验,可以用超出结冰条件特定 MVD 目标值的值进行试验。由于人造结冰云 MVD 大于目标条件的 MVD,并且试验确定的冲击极限至少将在 FAR 25 附录 C 结冰包线中指定点的冲击极限后边,如此就实现了保守试验。

对确定较大的小水滴是否将产生保守的试验结果需要进行判断。例如,如果小水滴很大,具有流线形大凹曲率的进气道入口将在前部区域积聚更多的冰,后部区域则几乎没有。然而,较小水滴更密切地循迹于这种流线,产生对较大水滴冲击不到区域的撞击。因此,对这类进气道试验,采用较大的 MVD 不能认为是保守的试验。另外,由于粒子轨迹取决于粒子的相对动量,对于该类试验目标,速度依赖性使我们很难给出"保守"的明确定义。一般来说,如果更多的小水滴具有弹道轨迹,则冰积聚区或回流脊增大,较大水滴将是保守的;如果气流经历斜率的剧烈变化并回流,则小水滴有沉积到凹面的可能(即积聚面积增加),如此,小水滴将是保守的。因此,如果有怀疑,粒子轨迹计算程序应与 FAR 25 附录 C 结冰包线所述的自然结冰条件下的人造结冰云小水滴轨迹进行比较。

在准备认证飞行试验计划期间,飞机制造商通常要建立几个结冰参数(如 LWC、MVD、速度和外部气温)的目标条件。人造结冰云飞机在匹配这些目标参数条件方面具有应变能力,并且有时可能难以匹配 LWC 和 MVD 试验条件组合。人造结冰云飞机也可能难以在目标温度和目标速度下飞行。因此,每个目标都需要独立评估,并为该目标确定保守的试验条件。然后,根据保守性原则和人造结冰云飞机能力,提出每个参数可接受值的范围,估算其影响并用于支持人造结冰云飞机进行试验。在开始试验前,虽然不可能为每个试验目标建立适当的保守试验值范围,但以下范围被认为是大多数人造结冰云飞机可以实现的,并且对于认证试验来说,大多数条件都是合理的。

(1) LWC 在目标值的 20% 范围内。

(2) MVD 在目标值的 −30% ~100% 范围内(以上述讨论为准)。

(3) $v$(速度)在目标值的 5% 以内。

(4) OAT(外部空气温度)在目标值的 2℃ 范围内。

可以在以下方面评估人造结冰云飞机条件的保守性。

(1) 在基本自由流中表面撞击极限的确定。

① 可以选择 LWC 和 OAT,以便产生霜冰积聚,清晰地划分撞击区域。

② 在较大弦长范围被认为是保守的地方,较大的 MVD 是可接受的。

(2) 冰脱落轨迹的确定。可以选择 LWC 和 OAT 以匹配冰型。

(3) 冰防护系统正常工作时产生冰型的确定或验证。如果冰型匹配,并且对更广泛的冰型被认为是保守的应用,更大的 MVD 是可以接受的。

(4) 确定或验证未防护区域的冰型。如果冰型匹配,并且对更广泛的冰型被认为是保守的应用,更大的 MVD 是可以接受的。

(5) 确定回流冰。较大的 MVD 或较大的 LWC 被认为是保守的。

(6) 评估热冰防护系统。

① LWC 的选择可以与冰积聚率(用于除冰系统)或水捕获率(用于防冰系统)相一致;较高的冰积聚率或水捕获率被认为是保守的。

② 较大的 MVD 被认为是保守的。

（7）评估机械和液体冰防护系统。

① LWC 的选择可以与冰积聚率（用于除冰系统）或水捕获率（用于防冰系统）相一致；较高的冰积聚率或水捕获率被认为是保守的。

② 对于弦向范围的冰积聚，较大的 MVD 被认为是保守的。

③ 对除冰套充气和放气运动，较低的 OAT 和较高的高度被认为是保守的。

④ 应选择与冰型匹配的试验条件。

（8）确定残余冰和中间循环的冰。

① 可以选择与模拟的冰积聚率相一致的 LWC；较高的冰积聚率被认为是保守的。

② 对较大和更广范围的冰型被认为是保守的应用，较大的 MVD 是可以接受的。

③ 应选择与冰型匹配的试验条件。

（9）记录和评估冰积聚和冰脱落对皮托管、温度探头和天线的影响。

较高的速度被认为是保守的，然而，应注意气动加热效应。应作出可靠的判断，确保用于认证的试验结果是基于具有代表性/或保守的数据。

## 7.4　测量仪器

### 7.4.1　校准

应提供适合的测试仪器。在进行认证试验时，应当表明测量设备校准是新近的并且是可接受的。校准精度应包括在试验结果报告中。应根据仪器制造商的建议，进行云物理测量仪器的校准。校准应在接近实际试验速度的情况下进行，由于云物理测量仪器的精度可能对采集数据时的速度很敏感。同时还应咨询仪器制造商以确定使用传感器的适当方法。

### 7.4.2　MVD 和 LWC 测量

人造结冰云飞机、试验飞行器（携带试验件的跟随飞机）需要配备最基本的测量 LWC 和 MVD 的仪器。LWC 通常使用热线仪测量，但如果结冰云含有大量大水滴——直径大于 $50\mu m$ 或 $100\mu m$，此类仪器的测量值可能会偏低。MVD 通常由粒子测量谱分析仪测量确定。如果有可接受的证据表明 MVD 在校准试验条件下是可预测的，则粒径测量仪器可以省略。

如果使用，粒径测量仪器应能测量基本上所有的小水滴体积谱，这意味着测量的上部数据(测量粒径范围的上面20%部分)不应超过总谱体积的5%。这通常需要使用具有至少100μm测量范围能力的粒径仪器,并且在有些情况下,需要300μm或以上的仪器。人造结冰云的液态水含量可以使用粒径测量仪估算,但也应该通过单独的仪器(通常是热线探头,如上所述)测量。用于校准结冰云的云物理仪器应当固定,以避免人造结冰云内的所有粒径测量在各试验速度和飞机试验构型下的波动。应避免选择由于局部气流变化及其对小水滴轨迹影响,从而可能产生错误结果的位置。各种软件程序可用来估算小水滴轨迹,以确保小水滴粒径测量仪固定在一个适当位置,以便测量接近自由流的小水滴谱。

所有小水滴测量仪应相互尽可能靠近,以避免各仪器采样区域不同造成的误差。建议对结冰云进行持续数秒的水平扫描和垂直扫描,以便获得更平均的积冰云特性。

### 7.4.3 空速、温度、湿度测量

飞行结冰试验必须测量空速和气温。大气相对湿度和结冰云相对湿度有潜在影响人造结冰云冰积聚的可能。如果大气相对湿度足够低,并且有足够的时间使蒸发相变发生,蒸发可能会减小云中小水滴的大小(特别是在结冰云的外围),并可能消除较小的水滴,增加MVD,同时降低LWC。由于湿润积聚表面能量平衡中的蒸发项,结冰云相对湿度也可能对冰积聚过程产生影响。

相对湿度只是影响冰积聚过程复杂性的几个变量之一,即使LWC和MVD测量值相似,不同相对湿度冰积聚调整也不容易。如果在人造结冰云试验前或试验期间,在试验飞机上观测到相同试验条件下不同时间段的冰积聚差异,以及没有测量结冰云的LWC和MVD,那么测量和记录相对湿度将会有所帮助。因此,在人造结冰云试验中,测量大气和结冰云的相对湿度可以证明是有益的。如果测量相对湿度,则应使用暴露于环境气流和人造结冰云中的冷却镜或其他合适类型的湿度计。

此外,还应监测和记录对结冰云的均匀性和重复性至关重要的人造结冰云飞机的系统参数,包括但不限于水流速度、水压、水温、雾化气压和温度。

### 7.4.4 测距设备

结冰云中的小水滴比较大时水滴蒸发得快,因此,如果环境没有接近饱和,则小水滴喷出喷嘴阵列到试验件表面,小水滴谱将进一步变化。此外,还有一个距离,取决于空速,在较短的距离下,较大液滴就不会变成过冷状态。因此,一旦沿着人造结冰云的轴线确定了所需的小水滴粒径条件位置,就应有方法确定试验表面何时处于该距离。这可用激光测距装置、目视参考对准方案或其他合适

的方法来实现。所选择的方法应能在强光或弱光条件下使用。

### 7.4.5 人观测数据输入

应提供一种方法来确定试验件何时进入或离开人造结冰云。这可以由人来观察完成,用秒表记录进入或离开时间间隔。由测试人员输入提供横向和垂直参考。如果由于大气湍流或其他因素,试验件在结冰云外的时间过长,则试验点可能需要重新飞,因为冰形成的升华或防冰系统的热恢复可能会使结果无效。对于结冰极限的确定,一个非常粗略的经验法则是,云外的持续时间不应超过20~25s;但这一时间段取决于风速、空气温度和防冰或除冰热响应。

## 7.5 影像记录

人造结冰云飞行试验结果通常用拍照或录像记录下来。这些记录与数值分析、风洞数据和自然结冰结果进行比较,以评估整体的结冰效果。记录冰积聚过程是从人造结冰云飞机本身、试验飞机或跟随飞机完成的。它们记录提供了不同的有利位置和拍摄角度,以便观察冰的生长和脱落过程。

### 7.5.1 视频/电影

视频图像非常适合观察和记录连续过程。高速视频或动态图像可以用来观察和记录冰脱落特征,如脱落冰的大小、形状和轨迹。通常,视频最不适合精确测定冰的厚度、纹理、类型和形状等特征。

### 7.5.2 静态照片

静止和序列静止摄影能产生高质量的图像,可用于确定冰积聚特性。底片曝光时用格林尼治标准时间(GMT)标记以协助分析结果。高质量的长焦镜头对于获得高品质图像非常有帮助。在快速升华或脱落条件下记录冰积聚,需要使用电机驱动自动对焦镜头。

### 7.5.3 目视辅助

杆、网格或油漆条纹等目视装置可用于辅助结冰目视分析。主轴平行于当地速度矢量或垂直于前缘表面的杆,可以辅助确定冰的厚度。翼展方向的油漆条纹有助于准确确定结冰位置。如果使用油漆条纹,最好使用色差大的颜色。由于使用这种可视化方法时,油漆条纹的锐利边缘能有效地积冰,常会改变积冰形态,因此有必要在较深颜色条纹之间绘制浅色条纹,并在油漆干后细心处理使

162

表面变光滑。如果以评估冰脱落为试验目的,则应细心放置这些视觉辅助装置,若使用不当,这些装置可能会成为影响冰脱落特性的人为因素。

### 7.5.4　视窗和视角

一般不希望通过透明塑料或窗户拍摄照片,尤其是使用长焦镜头时,因为它们往往会降低图像质量。光学玻璃窗能够提供获取冰形的最佳途径,通常会在适当的位置使用。光学玻璃在锐角下也会导致一些图像退化,但可以通过改变视角来避免。在某些情况下,飞行中可以打开窗户拍摄。

最适合记录测量区域的窗口是能提供最有利的角度来观察感兴趣区域结冰特性的窗口。例如,如果想获取下单翼飞机上表面的结冰高度,从测试机翼的后部、近似翼表面切线的观察位置,可以提供最佳视角。对于发动机进气口、机头和翼展冰积聚或其他测试位置,可以从人造结冰云飞机获得最佳图像。尾冰的形成,最好从试验飞机的后机身观察。

### 7.5.5　光效应

全尺寸人造结冰云试验结冰图样在制作出来之前,通常使用拍摄图像来描述冰积聚过程。当仅使用拍摄图像时,人造结冰云试验基本上变为一项努力搞好摄影的工作。连续测试最好在一天中的某个时间完成,以最理想的光线角度和阴影来增强冰面形态。无论产冰的水是否含有染料,通常都很难估计其物理属性,除非自然光投射出足够的阴影,或者使用空中人工辅助照明。

当以等待模式进行飞行试验时,通常需要考虑光线角度,以便对试验点的冰积聚进行最佳观测,这意味着飞机要调整不同的飞行方向。对于机翼前缘,最有利的光线是在日出和日落时,光线从机翼后面或前面直射。对于发动机进气口、进气道和天线罩,中午或低日照条件最有利于拍摄。在这些问题上,需要考虑飞机内部反射的影响因素。当测试飞机需要闪光灯辅助曝光时,闪光灯放置在与摄像机不同的窗口。然后用光吸收材料覆盖闪光灯和窗口,以便最大限度地减少内部散射,以便在曝光瞬间通过单反照相机的取景器可以看到积冰。

## 参 考 文 献

[1] SAE ARP 5904. Airborne icing tankers[S]. SAE,2007.

# 第8章　飞机结冰探测器和结冰速率测量仪器

## 8.1　概述

结冰探测系统是监测飞机重要防冰部件是否存在冰积聚现象,或指示飞行环境中是否存在结冰条件的重要飞行安全系统。在满足一定结冰条件下,该系统将启动飞机防冰/除冰装置,确保飞机飞行安全。美国 SAE 飞机技术委员会下属的飞机结冰技术专业委员会与欧洲民用航空设备组织第 54 工作组联合制定了 SAE AS 5498 标准《飞行结冰探测系统最低性能规范》,给出了结冰探测系统设备的设计、性能指标、认证试验和安装使用等最低要求。1995 年 4 月,为了总结冰探测技术方法和应用,SAE 编写和发布 SAE AIR 4367 标准《飞机结冰探测器和结冰速率测量仪器》,并于 2007 年 7 月进行了修订,为冰探测传感器和结冰速率测量仪器发展提供技术信息指南。

编写 AIR 4367 标准的目的是总结各种结冰探测方法并探讨有关技术问题,这些技术主要用于飞行中机翼前缘结冰和进气道结冰,也用于冷油箱上冰的探测和低速工作时的结冰探测。

AIR 4367 标准在编写过程中主要参考以下四类重要文献:

(1) SAE 的标准或出版物。例如,《SAE 航空航天应用热力学手册,冰、雨、雾和霜冻保护》(SAE AIR 1168/4)、《飞行中结冰探测系统的最低性能规范》(SAE AS 5498)、《飞机飞行中结冰术语》(SAE AIR 5504)等。

(2) 美国政府标准或出版物,包括国防部、交通部。例如,《用于开发军用产品的全球气候数据》(MIL – HDBK – 310)、《机载电子设备通用指南》(MIL – HDBK – 5400);《飞机电源特性》(MIL – STD – 704F);美国联邦航空条例第 23 部(普通类飞机)、第 25 部(运输类飞机)、第 27 部(普通类旋翼机)、第 29 部(运输类旋翼机)、第 33 部(飞机发动机)适航标准;《飞机结冰手册》(DOT/FAA/CT – 88/8 – 1)。

(3) AGARD(航空航天研究与发展咨询组织)和 RTCA(航空公司无线电技术委员会)技术报告。例如,《飞机结冰》(AGARD – AR – 127)、《旋翼机结

164

冰——现状和前景》（AGARD AR-166）、《旋翼机结冰——进展和潜力》（AGARD-AR-223）、《机载设备环境条件和测试程序》（RTCA-DO-160D）、《在机载系统和设备认证中的软件考虑》（RTCA-DO-178B）、《电子硬件设计保证指南》（RTCA-DO-254）。

（4）美国气象学会、欧洲航空安全组织、美国航空航天学会、美国航空航天局的技术文献。例如，《美国气象学会气象学术语》《航空信息手册》《圆柱上冰积聚的 Ludlam 极限考虑：空气动力学与热力学》（AIAA-2001-0679）、《在各种结冰条件下 Goodrich 冰探测器的性能评估》（03FAAID-36）、《一种微波冰积聚测量仪器（MIAMI）》（AIAA 82-0385）、《冰粒对飞行中发动机的威胁》（AIAA-2006-206）、《用于过冷云层中液态水含量测量的结冰圆柱的热力学》（大气和海洋科技杂志）、《用于航空飞行器开发的陆地环境（气候）准则指南》（NASA-TM-78118）、《应用于飞机/直升机的红外结冰监测技术》（SAE/AHS 结冰技术研讨会，1992 年 9 月）、《直升机结冰防护综述》（NRC-LR-334）。

## 8.2　结冰仪表分类

结冰仪表系统向机组人员及飞机系统提供有关飞行过程中结冰的信息，系统的组件可以是侵入式的或非侵入式的。该系统直接或间接对飞行中的结冰物理现象敏感。结冰仪表系统分为两种类型，即飞行结冰探测系统（FIDS）和气动性能监测系统（APMS）。FIDS 进一步划分为探测冰积聚系统和探测结冰条件系统。

结冰仪表系统包括一个处理单元，执行信号处理、传感器监测、数据通信或其他功能。处理单元有的与传感器集成在一起，有的是独立的。结冰仪表系统连接到一个设备上，并与其他机载设备或系统进行通信联络，向驾驶舱机组人员提供信息。

### 8.2.1　飞行结冰探测系统

FIDS 探测冰积聚，通知机组人员或系统，参考飞机表面（即 FIDS 传感元件表面）冰积聚情况。FIDS 探测到冰积聚，也会通知机组人员或系统有关冰的厚度、结冰速率、LWC、云中小水滴尺寸和冰积聚位置等情况。FIDS 探测到的冰积聚可能位于被监测的飞机表面或远离飞机表面。

FIDS 向机组人员或飞机系统提供有关大气结冰条件的信息。FIDS 的输出信号会通知机组人员或飞机系统是否存在导致飞机表面结冰的大气条件。FIDS 对冰积聚不一定敏感。

### 8.2.2　气动性能监测系统

APMS 通知机组人员或飞机系统,在监测表面上可能由于冰积聚导致的气动性能衰减。气动性能衰减可能导致飞机性能和操纵品质下降。APMS 并不直接对冰积聚敏感。

### 8.2.3　传感方法分类

飞行结冰探测系统包括以下三类:

(1) FIDS 在参考表面上进行测量,换算到监测表面上的冰积聚,即探头类传感器。

(2) FIDS 在参考表面上进行直接测量,该参考表面是被监测表面的一部分,即嵌入式安装的传感器。

(3) FIDS 在参考表面上进行远程测量,该参考表面是被监测表面的一部分,即光学相机的方法。

## 8.3　结冰探测方法

许多方法可以用来探测飞机上的冰形成。这里归纳简介的方法都已获得认证或资质,详细信息可见 DOT/FAA/CT – 88/8 – 1、AGARD – AR – 127 等文献资料。本书只介绍结冰探测器的概念。如果信号与结冰厚度成正比,大多数概念都可以用来提供结冰速率,通常基于冰积聚的探测器和结冰速率的传感器要求定期除冰,并且在除冰过程中不能进行探测。除冰时间报告的结冰状态(或结冰率)通常是紧邻除冰开始前的数据。

### 8.3.1　目视观察

白天检测结冰条件最简单的方法之一是让飞行员关注风挡玻璃非防护区域、雨刮器或飞行员视野中的某些突出部分(如风挡玻璃雨刷螺栓)的结冰情况。飞行机组可以根据视觉观察推断结冰速率的信息。

飞机表面的机载照明对夜间冰探测起着重要作用,也需使用风挡玻璃内侧向上发光的红灯。红灯光线透过挡风玻璃,通常不会干扰飞行员。当出现冰积聚时,红光就会散射,从而提示飞行员冰积聚出现。类似的概念也被用于在飞行员视野范围照亮冰积聚的丙烯棒。因为考虑机组人员工作量的原因,不用手持式闪光灯。

### 8.3.2  障碍法

障碍式冰探测器由一个在表面旋转的刮刀组成。当冰在表面积聚时,旋转刮刀需要的扭矩增加。达到预设的扭矩值后,传感器会给出表面电加热除冰信号。通过扭矩与时间关系曲线的斜率,还能确定结冰速率。

### 8.3.3  差分压力法

差分压力法使用一个探头,通过迎风面的几个小孔(直径0.4mm)来测量气流总压。差分压力由具有飞机总压的差分压力传感装置的一面感知,并反馈到另一面。当冰堵住总压孔时,压力就会被削弱成静态压力,并产生一个压差信号。这个概念最初由国家航空咨询委员会在20世纪50年代早期提出。

### 8.3.4  潜热法

两种类型的结冰探测器用熔化潜热来指示冰的存在。这两种检测器都可以用作结冰速率探测器,通过使用适当的电子器件转换成输出信号。

第一种是通过给电阻元件施加周期电流脉冲来加热探头。如果探头上有冰积聚,温度上升将会暂停在0℃,电子设备会感应并指示这种情况。图8-1是B-1B飞机上使用的就是这种类型探测器。

第二种是通过测量维持探头在某一预定温度(通常为90℃)所需的功率来指示结冰状况。仪器必须在非结冰条件下"归零"。小水滴撞击引起功率增加,从而表明飞行环境中存在水;结冰条件可以假设空气总温低于10℃。

图8-1  潜热原理的B-1B飞机发动机进气口结冰探测器(源自 SAE AIR 4367A)

### 8.3.5 振动法

振动表面上的冰有以下三种效应:

(1) 质量的增加使共振频率降低。

(2) 刚度的增加使共振频率增加。

(3) 阻尼的增加使振幅减小。

冰探测器利用前两种物理原理制作,该技术可以提供结冰速率数据。

目前广泛使用的冰探测器采用轴向振动的圆柱形探头作为传感器。结冰探测器的探头通常垂直于气流,当探头表面出现冰积聚时,随着冰质量增加,共振频率降低。这种结冰探测器采用侵入式设计。该设计的一个演化版本是用激振膜片在其固有频率上振动。随着冰的不断积聚,增加的刚度占据主导地位,共振频率增大。这个演化版本可能适用于需要非侵入式解决方案。

通常用压电式、磁致伸缩式或感应式传感器使该探测器振荡并读取共振频率。这种装置的工作频率通常为 15 ~ 100kHz,冰引起的典型频率变化范围是200Hz(结冰探测装置) ~ 50kHz(结冰厚度测量装置)。运用这些原理的冰探测器能够探测和测量的冰厚度范围为 0.13 ~ 12.7mm。

图 8 - 2 所示为磁致伸缩振动原理在 B - 747 和 B - 767 商业运输机上的应用。电子元件集成在一个独立单元中,它使用磁致伸缩探头收集和感应冰。用传感器上冰质量引起的共振频率降低来指示结冰。

图 8 - 2　B - 747/B - 767 上采用磁致伸缩振动原理的冰探测器(源自 SAE AIR 4367A)

图 8 - 3 给出磁致伸缩原理在 MD - 11 商用运输机上的应用。该传感元件位于机翼下挂的发动机进气口,电子处理器位于机翼的远端。如图 8 - 2 所示,

168

利用结冰质量效应指示结冰。

图 8 – 4 给出在 MD – 80 商用运输机上使用的嵌入式压电冰检测系统。每个机翼上都有一个感应单元,用它们探测机翼上表面的冰。

图 8 – 5 给出使用磁致伸缩原理的一个类似装置。在这两种情况下,由于冰刚度导致的共振频率增加用于指示结冰。

图 8 – 3　MD – 11 上采用磁致伸缩振动原理的结冰探测系统(左侧为传感探头总成、右侧为信号调节器总成)(源自 SAE AIR 4367A)

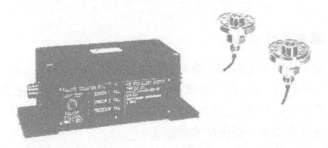

图 8 – 4　MD – 80 机翼上表面的嵌入式压电振膜冰探测器(源自 SAE AIR 4367A)

图 8 – 5　使用磁致伸缩振膜的嵌入式冰探测器(源自 SAE AIR 4367A)

### 8.3.6　微波法

利用微波探测冰的微波传感器由冰积聚表面平整的波导共振面组成。波导表面由电介质构成,如聚乙烯,具有与冰相似的介电特性。当冰在电介质表面积聚时,它作为波导的一部分,增加了有效厚度并改变其相位常数。在这个过程中,通过适当调整其金属边界的尺寸,波导被设计成在没有冰的情况下共振,但是允许其单个电介质表面暴露在冰积聚的表面。冰积聚导致了相位常数的变化,从而降低其共振频率。仪表装置根据共振频率变化计算结冰厚度。该装置可用作冰探测器、结冰速率计和 LWC 测量仪。

在实验室中使用该技术能测量的冰厚度达到 25mm。理论上,甚至更大厚度也是可测的。在不启动气动防冰罩的情况下,该方案已在紧随人造结冰云飞机后面的"塞斯纳十字军"303 飞机上成功进行了飞行试验。微波概念没有可移动部件,并且具有非常高的分辨率,可用于检测初期结冰条件或准确测量结冰速率。该设备可以在保护罩内工作,并可在极端恶劣的环境中使用。微波装置可以忽略水和其他液体污染物的影响,可以用合适的仪器仪表测量这些影响。

### 8.3.7　电磁波束干扰法

电磁波束干扰原理是在扁平管一端放置电磁源并指向另一端的传感器。当冰在扁平管上积聚时,电磁信号被阻挡,从而电子设备感应到传感器信号受到干扰。可以使用各种信号源/传感器组合来探测结冰,如可见光、红外线、激光和核束等。该方法已成功用于提供结冰率信息。

### 8.3.8　脉冲反射（超声波）法

高频声波在冰/空气界面处会产生反射,利用这种现象来探测结冰,小型压电传感器平整地安装于飞机表面(如机翼前缘)并发射超声波。如果表面存在冰,则传感器将接收到反射波并进行处理。根据脉冲发射到接收之间的延迟时间以及冰中的声速确定冰厚度。对霜冰和明冰均获得了准确、灵敏的指示。通过使用适当的信号处理,可以确定最小冰厚度和结冰速率。该方法的独特之处是适用于非侵入式冰探测器。

### 8.3.9　电容或总阻抗法

电容或总阻抗冰探测器是一种表面型冰探测器,它使用表面安装的电路确定是否存在冰和冰的厚度。该电路/传感器件至少具有一对电气元件。这些元件在探测表面上产生电场,表面上冰的介电常数会导致电容变化。可以利用多个电路和传感元件上材料的电阻获得有关结冰位置、厚度和其他潜在的有用信息。

## 8.3.10 光学阻挡法

该方法由一个光源直接照射光学接收器。该类探测器的示例如图8-6所示,冰积聚的表面靠近辐射光束,当积冰阻挡光束的路径时就会被探测到。该方法可用于计算结冰速率。

图8-6 管状光学阻挡结冰探测器系统(源自 SAE AIR 4367A)

## 8.3.11 光学折射法

这种方法是感应从积冰中折射出的光。这种类型探测器的示例如图8-7所示。探测器伸入到气流中并且密封,采用非平行光束来监测探头上任何物质的不透明度和光学折射率,它对水膜不敏感。探测器没有活动部件,完全是坚固的。

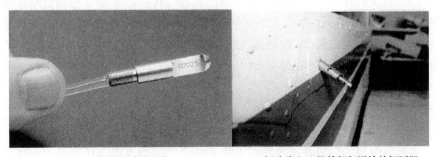

(a) 没装配时的元件　　　　　(b) 探头嵌入飞机外部气温计的探测器

图8-7 基于折射的冰探测传感器(源自 SAE AIR 4367A)

传感器探头由光学分光计和光学开关组成,探头不透明度的变化标记为霜冰,折射率的变化标记为明冰。传感器激发光的波长对人眼是不可见的,因此不能用作导航灯。

利用光学折射原理的冰探测器可安装在任何类型的航空器上,只要其具有足够的空速来防止水在光学部件上积聚。探测器可以嵌入到天线、防冰系统等航空系统中。

利用光学折射原理的冰探测器体积小、重量轻、灵敏、坚固且能耗低。探测器探头一般要求安装到边界层外的气流中,并定期用异丙醇等溶剂对其清洁。

通过电加热元件可以加速传感器探头的除冰。这类冰探测器可以提供较大驱动和返回信号放大调节范围,因此可以广泛应用,灵敏度高,可以探测到厚度低至 0.025mm 的积冰。

### 8.3.12 其他先进方法

(1)红外技术。红外结冰监测技术是利用冰/水层在多个波长处的光吸收来探测冰和水的积聚厚度。选择冰与水吸收系数有很大差异的波长,可以在几微米到几厘米范围内探测冰/水的厚度。在所需探测表面安装后向反射器接收并反射衰减的光束,光束反射回发射器/接收器装置进行信号处理。这种非侵入式遥测技术适用于飞机上探测静态结冰和飞行结冰情况,并能以最佳时间间隔自动启动除冰/防冰装置系统。

(2)热流技术。热流概念应用于表面型冰探测器的传感器,热流原理是通过测量机翼表面热流变化来确定机翼表面存在的污染物,如霜、除冰液和冰。传感器探测到的状态变化被送到信号处理器,并与流过同一环境空气中干燥机翼表面的计算热流值相比较,计算热流值由大气温度传感器和燃料温度传感器输入值计算获得。机翼的热流特性差异经过校准用来指示特定条件,如结冰。

(3)超声波技术。分别用发射传感器和接收传感器来建立和测量结冰表面弯曲的弹性波。这种方法可以测量特定区域的平均结冰厚度(长度从几厘米到几米)。实验室测试表明,在可靠的、非侵入式安装条件下,精确冰测量可达10mm。该概念提供了在地面和飞行中进行自行测试的能力。

## 8.4 设计指南

这里给出对飞机机翼结冰探测器传感技术的应用考虑和评估指南。在许多情况下,传感器运行范围超出了认证的最低性能要求,但这也是一般飞机工作需要的。

## 8.4.1 环境条件

这里所述内容是对 MIL - HDBK - 310、MIL - HDBK - 5400、NASA TM - 78118 和 RTCA DO - 160D 等标准提出的环境温度、高度、湿度、盐水雾、沙尘、冲击、振动等正常环境因素的补充。

（1）环境温度。一般来说，飞行结冰探测系统应该设计成能在所有结冰条件下工作。FAA/EASA 结冰适航标准可能温度低至 -40℃。在 0℃ 以上的环境温度中可能出现结冰，如由于冻雨或当空气通过进气口加速进入发动机进气道时温度下降。即使环境空气温度低于 0℃，气动加热也可以限制基于积冰的冰探测器上的冰增加。

（2）高度。冰探测器应在飞机预定飞行高度范围内探测冰的积聚或结冰条件。根据 FAA 14 CFR 第 25 部附录 C，结冰条件应考虑到海拔高度 8900m。

（3）液态水含量。冰探测器至少应能够检测 FAA 14 CFR 第 25 部附录 C 规定范围内的液态水含量（$0.04 \sim 3.5g/m^3$）。典型的结冰条件与层云有关，LWC 约为 $0.1g/m^3$。部分较高卷云的 LWC 范围为 $0.05 \sim 0.2g/m^3$，可以延伸 $80 \sim 160km$ 的距离。即使在非常低的 LWC 条件下，未受保护的机翼暴露 $30 \sim 45min$，可观察到厚达 6.4mm 的积冰。相比之下，在积云短距 4.8km 内，LWC 范围 $2.5 \sim 3.0g/m^3$ 经常可以遇到，如雷暴天气。如果冰探测器仅用于探测结冰的开始条件，就不需要考虑上限。

（4）小水滴尺寸。冰探测器通常不能辨识小水滴的尺寸，但小水滴的大小会影响反应。例如，具有给定 MVD 的云层小水滴尺寸分布可能存在显著的差异。由于对给定的空速，小水滴的积聚取决于小水滴的大小，相同 MVD 的不同分布会对冰探测器的响应产生影响。类似地，当应用中遇到小水滴尺寸分布与校准分布不同时，响应也会受到影响。冰探测器制造商通常在给出不确定度时会考虑这一点。如果需要更具体地量化，设计人员可与制造商合作完成。SAE AS5498 标准规定了 3 个 MVD 值测试，以帮助解决这个问题。

（5）侵蚀、冰雹冲击、鸟类撞击。安装在大多数飞机上的冰探测器都会受到雨水、冰晶、沙粒、灰尘、冰雹或鸟类的影响。发生频率和尺寸分布发表在如 MIL - HDBK - 310、NASA TM - 78118、FAA 14 CFR 第 25 部/第 33 部和 RTCA DO - 160D 等标准或文献中。应考虑采取措施，防止侵蚀和冲击损害产生的不安全状况。如果发动机吸入撞击碎片，则应特别考虑。

## 8.4.2 功能条件

（1）空速。根据应用情况，运输机使用的冰探测器通常需要在 $93 \sim 830km/h$

173

的气流速度范围内工作。直升机的冰探测器可能需要在悬停状态下和速度低于93km/h条件工作。设计人员需要考虑应用飞机的空速范围。

大多数基于积冰的冰探测器依赖于前向速度在传感器上沉积过冷液滴。当低速前进时(如悬停飞行),可以使用吸气装置吸出空气和液滴到传感装置上。一种简单可靠的吸气方法是使用高压发动机排气。随着气流偏角增大和流量增加,抽吸的有效性将受限。

(2)灵敏度。冰探测器的灵敏度应满足及时提供积冰指示要求。冰探测器还应有足够的范围,以适应冰保护系统。如果冰探测器过度敏感,可能会提前发出警告,导致飞行员忽视信号或导致不必要的冰保护系统运行。

(3)冰防护。根据应用和传感技术,冰探测器可能需要具有冰防护能力。

(4)错误信号。在正常飞行条件下,由于存在水、除冰液、燃油、润滑油、清洗液或大气污染物的积聚,冰探测器在运行中应不产生结冰信号。

(5)故障安全设计。冰探测系统设计应尽量减少结冰条件下未探测到的失效模式的概率。

### 8.4.3 可靠性和可信度

明确区分冰探测系统的可靠性和可信度很重要,可靠性可以通过平均故障间隔时间、未探测到的故障率来量化;可信度受物理测量原理和传感器位置的影响。

(1)基本探测系统。当冰探测系统用作确定是否需要启动冰保护系统的主要手段时,被称为基本系统。探测系统连续运行,如果存在结冰情况,自动启动冰保护系统并通知机组人员。基本探测系统应符合 FAA 14 CFR 第 23、25、27 和 29 部分的第 901、903、929、1093、1301、1309 及 1419 节的适航要求以及相应的军标要求(如 MIL – STD – 704)。为满足 14 CFR 第 23、25、27 和 29 部第 1309 节的要求,基本冰探测系统的可靠性应该与冰探测系统故障而导致的危险分类相对应,通常由故障危害分析确定。还应结合机组人员故障通知报警失效,全面评估冰探测系统失效的危险分类。此外,对系统的软件组件应考虑 RTCA – DO – 178B 的适用要求。

冰探测系统的可信度评估更难,必须对测量系统进行分析,根据给定飞机上的特定传感器位置进行测试。最重要的可信度准则如下。

① 冰传感器在飞机上的安装应该是监测的飞机表面和参考的飞机表面相关,允许传感器执行其预期的功能。

② 所有监测表面都应识别,并确定可接受的冰探测阈值。冰探测阈值(冰厚)的标准应能产生可接受的空气动力性能、发动机的可工作性以及由于冰积

聚和脱落导致的结构完整性。

（2）咨询式冰探测系统。对于使用咨询系统的飞机，启动冰保护系统使飞行员目视如能看见湿气、看见驾驶舱突起物上的结冰等并且总温接近结冰（如10℃或以下）。冰探测系统只是作为一个额外的"咨询"指示。相对于满足 CFR 14 第 23、25、27、29 部 1309 节的要求（或等效规定），这允许降低冰检测系统的可靠性要求。

### 8.4.4 安装

选择冰探测器和结冰速率系统安装位置的注意事项。

**1. 位置考虑**

首先要考虑的是冰探测器（探头型或表面型）的位置，发生结冰时，冰探测器传感元件能执行其预期的功能。

冰探测器不应放置在远离湿气的区域。一般来说，安装探头式冰探测器的最佳区域具有以下特点。

传感元件应：

① 远离空气停滞区域；

② 远离流动分离区域；

③ 远离会影响小水滴轨迹的区域，否则会导致小水滴密度异常或耗散。

冰探测器通常安装在机翼前缘、发动机进气口和机身上。当在机身上安装时，机翼前方的区域通常是获得尽可能干净气流的最佳位置。此外，侧面位置对飞机可能遇到的大范围迎角最不敏感。在发动机进气口安装冰探测器，任何冰脱落的特性都必须与发动机设计兼容。对旋翼机，下洗是一个重要的因素，必须认真加以考虑。

理想情况下，外部流场研究为冰探测器的位置选择提供了良好的基础。如果探测器安装在前缘，则必须考虑整个迎角范围的影响。在旋翼机上，冰探测器的位置最难确定，计算流体动力学或丝线流动显示研究可能对飞行器周围的流动模式可视化很有帮助。

**2. 其他**

必须考虑冰探测器的工作原理。如果探测器对位置敏感或需要特殊的朝向，安装必须适应这些要求，还应该考虑冰探测器电子设备暴露的环境，因为这可能会影响可靠性。

### 8.4.5 验证

设计、性能、施工、安装和可靠性的验证程序应包括分析和试验，系统制造商、机身制造商以及使用监管机构都应参与。使用的方法可能包括常规技术（如应力分析、电路分析与试验、RTCA DO–160C 环境试验、RTCA DO–178B 软件过程、失效模式和效果分析等）和适用的特殊方法。后者可能包括冰撞击分析、传感器的结冰风洞试验、自然或人造结冰云结冰试验以及鸟类、冰雹、雷击试验。商业应用需要 FAA 的飞行适航验证。

## 8.4.6　新出现的运行考虑

### 1. 过冷大水滴和冰晶

现行航空器结冰飞行认证对大气结冰环境的定义在 FAA 适航标准中已有界定，并与美国以外的同类标准具有可比性。这些标准没有考虑到现在被认为是潜在危险的一些结冰条件。监管当局和工业部门一直在努力解决这一问题，扩大认证条件，并预期扩展对大气结冰环境的定义。

虽然 FAA 14 CFR 第 25 部附录 C 之外的冰探测器的具体操作指南目前还没有规范，但这里的操作是不容忽视的。具体地说，应该考虑探测器在以下条件下的响应，如 SLD 和冰晶。

SLD 可以比 FAA 14 CFR 第 25 部附录 C 中定义的小水滴尺寸大几个量级，因此气流中靠近物体表面的（如机翼或冰探测器探头）惯性影响轨迹可能会有明显的不同。相对较大尺寸的小水滴也使它们容易被气动力破坏，并在撞击时飞溅。

通常，冰探测器对 SLD 和 FAA 14 CFR 第 25 部附录 C 中规定的较小水滴敏感。然而，目前还没有一种能够识别这些条件的探头型探测器投入商业应用。表面型探测器可以用来区分 SLD，但是，需要将它安装在 SLD 会撞击而较小水滴不会撞击的位置。此外，目测冰积聚超出了正常撞击极限，如在风挡玻璃上可以指示为 SLD。

冷冰条件（没有过冷小水滴的冰晶）和混合条件（过冷小水滴和冰晶两者的组合）也可能会影响冰探测器的信号水平，其灵敏度是由传感技术和探测器设计决定的。例如，基于积聚原理的冰探测器通常在纯冷冰条件下对冰晶不敏感。有人推测，在混合条件下，晶体能够嵌入到积冰中，或者相反，侵蚀积冰，从而影响探测器的响应（以及监测表面的冰积聚率）。

从历史上看，几乎没有人要求探测冰晶。然而，近年来发生的一些事故，使人们认识到冰晶会影响涡轮发动机的运行。在这种情况下，专为冰晶探测而设计的检测器可能非常适合。但这种探测器还没有投入商业应用。

### 2. 冻结比例

所有的积冰体，包括基于积冰的冰探测器，可能没有积聚所有撞击的水。基本上,当空气温度足够低时,所有的撞击水都会冻结。在某些时刻,由于气温升高或空气动力加热增加,所有可用的水不会冻结,这就是 Ludlam 极限温度。当空气温度或空气动力加热继续增加时,越来越少的水冻结,直到没有水冻结。临界温度是无水冻结时的温度阈值,并且历史上已经表达为总温或静温。临界温度和 Ludlam 极限温度变化作为结冰条件的函数,由相当复杂的热力学平衡决定。

这些温度也受积聚体几何形状的影响。飞行过程中,基于积冰的冰探测系统,用户应考虑到,在某些运行条件下,探测器的临界温度可能低于受监测的表面温度。例如,这可能发生在较大迎角时,在旋翼上方或机翼上表面的局部气温可能比在较低迎角状态下低得多。

## 8.5 特殊条件

以下是关于发动机进气口和旋翼机使用的冰传感系统的专用信息。这些问题在 SAE AS 5498《飞行中结冰探测系统的最低性能规范》中并没有提到,在此仅供参考。

### 8.5.1 发动机进气道

冰探测器装配必须能承受与发动机进气口有关的恶劣工作环境(特别是温度和振动)。应考虑的是,冰探测器的安装可能暴露于热源(如排除的热气),因此要求传感器被适当地隔离,以确保它能正常工作。由于发动机进气口的流动特性复杂,应注意冰传感器的正确位置。同时,也要考虑冰传感器的阻力和流动扰动特性。如果可能,进气口顶部的位置可能最好,因为这不容易受到维修活动可能造成的损坏。应考虑探测器失效模式,冰积聚并从失效的探测器上脱落,如果被吸入发动机,应当能容忍。

如果探测器探头位置和进气口之间的结冰条件可以相关,结冰探测器可以远离发动机进气口。启动发动机/进气道防冰系统的冰探测器工作阈值是特定设计的。这个阈值是入口或表面的积冰小于制造商认证的一个最大冰量,该冰量即使吸入发动机也不会造成损坏或不良影响。

吸入高浓度的冰粒会导致发动机功率损失和损坏。这可能发生在云层中不存在液态水或液态水浓度低条件下。当 FIDS 用于发动机防冰系统时,应考虑这种现象,因为 FIDS 通常只用于探测液态水,而不一定是冰粒。

### 8.5.2 旋翼机

复杂的流动模式与旋翼叶片造成的下洗相结合,需要精心选择冰传感器的最佳位置,以确保冰探测器和被保护部件之间的最佳相关性。需要特别考虑,叶片结冰与机身安装传感器指示之间的相关性。因为冰脱落可能是一个因素,冰探测器应该位于不脱落冰的安全区域。冰探测器传感元件周围的部件必须是防冰的,或者已经证明在这些部件上积聚的冰不会影响探测器的灵敏度,并且冰探测器不会对发动机或其他飞机部件造成冰脱落的风险。旋翼机可配备基本的结冰速率测量系统,实现旋翼冰保护系统的自动运行。通过照明进行积冰探测可能不切实际,这些测量系统在夜间作业时尤其有用。

如果需要准确的结冰强度信息,需要提供传感器抽吸,以更恒定的气流通过传感器,使传感器能在低飞行速度下工作,并使飞机飞行包线上误差最小化。有关更多详细信息,可参阅 AGARD – AR – 127/166。美国陆军开发了直升机应用的高级结冰严重度指示系统(AISLIS),该系统监测旋翼速度、振动水平、发动机扭矩、燃料含量、静压、动压、空气温度和 LWC。机组人员人工输入乘员人数、货物重量和飞机配置,机载计算机处理数据并提供结冰强度和飞机性能异常的指示(见 AGARD – AR – 223)。

## 参 考 文 献

[1] SAE AIR 4367. Aircraft inflight ice detectors and icing rate measuring instruments [S]. SAE,2007.

178

# 第9章　小水滴撞击和冰积聚计算程序

## 9.1　概述

　　发展结冰数值模拟工具是结冰研究领域的一项重要工作,其主要目标是为工业界提供一种飞机防冰设计的实用工具,同时也为航空管理部门提供一种结冰评估和认证工具。20 世纪 80 年代,NASA 格林研究中心就开发了早期的冰积聚计算程序(LEWICE);90 年代进一步工程化发展并完善了 LEWICE 2D;21 世纪前十年,NASA 又发展和建立了 LEWICE 3D。加拿大、英国、法国等也都相继开展了结冰数值研究工作,发展了多种结冰计算软件。为了提高人们对结冰问题的认识,并为监管机构、飞机运营商、研究机构以及飞机制造商提供培训和指导,FAA 于 1997 年制订了一项包括 14 项工作任务的"FAA 飞行中飞机结冰计划"。该计划的第 11 项任务是开发"用于确定飞机上冰形模拟方法的验证准则和数据",其中所称的"数据"包括风洞、计算软件和人造结冰云飞机获得的数据。第 11 项任务的成果之一是总结形成《水滴撞击和冰积聚计算程序》(ARP 5903),并于 2003 年 10 月发布。2009 年 12 月,SAE 对 ARP 5903 进行了进一步修订确认。

　　SAE ARP 5903 提供了国外 14 款(多种版本)二维/三维水滴撞击和结冰计算软件的有关信息和应用指南,这些软件可以进行飞机结冰数值模拟,计算小水滴撞击飞机部件的运动轨迹、产生的水载荷和冰积聚,这些冰积聚特性被用于飞机设计和认证过程。

　　与任何其他工具一样,小水滴撞击和冰积聚计算软件的使用,要求使用者对该软件是否适用于所需解决的问题做出判断。SAE 编写 ARP 5903 的目的就是总结各国形成的小水滴撞击和冰积聚计算软件能力和用途,为航空工业界和政府认证机构提供一种培训指南文件。这些软件如果使用得当,可向设计者和适航当局提供关于飞机部件的水载荷和冰生长情况,也能提供其他与冰生长过程有关现象的有用信息。

　　该标准编写的主要参考文献资料包括 SAE 的公开出版物,如《飞机飞行中结冰术语》、AIR 5504 等;美国政府机构公开出版物,如 FAA 的技术报告、适航条例等;其他公开的有关技术文献,如 NASA、AIAA 等技术文献。

## 9.2 小水滴撞击和冰积聚计算程序的组成

世界各国航空科研机构、院校和工业界相继开发了多种结冰数值计算软件,并已用于飞机防冰设计和认证。在这些软件中,有的是用于计算低速飞行条件下二维物体周围的小水滴轨迹,并拓展后用于计算冰积聚。有的软件已能计算任意三维完整构型上的小水滴轨迹和冰积聚。由于计算软件的应用与构型几何保真度和物理建模完整性密切相关,很难总结这些软件各自的局限性,以及哪类软件可以满足哪类计算要求。因此,软件的使用仍需要依靠使用者的经验,具体问题具体分析。

小水滴撞击和冰积聚软件通常包括以下四种计算:

(1) 流场计算(可以是二维或三维、无粘或粘性、不可压缩或可压缩)。在结冰模拟中,首先计算的通常是所关注的物体周围的绕流流场。在计算流体力学(CFD)领域有许多不同类型的工具可用于这种计算。这些软件工具从简单的二维势流软件到包括压缩性、转捩和湍流的完整三维 NS 软件。流场计算用于为小水滴轨迹计算提供输入,为能量平衡中确定对流热传导提供信息,并在某些情况下用于评估冰形引起的气动性能降低。

(2) 小水滴轨迹和撞击计算(小水滴可以是单个分散的,也可以是具有一定粒径分布的)。小水滴轨迹和撞击软件将流场计算结果与小水滴、物体几何信息结合在一起,确定小水滴在物体上的撞击位置。这些软件用于计算撞击面积和/或撞击极限、物体表面的水量、当地水捕获率($\beta$)和总水捕获率($E$)。这些信息可用于确定冰生长计算中输入的质量和相关的能量通量值,获得有效防冰所需防冰系统的覆盖范围和能量(如挡风玻璃防冰功率密度)。计算研究表明,对于 FAA 14 CFR 第 25 部附录 C 结冰包线内的条件,通常小水滴平均粒径(MVD)可以用于冰形模拟,其中最大的小水滴可以用来计算撞击面积。轨迹可以通过拉格朗日法或欧拉法计算。

(3) 热平衡和质量平衡计算(热传导系数计算可作为流场计算的一部分)。热和质量平衡计算的目的是获得给定结冰时间所关注物体表面的冰积聚质量。这些信息可以用来评估冰脱落对飞机其他部件的影响,或者冰吸入对发动机的影响。当冰对飞机空气动力学影响有限时,了解冰的质量(而不是形状)非常重要,计算得到的冰形与实际冰形之间的差别不如冰的质量重要。冰质量的保守估计可直接由净物体上的捕获率获得。在评估冰脱落的破碎和轨迹时,冰块的形状可能变得非常重要。

180

计算模型的目的是确定物体上每个位置的冰生长速度。冰生长速度由热和质量平衡控制。主要热流包括：①对流；②蒸发/升华；③撞击水的加热、邻近部件或表面流动水的冷却或加热及冰冷却；④在水冻结过程中获得的潜热；⑤小水滴动能。

二维软件采用一维"控制体积"方法计算热和质量平衡，表面网格化，在这些小单元上定义了控制体积。在二维软件中，这些控制体积中的温度和其他物理量假设为常数，从而可以应用热流平衡。在控制体积法中，正的热流被认为是源，负的热流被认为是汇。通过改变冻结比例和平衡温度来实现热平衡。当控制体积中的冻结比例值在 0～1 之间时，水在该控制体积中不会完全冻结，剩余的水流入下一个（下游）控制体积，在该控制体积中求解新的热平衡和质量平衡。当冻结比例等于 1 时，就不会流入下一个控制体积。热平衡和质量平衡计算的输入包括局部水捕获率值和热传导系数值。后掠翼热传导系数的计算可以用 2.5D（二维和三维相结合的）软件计算，这类软件考虑了与前缘平行的速度分量。

三维软件用保形网格或一系列有限元表示物体表面。在这些区域内部和区域之间，温度和其他物理量假设是变化的，并应用一般的热流平衡。在这些计算中，人们用完全三维 NS 计算、三维边界层软件与势流方法相结合，或对二维软件进行三维修正来表示速度场。这些软件的质量和能量传递过程的实现是多种多样的。

（4）结冰形状计算。一旦获得了结冰持续过程中冰积聚的质量，便可计算最终的冰形。有几种策略来执行这种计算，这些策略构成了计算工具逻辑的基础。一般来说，给定位置冻结冰的质量通过应用质量 – 体积 – 密度关系转换成体积。然后将该体积添加到物体的几何形状中，形成结冰翼型几何形状。用于添加这种几何形状的方法因软件而异，这也是区分各种软件的特征之一。计算出来的冰形可以用在几个方面。例如，计算出的冰形可以用来构建一个用于空气动力学风洞或飞行试验的冰形，该冰形附着在飞机、飞机模型、机翼模型或翼型模型上模拟结冰。同样，计算出的冰形可用于后续的 CFD 计算，以确定结冰物体的空气动力学特性。

## 9.3　世界主要结冰计算软件概览

欧美国家主要发展的 14 款结冰计算软件简介如下。

### 9.3.1　CANICE 2.5

CANICE 2.5 由加拿大庞巴迪航空公司开发，是一款二维结冰计算软件。
CANICE 软件可以模拟单元翼型和多元翼型布局的冰积聚和防冰。采用势流方法求解机翼绕流,并确定其表面的小水滴撞击率。软件的输入参数包括飞行条件(高度、迎角、空速等)和大气条件(温度、压力、小水滴尺寸、液态水含量、相对湿度、持续时间等)。通过求解不同特性边界层的连续方程、质量扩散方程、动量方程和能量方程,确定冰积聚过程的热力学特性。冰形和溢流水量通过热力学分析确定。采用防冰模拟方法确定防冰系统所需的热要求。该软件用通过机翼蒙皮的热流分布来表示热气防冰模型。软件中采用二维热传导模块来确定通过机翼蒙皮的热流,进行热力学分析,直到得到收敛的表面温度值。

CANICE 也可采用多重时间步进模式模拟多层冰积聚,首先在洁净构型上开展流场和轨迹计算,在后续的每个时间步长对产生的冰形进行重复计算。庞巴迪航空公司应用该软件开展过计算冰形与试验冰形的比较工作。软件的主要用途见表9-1。

表9-1　CANICE 2.5 主要用途

| 构型 | | 撞击极限 | 水捕获效率 $\beta$ | 冰形确定 |
|---|---|---|---|---|
| 翼型 | 单元 | √ | √ | √ |
| | 多元 | √ | √ | √ |
| 机翼表面 | 后掠角大于25° | √ | √ | √ |
| | 后掠角小于25° | √ | √ | √ |
| | 三维扭转 | | | |
| 翼梢小翼 | | √ | √ | √ |
| 尾翼 | 垂直尾翼 | √ | √ | √ |
| | 水平尾翼 | √ | √ | √ |
| 鸭翼 | | √ | √ | √ |
| 短舱 | | √ | √ | √ |
| 挂架 | | √ | | |
| 发动机部件(桨毂罩、叶片) | | | | |
| 机身部件 | | | | |
| 螺旋桨 | 叶片 | | | |
| | 桨毂罩 | | | |
| 旋翼机 | 主旋翼 | | | |
| | 尾桨 | | | |

## 9.3.2　FENSAP - ICE

FENSAP - ICE™是由加拿大蒙特利尔、美国明尼阿波利斯和法国图卢兹组成的国际新数字技术公司开发的一个模拟系统,用于对整个飞机、发动机进气道和其他部件进行结冰分析。

FENSAP – ICE™系统由四个模块组成:分别用于计算净空气流动(FEN-SAP™,有限元 NS 分析包)、小水滴撞击(DROP3D™)、冰积聚(ICE3D™)、防冰和除冰热载荷(CHT3D™)及结冰性能评估(FENSAP™)。DROP3D、ICE3D 和CHT3D 这三个模块可以与任何专业或商用结构化或非结构化网格、有限体积、有限差分或五级有限元流动软件对接,尤其是 DROP3D 模块可以与二级以上的软件对接。软件级别划分为:一级为不可压缩无黏面元法;二级为无黏跨声速小扰动方程;三级为无黏可压缩全势方程;四级为无黏可压缩欧拉方程;五级为黏性可压缩湍流 NS 方程。

FENSAP – ICE 也可以使用新数字技术公司自己的五级流场解算器(FEN-SAP),包装成一个独立的综合飞机结冰系统。

FENSAP – ICE 在流动/结冰模拟和基于 CAD 的三维表示中都具有较高的精度,但在二维或轴对称假设下的流动分析精度降低,而采用无黏流动(2 ~ 4级)假设时精度进一步降低。它可分析任意马赫数下的可压缩流,但对不可压缩流假设精度降低。对初步设计、参数比较、更快速运算或与能力更有限的其他软件进行直接比较,或许期望进行这些简化。然而,为了在不需要经验的情况下计算冰积聚的热载荷,需要五级流动软件。

因此,FENSAP – ICE 的流动技术与工业界气动设计所使用的技术级别相同,允许将飞机结冰分析融合进设计阶段,而不是后设计阶段。

FENSAP – ICE 通过采用新的专利结冰建模方法,避开了不可压缩假设、无粘假设;也无需采用面元法、边界层法、热传导控制体积法和任何几何简化或近似。

(1)DROP3D:欧拉小水滴撞击模型,摒弃了跟踪单个粒子的拉格朗日方法,能够对多段机翼和任何三维构型(如整个飞行器)进行一次性计算。

(2)ICE3D:基于偏微分方程的完全三维的冰积聚计算,而不仅仅是在控制体积平衡方面。

(3)CHT3D:共轭热传导计算,即同时模拟来自流动和冰中的热传导,穿过蒙皮并进入机翼内部,界面处没有经验。

(4)FENSAP:除了 CAD 保真度(网格生成可以从任何 CAD 系统描述的零件开始),并考虑了可压缩性、粘性、湍流和三维特性外,FENSAP 还尽量减少用户干预数值模拟,如网格跟随冰形移动并进行优化。

四个模块使用单块网格,并自动生成。任意拉格朗日 – 欧拉方法(ALE)允许冰的生长取代网格,并重新计算扭曲型面上的流动,不需重新划分网格。网格优化模块（OptiMesh™）被连接到广泛使用的商用网格生成器 ICEM - CFD$^M$（伯克利的 ICEM - CFD 工程软件），并遵守表面 CAD 的完整性，保证快速生成初始网格和最佳流动结果。

　　更多关于 FENSAP - ICE 软件的信息可见 http：//www. Newmerical. com。网站上列出了不同飞机和直升机的结冰认证过程中使用 FENSAP - ICE 的实例。事实证明，使用三维 CFD 结冰技术，通过减少研发时间和所需的认证试验，可以大幅降低获得适航性认证机构认可布局的成本。FENSAP - ICE 系统如图 9 - 1 所示。

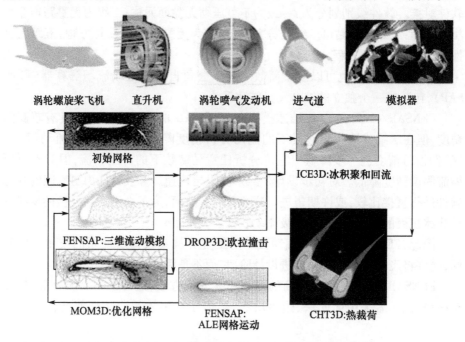

图 9 - 1　FENSAP - ICE 系统（源自 SAE ARP 903）（见彩图）

　　FENSAP - ICE 是一个第二代完全集成的系统，用于确定任意表面的结冰特性，可以是飞机、进气道、发动机等。软件的主要用途见表 9 - 2。

表 9 - 2　FENSAP - ICE 主要用途

| 构型 | | 撞击极限 | 水捕获效率 $\beta$ | 冰形确定 |
|---|---|:---:|:---:|:---:|
| 翼型 | 单元 | √ | √ | √ |
| | 多元 | √ | √ | √ |
| 机翼表面 | 后掠角大于25° | √ | √ | √ |
| | 后掠角小于25° | √ | √ | √ |
| | 三维扭转 | √ | √ | √ |

184

| 构型 | | 撞击极限 | 水捕获效率 $\beta$ | 冰形确定 |
|---|---|:---:|:---:|:---:|
| 翼梢小翼 | | √ | √ | √ |
| 尾翼 | 垂直尾翼 | √ | √ | √ |
| | 水平尾翼 | √ | √ | √ |
| 鸭翼 | | √ | √ | √ |
| 短舱 | | √ | √ | √ |
| 挂架 | | √ | √ | √ |
| 发动机部件(桨毂罩、叶片) | | √ | √ | √ |
| 机身部件 | | √ | √ | √ |
| 螺旋桨 | 叶片 | √ | √ | √ |
| | 桨毂罩 | √ | √ | √ |
| 旋翼机 | 主旋翼 | √ | √ | √ |
| | 尾桨 | √ | √ | √ |

### 9.3.3 FLUENT

FLUENT 是位于美国新罕布什尔州的黎巴嫩 Fluent 公司(现被美国 ANASYS 公司兼并)开发的一种通用非结构有限体积三维 CFD 软件,也可用于二维或三维结冰分析的多个阶段。

该软件包含一个友好的图形用户界面(GUI),由 FLUENT 为用户维护。Gambit 是一种基于实体的网格生成和几何外形创建工具,是带有 FLUENT 解算器的软件包。

结合外流求解,可以使用拉格朗日离散相位模型来跟踪小水滴,小水滴使用均匀直径分布或 Rosin – Rammler 粒径分布。冰积聚模型跟踪小水滴撞击表面,从而能够预测当地收集效率 $\beta$。撞击极限是从下游位置确定的,该位置为 0。除收集效率外,所有流动变量的结果都可以通过嵌入的后处理器程序显示为 $x - y$ 图或二维/三维表面轮廓。

除撞击外,FLUENT 的非结构技术已经成功用于模拟内部防冰系统复杂几何形状的内流和热传导,开发了一个表面能量模块,将内流与溢流水和外流结合起来。软件的主要用途见表 9 – 3。

表 9 - 3　FLUENT 主要用途

| 构型 | | 撞击极限 | 水捕获效率 $\beta$ | 冰形确定 |
|---|---|---|---|---|
| 翼型 | 单元 | √ | √ | |
| | 多元 | √ | √ | |
| 机翼表面 | 后掠角大于 25° | √ | √ | |
| | 后掠角小于 25° | √ | √ | |
| | 三维扭转 | √ | √ | |
| 翼梢小翼 | | √ | √ | |
| 尾翼 | 垂直尾翼 | √ | √ | |
| | 水平尾翼 | √ | √ | |
| 鸭翼 | | √ | √ | |
| 短舱 | | √ | √ | |
| 挂架 | | | | |
| 发动机部件(桨毂罩、叶片) | | √ | √ | |
| 机身部件 | | √ | √ | |
| 螺旋桨 | 叶片 | √ | √ | |
| | 桨毂罩 | √ | √ | |
| 旋翼机 | 主旋翼 | √ | √ | |
| | 尾桨 | √ | √ | |

## 9.3.4　HELICE

HELICE 是意大利航空航天研究中心(CIRA)研发的三维飞机部件上冰积聚计算软件。

该软件最初是用于计算旋翼机部件上的冰积聚,但也可成功用于飞机部件上的冰积聚计算。该软件的主要特点是采用模块化结构,主要模块为轨迹模块和冰积聚模块。轨迹模块需要输入由气动软件计算的速度场。这方面允许与没有边界元方法或场方法(如 NS、Euler 或全速势方法)的软件连接。冰积聚模块是基于应用在两条相邻流线上的 Messinger 模型。该软件还可以使用非惯性参考系进行冰积聚计算,从而可以正确计算旋转部件(如直升机或螺旋桨叶片)上的撞击系数。软件的主要用途见表 9 - 4。

表 9 - 4　HELICE 主要用途

| 构型 | | 撞击极限 | 水捕获效率 $\beta$ | 冰形确定 |
|---|---|:---:|:---:|:---:|
| 翼型 | 单元 | √ | √ | √ |
| | 多元 | √ | √ | √ |
| 机翼表面 | 后掠角大于25° | √ | √ | √ |
| | 后掠角小于25° | √ | √ | √ |
| | 三维扭转 | √ | √ | √ |
| 翼梢小翼 | | √ | √ | √ |
| 尾翼 | 垂直尾翼 | √ | √ | √ |
| | 水平尾翼 | √ | √ | √ |
| 鸭翼 | | | √ | √ |
| 短舱 | | √ | √ | √ |
| 挂架 | | √ | √ | √ |
| 发动机部件(桨毂罩、叶片) | | √ | √ | √ |
| 机身部件 | | √ | √ | √ |
| 螺旋桨 | 叶片 | √ | √ | √ |
| | 桨毂罩 | √ | √ | √ |
| 旋翼机 | 主旋翼 | | √ | √ |
| | 尾桨 | √ | √ | √ |

## 9.3.5　ICE 3.3

ICE 3.3 是美国分析方法公司 James K. Nathman 博士开发的三维结冰收集效率程序(ICE)。

ICE 软件使用三维表面面元模型和一个由计算流体力学(CFD)软件计算的流场特性数据库进行计算。计算内容包括以下几项:

(1)从指定起点开始的小水滴轨迹。

(2)在空间中与指定点相交的小水滴的起始位置和轨迹。

(3)与指定的物体面元的四角相交的小水滴路径。

(4)与表面流线交叉的所有面元的角相交的小水滴路径。

一个表面面元的小水滴收集定义为四个小水滴路径与其角相交形成的流管上游无穷远处的截面积除以面元面积,小水滴收集由这四个计算中的最后两个计算完成,用户可以指定多达八个不同的小水滴直径来描述大气小水滴分布,从而获得平均收集效率。ICE 软件生成一个图形文件,包括表面面元几何参数、每个面元的收集效率、粒子路径轨迹和沿表面流线的收集效率。该图形文件可以用同样是由分析方法公司开发的 OMNI3D 可视化程序来查看。

ICE 输入由七条线组成,指定空气的参考速度、密度和粘度,以及小水滴尺寸分布。物体面元几何和流场数据库通常由 VSAERO(一个势流软件)生成。Euler 和 NS 方程也可以用来生成物体面元几何参数和流场数据库。软件主要用途见表 9-5。

表 9-5　ICE 3.3 主要用途

| 构型 | | 撞击极限 | 水捕获效率 $\beta$ | 冰形确定 |
|---|---|---|---|---|
| 翼型 | 单元 | √ | √ | |
| | 多元 | √ | √ | |
| 机翼表面 | 后掠角大于 25° | | √ | |
| | 后掠角小于 25° | √ | √ | |
| | 三维扭转 | √ | √ | |
| 翼梢小翼 | | √ | √ | |
| 尾翼 | 垂直尾翼 | √ | √ | |
| | 水平尾翼 | √ | √ | |
| 鸭翼 | | √ | √ | |
| 短舱 | | √ | √ | |
| 挂架 | | | | |
| 发动机部件(桨毂罩、叶片) | | √ | √ | |
| 机身部件 | | √ | √ | |
| 螺旋桨 | 叶片 | | | |
| | 桨毂罩 | | | |
| 旋翼机 | 主旋翼 | | | |
| | 尾桨 | | | |

## 9.3.6　ICECREMO 2.1

ICECREMO 2.1 是英国贸易和工业部提供部分资金,BAE 系统公司牵头,与 Rolls-Royce 公司、GKN 威斯特兰直升机公司、国防评估研究局(DERA)联合开发的三维结冰软件。

该软件是一个基于结构化方法的三维结冰模型。它不包括 CFD 解算器,但他可以与一系列软件包结合使用,包括 FLUENT(使用非结构/结构的接口程

188

序)。软件可以使用图形用户界面或普通批处理模式交互运行。该软件由一个拉格朗日小水滴跟踪模块、一个撞击和飞溅模块、一个水膜厚度和运动模块、一个热传导模块和一个冻结模块组成。热平衡本身作为 Stephan 问题处理,可以将热梯度纳入热平衡。轴对称和非轴对称旋成体都可以模拟。软件主要用途见表 9-6。

表 9-6　ICECREMO 2.1 主要用途

| 构型 | | 撞击极限 | 水捕获效率 $\beta$ | 冰形确定 |
|---|---|---|---|---|
| 翼型 | 单元 | √ | √ | √ |
| | 多元 | | | |
| 机翼表面 | 后掠角大于 25° | √ | √ | √ |
| | 后掠角小于 25° | √ | √ | √ |
| | 三维扭转 | √ | √ | √ |
| 翼梢小翼 | | √ | √ | √ |
| 尾翼 | 垂直尾翼 | √ | √ | √ |
| | 水平尾翼 | √ | √ | √ |
| 鸭翼 | | √ | √ | √ |
| 短舱 | | √ | √ | √ |
| 挂架 | | √ | √ | √ |
| 发动机部件(桨毂罩、叶片) | | √ | √ | √ |
| 机身部件 | | √ | √ | √ |
| 螺旋桨 | 叶片 | √ | √ | √ |
| | 桨毂罩 | √ | √ | √ |
| 旋翼机 | 主旋翼 | √ | √ | √ |
| | 尾桨 | √ | √ | √ |

### 9.3.7　LEWICE 2.0

LEWICE 2.0 是 NASA 格林研究中心结冰室开发的二维结冰计算软件。

LEWICE 2.0 包括一个分析冰积聚的模型,该模型评估过冷小水滴撞击物体时冻结过程的热力学特征。大气参数(温度、压力和速度)和气象学参数(液态水含量、小水滴直径和相对湿度)用于确定结冰冰形。软件由四个主要模块组成:①流场计算模块;②小水滴轨迹和撞击计算模块;③热力学和冰生长计算模块;④冰生长导致的几何外形修正。

LEWICE 应用时间步进过程来"生成"冰积聚。首先,确定干净几何外形的流场和小水滴撞击特性;然后应用热力学模型确定指定表面每部分上的冰生长率。指定时间步长后,该生长率可解读为冰的厚度,并考虑冰积聚调整物体坐标。重复该过程,从结冰的几何外形流场计算开始,一直持续到所要的结冰时间。使用此计算软件计算了圆柱、单元和多元翼型的冰形,将计算结果与 NASA 格林研究中心飞行和结冰研究风洞中获得的试验冰形进行了比较。软件主要用途见表 9 − 7。

表 9 − 7　LEWICE 2.0 主要用途

| 构型 | | 撞击极限 | 水捕获效率 $\beta$ | 冰形确定 |
|---|---|:---:|:---:|:---:|
| 翼型 | 单元 | √ | √ | √ |
| | 多元 | √ | √ | √ |
| 机翼表面 | 后掠角大于 25° | √ | √ | √ |
| | 后掠角小于 25° | √ | √ | √ |
| | 三维扭转 | √ | | |
| 翼梢小翼 | | | | |
| 尾翼 | 垂直尾翼 | √ | √ | √ |
| | 水平尾翼 | √ | √ | √ |
| 鸭翼 | | √ | √ | √ |
| 短舱 | | | | |
| 挂架 | | | | |
| 发动机部件(桨毂罩、叶片) | | √ | √ | √ |
| 机身部件 | | | | |
| 螺旋桨 | 叶片 | √ | √ | √ |
| | 桨毂罩 | | | |
| 旋翼机 | 主旋翼 | √ | √ | √ |
| | 尾桨 | √ | √ | √ |

## 9.3.8　LEWICE 3D

LEWICE 3D 是 NASA 格林研究中心结冰室开发的三维结冰计算软件。

该软件主要用于确定飞机的结冰特性,可作为飞机防冰设计、研发和认证的辅助工具,可预测各种飞机表面(包括机翼、进气道和天线罩)的水载荷和单一时间步长的冰形。

基于网格的软件将轨迹、热传导和冰形计算合并到一个单独的计算机程序中。该程序可以与任何基于网格或面元的三维流场解算器(VSAERO、FLUENT

190

等)对接,可以处理通用的多块结构网格流场解算器(图9-2)、非结构网格流动(图9-3)、具有表面补片的简单笛卡儿网格和具有表面补片的自适应网格(图9-4)。

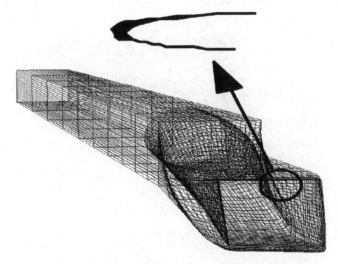

图9-2　F18 E/F 进气道冰形(源自 SAE ARP 5903)

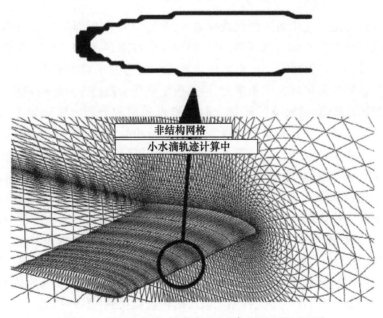

图9-3　NACA 0012 机翼冰形(源自 SAE ARP 5903)

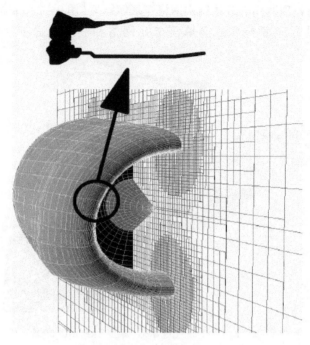

图 9 - 4　B737 进气道冰形(源自 SAE ARP 5903)

后两种方法可使用通用面元软件输入,这是一种生成冰形的高效计算方法。该软件可以处理重叠和内部网格,可以处理多个对称面,可以计算任意流线和轨迹。该软件具有计算单个小水滴的切线轨迹和撞击效率或小水滴分布的能力,可计算任意感兴趣区域的冰积聚,无论是表面垂直于轨迹方向还是相切。

LEWICE 3D 对感兴趣区域每个时间步长采用的分析方法可以分为六步:①用户生成流场。②计算表面流线,表面流线分析采用 Bidwell 开发的变步长四步龙格 - 库塔积分方法。③计算感兴趣区域的切线轨迹。④切线轨迹之间释放出一组小水滴,用这些撞击小水滴计算收集效率随表面位置的变化。轨迹分析基本上是用经 Bidwell 修正后的 Hillyer Norment 方法。轨迹分析核心是 Krogh 的变步长预测 - 修正结合法。⑤将收集效率内插或外推到流线上。⑥计算流线冰积聚,冰积聚模型基本上是沿表面流线应用 LEWICE 2D 计算程序。

LEWICE 3D 计算速度很快,能在工作站和计算机上处理大型问题。典型机翼冰形可以用计算机在不到 5min 的时间内生成(图 9 - 5);整个飞机表面(如进气道)的水载荷可以在一个工作站上数小时内就能得到(图 9 - 6)。

LEWICE 3D 程序采用各种流场解算器广泛用于解决各种类型问题,包括机翼、进气道、短舱、天线罩和全机构型。应用案例包括收集效率和冰积聚的各种

192

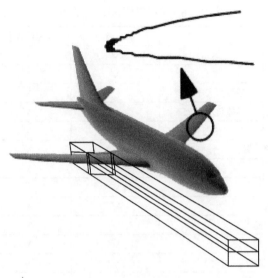

图9-5 商用运输机机翼冰形(源自 SAE ARP 5903)

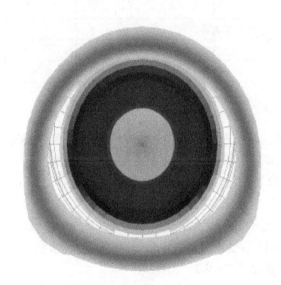

图9-6 B737-300进气道的表面水载荷(源自SAE ARP 5903)

验证案例。该程序可以与许多基于面元、结构和非结构网格的流场解算器进行简单、高效的对接。

　　LEWICE 3D 是一种多功能、低成本的工具,可用于确定任意飞机表面的结冰特性。该软件可以与大多数的三维流场解算器对接,大多数应用在工作站或计算机上几个小时就可得到结果。软件主要用途见表9-8。

表 9 - 8　LEWICE3D 主要用途

| 构型 | | 撞击极限 | 水捕获效率 $\beta$ | 冰形确定 |
|---|---|---|---|---|
| 翼型 | 单元 | √ | √ | √ |
| | 多元 | √ | √ | √ |
| 机翼表面 | 后掠角大于25° | √ | √ | √ |
| | 后掠角小于25° | √ | √ | √ |
| | 三维扭转 | √ | √ | √ |
| 翼梢小翼 | | √ | √ | √ |
| 尾翼 | 垂直尾翼 | √ | √ | √ |
| | 水平尾翼 | √ | √ | √ |
| 鸭翼 | | √ | √ | √ |
| 短舱 | | √ | √ | √ |
| 挂架 | | √ | √ | √ |
| 发动机部件(桨毂罩、叶片) | | √ | √ | √ |
| 机身部件 | | √ | √ | √ |
| 螺旋桨 | 叶片 | √ | √ | √ |
| | 桨毂罩 | √ | √ | √ |
| 旋翼机 | 主旋翼 | √ | √ | √ |
| | 尾桨 | | √ | √ |

## 9.3.9　MTRAJ

MTRAJ 是英国航空航天系统采用 DERA 公司软件模块开发的二维冰积聚预测软件,它是 DERA 公司 TRAJICE 2 软件的另一版本。

TRAJICE 2 轨迹和冰积聚模块已经被英国航空航天公司采用,它基于一个新面元法流场解算器计算多段机翼。除了流场解算器变化外,该软件与 TRAJICE 2 大致相同。然而,该软件是基于 TRAJICE 2 的早期版本,不包括当前版本中所有可用的修改(如过冷大水滴)。该软件为 BAE 系统公司和 DERA 公司专有。软件主要用途见表 9 - 9。

表 9 - 9　MTRAJ 主要用途

| 构型 | | 撞击极限 | 水捕获效率 $\beta$ | 冰形确定 |
|---|---|---|---|---|
| 翼型 | 单元 | √ | √ | √ |
| | 多元 | √ | √ | √ |
| 机翼表面 | 后掠角大于25° | | | |
| | 后掠角小于25° | | | |
| | 三维扭转 | | | |

| 构型 | | 撞击极限 | 水捕获效率 $\beta$ | 冰形确定 |
|---|---|---|---|---|
| 翼梢小翼 | | | | |
| 尾翼 | 垂直尾翼 | | | |
| | 水平尾翼 | | | |
| 鸭翼 | | | | |
| 短舱 | | | | |
| 挂架 | | | | |
| 发动机部件（桨毂罩、叶片） | | | | |
| 机身部件 | | | | |
| 螺旋桨 | 叶片 | | | |
| | 桨毂罩 | | | |
| 旋翼机 | 主旋翼 | | | |
| | 尾桨 | | | |

## 9.3.10 MULTI – ICE

MULTI – ICE 是意大利航空航天研究中心开发的，主要用于多段机翼的小水滴撞击和冰积聚软件。

MULTI – ICE 目前版本是基于面元法的气动模块和基于 Messinger 冰积聚模块。利用经典的多步冰积聚过程和预测 – 修正方法，可以进行冰积聚计算。该软件可以在 UNIX 或 MS – DOS 平台上使用，后期开发了新模块，允许软件与基于网格的气动方法（如 NS、Euler、全速势方法等）对接。软件主要用途见表9 – 10。

表 9 – 10　MULTI – ICE 主要用途

| 构型 | | 撞击极限 | 水捕获效率 $\beta$ | 冰形确定 |
|---|---|---|---|---|
| 翼型 | 单元 | √ | √ | √ |
| | 多元 | √ | √ | √ |
| 机翼表面 | 后掠角大于25° | | | |
| | 后掠角小于25° | | | |
| | 三维扭转 | | | |
| 翼梢小翼 | | | | |
| 尾翼 | 垂直尾翼 | √ | √ | √ |
| | 水平尾翼 | √ | √ | √ |

| 构型 | | 撞击极限 | 水捕获效率 $\beta$ | 冰形确定 |
|---|---|---|---|---|
| 鸭翼 | | √ | √ | √ |
| 短舱 | | | | |
| 挂架 | | √ | √ | √ |
| 发动机部件（桨毂罩、叶片） | | √ | √ | √ |
| 机身部件 | | | | |
| 螺旋桨 | 叶片 | √ | √ | √ |
| | 桨毂罩 | | | |
| 旋翼机 | 主旋翼 | √ | √ | √ |
| | 尾桨 | √ | √ | √ |

### 9.3.11 ONERA 2D

ONERA 2D 是法国航空航天研究院开发的二维结冰计算程序。

ONERA 结冰软件具有以下四个模块：

（1）用有限元法求解 C 形网格流场的位势方程。

（2）计算轨迹，仅有由小水滴和周围流场速度差产生的阻力和重力。

（3）用 Makkonen 相关法计算热传导系数。

（4）将剖面划分为小体积控制单元，其中热力学平衡允许计算冰生长率。

在 ONERA 软件中，使用了预测 - 修正方法。首先，估算给定的一步结冰时间的冰形；然后对该冰形计算流场、轨迹和热传导系数。假设从干净翼型到覆盖估算冰形的翼型，其当地效率系数和热传导系数的值是线性变化的，达到热力学平衡并计算冰形。在整个结冰持续时间内，软件会使用两次。

ONERA 软件需要输入包括：机翼几何参数、云特性，包括液态水含量和小水滴尺寸或小水滴分布；大气和飞行条件，包括速度（马赫数）、高度（静压）、静温和迎角以及总的结冰时间。计算结果与结冰风洞（NASA 结冰研究风洞和法国萨克雷的 CEPr 风洞）试验结果进行了比较。软件主要用途见表 9 - 11。

表 9 - 11　ONERA 2D 主要用途

| 构型 | | 撞击极限 | 水捕获效率 $\beta$ | 冰形确定 |
|---|---|---|---|---|
| 机翼 | 单元 | √ | √ | √ |
| | 多元 | | | |

(续)

| 构型 | | 撞击极限 | 水捕获效率$\beta$ | 冰形确定 |
|---|---|---|---|---|
| 翼梢小翼 | 后掠角大于25° | √ | √ | |
| | 后掠角小于25° | √ | √ | √ |
| | 三维扭转 | √ | | |
| 翼梢小翼 | | | | |
| 尾翼 | 垂直尾翼 | √ | √ | √ |
| | 水平尾翼 | √ | √ | √ |
| 鸭翼 | | | | |
| 短舱 | | | | |
| 挂架 | | | | |
| 发动机部件(桨毂罩、叶片) | | √ | √ | √ |
| 机身部件 | | | | |
| 螺旋桨 | 叶片 | √ | √ | √ |
| | 桨毂罩 | | | |
| 旋翼机 | 主旋翼 | √ | √ | √ |
| | 尾桨 | √ | √ | √ |

## 9.3.12 ONERA ICE-3D

ONERA ICE-3D 是法国航空航天研究院开发的三维结冰计算程序。

该软件是一个基于结构化方法的三维结冰模型,用绕物体的欧拉流场速度对过冷小水滴轨迹进行积分,从而计算出物体上的水捕获效率。

水捕获效率系数由离开机翼的四个轨迹到相应的撞击区域(图9-7中撞击区是由点$P_1$、$P_2$、$P_3$和$P_4$所定义的区域)界定的面积比直接计算。然后需要进行插值,以获得每个网格单元的捕获效率值。

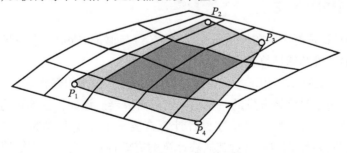

图9-7 由小水滴轨迹定义的表面(源自 SAE ARP 5903)

197

为了确定溢流路径,从滞止线处的一个控制体积开始计算壁面流线轨迹;假设溢流沿着壁面流线。最后,简化热力学平衡,创建一个沿溢流路径的新体网格。

计算每个网格单元的溢流通量和冰积聚率,并根据冰高度对没有结冰的体网格进行变形生成结冰体网格。软件主要用途见表 9 - 12。

表 9 - 12　ONERA 3D 主要用途

| 构型 | | 撞击极限 | 水捕获效率 $\beta$ | 冰形确定 |
|---|---|---|---|---|
| 机翼 | 单元 | √ | √ | √ |
| | 多元 | | | |
| 机翼表面 | 后掠角大于 25° | √ | √ | √ |
| | 后掠角小于 25° | √ | √ | √ |
| | 三维扭转 | √ | √ | √ |
| 翼梢小翼 | | √ | √ | √ |
| 尾翼 | 垂直尾翼 | √ | √ | √ |
| | 水平尾翼 | √ | √ | √ |
| 鸭翼 | | √ | √ | √ |
| 短舱 | | √ | √ | √ |
| 挂架 | | √ | √ | √ |
| 发动机部件(桨毂罩、叶片) | | √ | √ | √ |
| 机身部件 | | √ | √ | √ |
| 螺旋桨 | 叶片 | √ | √ | √ |
| | 桨毂罩 | √ | √ | √ |
| 旋翼机 | 主旋翼 | √ | √ | √ |
| | 尾桨 | √ | √ | √ |
| 注:本软件不能产生龙虾尾冰形 | | | | |

## 9.3.13　SPINNICE

SPINNICE 是英国国防评估研究局(DERA)与道蒂(Dowty)航空螺旋桨公司联合开发的二维结冰计算程序。

DERA 开发的 TRAJICE 2 二维结冰软件的轨迹和冰积聚模块,已被用于飞机研究协会为轴对称体开发的一种不同流场解算器。该软件主要是为像道蒂航空螺旋桨公司这类对旋转体结冰设计计算有要求的公司开发的。它适用于定常、无旋流动,并且 DERA 已对其捕获计算的有效性进行了验证,尽管目前用于支持验证冰积聚冰形的有效性证据有限。它还不包括最新版本 TRAJICE 2 中的过冷大水滴修正。因此,它仍然被归类为研究型工具,Dowty 公司和 DERA 共同拥有软件的著作权。软件的主要用途见表 9 – 13。

表 9 – 13    SPINNICE 主要用途

| 构型 | | 撞击极限 | 水捕获效率 β | 冰形确定 |
|---|---|---|---|---|
| 机翼 | 单元 | | | |
| | 多元 | | | |
| 机翼表面 | 后掠角大于 25° | | | |
| | 后掠角小于 25° | | | |
| | 三维扭转 | | | |
| 翼梢小翼 | | | | |
| 尾翼 | 垂直尾翼 | | | |
| | 水平尾翼 | | | |
| 鸭翼 | | | | |
| 短舱 | | | | |
| 挂架 | | | | |
| 发动机部件(桨毂罩、叶片) | | √ | √ | √ |
| 机身部件 | | √ | √ | √ |
| 螺旋桨 | 叶片 | | | |
| | 桨毂罩 | √ | √ | √ |
| 旋翼机 | 主旋翼 | | | |
| | 尾桨 | | | |

## 9.3.14    TRAJICE 2

TRAJICE 2 是英国国防评估和研究机构(DERA)开发的二维结冰计算程序。

TRAJICE 2 是二维流动条件下小水滴和冰积聚的综合预测软件。TRAJICE 2 在英国航空工业界得到广泛应用。近年来,该软件已在全球范围内以商业许可的形式发布。该软件经过优化用于计算机翼和其他二维物体上的二维冰形。一个简单的算例是小水滴轨迹计算,然后进行热力学分析来预测冰形,在 IBM PC(Pentium I)上需要大约 1min 的 CPU 时间。计算输入值是部件的纵坐标和飞行/结冰条件,计算的结果是预测的冰形。该软件在最近几年得到升级,以允许模拟过冷大水滴条件。对大到 MVD 为 100μm 的水滴进行了有效性验证(DERA 目前对更大的 MVD 没有可用试验数据)。

TRAJICE 2 采用了拉格朗日粒子跟踪法,使用四步龙格 – 库塔数值积分程序,由 Fiddes 开发的假设不可压缩流的面元法提供流场信息,由轨迹起点和撞击点的分析确定捕获效率分布。计算物体上形成冰积聚冰形的过程是以 Messinger 热平衡法为基础的,但 Messinger 热平衡法是由 DERA 开发的,考虑了可压缩流动条件(尽管流场解算器是用于不可压缩流动的)。DERA 二维结冰软件的早期版本采用跨声速、粘性流场解算器,与简单面元法获得的结果相比,改进相对有限,但计算工作量却大幅增加。

对于冰厚度大于弦长 2% 左右或干燥空气中表面总温在 0℃ 以上的冰积聚,建议采用"多步"冰积聚预测方法。多步过程是手动的,由用户控制。其独特的特点是,可以选择使用基于经验的过程而不是积分边界层过程来计算热传导系数,这可以为小于 2% $x/c$ 的冰积聚提供改进。

TRAJICE 2 有许多衍生版本,最著名的是用于多段机翼的 MTRAJ,以及用于旋成体和其他轴对称体的 SPINNICE。TRAJICE 3D 是开发的三维流场版本,在完成捕获效率过程的验证阶段被停止,转向开发 ICECREMO 软件。TRAJICE 2 软件主要用途见表 9 – 14。

表 9 – 14　TRAJICE 2 主要用途

| 构型 | | 撞击极限 | 水捕获效率 $\beta$ | 冰形确定 |
|---|---|:---:|:---:|:---:|
| 翼型 | 单元 | √ | √ | √ |
| | 多元 | | | |
| 机翼表面 | 后掠角大于 25° | √ | √ | |
| | 后掠角小于 25° | √ | √ | √ |
| | 三维扭转 | √ | | |
| 翼梢小翼 | | | | |
| 尾翼 | 垂直尾翼 | √ | √ | √ |
| | 水平尾翼 | √ | √ | √ |
| 鸭翼 | | | | |
| 短舱 | | | | |
| 挂架 | | | | |
| 发动机部件(桨毂罩、叶片) | | √ | √ | √ |
| 机身部件 | | | | |
| 螺旋桨 | 叶片 | √ | √ | √ |
| | 桨毂罩 | | | |
| 旋翼机 | 主旋翼 | √ | √ | √ |
| | 尾桨 | √ | √ | √ |

200

## 9.4　小水滴撞击和冰积聚软件使用指南

研究机构、政府实验室、院校和工业界开发了各种小水滴撞击和冰积聚软件,用户也各不相同,包括公司、个人、实验室、院校和认证机构。对小水滴撞击和冰积聚软件结果的盲比表明,软件之间、用户之间、同一软件不同版本之间,甚至同一版本软件的不同用户之间,冰形预测都是不一致的。预期的软件能力也各不相同,有些软件是为专门分析而设计的,而另一些软件则考虑的是一般能力。当这些结果被用来证明符合防冰认证要求时,认证机构要考虑小水滴撞击和冰积聚软件结果的可接受程度。适航认证规章要求在可测量的大气结冰条件下对飞机或其部件进行飞行试验,以确认防冰分析,检查结冰异常情况,并验证防冰系统有效。

在可测量的结冰条件下进行飞行试验费用高、耗时长,并且取决于是否有可用的大气结冰条件。为了尽量减少确认防冰分析以及在大气结冰条件下进行飞行试验的需要,希望在防冰认证过程中增加对小水滴撞击和冰积聚软件的信任和依赖。证明小水滴撞击和冰积聚软件的有效性是将与防冰有关的适航规章负担降到最低的关键。

许多因素会影响结冰软件结果的可接受程度,其中包括结冰软件的选择、软件能力、软件有效性及用户的技能。总地来说,适当选择和使用软件是取得良好结果的重要因素。这里根据工业界实践,为小水滴撞击和冰积聚软件的使用提供指南。

保守分析的安全性:需要严格区分是准确的计算结果还是保守的、感觉偏向安全的计算结果。对分析来说,整体有效性/准确性是理想的,小水滴撞击和冰积聚软件仍没有达到这一理想状态。因此,对小水滴撞击和冰积聚软件是评估其计算结果的保守性,目的是确保飞机空中除冰操作安全性。当与相同飞行和气象条件下的结冰风洞或飞行结果比较时,小水滴撞击和冰积聚软件的保守计算结果将满足以下一项或多项准则:

（1）导致更大的飞机性能损失。

（2）具有更不利的操作品质影响。

（3）增加冰脱落的危害。

（4）增加冰防护系统(IPS)的负担。

（5）对所考虑应用有不安全影响的其他准则。

上面所列保守性准则可以独立使用,也可以组合使用,来评估具体设计的保守性。为了实现既符合成本效益又安全的设计,可能需要在准确结果和保守结果之间做一个平衡。为给定应用选择一个软件和正确使用软件同等重要,都会影响结果的保守性。

## 9.4.1 结冰软件应用

### 1. 飞机防冰系统设计和分析软件的应用

小水滴撞击和冰积聚软件最常用于计算撞击极限和水捕获率,也可用于预测除冰系统和无防护表面的冰形、热传导系数以及详细的水捕获率信息。

1)撞击极限

有效使用电力的需要限制了大多数防冰系统的覆盖范围。以往在可行的情况下,依靠试验或相似性分析来确定覆盖保护的范围。目前,大多数新型软件计算小水滴撞击的能力使它们成为确定防冰系统覆盖范围不可或缺的工具。

对撞击极限的保守预测将生成一个防冰系统,该系统所覆盖范围足以解决FAA 适航条例第 25 部附录 C 结冰包线内的直接撞击结冰(在小水滴撞击区域发生的结冰,不包括在该区域以外由于溢流造成的结冰)问题。通常采用在预测撞击极限(不小于比较数据范围)方面保守的软件。建立撞击极限的通常做法见 1971 年版的 AC 20 - 73 的第 9 节说明。

动量很大的小水滴受流场扭转力的影响较小,不太可能避免碰撞偏离飞机表面而去。在给定的结冰云中,最大的小水滴决定尾部撞击极限。

流场对撞击极限有显著影响。撞击极限预测通常针对结冰条件下预期的姿态范围进行。例如,当飞机在 FAA 适航条例第 25 部附录 C 条件下飞行时,这意味着对机翼前缘的分析所采用的迎角范围应为从最小值到最大值,侧滑角也应根据需要进行评估,还应考虑到上游部件的影响(如机翼下洗对水平尾翼的影响)。

2)水捕获率

加热防冰要求将水捕获率信息输入含有热参数的方程。除冰系统的设计需要水捕获率来确定在除冰周期之间的结冰速度。目前使用的软件在预测水捕获率方面建立了良好的声誉,并在此领域得到广泛应用。

相比水捕获率参考数据,水捕获率软件保守计算的撞击特性基本一致或偏高。参考数据多为公布的结冰风洞二维数据。在自然气象条件下,由于难以测量水捕获率,阻碍了飞行数据的收集。

飞机外表面的水捕获效率通常在 0 ~ 1 之间,一般位于该范围的中下游。在小水滴浓度高于当地流场自由流中水平的区域,尽管这一浓度区域通常很小,但水捕获效率有可能大于 1。水捕获效率为零是指无撞击的表面。水捕获效率为 1 是指非常有效的机载小水滴收集器。

水捕获率与水捕获效率的关系为：

$$水捕获率 = 飞机速度 × 液态水含量 × 水捕获效率 × 撞击面积 \quad (9-1)$$

其中，右边的前两项是飞机性能和结冰云的函数；后两项通常用小水滴撞击和冰积聚软件计算。软件中水捕获效率的计算是基于轨迹预测，撞击面积是基于撞击极限确定的。

用户通过输入进行控制，这会影响轨迹预测的保守性，进而影响到水捕获效率结果，输入参数有以下几个：

（1）流场计算方法或输入参数。

（2）结冰输入参数。

（3）结冰软件轨迹计算控制。

（4）结冰模型几何细化。

用于流场建模和结冰建模（假设两者是独立的）的计算网格应该足够密才能得到良好的结果。大多数流动模型在发生小水滴撞击的前缘附近网格非常密。足够密的网格通常由增加网格密度来实现，直到软件的输出变化可忽略为止。应该对三维模型进行检查，以确保在展向或横流向的网格密度足够密集，以分辨三维效应。

在多步冰积聚过程中所使用的结冰模型几何外形必须足够详细，以便在基于先前冰形的撞击计算过程中为模拟水捕获效率提供真实的流动特性。

水捕获效率与结冰输入参数有关，特别是小水滴惯性参数，对于给定的空速惯性参数，随小水滴尺寸而变化。较大的小水滴使水捕获效率值更大，且撞击限制在更靠后的部件上。水捕获效率也会随部件进入气流的方向而变化。各种迎角（可能还有侧滑角）的组合与大水滴直径或系统设计目标一起运算，以确定 FAA 适航条例第 25 部附录 C 范围内的最大水捕获效率。

一些小水滴撞击和冰积聚软件有轨迹控制输入。这些输入用于修改计算参数、选择计算方法和选择关键项，如用于效率计算的轨迹数目。为进行分析而选择的输入会极大地影响软件是否得到可接受的结果。

3）热传导系数

加热防冰系统的设计需要了解外部热传导系数。对流热传导系数用于冰聚积计算。传给飞行器蒙皮的传导热随蒙皮设计和材料而变化。因为冰起到绝缘层的作用，所以冰积聚分析通常假定由于传导作用而传到表面的热可以忽略不计。

在干燥空气飞行中，外部热传导系数可以通过热电偶测量验证。这种飞行获得的数据可以用来验证软件热传导计算的保守性。

在冰积聚软件中，用对流热传导系数来表示冰积聚过程中从能量平衡控制体积向气流耗散的热量,需要从冰防护系统加热器输入热量来补偿对流损耗。因此,保守的热传导系数预测表明,损耗的热量与参考数据相当或更大。对流损耗大也会减少控制体积中可用的蒸发热量,增加了溢流的可能性。

当使用冰积聚软件确定防冰系统的热传导条件时,应考虑表面粗糙度。随着表面粗糙度的增加,预测的热传导量会增加。最低的粗糙度对应于光滑、未被污染的表面。表面有水膜时,其粗糙度较高,随着冰积聚的增加,粗糙度显著增大。

4)间歇冰形

周期性除冰系统在不工作的间歇期会产生冰积聚。认证指导材料建议对最大冰形和所有较小形状和数量的冰(包括残余和周期间冰)对飞机飞行特性的影响进行研究。

除了取决于除冰系统设计的冰积聚时间外,加热防冰系统间歇冰形也可作为冰积聚处理,冰形计算应遵循保守性准则。

机械式防冰系统间隙冰形不能用当前的冰积聚软件预测,因为这些软件无法计算机械除冰器循环后剩下的残余冰。在除冰系统循环间歇期,残余冰充当进一步冰积聚的冰核,造成不规则的冰积聚。

**2. 冰形生成软件的应用**

冰积聚软件用于预测受保护和无保护飞机表面的冰形。防冰表面没有冰,但可能受到其后面的无保护表面溢流的影响。除冰表面受间歇冰形的影响,根据对应除冰间歇的暴露时间进行评估。无保护表面、冰防护系统工作间隙、失效和防冰系统工作前的形状以及溢流和表面粗糙度形状经常用于干燥空气飞行试验。这些形状称为"模拟"冰形。通常选择无保护表面上的模拟冰形来研究它们对升力、阻力、操控性/机动性、配平、稳定性和振动/抖振的影响。对升力的研究包括机翼失速特性和尾翼失速特性。

过去,冰积聚软件开发人员一直关注准确预测冰积聚的问题。大量的试验研究以及理论发展都致力于改进冰积聚软件及其所依据的分析模型。这项开发工作确定了用于模拟冰积聚过程的各种方法,每种方法都有其优缺点。尽管目前有许多结冰软件,但它们在冰积聚过程的精确建模方式上有所不同。后面在生成冰形的软件使用准则讨论中,重点不是计算方法,而是最终产生的冰形。对认证而言,保守的冰形是可以接受的。认证可能会接受始终预测保守冰形的软件。

1)冰形预测

预测的冰形是流场、小水滴轨迹、水载荷和冰积聚物理特性的最后计算结果,而不是考虑每个部件计算的保守性,这里只讨论最终冰形的保守性。

最常见的是,冰形预测中的保守性意味着预测形状的尺寸不小于参考数据中建立的形状。冰积聚的位置及方向也会影响预测形状是否保守(如明冰的冰角),还应注意冰的粗糙度影响,然而,目前的冰积聚软件并不预测表面纹理。

如果预测的形状对升力和力矩产生的影响与参考数据相同或更小,则影响升力、操控性、机动性、配平和稳定性的冰形通常更为保守。用户应说明为什么选择用来参考的条件是关键的或最不利的条件,并考虑冰形在该条件下对升力和力矩的影响方式。例如,前缘的霜冰或光冰可能对某一机翼部分至关重要,从而导致最大升力系数大幅减小。在该部分,结冰分析应生成保守的霜冰或光冰。在不同的机翼上,有冰角的光冰可能是至关重要的。

软件应与在类似条件下收集到的有关这些部件的数据进行比较,以表明其预测的形状在相当或更小的迎角下对升力和力矩生成具有同等或更大的破坏性。比较时应考虑到预测的和测量的冰形之间的差异、冰角或脊等特征的位置和方向、特征的大小以及结冰极限。

用于阻力、振动和抖振测量的模拟冰形通常很大,陡峭的冰形会产生流动分离。较小的冰形能导致层流转换到湍流,引起阻力增加,但这可能没有能引起分离阻力的大冰形关键。如果小的冰形是阻力问题,那么大的冰形通常也是阻力问题,但反过来不一定成立。振动和抖振通常导致分离问题,分离时冰积聚表面和分离尾流扰动气流的下游表面上,总会在一定程度上发生振动和抖振。

2)溢流冰形

流过撞击极限后,当水冻结时生成溢流冰。这种情况可能发生在接近冰点的温度下,或捕获的水未被防护表面(热防冰系统变湿)的热量完全蒸发的情况下。

(1)溢流水量确定。确定溢流冰形时,小水滴撞击和冰积聚软件的作用是间接的。计算软件都没有模拟加热的防冰系统。确定溢流水质量的一个有效方法是采用冰防护系统模型,再加上小水滴撞击和冰积聚软件进行水捕获量预测。关键的条件是冰防护系统的作用、飞机性能和 FAA 适航条例第 25 部附件 C 结冰包线。在防冰区后没有被冰防护系统蒸发的水量,被认为是可以用来形成溢流冰的。

(2)溢流冰形预测。小水滴撞击和冰积聚软件尚不能可靠预测溢流冰形,可供冰防护系统溢流冰形比较的试验数据非常有限。这些形状在自然界中是三维的,可以在紧靠防冰系统后形成沿流向的溪流冰或沿展向的台阶冰或脊冰。

(3)确保保守性的做法。溢流水量在冰防护系统覆盖范围内一般是不均匀的。溢流水计算可以在多个位置进行,以确保没有漏掉回水量大的区域,可以研究提供高水载荷的条件以及使可用热量降低的系统模式。

### 3. 冰脱落预测软件的应用

在机体上积聚的冰会脱落并造成危害。脱落的冰可能进入发动机进气道，对发动机的可操作性产生不利影响，撞击飞机结构并造成损坏或干扰飞行控制。防冰规章要求对这些危害进行考虑，并采取适当措施，尽量减少冰积聚和防止大块冰的脱落，以免对飞机或发动机造成有害故障或严重损坏。

冰脱落的危害程度与许多因素有关。这些因素包括脱落的频率、冰脱落的质量、冰形、脱落冰的轨迹、撞击表面以及冰在脱落时破碎或破裂的趋势。由于目前还没有对整个冰脱落过程的分析模型，所以对冰脱落进行保守分析，以弥补分析的不精确性。

小水滴撞击和冰积聚软件在冰脱落研究中的作用是在冰脱落事件发生前预测冰形、大小和冰脱落的质量。小水滴撞击和冰积聚软件无法预测脱落的频率、脱落事件本身、冰脱落时的破裂或脱落碎片的轨迹。小水滴撞击的轨迹和冰积聚软件预测轨迹的能力只适用于小冰粒，它们受重力影响不大且不受流场中5方位有关的气动力作用。相反，脱落的冰碎片大到一定程度，则会受引力作用，且受气动力影响很大，取决于特定时刻的冰形、方位和旋转。

在自然结冰飞行试验之前，一旦用小水滴撞击和冰积聚软件确定了冰形和质量，则常进行分析以预测脱落冰的轨迹。最保守的方法是假设所有的冰块都被发动机吸入。另一种做法是利用CFD工具，对不同飞机姿态，追踪来自冰积聚源尾部的水流，限定问题并得到有可能撞击下游的区域。结合水流可以大致了解冰脱落的可能路径，并给出以下重要警告：

（1）脱落的碎片对其轨迹具有不可忽视的引力分量。

（2）碎片动量将阻止碎片沿水流曲率方向运动。

（3）脱落时碎片受到的气动力可能很大。

从上述来看，流线法是一个非常粗略的预测冰积聚轨迹的方法。这种方法还没有成功地减少人们对发动机结冰的担忧。必须考虑到其他方法和因素，以解决冰撞击重要表面的可能性，特别是有关发动机进气口吸入冰的问题。

如果有冰脱落撞击的可能性，则基于预测的冰积聚软件冰形特征进行分析，对机体或发动机部件进行危害评估。对冰脱落分析的冰积聚预测应基于这样的条件，即产生的冰积聚对其他飞机部件有安全性危害。这意味着冰团超过安全结构撞击或空气摄入/发动机吸入极限，是最有回弹力（即最不可能碎）且最有可能造成损害的冰形。如果这两个特性（尺寸和回弹性）不在同一条件下发生，通常要考虑多种条件。

最不利的冰团（通常是最大冰团）是在最长的时间内、最大水捕获率条件下生成的。最大水捕获率通常是从冰防护系统最大水捕获量设计条件或一些考虑当地水捕获效率进行的修正中选择的,在冰防护系统设计条件下当地水捕获效率可能无法实现最大,应通过几个合理的迎角和侧滑角研究当地水捕获效率,以确定与最大撞击相对应的姿态。对于迭代软件(软件重新计算生长中的冰形周围的流场,而不是忽略冰形对流动的影响),当地水捕获效率随每次迭代而变化。此外,通过对几个案例的评估,可以确定产生最大冰团的条件。

最大质量条件下的冰积聚冰形可能不是危害最大的形状。片状冰对下游结构的危害比实心球冰或等质量的厚冰块要小。通常情况下,改变输入条件不会导致冰形剧烈变化。然而,改变温度能获得明冰冰积聚,这种情况比霜冰或混合冰更能阻止脱落冰破碎。

除非脱落冰呈脆弱的形状,否则很难认为在脱落时会发生碎裂。在回弹性的冰形情况下,假设在下游可能撞击区域内的撞击始终是这种形状,然后在撞击分析中计算全部质量。

## 9.4.2 结冰软件选择

结冰软件与其他软件产品一样,经过开发、改进、升级并作为新版本重新发布。与此同时,编写和使用新的软件。这些软件不一定是商业软件包,因为大学、政府实验室、研究机构或飞机制造商可能编制这些软件包。这里介绍结冰软件的选择方式、正确的指导原则以及专业用户的考虑。

### 1. 软件使用和有效性

没有适用于所有应用的结冰软件。一般来说,使用的范围越广,就越需要证据来证明软件应用的可接受性。在所有情况下,证据包括软件计算结果与适当的结冰风洞或自然结冰试验数据的比较。

有效性和准确性之间的差异是下面讨论的重点。当软件计算结果与可接受的数据进行比较令人满意时,软件就被认为是有效的。软件的准确性是指软件复现验证标准的程度。软件的有效性可以用软件的准确性来衡量。目前正在努力提供通过定量手段来判断软件有效性的途径,但对这些方法尚未达成共识。因此,下面的讨论将不包括对这些方法使用的讨论。

应对所研究部件和与结冰条件有关的数据进行比较,与不同构型收集的公布数据比较,相似构型的飞行或风洞试验内部数据通常与应用更相关。然而,公布的数据在经受了科学界的审查之后,可能显示出更高的有效性和品质。在大多数情况下,无法获得与软件准确应用相匹配的公布结冰数据。在这些情况下,来自类似部件或构型的数据被用于给定应用,研究软件使用是否适当。新机翼的设计者可以寻找具有类似特性的机翼数据,应寻找完整构型(三维)飞机部件的结冰数据,如雷达罩、整流罩、进气道和导流叶片等,以便对类似部件进行结冰分析。由于可用的结冰数据有限,需要进行一些外推来证明大多数应用是合理的。对相似几何外形,软件计算结果被证明是保守预测,一般就可以接受。

**2. 软件选择**

软件选择主要基于软件计算结果将要应用的给定分析任务。例如,对于防冰系统设计,要求软件具备良好的预测撞击极限和水捕获的能力。确定冰形最好的选择是二维或三维软件有与机翼或其他部件上飞行试验或风洞试验可进行比较的数据。

除非小水滴撞击和结冰软件显示出不友好的用户特征或结冰模拟不好,否则用户应对该软件树立信心、构建专业知识,并继续使用它。所选软件的计算结果应表明是可接受的,软件显示出适合于所选应用。

当增加了新的功能时,新开发的软件可能比旧版软件更有优势,包括改进用户界面和计算速度。但通常新软件的验证经历有限或没有经过验证。

首次使用软件的用户,可利用曾有过可接受使用经历的软件。用户可将新软件的计算结果与接受软件的计算结果进行比较,以确保新软件使用正确。

软件用户有责任通知认证机构软件版本或软件输入规则的更改,这些更改可能会对结果有实质性影响。经验丰富的用户应保持以前获得设计认证的做法。另外,用户应解释任何不同于以往认证中所用做法的情况,并说明更改的理由。

**3. 软件比较数据——公布的数据**

科学界公布结冰研究的结果,包括经过精心控制的试验数据。大部分数据来自结冰风洞,且本质上是二维的。三维风洞数据也有,但数量较少。大部分数据是针对机翼截面上的冰形。

结冰风洞数据是在受控条件下得到的。结冰软件输入参数可能与试验条件匹配。在风洞试验中收集的结冰数据是准确测量的,但数据可能受到试验条件影响。影响因素包括:模型缩比;模型安装和洞壁干扰;模型相似程度;风洞设计和校正;结冰云的均匀性、大小和位置;风洞流场特性及其他影响。结冰风洞模型的冰形可以测量、跟踪或用于制造用于其他试验的模型冰形。结冰风洞数据往往是唯一的经验数据来源,有助于校准或验证结冰软件和了解结冰现象背后的物理过程。但是需注意,结冰风洞中的控制条件并不能展示出自然结冰时所观察到的结冰条件的变化性。

利用装有喷雾装置的人造结冰云飞机,可在飞行中获得用于验证的冰形数据,但不能像结冰风洞中的喷雾那样,对人造结冰云进行精确控制或校准。此外,还要考虑其他一些问题,如人造结冰云区在空间上不均匀、云区中试验件位置的一致性、云区的尺寸有限、云区小水滴尺寸和尺寸谱有限,以及周围干燥空气和云区内相对湿度的影响等。人造结冰云飞机数据的一个优点是可以获得完整的冰形。与结冰风洞相比,飞行中冰形数据的定量测量和记录更加困难。冰形的记录通常是从容易观察的位置通过静态摄影或视频手段获得。

自然结冰条件多变,阻碍了获得可接受的自然冰形结果来验证小水滴撞击和冰积聚软件及结冰风洞的结果。可以控制风洞和人造结冰云飞机产生有选择性的、稳态人工结冰条件,如最恶劣的结冰条件。一般情况下,只有通过从容易观察的位置拍摄照片,才可能测冰积聚。冰形可能随着时间的推移而改变,这取决于许多影响冰脱落、融化和升华的因素。

数据比较通常包含在软件开发人员发布的结冰软件文档中。这些比较通常是风洞冰形,并且一般是二维的,应提供能将这些比较扩展到所研究构型和飞行条件的说明。

**4. 软件比较数据——专有数据**

许多飞机主机制造商投资建立了专有结冰数据库。数据库数据来自于制造商飞机在结冰风洞中、人造结冰云飞机后或在自然条件下进行的试验。

由于大多数飞机设计是有继承性的,这些公司的数据库往往与正在进行的飞机结冰研究有关,而且与公布的数据相比,数据库往往是小水滴撞击和冰积聚软件冰形比较的更好数据来源,而公布的数据可能是在与制造商设计构型不同的构型上获得的。

上面对结冰风洞、人造结冰云飞机和自然结冰飞行数据的讨论对专有内部数据同样有效。用户经常用认证报告和公司测试报告来进行结冰软件预测比较。如果这些报告没有包含足够的结冰参数信息以满足软件输入要求,则可能需要其他补充信息。

**5. 软件/数据比较的可接受性**

通常将软件计算获得的结冰参数结果与用户提供的数据进行比较,来确定软件对预期应用的可接受性。这一信息对于确定使用小水滴撞击和冰积聚软件计算结果的可接受性很有用。

1) 基于与专有数据或公布数据比较的可接受性

一旦比较数据得到认可,并且根据结冰分析的目的确定了比较参数,就可以确定软件计算性能的可接受性。此外,重点是保守的预测。保守冰形预测产生的冰形特征是偏向保守方向的。

类似地,保守的水捕获预测结果将不小于来自可接受数据集估算的水捕获量。

2) 基于以往认证经验的可接受性

在下列所有情况都满足时,以前认证工作中被确定为有效的软件被用于新的认证分析,而无需与结冰数据作进一步比较。

(1)软件版本没有变化,或者软件变化了而对结冰参数输出没有显著影响。

(2)该软件用于与先前认证类似的应用(飞机部件的类型)。

(3)部件构型在设计上极为相似,使得软件应用仍然可以接受。

(4)该软件被用于与先前认证相似的设计或分析目的(水捕获、冰形、撞击极限)。

(5)部件外表面气流特性相似。

(6)结冰条件相似。

3)基于以往使用的有效性

在实践中,以往使用被认为不是判断软件有效性的依据。有些结冰软件已使用多年,用于对已知未发生任何与结冰有关事件或事故的飞机进行认证分析。然而,许多与结冰分析无关的因素会影响飞机型号的结冰安全记录。例如,飞机大小不影响结冰分析方法,但众所周知,飞机大小是容易发生与结冰有关事故的一个因素。其他因素包括飞行航班在结冰条件下持续的时间以及这些条件的严重程度。显然,以往应用可以作为相似飞机在类似的操作环境中遇到结冰问题的指导,但不能作为软件保守性判断的依据。

**6. 软件用户(专业用户、非专业用户及单个用户)在分析方面的差异**

与所有工具一样,小水滴撞击和结冰软件需要经过一段时间的熟悉,才能放心地使用。没有软件是万无一失的,而且大多数要求专业用户才能获得可接受的结果。导致不同用户之间结果存在差异的原因是,所有结冰软件都需要输入数据,而输入数据在某种程度上是由软件用户决定的。

小水滴撞击和结冰软件输入数据通常包括以下项目:

(1)用于流场计算的几何外形。

(2)流场参数输入(空速、高度、迎角等)。

(3)流场计算设置(迭代次数、收敛判据、经验建模选项和其他可调整的控制参数)。

(4)用于结冰计算的几何形状(可能类似于第(1)条)。

(5)结冰参数输入(温度、LWC、MVD或小水滴直径分布等)。

(6)小水滴撞击和结冰软件的计算设置(迭代、收敛判据、容差准则、输出参数计算和其他可调整的控制参数)。

值得注意的是,如用户可调节的输入一样,许多流场和结冰软件开发人员在解算器内部已经包含了对物理建模的控制。流场和结冰算法并不完全适合所有可能的分析任务,但可以在某些情况下通过微调提高有效性。

不同用户的软件计算输出不同最常见的原因是对上面的(1)(4)(6)项有

不同的选择,在为这些参数选择值时需要谨慎。其余的输入(流场和结冰参数)也随用户的不同而有差异,但差别较小。有经验的用户会尝试通过改变输入来确定结冰软件结果对上述参数变化的敏感性。

流场和结冰输入参数似乎是无法改变的,因此与用户无关,但分析的关键条件选择和对诸如运行 MVD 还是小水滴尺寸分布的选择可能使这些输入与用户有关。经验丰富的用户应在方法和选择上保持一致,从而减少整个分析间的差异。

从工程实践经验的角度,用户应该证明分析问题的设置、模型的选择、结冰输入和重要的计算输入参数背后的推理是合理的,这将包括对他在以前的分析中使用过的流场或结冰解算器中的可调节控制参数所做的任何更改。

## 9.5  小水滴撞击和冰积聚软件应用

模拟小水滴轨迹、撞击和冰积聚的软件有很多。这里概述软件在某些项目上的限制,并解释特定软件如何用于可能超出软件预期用途的飞机部件。

对于一些软件和应用,冰积聚过程理解透彻,计算结果与可接受的结冰数据的大数据库比较良好。使用二维冰积聚软件对后掠、单段机翼剖面上霜冰的计算就是一个例子。然而,由于软件依赖于水从一个控制体积到另一个控制体积的流动建模,以此作为明冰聚积条件下冰形发展的机制,而明冰聚积比霜冰聚积更难预测。

在一些分析中,冰积聚过程理解很彻底,但是使用的软件超出了开发人员预期的软件应用范围。这类分析需要更多的比较测试,对软件使用方法作全面解释,以及对应用程序所采用的修正做出说明。这类分析的一个例子是中等后掠翼上使用二维软件进行明冰预测。

无论对冰积聚过程的理解如何,如果软件方法是针对特定应用开发的新方法,则需要与试验数据进行比较,以便将软件能用于特定应用。

当模拟软件目前尚不可用,却对冰积聚过程已充分理解时(如当构型极为复杂时),如果可以以现有软件能力范围内的方式换种方式描述结冰问题,则可以继续进行分析。例如,在不影响结冰分析品质的情况下,可以将复杂构型简化为多个部件。

当未充分理解冰积聚过程时,就无法开发出应用软件。需要进一步的试验和研究来支持应用软件的开发。这方面的例子是大后掠翼上的瘤状冰形或扇贝冰形。

开发人员和用户的目标都是希望开发的软件与预期的应用匹配良好,

以便能够进行特定构型的计算。如前所述,在达到该目标之前,允许在开发人员预期的应用之外使用软件。软件可用于不同目标的设计或认证过程,且每个目标的最低要求不同。软件的使用在很大程度上取决于其目的和应用。

### 9.5.1 部件上小水滴轨迹计算

#### 1. 无后掠(直)机翼

二维软件可用于计算沿无后掠机翼翼展某一站位上翼型冰积聚特性的小水滴轨迹和当地或总水捕获率,当地气流明显是三维的地方除外(如机翼翼尖附近,短舱、机身和其他部件的相交处附近,以及机翼平面拐折处)。只要在计算中使用当地气流角和速度,对小水滴和水载荷而言,不需要区分机翼与尾翼。为了正确计算小水滴撞击,特别有必要确定当地流场方向,如计算诱导气流角、机翼几何参数和气动弹性扭转,以及机翼引起的尾翼下洗等(图9-8)。如果存在边界层分离,则可能需要采用二维粘性软件。由于压缩性的影响,在较大迎角或较高马赫数可能发生流动分离。所选的粘性软件应能模拟预期的分离边界层尾迹。

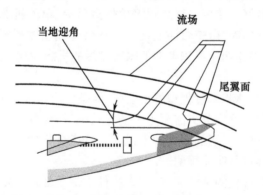

图9-8　从机翼到尾翼的流线偏转(源自 SAE ARP 5903)

#### 2. 后掠翼

当机翼展弦比足够大时,干净翼面可采用二维气动软件,二维软件可用于计算在特定位置处后掠翼的小水滴轨迹、小水滴撞击和水载荷。如果前缘和后缘的后掠角($\gamma$)相同,则可以在垂直于前缘的横截面(Dorsch 修正)上使用无粘二维软件进行轨迹计算(图9-9)。应考虑有限机翼的诱导气流角。如果与前缘平行的速度分量和无限机翼的速度分量一样保持不变,则软件用户可以证明二维软件经过以下修正可以使用。

212

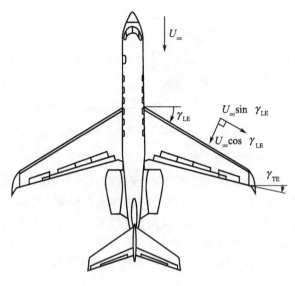

图 9-9  后掠翼上小水滴轨迹计算(源自 SAE ARP 5903)

| $X \rightarrow X\cos\gamma$ | $X$ 坐标 |
| $Y \rightarrow Y$ | $Y$ 坐标 |
| $U_\infty \rightarrow U_\infty \cos\gamma$ | 自由流速度 |
| $C \rightarrow C\cos\gamma$ | 弦长 |
| $\alpha \rightarrow \alpha/\sin\gamma$ | 迎角 |

在这种情况下,三维水捕获率值为

$$\beta_{3D} = \beta_{2D}\cos\gamma \tag{9-1}$$

在吊舱、发动机或螺旋桨影响并不重要的区域,可以使用二维软件。然而,靠近翼尖或对小展弦比形状会有三维效应,不能再使用二维软件。如果前缘和后缘后掠角不同,则在二维结冰软件中使用的后掠角($\gamma$)和迎角($\alpha$)可以首先使用三维无黏软件确定。后掠角($\gamma$)由滞止线上的展向速度分量($U_s = U_\infty \sin\gamma$)计算,而二维软件中的迎角应该给出与三维软件中的滞止线相同的滞止位置。如果机翼有扭转,则三维效应可能很重要,建议使用三维软件。

**3. 机身部件——雷达罩和进气口**

流场和小水滴轨迹可以用三维或二维轴对称流场软件计算。对称平面可采用二维软件。可以使用小水滴距剖面对称轴的距离与撞击位置距对称轴的距离之比来修正水捕获率(图 9-10),三维水捕获率为

$$\beta_{3D} = \beta_{2D} \cdot \frac{\gamma_i}{\gamma_\infty} \tag{9-2}$$

213

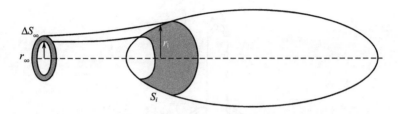

图 9 - 10　轴对称体上水捕获率计算(源自 SAE ARP 5903)

### 4. 机身部件——探头和天线

对于安装在其他物体附近的部件,如安装在机身上的探头,可以使用三维轨迹软件或二维轴对称轨迹软件(取决于构型和部件位置)来确定部件上的小水滴轨迹和当地液态水含量(LWC)。如图 9 - 11 所示,由于上游飞机部件周围的小水滴偏转,需修正 LWC(增加或减少)。这种影响与小水滴尺寸有关,从而有可能改变撞击部位的小水滴分布。该部件的当地冰积聚可以用二维、三维或二维轴对称软件计算。

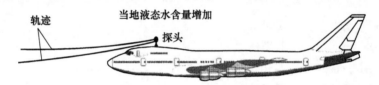

图 9 - 11　非撞击轨迹的偏转导致当地 LWC 增加(源自 SAE ARP 5903)

### 5. 翼梢小翼和其他机翼部件

对于翼梢小翼和其他部件,如果流动主要为二维,则可以采用二维软件。但是,在采用中值体积直径(MVD)计算小水滴轨迹时应当小心,因为由于上游表面的遮挡效应,MVD 可能并不总是合适的。在某些情况下,由于部件位于另一部件的下游位置,只有较大小水滴才能撞击到下游部件上,可能需要使用经修正的小水滴分布(图 9 - 12)。如果翼型修正考虑了襟翼偏转的空气动力学,二维软件可以用于有多段机翼影响的情况。由于翼梢小翼通常在小迎角下工作,所以如果使用当地迎角和速度,则可以使用二维软件;然而,如果当地流动条件三维特征和粘性很明显时,如在机翼相交处、翼梢小翼处和大后掠前缘翼梢小翼,没有大型经验库证明有信心使用二维软件。

对于多段机翼组成的高升力系统,各段之间的流动极为复杂,使用势流软件(像目前大多数二维软件那样正常应用)可能存在问题。在这种情况下,可能需要基于 NS 的流动计算来为小水滴轨迹计算提供流场。此外,采用拉格朗日和欧拉法进行小水滴轨迹计算来确定哪一个更适合这些条件。

214

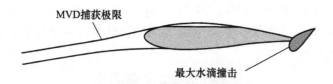

图 9 - 12　翼梢小翼角上的小水滴撞击(源自 SAE ARP 5903)

## 9.5.2　冰积聚计算

为验证冰积聚模拟软件,针对二维翼型和圆柱进行了大量冰形测量。因此,对于这些几何外形的冰形计算已经过大量验证。典型的比较表明,结冰模拟软件能很好地模拟霜冰,而对明冰或混合冰形的模拟却不尽一致。每个软件都应当对这一结论验证确认,并且可以通过使用 NASA 和 NATO/RTO 工作组公布的公开冰形数据来完成这一结论的确认。

三维流动计算和三维小水滴轨迹计算与二维冰生长计算相结合的软件已被用于冰积聚计算。在这种情况下,通常计算关注物体周围几个站位的冰生长。这些计算已与少量的试验结果进行了比较,结果吻合良好。

目前还没有大量试验冰形数据可供与三维计算模拟进行比较。因此,模拟工具的能力和有效性并不像现有的二维软件那样普及。

### 1. 无后掠(直)机翼

可使用二维软件计算沿无后掠机翼展向某站位翼型上的冰生长量和冰形。但是,如果局部气流有明显的三维特征,如机翼翼尖附近,吊舱、机身与其他部件的相交处附近,以及机翼平面拐折处,则可能无法进行计算。冰积聚不需要区分机翼和尾翼,只要计算时使用当地迎角和速度即可。即使是安装在结冰风洞中的二维直机翼模型,沿翼展的各个站位之间也有一定的差异。二维软件无法捕捉到这种展向变化,因此这种变化可以看作任一给定位置处冰形的一些名义值。2.5 维和三维软件可以用于无后掠机翼的计算,以捕捉其中一些影响。然而,迄今为止,对无后掠翼的研究和验证主要还是集中在二维计算上。

### 2. 后掠翼

就后掠翼构型而言,风洞试验表明,在各种后掠角和空速情况下,沿展向冰积聚变化较大。冰羽的生长可导致形成一种称为龙虾尾或扇贝冰形的周期性冰形结构(图 9 - 13)。当填充率(实际冰形密度与二维冰形密度之比)小于 1 时,龙虾尾冰形的生长会增加冰积聚的体积。正在开发计算后掠翼冰形的软件。展向形状不变的外形可以用二维、2.5 维和三维软件计算。工程判断表明,这些均匀的冰层厚度模型所产生的空气动力学影响可能比同样结冰条件所产生的扇贝形冰形所产生的影响更为不利。用均匀冰形计算得到的冰形,与用非均匀冰形计算得到的冰形尺寸相等或更大,预计均匀冰形计算可能会导致类似或更严重的气动性能损失。

图 9 - 13　龙虾尾或扇贝冰形(源自 SAE ARP 5903)

### 3. 机身部件——雷达罩和进气口

雷达罩和进气口上的冰生长可以用三维、2.5 维或二维软件预测。使用任何类型软件都应注意,要确保对几何外形及其绕流进行充分模拟,以确保小水滴确实会撞击到关注的物体上,并确保在模拟中考虑了可能的遮挡(对接近小水滴的上游偏转或拦截)或集结(局部轨迹路径相对于其原分离距离缩小)。使用二维软件时,应格外小心,以确保三维效应是不重要的。例如,对轴对称发动机进气口可考虑采用二维计算,而对于非轴对称发动机进气口采用三维软件技术可能更为适合。

### 4. 机身部件——探头和天线

上面已经给出了这种几何外形的小水滴轨迹计算建议。二维、2.5 维或三维软件的使用与被模拟的物体几何形状有很大关系。具有圆柱截面的探头或天线上的冰积聚可以用二维软件计算。最近对尝试采用二维软件进行计算的评估表明,正确确定对流热传导系数对模拟冰生长至关重要。对于其他非圆柱形探头的几何外形,可能需要采用三维软件计算。现有用于软件之间比较的试验数据大多数都是针对圆柱形物体的。

216

#### 5. 翼梢小翼和其他机翼部件

上面已经给出了这种几何外形的小水滴轨迹计算建议。对于这种计算,二维软件的使用还没有通过与试验数据比较得到验证。2.5 维和三维软件可能是更合适的工具,然而,它们是否合适也没有得到验证。和大多数名义上的三维几何外形一样,迄今为止还无法获得大量试验数据用于软件验证。

这类外形中,有一种部件已经进行了一些验证。多段机翼构型已经在 NASA 的格林结冰研究风洞中进行了试验。两个系列试验提供了冰形数据,用于与结冰模拟软件进行比较。这些数据已用来与二维软件进行了比较,结果表明这些软件可以用于这些几何外形。然而,到目前为止,还没有足够的数据来保证这类模拟可以如单段机翼模拟一样可信。目前正在开展使用高阶软件来评估这类几何外形的研究。

#### 6. 旋翼

在计算旋翼叶片的结冰时,可以使用二维无粘软件。

### 9.5.3 比较参数

软件计算出的冰形有效性可以根据其与可接受的经验冰形比较的保真度来判断。小水滴撞击软件的有效性可根据计算的撞击极限和水捕获特性相对于可接受的经验数据的精度来判断。此外,通过比较选定的某些参数,可以确定软件对具体应用是否适当,所选参数根据分析的目的和软件结果的预期用途而定。

#### 1. 冰形比较参数

下面列出的比较参数由 FAA 第 11 工作组选定,这些参数可能用于冰积聚和小水滴撞击软件与试验数据的比较。这些参数主要与翼型有关,但有些也适用于其他飞机部件。前 8 个参数(表 9 - 15)用于冰形(冰积聚)软件比较,后 5 个参数(表 9 - 16)用于小水滴撞击软件比较。列出参数的顺序按确定软件比较准确性的重要性排列。被各有关组织确定使用、但本研究认为不太重要的比较参数列在主要参数表后。注意,下列大多数冰形参数不涉及有危害的薄冰,对薄冰而言,表面粗糙度可能是一个重要的参数。

表 9 - 15　冰形比较评估参数

| 序号 | 参数 | 单位 | 软件保守性(相对于数据库) |
|---|---|---|---|
| 1 | 上翼面(吸力面)<br>冰角峰值厚度(高度) | — | 高度相等或更大 |
| 2 | 上冰角<br>(上翼面峰值厚度处) | (°) | 临界位置 |

217

| 序号 | 参数 | 单位 | 软件保守性（相对于数据库） |
|---|---|---|---|
| 3 | 下翼面（压力面）<br>冰角峰值厚度（高度） | — | 高度相等或更大 |
| 4 | 下冰角<br>（下翼面峰值厚度处） | （°） | 临界位置 |
| （注：前四个参数的前提是存在冰角，但并不总是有冰角存在） | | | |
| 5 | 总的冰横截面积 | — | 面积相等或更大 |
| 6 | 前缘最小厚度 | — | 厚度相等或更小 |
| 7 | 上翼面结冰极限 | % $x/c$ * | 不小于 $x/c$ |
| 8 | 下翼面结冰极限 | % $x/c$ * | 不小于 $x/c$ |
| * ：当地部件弦长的百分比 | | | |

表 9 – 16   小水滴撞击比较评估参数

| 序号 | 参数 | 单位 | 软件保守性（相对于数据库） |
|---|---|---|---|
| 1 | 上翼面撞击极限（吸力面） | % $x/c$ * | 不小于 $x/c$ |
| 2 | 下翼面撞击极限（压力面） | % $x/c$ * | 不小于 $x/c$ |
| 3 | 总水捕获效率 $E$ | — | 不小于 |
| 4 | 最大当地水捕获率 $\beta_{max}$ | — | 不小于 |
| 5 | 水捕获效率（$\beta$）曲线 | — | 相等或更为分散的分布 |
| * ：当地部件弦长的百分比 | | | |

### 2. 其他结冰比较参数

其他一些结冰比较参数见表 9 – 17。为了完整起见，表 9 – 17 中包括了被确定对软件评估不太重要的参数。

表 9 – 17   其他结冰比较评估参数

| 参数 |
|---|
| 冰角之间的空腔宽度 |
| 上冰角宽度（厚度） |
| 总的厚度误差 |
| 上翼面冰截面积 |

218

| 参数 |
| --- |
| 下翼面冰截面积 |
| 冰粗糙度测量 |
| 冰形评估参数（Gary Ruff 博士提出） |
| 最大系数的归一化差 $E_1$ |
| 频率加权差 $E_2$ |
| 最大冰宽度几何参数 |
| $Y=0$ 冰厚度几何参数 |
| 最大冰厚度几何参数 |
| 撞击宽度几何参数 |

### 3. 参数定义的来源

上面 25 个参数的定义描述有多个来源。Dynacs 公司、波音公司和德雷塞尔大学的冰形测量和比较技术研讨会的报告就是很好的来源，特别是德雷塞尔大学给出的参数的描述和定义。参数定义说明如下：

（1）冰角。许多冰形有几乎水平的冰角，这个角度被定义为 180°。建议使用后向作为角度的起点，否则前向水平冰角将为零度冰角。

（2）前缘最小厚度。前缘最小厚度为明冰冰形上、下冰角之间区域的最小冰积聚厚度。该术语对霜冰冰形没有意义。前缘最小厚度除以最大冰厚度变成无量纲化，最大冰厚度定义为：液态水含量×体积×时间/冰积聚密度。该厚度是求近似冻结分数的几何平均。

（3）上翼面和下翼面结冰极限。除了无冰积聚的地方，在冰积聚机翼上附着有包括非连续的冰积聚，如羽冰、水珠冰和霜。首选 $x$ 坐标（前缘为 $x=0$）进行软件验收评价，其值为弦长的百分比。距离也可以用表面或覆盖距离度量，用弦长进行无量纲化，同样前缘 $x=0$，也有人用弦长的百分比。

（4）上翼面和下翼面撞击极限。上翼面或下翼面撞击极限是指净机翼上、下表面的某一位置，超出这一位置就无小水滴撞击。该位置可包括复杂几何外形上的非连续水撞击。距离的度量方法与结冰极限相同。

（5）总水捕获效率。总水捕获效率是自由流向前撞击流管宽度与上翼面和下翼面撞击极限之间的正向投影高度之比，即基于最终撞击翼型的撞击极限正向投影高度的液体质量流量比例。另一种（和等价的）测量方法是水捕获效率的加权平均(见式(9-3))。该式更具普遍性,因为拉格朗日和欧拉方法的技术都可以使用。

$$E = \frac{\int \beta \mathrm{d}s}{\int \mathrm{d}s} \qquad\qquad (9-3)$$

(6)最大当地水捕获率。最大水捕获率的值($\beta_{\max}$)可用于试验结果和软件结果的比较。因此,$\beta_{\max}$之差用试验的$\beta_{\max}$减去计算的$\beta_{\max}$。

(7)水捕获效率曲线。通过对水捕获效率求和可进行水捕获效率曲线比较,即

$$\sum \left[ (位置 x 处的水捕获效率)_{试验} - (位置 x 处的水捕获率)_{计算} \right]$$

**4. 各科研机构对参数优先级的建议**

接受调查的科研机构对参数优先顺序的建议差异很大,特别是对那些不太广为人知的参数。排名靠前的参数,各个接受调查的科研机构对其排名普遍较高。以下是两项调查的大概情况:

(1)工业界对参数优先级的建议。上翼面峰值厚度、上翼面峰值厚度处冰角和上翼面结冰极限始终排在前三位。下翼面结冰极限、上翼面冰截面积、下翼面冰截面积、下翼面峰值厚度和下翼面峰值厚度处冰角的优先级次之,但一些评论家认为前缘最小厚度的优先级也很高。接下来比较重要的是上翼面撞击极限和下翼面撞击极限。其余的参数被认为是只对软件的详细比较有用,但对冰形的比较无意义,或被认为总的价值有限。

(2)认证机构对参数优先级的建议。在认证工作中,二维冰积聚预测软件最具挑战性的是用作临界冰形确定工具。最近的研究工作(特别是伊利诺斯州城市大学、威奇塔州立大学、NASA 格林研究中心)建议,上翼面峰值厚度处的冰角和上翼面峰值厚度(凸起位置和凸起高度)对空气动力学性能的影响是最重要的。凸起顶端的位置、形状和表面纹理以及总的翼型压力载荷可能会影响凸起物气动效应的严重程度。上翼面撞击极限与下翼面撞击极限的参数优先级并列第三,因为用这两个参数来确定冰防护系统的极限。总水捕获效率与总水捕获量成正比,总水捕获量对确定加热冰防护系统的参数很重要。需要更多的研究来建立一个冰形参数的优先级。总冰积聚面积可以用来估算水捕获量,而且在回答冰积聚脱落问题方面,部件上冰尺寸的估算可能很重要。

## 9.6　软件管理

### 9.6.1　为软件开发人员推荐的做法

发展数值结冰模拟方法正在从研究领域向常规设计和认证工作过渡。因此,软件管理、设计、验证、确认和文件的标准正在改变,以适应用户对有效性/准确性、可靠性、能力和可用性不断增长的需求。以下介绍结冰模拟软件开发的建议做法。

**1. 软件管理**

软件管理用于描述开发人员应使用的编程标准和版本控制等功能。编程标准的例子包括描述对软件的评论、对子程序的组织、对数据的处理、使用的编译器、使用的调试工具以及如何使用。可以理解,这种详细程度可被认为是软件开发人员专有的,但建议管理机构可在软件接受工作中查阅这些文件。

版本控制是指对软件本身、软件使用的各种输入和输出文件以及与该特定软件相关的所有文档的变化进行跟踪。对每个文件所作的更改应记录在案,并为每个文件和软件的编译版本指定版本号。向用户群体发布的每个版本都应附有对软件、输入和输出文件以及对结果所作的修改的说明。发布的每个版本应与所有相关文件一起存档。希望向用户群体发布的每个版本和每次重大升级都应得到验证。

**2. 软件设计**

软件设计是指用来解决感兴趣计算问题的方法描述,可以是要求解的具体方程、用来修正方程的简化和假设以及整个软件包的结构。另外,软件设计的说明应包括与用户界面、输入/输出数据结构和错误处理有关的信息。描述应侧重于软件设计文档,而不是设计规范。重要的是,用户特别是管理机构必须了解软件对具体问题的适用性。理想情况是,这种描述应该比期刊文章或会议文件中通常提供的细节更详细,包括软件中的所有基本假设或其他限制,以及软件如何处理这些假设。例如,包含仅适用于某些流动区域的关联式的软件应该有程序说明,描述这些限制以及它们对这些范围以外结果的有效性影响。软件本身应包含这些条件的明确警告和错误信息。

**3. 软件验证**

验证包括网格细化研究和时间步进研究(对非定常软件)等过程;还可以包括专门设计的运行案例,以说明软件保持了所提到的数值精度,以及每个方程中每一项都按设计的方式操作。

**4. 软件确认**

理想的确认将包括结冰软件的各子项(如流动软件和轨迹软件)以及整体模型(如与冰形的比较)。确认包括与现有试验数据的定量比较,以便评估相较于试验数据精度的确认程度。用于比较的试验数据库应该足够大,以评估软件的全部功能。

应提供确认过程的结果,以便对软件进行独立评价。确认结果也可用于创建或修改软件产生的错误和警告信息,以指导用户正确使用。

**5. 软件文档**

文档是指软件用户手册、用户可访问的报告、软件标准文档、设计文档和软件内的注解说明。这些用户可访问的文档应包括对每个用户选项的详细说明,以及说明如何将软件用于其每个声明功能的若干实例。对用户选项的说明应特别明确,说明如何正确使用对结果有效性影响最大的输入。还应特别注意可用于针对特殊情况(即某些类型翼型或某些流动区域)校准软件的输入。用户手册应说明或提供描述软件理论、假设和局限性的参考文档,并应明确说明软件功能的预期范围。在开发过程中建立的文档(即软件标准和设计文档)不一定是管理机构或用户所需要的,事实上在某些情况下可能被认为是专有的。但是,建议在软件的整个生存期内开发和更新这些文档,以便进行跟踪和维护。

### 9.6.2 对软件用户建议的做法

软件配置控制对于小水滴碰撞和冰积聚软件是必不可少的,这些软件用于显示对冰防护规章的遵守。以下推荐做法可用于小水滴撞击和冰积聚软件的软件管理。

**1. 内部版本控制**

公司或机构内部开发的软件应遵循软件开发人员管理准则。实行软件版本控制,以确保在机构内不会同时存在修改过的或非重复的可执行文件副本。应保持详细的更改历史记录,以确保版本的可追溯性。这些建议旨在消除机构内软件不受控制的可变性。以前使用的软件版本不应要求认证机构对每种新用途进行重新评估,只要软件使用的实际应用和目的是一致的即可。

**2. 外部版本控制**

如果用于认证的软件是由本单位之外的机构开发的,应遵循有关管理规则。如果进行了广泛的试验和比较工作,以表明旧版本的软件是准确的或保守的,并且对其应用是有效的,用户可以选择不更新软件版本。

如果现有软件新版的更改有可能影响预测的结冰特性,那么应由软件开发人员重新评估,以确定输出结果的有效性和保守性。现有软件版本不要求对每个新用途进行重新评估,只要使用与以前的评估一致。

**3. 不受控制的软件**

跟踪不受控制的软件上的变化是不切实际的,认证机构无法确定与先前的结冰认证相比是否有任何变化。因此,对于未按照上述管理规则实施的小水滴撞击和冰积聚软件,应在每一项新申请中评估其有效性和保守性。

# 9.7 轨迹计算的冰积聚计算软件应用方法实例

这里给出应用冰积聚软件计算机翼或尾部小水滴轨迹的一个例子。以下步骤是对计算过程的描述:

(1)确定飞行器机翼和尾部几何形状和截面几何形状。

(2)确定配平稳定飞行和瞬态飞行阶段的飞机飞行性能包线。所需的信息包括实际空速、机身和当地几何迎角、展向升力分布、飞机重量(最大重量、最小重量、平均重量)、重心极限(前后限)、构型(如襟翼、副翼和起落架位置)、正确操作除冰或防冰系统的可用电力以及其他与配平和瞬态飞行条件有关的信息。

(3)为小水滴轨迹确定最关键的飞行性能情况。

(4)如果可能的话进行三维分析(如三维面元法),以确定机翼/尾部区域的流动特性。

(5)确定具有代表性的机翼站位,进行二维分析,并研究第(2)步中确定条件的轨迹。确定压缩性效应和雷诺数效应是否显著。对每个翼剖面需要考虑的其他参数包括以下几个:

① 冰积聚的液态水含量(LWC)、小水滴尺寸和结冰持续时间。

② 总温和静温。

③ 高度(空气密度)。

④ 机翼弦长。

⑤ 前缘后掠角。

⑥ 载荷因子。

(6)修正诱导迎角的截面几何形状。由三维分析(如三维面元法)的展向升力分布可确定诱导迎角。

(7)修正前缘后掠的截面几何形状。如果飞行条件有利(小攻角),且后掠角不是很大(小于30°),那么可以从三维解中提取流向机翼截面和解,用于二维冰积聚软件。这样将不存在如何处理机翼－机身接合处附近冰形的问题。此外,垂直于前缘的翼剖面和流向的压力分布差异较小。当提取的是垂直于前缘的翼剖面时,剖面更厚,调整过的速度将比流向翼剖面的要小。流向截面的冰形会比垂直于前缘截面的冰形略为保守。

下面为机翼的三维面元法的计算示例。沿气流方向的机翼尾流如图9－14所示。图右侧是压力分布的标尺。图9－15给出了一个分析前缘后掠翼剖面时可能需要考虑的切面例子。图9－16显示了不同位置机翼截面的气动和几何迎角典型差异。

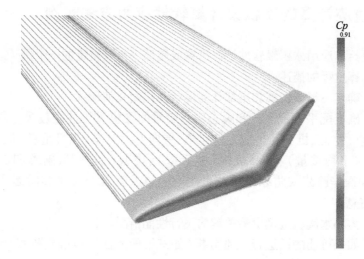

图9－14　机翼后的尾迹(源自SAE ARP 5903)(见彩图)

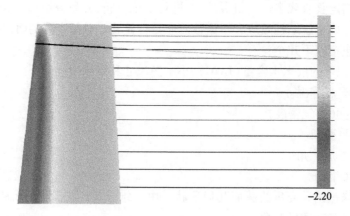

图9－15　前缘后掠效应的切面(源自SAE ARP 5903)(见彩图)

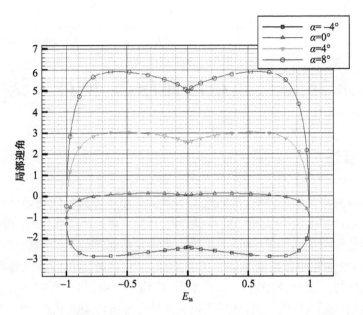

图 9 - 16　沿展向翼剖面的气动和几何迎角差异(源自 SAE ARP 5903)

# 参 考 文 献

[1] SAE ARP 5903. Droplets impingement and ice accretion computer codes[S]. SAE,2009.

# 第 10 章　飞机地面除冰/防冰方法

## 10.1　概述

在冬季寒冷气候条件下,机场地面上露天环境中停放的飞机经常会遭遇结霜、积雪、结冰和融雪/冰等情况。如果飞机上黏结有这些自然界的污染物,飞机的起飞性能将会受到严重影响;飞机的一些重要活动部件(如襟翼、副翼、平尾、起落架等)的操控性和机械工作性能会降低;飞机上外露传感器测量数据准确性会受到干扰。因此,地面上飞机受冰雪、冻雨等污染,将会影响飞行安全。对于进行适航认证飞行的飞机,如果飞机表面处于冰雪污染的状态,也不满足适航认证对飞机表面洁净程度的要求。在结冰条件下,飞机运行应遵循有关航空条例的要求,在美国主要有联邦航空条例(FAR)、欧洲的联合航空条例(JAR)、加拿大航空条例(CAR)等,所有这些条例中都要求“在影响飞行安全的重要部件上附着有冰冻积聚物时,所有人都不能放飞或起飞飞机。”

为了总结飞机地面除冰/防冰操作经验和先进技术,指导飞机维护和正确地进行地面除冰/防冰,1992 年 10 月,SAE 制定和发布了《飞机地面除冰/防冰方法》标准,2008 年 7 月,进行了最新一次的修订完善(SAE ARP 4737H)。该标准是在结冰条件下,保证地面飞机安全运行的最低除冰/防冰要求,推荐作为飞机维护操作和服务保障的协议,它不针对飞机的具体型号,飞机和发动机制造商给出的具体型号飞机的除冰/防冰工作手册、步骤和方法可以作为该标准的补充。

SAE ARP 4737H 标准《飞机地面除冰/防冰方法》提示人们,飞机除冰/防冰使用的材料可能有害,但标准中没有阐述所用材料的危害性。因此,用户应确保熟悉正确使用和处理有害材料,采取必要的防护措施,保证接触人员的健康和安全。

该标准在编写过程中主要参考了以下两类重要文献:

① SAE 的标准或出版物。例如,《除冰/防冰液,飞机,SAE Ⅰ型》(SAE AMS 1424);《流体,飞机除冰/防冰,非牛顿的(假塑性体的),SAE Ⅱ,Ⅲ和Ⅳ型》(SAE AMS 1428);《飞机除冰车 - 自推进,大容量和小容量》(SAE ARP 1971);《飞机地面除冰/防冰训练程序指南》(SAE ARP 5149);《除冰设备信息通告》(SAE AS 5635);《飞机增稠的除冰/防冰液粘度试验》(SAE AIR 9968)。

② 美国政府出版物。例如,《飞机结冰条件下,地面除冰和地面作业带来的危害》(AC 20 - 117)、《地面除冰和防冰程序》(AC 120 - 60);《飞机除冰设备设计》(AC 150/5300 - 14);《批准用于飞机地面除冰/防冰设备的红外技术》(FSAT 00 - 05、FSAW 00 - 02)。

## 10.2 概念和术语

飞机地面除冰/防冰涉及的主要概念和术语如下:

(1)缓冲/冰点(Buffer/freezing points)。外部气温与所用液体冰点之间的差。

(2)除冰液(Deicing fluids)。除冰液包括六种,即热水、SAE Ⅰ型液体(SAE Ⅰ型液体作为浓缩物,在使用前应用水稀释,未经稀释不得使用。除非它们符合空气动力学性能和冰点缓冲要求)、水和 SAE Ⅰ型液体的加热浓缩物或混合物、水和 SAE Ⅱ型液体的加热浓缩物或混合物、水和 SAE Ⅲ型液体的加热浓缩物或混合物、水和 SAE Ⅳ型液体的加热浓缩物或混合物。为确保最大的除冰效率,除冰液通常加热使用。

(3)防冰液(Anti - icing fluids)。防冰液包括五种,即加热的 SAE Ⅰ型液体、水和 SAE Ⅰ型液体的加热混合物、水和 SAE Ⅱ型液体的混合物或浓缩物、水和 SAE Ⅲ型液体的混合物或浓缩物、水和 SAE Ⅳ型液体的混合物或浓缩物。前两种防冰液使用时,在喷嘴处的温度应至少为 60℃。温度上限不得超过液体和飞机制造商的建议。用于防冰的 SAE Ⅱ型和Ⅳ型液体应用于清洁飞机表面通常不加热,SAE Ⅲ型液体在清洁飞机表面时可以加热后使用也可不加热使用。

(4)牛顿流体(Newtonian fluids)。粘度与剪切无关且与时间无关的流体。牛顿流体的剪切速率直接与剪切应力成正比。当施加应力时,流体将立即开始移动,在流动开始之前,它没有要克服的屈服应力(SAE Ⅰ型液体被认为是牛顿流体)。

(5)非牛顿流体(Non - Newtonian fluids):粘度取决于剪切和时间、剪切速率不直接正比于其剪切应力的流体。当施加压力时,流体不会立即开始移动,在流动开始之前,它需要克服屈服应力(含有增稠剂的 SAE Ⅱ、Ⅲ或Ⅳ型流体表现出假塑性行为,即随着剪切速率增加粘度降低)。

(6)最低操作使用温度(Lowest Operation Use Time,LOUT)。高于以下的温度:一是流体满足某个特定类型飞机空气动力接收试验(依据 AS5900 标准)的最低温度;二是液体的冰点加上Ⅰ型液体的10℃冰点缓冲,对于Ⅱ型、Ⅲ型或Ⅳ型液体,冰点缓冲为7℃。

（7）除冰（Deicing）。为保持飞机表面干净，将飞机上霜、冰、半融的冰/雪、雪除去的过程。

（8）防冰（Anti-icing）。在有限的时间内（保持时间），防止飞机洁净表面上形成霜、冰、雪积聚或半融雪的过程。

（9）除冰/防冰（Deicing/anti-icing）。除冰过程和防冰程序的组合，可以一步执行或两步执行。一步除冰/防冰使用一种防冰液进行，用于除冰的液体保留在飞机表面上以便提供有限的防冰能力。两步除冰/防冰由两个不同的步骤组成。作为一个单独的过程，第一步，除冰;第二步，防冰。施加防冰液保护相关表面，从而提供最大限度的防冰能力。

（10）保持时间（Holdover time）。在飞机受保护表面上，防冰液能阻止冰冻污染形成的估计时间。

（11）霜（Frost）。在0℃以下，冰饱和空气通过在地面或其他暴露的物体上直接升华形成的晶体。

（12）冻雾（Freezing fog）。由许多微小水滴组成的悬浮体，在与地面或其他暴露物体撞击时冻结，通常会将地表水平能见度降低到不足1km。

（13）雪（Snow）。冰晶的沉积，大部分为分枝状、星形或混合着不分枝状的晶体。在温度高于-5℃时，晶体通常会凝聚成雪花。雪定义包括雪粒。雪粒是非常小的扁平或细长的白色和不透明的冰微粒的沉积，它们的直径小于1mm。当雪粒碰到坚硬的地面时，它们不会反弹或破碎。

（14）冻细雨（Freezing drizzle）。非常均匀的降水，由细小的水滴（直径小于0.5mm）组成，在接近地面或其他暴露物体撞击时冻结。

（15）轻度冻雨（Light freezing rain）。它是液态水粒子的沉降物，其直径超过0.5mm或略小，与细雨相比，它们是广泛分离开的，在与暴露物体碰撞后冻结。最大直径0.25mm时，6min内测得的液态水粒子强度可高达2.5mm或25g/(dm$^2$·h)。

（16）雨或高湿度（在冷浸机翼上）（Rain or High Humidity (On Cold Soaked Wing)）。当飞机机翼表面的温度不高于0℃时，水在机翼表面上形成冰或霜。

（17）雨雪（Rain and snow）。以雨和雪的混合物形式沉降。在轻度"雨雪"中作业，视其为轻度冻雨。

（18）半融的冰雪（Slush）。经过雨水、暖温和/或化学处理，雪或冰弱化为柔软的水状混合物。

（19）冰晶/钻石状粉尘（Ice crystals/diamond dust）。以针状、柱状或片状形式落下的无分枝冰晶（雪冰晶是分枝的）。注意:对于这种情况没有保持时间可以指导。

（20）雪粒(Snow pellets)。白色、不透明的冰粒沉降。颗粒是圆形的,有时是圆锥形的。直径范围为 2～5mm。雪粒脆且易碎,它们落到硬地面会反弹和破碎。注意:对于这种情况没有保持时间可以指导。

（21）中度和重度冻雨(Moderate and heavy freezing rain)。它是液态水粒子的沉降物,其直径超过 0.5mm 或略小,与细雨相比,它们是广泛分离开的,在与暴露物体碰撞后冻结。测得的液态水粒子强度可高达 2.5mm 或 $25g/(dm^2 \cdot h)$。注意:对于这种情况没有保持时间可以指导。

（22）冰雹(Hail)。以小块冰球的形式沉降,其直径范围为 5～50mm,以单独或聚团的形式下落。注意:对于这种情况没有保持时间可以指导。

（23）主动霜冻(Active frost)。霜冻形成时的一种条件状态。当飞机表面温度不高于 0℃ 时,就会发生主动霜冻。

（24）白霜(Hoarfrost)。通过在物体上直接升华形成的相互连接冰晶的沉降物。薄白霜是一种均匀细小的白色结晶状沉积物,霜通常出现在寒冷无云夜晚的外置物体表面,且薄到可以辨识下面物体的表面特征,如表面画线、标记或字母。

（25）冰粒(Ice pellets)。冰的透明(冰的颗粒)或半透明(小冰雹)颗粒沉降物,它们呈现球形或不规则形状,其直径为 5mm 或者更小。当落到坚硬的地面时,冰粒通常会反弹。注意:对于这种情况没有保持时间可以指导。

（26）检查(Check)。由经过培训有资质的人员根据相关标准对一个项目进行的检验。

（27）污染检查(Contamination check)。检查飞机表面污染情况(检查确定是否需要除冰)。

（28）代表性表面(Representative surfaces)。飞机机组人员容易观察到的表面,以确定冰、霜或雪是否在该表面积聚或形成。

（29）冷浸翼(Cold soaked wing)。当飞机在高空飞行后或加满非常冷的燃料后,机翼中含有非常冷的燃料时,机翼就被冷"浸"过。

## 10.3　培训和资质

培训计划应遵循 SAE ARP 5149 中的指南和建议。除冰/防冰过程必须由经过培训的合格人员进行。从事飞机实际除冰/防冰的人员,应进行除冰/防冰设备使用培训,通过考试来证明培训合格,75 分以上为合格,只有通过考试的人才能取得资质。机组人员和地勤人员应进行初次和年度培训,以确保所有这些工作人员了解飞机地面除冰/防冰规章和流程,包括新的流程和经验教训。机组人员和调度员培训计划必须包括年度经常性地面训练和考试,以及详细的职责和职能。机组人员、地勤人员和调度员必须接受过培训、考试,或取得以下科目的飞行、地面或调度员资格认证。

培训科目应包括但不限于以下几项:

(1) 保持时间的使用(飞行,调度员,地面)。

(2) 飞机除冰/防冰方法/程序,包括检查受污染表面(飞行,调度员,地面)。

(3) 飞机表面污染和关键区域识别(飞行,调度员,地面)。

(4) 适用防冰液和除冰液的类型、用途、特性和有效性(飞行,调度员,地面)。

(5) 除冰/防冰液处理/性能影响(飞行,调度员,地面)。

(6) 霜冻、冰、雪和半融冰雪对飞机表面的影响(飞行,调度员,地面)。

(7) 设备和设施(地面)。

(8) 承包商除冰(飞行,调度员,地面)。

应记录人员培训和取得资质情况,以便提供资格证明。提供除冰/防冰服务的公司应拥有资格认证和质量保证证书,以具备监督和保持高水平服务的能力。

## 10.4 液体存储和处理

除冰/防冰液是一种对环境有影响的化工产品。在液体处理过程中应遵守当地的环境和健康法律以及制造商的材料安全数据表,避免任何不必要的溢出。如果没有额外的合格测试,不应混合不同的产品。在完成除冰/防冰后,地面或设备上可能存在湿滑情况,特别是在低湿度或无降水的天气条件下,应该谨慎操作。长时间或反复加热液体(直接或间接)可能导致水分流失,流体性能下降。对于Ⅰ型液体,水分流失可能导致低温下不理想的气动效应。对于Ⅱ型、Ⅲ型和Ⅳ型液体,置于热环境或水分流失可能导致流体粘度降低,从而降低保持时间。对于所有类型的液体,确保折射率在液体制造商推荐的极限范围内。对于Ⅱ型、Ⅲ型和Ⅳ型液体,如果怀疑有衰减,建议进行粘度检查。

应使用专用储罐存放除冰和防冰液,以避免被其他液体污染。储罐应按照液体制造商的规定,由与除冰/防冰液相容的材料制成。应注意在使用过程中避免使用相异的金属,因为如形成电极可能会降解液体的稠度。储罐应有明显标记,如 SAE Ⅰ型飞机除冰液,以避免污染。每年应对罐体进行腐蚀和污染检查。如果腐蚀和污染明显,储罐应修理或更换。为了最大限度地减少液体/挥发气体界面和挥发气体空间的腐蚀,建议在储罐中保持较高的液位。虽然除冰/防冰液通常是无腐蚀性的,但它们的挥发气体可能具有腐蚀性。液体的储存温度极限应符合制造商的要求。应定期检查储存的液体,如在交付和每年冬季之前,以确保没有发生性能衰减或污染。

SAE Ⅱ型、Ⅲ型和Ⅳ型除冰/防冰液的性能可能因过量的机械剪切或化学污染而降低。因此,应当使用相匹配的泵、控制阀、管道和应用装置。液体传输系统的设计应遵循液体制造商的建议。液体传输系统应专用于处理特定的液体,以防止无意中混入不同类型或不同制造商的液体。所有填料口和卸料点应明显标明,以防止因疏忽造成产品混合形成污染。所用设备在最初装入除冰/防冰液之前应清洁干净,以防止液体污染。液体或液体/水混合物样品应每天从正在使用的除冰/防冰设备喷嘴中提取,对所取样品进行折射率检查,样品应防止沉淀。

没有配置混合系统的设备,从混合罐中取样代替从喷嘴取样。确保流体处于均匀混合状态;具有比例混合系统的设备,应使用流量和压力操作设置。在取样之前,使选定的液体浓度稳定;带有自动液体混合物监测系统的设备,必须由处理公司根据系统设计确定折射率检查的间隔。

燃烧加热器和卡车不应在密闭或通风不良的地方操作以防止窒息。适用设备的要求见 SAE ARP1971 标准。SAE Ⅱ、Ⅲ和Ⅳ型除冰/防冰液验收需要有批准文件(如供应商提供的符合性证书、分析证书)、目视检查和折射率验证。建议冬季作业程序要确保并验证防冰液不会衰减超出可接受限度。如果需要加热SAE Ⅱ型、Ⅲ型和Ⅳ型除冰/防冰液,加热方式应防止液体在存储或使用过程中沉积,应定期检查加热后液体的完好性。在确定液体检查频率时,应考虑加热速率和加热时间、周期等因素,有必要可参考液体制造商的建议。

# 10.5 方法和过程

为了保障飞行安全,这里介绍飞机地面除冰和防冰的建议方法。当飞机表面受结冰污染时,应在起飞前对其进行除冰。如果需要除冰和防冰,则可以分一步或两步执行该过程。采用一步还是两步,取决于天气条件、可用设备、可用液体和需要达到的保持时间。当需要达到最长保持时间时,应考虑使用未加热、未稀释的 SAE Ⅱ型和Ⅳ型液体。对于 SAE Ⅲ型液体,要达到最长保持时间,应考虑未稀释已加热或未稀释未加热的液体。

**1. 除冰**

冰、半融的冰雪、雪或霜可以通过液体或机械方法、交替技术或它们的组合从飞机表面除去。为了去除大量的冰冻污染,除冰之前可先进行预处理,这样能减少所用乙二醇基除冰液的数量。预处理过程可以用各种方法,如扫、吹、加热、热水等。如果采用预处理步骤,需确保后续除冰过程去除所有冰冻污染物,包括预处理中可能在表面和/或空腔中形成的污染物。在防冰之前先要除冰,首先检查飞机所有的关键部件,确定是否需要除冰。任何影响飞行安全部件上的污染物都需做除冰处理。如果需要,接着做防冰处理。

为了获得最大的除冰效果,应在靠近飞机机身表面的位置加热液体,以尽量减少热量损失。液体温度不应超过飞机制造商的建议。液体中的热量可以有效地融化任何霜、雪、冰等轻微沉积物。严重沉积物需要依靠热量来破坏冻结物和结构之间的连接,然后使用喷射液体的冲击力除去残留物。除冰液可以防止一段时间的再次冻结,这取决于飞机的机身表面温度、外部气温、使用的液体、混合物强度和天气。

(1)除霜和轻度结冰。建议喷嘴设置成像风扇喷雾般即可。如果提供的热液体靠近飞机表面,融化沉积物则需较少液体。

(2)清除积雪。建议喷嘴设置成足够强以冲洗沉积物,并使产生的泡沫最少,因为泡沫可能会被混淆看作雪。采用的方法取决于可用的设备和雪的深度与类型,即轻而干或湿而重。通常,沉积物越重,就需要越大的液体流量才能有效地将其从飞机表面上移除。对于湿雪和干雪的轻微沉积,采用与除霜类似的方法。湿雪比干雪更难以清除,除非沉积物相对较轻;否则选择高流量液体将更有效。在某些条件下能够利用热量,伴随着液体喷出的压力融化、冲洗掉冰冻沉积物。大量累积的雪难以从飞机表面上移除,并且会消耗大量的液体。在这种条件下,应先考虑使用预处理步骤去除积雪。

(3)除冰。应使用加热的液体来破坏冰键。利用金属表面的高热导性,用热液体近距离对准一个点冲击,直到金属裸露出来。接着,裸露的金属会从所有角度上横向传递热量,将温度提高至冰点以上,从而破坏冰冻物质与飞机表面的黏附力。通过多次重复该过程,大面积黏附的冰雪或薄冰可以被打破。沉积物可以通过强流或者弱流冲洗掉,这取决于沉积物的数量。需要咨询飞机制造商有关最大流体应用压力极限。

(4)除冰液应用策略。为了有效去除冰雪,应采用以下技术。需要注意,飞机由于设计差异,可能需要专用的步骤。

① 机翼/尾翼。从表面弯度的最高点向最低点、从翼尖向根部喷射液体。然而,飞机的结构和当地条件可能要求使用不同的流程。

② 垂直表面。从顶部开始向下进行操作。

③ 机身。沿顶部中心线向外侧喷射。根据飞机制造商手册的要求确保冰

雪清理干净。白霜允许按飞机制造商手册规定执行。

④ 起落架和轮舱。除冰液在此区域的应用保持在最低限度。不要将除冰液直接喷射在车轮和制动器上,可以采用物理方式去除堆积物,如吹除积雪。然而,黏结在飞机表面的沉积物,要通过加热空气或喷射热的除冰液的方式去除。

⑤ 发动机。在起飞前,应从发动机进气口以物理方式清除积雪。任何可能黏结在进气口下表面或风扇叶片上的冷冻沉积物,都可以通过热风或发动机制造商推荐的其他方式去除。如果允许使用除冰液,请勿直接喷入发动机核心区域。

(5) 红外除冰设施。这里简介使用红外除冰技术去除冰冻沉积物的过程。利用红外能量进行除冰是通过加热来实现的,它打破了冰冻污染物的黏结。应用红外能量可以继续融化并蒸发冰冻污染物。潮湿表面需要使用加热的除冰液,以防止在移去红外能源后重新冷冻。除霜或前缘除冰以外的作业,以及在外部气温处于或低于0℃时,如果有需要,应在设施内使用热的除冰液进行额外处理,以防止残留在隐蔽区域的水再次冻结。如果飞机需要重新除冰,并且在飞行前已经应用了除冰/防冰液,则应使用常规除冰/防冰液进行。

**2. 防冰**

使用防冰液可以在一段时间内防止冰、雪或霜在飞机表面积聚。在冻雨、雪或其他冰冻降水可能会附着在起飞的飞机表面时,应使用防冰液。冰冻降水期间,防冰液可在飞机到达时(最好在卸载开始前)短暂调整和通宵停留飞机表面上应用,这将最大限度地减少起飞前的积冰,并且经常使用会使得后续的除冰更容易。这种做法可能有残留物,需要进行必要的检查和清洁。考虑到天气条件,在飞机暴露于冰冻降水之前,可在洁净飞机表面使用防冰液,这将使雪与冰结合的可能性下降到最低,减少飞机表面上冰冻沉积物的聚集,有利于随后的除冰。在飞行之前,除非可以确保防冰液的完好性;否则必须对飞机进行除冰。SAE Ⅱ、Ⅲ和Ⅳ型液体的脱水性会对液体性能产生负面影响。

为了有效防冰,在飞机表面上需要有均匀足够厚度的液体。为了获得最大的防冰保护,应使用未经稀释、未加热的 SAE Ⅱ型或Ⅳ型液体。通常,牛顿流体的除冰液不需要较高的驱动压力。当使用非牛顿流体时,应调节泵速和喷嘴的喷雾形态以产生中等的喷雾形态。SAE Ⅰ型除冰液在用于防冰目的时,可提供有限的保持效果。

(1) 防冰液应用策略。防冰液使用过程应连续并且尽可能缩短时间。防冰应尽可能靠近起飞时间进行,以便充分利用防冰液的保持时间。防冰液应均匀分布。为了控制均匀性,使用液体时,所有水平的飞机表面都需要进行目视检查。所需的量可由目视液体刚刚开始流出前缘和后缘确定。在跑道起点附近进行除冰/防冰能使除冰/防冰液最有效。

（2）限制和注意事项。除冰/防冰液的使用应符合机身/发动机制造商和当地程序的要求。进行两步除冰/防冰时，第一步所用液体的冰点不得高于环境温度3℃。用于一步除冰/防冰或作为两步中第二步操作的SAE Ⅰ型液体混合物的冰点应至少比环境温度低10℃。作为除冰/防冰剂的SAE Ⅱ型、Ⅲ型和Ⅳ型液体可能有更低的温度应用极限（-25℃）。如果在浓缩液冰点和室外空气温度冰点之间提供7℃的缓冲，则应用极限温度可能会更低。在任何情况下，该温度都不得低于空气动力验收试验规定的操作使用温度。冰、雪或霜会稀释液体。使用足够热的防冰液是为了确保不会发生再次冻结，并将所有受污染的液体清理干净。

在任何情况下，防冰处理后的飞机如受污染，不得直接再涂一层防冰液。如果在飞行前需要额外的处理，则应进行完整的除冰/防冰流程，确保以前处理过的残留物都被冲洗掉。应用SAEⅡ型、Ⅲ型和Ⅳ型液体，特别是在一步法或两步法过程中的第一步，可能会导致残留物聚集在空气动力平缓的区域、空腔和空隙中。在两步过程法中的第一步应用热水或加热的SAE Ⅰ型流体，可将残留物的形成减至最低。残留物可能在一定的温度、高湿度或雨水条件下再水化和冻结，并可能阻塞关键的飞行控制系统。如果SAE Ⅱ型、Ⅲ型或Ⅳ型液体用于一步法或两步法的第一步，则应根据操作员的经验和飞机类型制定适当的检查和清洁流程。只要条件允许，除冰和防冰都只采用SAE Ⅰ型液体。在干燥天气使用增稠的液体进行除霜，然后经雨水、凝结、清洗或湿雪中的水残留物水化作用，观察到的与冰冻或未冰冻残留物有关的飞行控制问题尤其普遍。

（3）一步法。使用加热的除冰/防冰液进行操作，正确的液体浓度是根据所需的保持时间来选择的，由外部空气温度和天气条件决定。机翼表面温度可能不同于气温，在某些情况下可能低于外部空气温度，这种情况下可使用高浓度乙二醇的混合物。

（4）二步法。第一步使用除冰液进行，应根据外部空气温度选择正确的除冰液；第二步是使用防冰液，液体及其浓度的选择与所需的保持时间相关，由外部空气温度和天气条件决定。应在第一步液体冻结之前执行第二步（通常在3min内），必要时分区域做。使用足够量的第二步液体，采用第二步喷涂技术完全覆盖第一步液体。在初始处理后发生再冻结的情况下，必须重复第一步和第二步。当符合AMS 1428标准的液体用于两步除冰/防冰操作中的第二步时，如第一步操作中使用的是符合AMS 1424标准Ⅰ型液体，应进行试验，以确保这些液体的组合不会显著降低液体性能。机翼表面温度在某些情况下可能低于外部空气温度。高浓度的乙二醇混合物可以在这些条件下使用。为了使保持时间最

234

长,必须使第二步的液体与第一步的液体稀释和反应最小。

(5)防冰操作。飞机应对称处理,即左机翼和右机翼应进行相同完整的操作,如果不满足此要求,可能会导致气动问题。除冰/防冰操作期间,发动机通常停车,但可能仍处于空转状态,空调和 APU 空气必须选择关闭,或听从机身和发动机制造商的建议,避免将除冰/防冰液直接喷入发动机。

不要将除冰/防冰液直接喷洒在制动器、机轮、排气装置或反推力装置上。在有贵金属(包括银)的电气/电子电路、漆包线或端子周围,可能会与液体接触,在使用乙二醇-水的除冰/防冰液时应小心谨慎,有报道放热反应可能导致火灾发生。这种情况可能发生在有缺陷的绝缘电线、开关或带有直流电的断路器上。除冰/防冰液不得直接进入皮托管头孔、静压通风口或直接进入气流方向传感器/气流迎角传感器。应采取所有合理的预防措施,尽量减少液体进入发动机、其他进气/排气口和操纵面空腔。

不要将液体直接喷到飞机驾驶舱或舷窗上,因为这会导致丙烯酸裂纹或窗户密封件渗透。应关闭所有门窗以防止地板区域受液体污染,舱内装潢避免弄脏。在滑行或随后的起飞时,任何可能会将液体吹向挡风玻璃的前方区域,在起飞前应清理干净、无液体残留。如果使用 SAE Ⅱ 型、Ⅲ 型或 Ⅳ 型液体,飞机驾驶舱窗户上的所有液体痕迹应在出发前清理干净,应特别注意装有刮水器的窗户。除冰/防冰液可以使用经认可的清洁剂和软布擦拭或使用 SAE Ⅰ 型液体冲洗来清除。

起落架和轮舱应避免泥浆、冰或吹雪聚积影响。从飞机表面清除冰、雪或泥浆时,应注意防止其进入和积聚在辅助进气口或控制面铰链区域。在飞行中穿越密集的云层或降水时,飞机表面会形成冰积聚。当目的地的地面外部气温较低时,襟翼和其他可移动表面可能会收回,静止和可移动表面之间的积冰可能不会被发现。因此,重要的是在离开前对这些区域进行检查,并清除任何冻结的沉积物。在冰冻雾或其他冰冻降水条件下,启动前必须检查风扇叶片前后两侧是否有积冰。发现的任何沉积物都应从低流量热气源引气吹除,或参照飞机和发动机制造商推荐的其他方法去除。根据飞机类型考虑飞行控制检查,这项检查应在除冰/防冰后进行。

(6)清澈冰预防措施。在一层雪或雪泥下面的飞机表面上可能形成清澈冰。因此,在每次除冰操作后,都要仔细检查表面,以确保所有沉积物已除去,这一点很重要。在燃料箱附近、机翼上表面和机翼下都能形成明显的清澈冰积物。当存在下列一种或多种情况时,飞机对这种类型的冰积聚最易受到伤害。

① 在不耽搁的往返飞行返航过程中,机翼温度保持在 0℃ 以下。

② 在环境温度 -2~15℃ 之间。如果存在①、③和④条件,在其他温度下也

可能形成清澈冰。

③ 当飞机在地面时发生降水。

④ 当两个机翼下表面存在霜或冰时。

探测到清澈冰的形成是极其困难的。因此,当上述情况普遍存在时,或在其他方面有任何疑问认为可能形成清澈冰时,应在出发前进行仔细检查,以确保所有冻结的沉积物已被去除。当大量冷燃料在返航/运输过程中仍留在机翼油箱内,任何后续加油都不足以导致燃油温度显著升高时,机翼低温通常与这种冰积聚发生有关。

(7) 冷浸翼区域局部防冻。由于与冷燃料接触和/或非常接近机翼结构中大量冷浸金属,机翼表面温度可能远低于环境温度。在这些区域,霜冻可能会在机翼表面堆积,并可能导致整个机翼在起飞前需要除冰和防冰。在这种情况下,为了使整个机翼不需要进行除冰和防冰,可以遵循有关短暂停留时防止冷浸翼油箱区域霜冻的建议。

① 局部结霜的定义。局部结霜是在机翼局部区域由冷燃料或机翼结构中大量冷金属冷却而形成的有限结霜;这种类型的霜冻不会覆盖整个机翼。

② 处理过程。使用合适的喷淋设备,在机翼可能由于与冷燃料或大量冷金属接触而形成霜冻的有限冷浸区域涂上一层未经稀释的 SAE Ⅱ型、Ⅲ型或Ⅳ型液体涂层。涂层应完全覆盖可见液体的处理区。

③ 局部防冻的限制和注意事项。局部防冻程序不能替代上面所述的除冰和防冰标准程序、清澈冰检查或飞机制造商的任何其他要求,也不能替代飞机表面应无霜冻、雪泥、积雪和冰的要求。只有经待处理航空器的运营者批准,才能执行该程序。该程序只能由经培训合格的人员实施。

④ 应用限制。在飞机抵达后,应立即采用局部防霜冻程序清洁机翼,最迟在霜开始形成时应用本程序。但在这种情况下,液体最小施加温度为50℃。如果在液体使用和飞机起飞之间发生降水和/或在起飞前预计有降水,则应进行两步除冰/防冰程序。

⑤ 对称处理要求。两个机翼应采用相同且对称的处理方式,每个机翼上同一位置的同一区域应进行喷淋,包括当条件显示不需要对两个机翼进行处理的情况。如果不满足此要求,可能会导致气动问题。

⑥ 保持时间。由于这种处理方法不能分别覆盖整个飞机或机翼表面,因此,对局部防冻,不指定防冰保持时间。

⑦ 局部防冻最终检查。在飞机离开停机位前,应立即对处理过的区域进行触摸检查,并对两翼未经处理的区域进行目视检查。进行这些检查以确保两翼都是干净、无霜的。施加的防冰液应保持液态,并且不应出现失效迹象,如颜色

236

变为白色、光泽损失或液体薄膜中存在冰晶。

⑧ 局部防冻飞行机组信息。完成后应向机组人员提供以下信息："局部防冻已完成"。

SAE Ⅰ型液体应用指南见表 10-1,SAE Ⅱ型、Ⅲ型和Ⅳ型液体应用指南见表 10-2。

表 10-1　SAE Ⅰ型液体混合物应用指南
（最低浓度是外部空气温度（OAT）的函数）

| 外部空气温度（OAT） | 一步法除冰/防冰 | 两步法 | |
|---|---|---|---|
| | | 第一步:除冰 | 第二步:防冰① |
| -3℃ 以上 | 热水和液体的混合物冰点至少比实际外部空气温度低10℃ | 加热水或液体和水的混合物 | 热液体和水的混合物冰点至少比实际外部空气温度低10℃ |
| -3℃ 以下至最低操作使用温度（LOUT） | | 热液体混合物的冰点不应超过外部空气温度3℃ | |

注:
1. 喷嘴处 SAE 水或液体/水混合物的温度应至少为60℃。温度上限不得超过液体和飞机制造商的建议。
2. 要使用 SAE Ⅰ型除冰保持时间指南,至少保证除冰表面 $1L/m^2$。
3. 此表适用 SAE Ⅰ型除冰保持时间指南应用。如果不需要除冰保持时间,则喷嘴处的温度最好为60℃。
警告:
机翼温度可能不同,在某些情况下可能低于外部空气温度,此时可以使用更浓的混合物。

① 在第一步使用的液体冻结之前使用,通常在3min 内。

表 10-2　SAE Ⅱ型、Ⅲ型和Ⅳ型液体混合物使用指南
（最低浓度是外部空气温度（OAT）的函数,浓度用体积分数表示）

| 外部空气温度（OAT） | 一步法除冰/防冰① | 两步法 | |
|---|---|---|---|
| | | 第一步:除冰 | 第二步:防冰② |
| -3℃ 及以上 | 50/50 加热的 SAE Ⅱ型、Ⅲ型或Ⅳ型 | 在喷嘴处水最低加热到60℃或Ⅰ、Ⅱ、Ⅲ或Ⅳ型液体与水的加热混合物 | 50/50 Ⅱ型、Ⅲ型或Ⅳ型 |
| -3 ~ -14℃ | 75/25 加热的 SAE Ⅱ型、Ⅲ型或Ⅳ型 | 加热适量的Ⅰ、Ⅱ、Ⅲ或Ⅳ型与水的混合物,与实际OAT 相比,FP 不超过3℃ | 75/25 Ⅱ型、Ⅲ型或Ⅳ型 |
| -14 ~ -25℃ | 100/0 加热的 SAE Ⅱ型、Ⅲ型或Ⅳ型 | 加热适量的Ⅰ、Ⅱ、Ⅲ或Ⅳ型与水的混合物,冰点不超过实际外部空气温度3℃ | 100/0 Ⅱ型、Ⅲ型或Ⅳ型 |

| 外部空气温度<br>（OAT） | 一步法<br>除冰/防冰① | 两步法 | |
| --- | --- | --- | --- |
| | | 第一步:除冰 | 第二步:防冰② |
| -25℃以下 | SAE Ⅱ型、Ⅲ型或Ⅳ型液体可在 -25℃以下使用,前提是外部空气温度处于或高于最低操作使用温度。当 SAE Ⅱ型、Ⅲ型或Ⅳ型液体不能使用时,考虑使用 SAE Ⅰ型液体(表10-1) | | |

注:对于加热的流体,喷嘴处的温度应不低于60℃。温度上限不应超过流体和飞机制造商的建议。液体只能在高于最低操作使用温度下使用。

警告:

　　1. 机翼表面温度可能不同,在某些情况下,可能低于外部空气温度。此时可以使用更浓的混合物。

　　2. 由于可能发生液体冻结,50/50Ⅱ型、Ⅲ型和Ⅳ型液体不应作为冷浸机翼的防冰措施,机翼下表面油箱区域会有冰或霜。

① 在第一步中使用的液体冻结之前使用,一般在3min以内。

② 清洁的飞机可用未加热的液体防冻。

**3. 防冰和除冰后的飞机总要求**

在实施除冰/防冰过程后,飞机表面的关键部位应保持清洁。

（1）机翼、尾翼和控制面。应没有冰、雪泥、雪或霜。在油料导致的冷浸机翼油箱下表面可允许有一些霜层。有关具体要求可参阅相关飞机制造商手册。

（2）皮托管头、静态端口、气流方向探头和迎角传感器。不含冰、霜、雪、雪泥、液体残留物和保护层。

（3）发动机入口。内部无冰雪,风扇可自由旋转。

（4）空调入口/出口。清除冰、霜和雪,流出阀干净畅通。

（5）起落架和起落架舱门。不受冰、雪泥、霜和雪的阻碍。

（6）燃油箱通风口。清除冰、霜、雪泥和雪。

（7）机身。清除冰雪。根据飞机制造商手册,或许允许黏附霜。不要关闭任何舱门,直到所有的冰或雪从周围区域移除。

（8）飞行控制检查。除冰和防冰后,可能需要外部观察者进行功能性飞行控制检查,这取决于飞机的类型,这对遭受极端冰雪覆盖的飞机来说尤为重要。有资质的检查员应以书面文件形式说明检查结果,以建立责任追究制度。

**4. 检查**

（1）机组人员、地勤人员飞行前检查。通常由机组人员在飞行前检查期间进行。注意任何黏附在飞机表面的污染,并指导必要的除冰和防冰操作。

（2）除冰和防冰后检查。飞机除冰和防冰过程包括检查,以确保所有关键表面都没有黏附污染物。在除冰和防冰液使用后,由有资质的地勤人员执行。

这项检查是飞机除冰和防冰过程的组成部分。除冰和防冰作业后,经过授权负责人员的最终检查,飞机才能放飞。

(3)飞行前检查。由机组人员在起飞前和除冰保持时间内进行。这通常是在驾驶舱内进行的检查。它可以通过连续评估影响除冰保持时间的条件来实现。关键表面的检查可以包括在操作程序中。

(4)其他检查。检查关键表面附着污染情况。例如,起飞前污染检查,检查关键表面是否有污染。这个检查是在超过除冰保持时间后完成的,必须在起飞前5min内完成。检查必须在飞机外部完成,除非另有规定(如机组人员从机舱检查)。持证人认可的替代程序包括技术或设备(如机翼结冰传感器),也可用于确定关键表面没有污染;或者,采用替代起飞前污染检查,检查关键表面的黏附污染物。当飞机关键表面状况不能通过起飞前检查有效评估时,或当除冰保持时间已经超过时,应进行这种检查。该检查通常在飞机外面完成。另一种遵守起飞前污染检查的方法是对飞机进行彻底除冰和防冰再处理。

(5)起飞前检查。当存在冰冻降水时,应在飞机进入跑道或起飞滑跑前检查气动面,以确定它们没有冰、雪泥和霜冻。当遇到严峻条件时,这一点尤为重要。当存在明显的黏附沉积物时,有必要重复除冰操作(参见 AC 20 - 117)。如果无法从飞机内部对飞机表面进行充分检查,最好提供一种方法协助飞行机组人员确定飞机的状况。检查应尽可能在离跑道起飞点近的地方进行。

**5. 通信和规程**

在起飞之前,应向机组人员提供有关除冰和防冰处理的情况。除冰和防冰的协议/合同应包括这些信息。如果在没有进一步降水或自生霜的情况下对飞机进行夜间除霜,则不需要与飞行机组人员进行沟通,也不需要适用除冰保持时间。在远程除冰和防冰作业中,应指定一名地面除冰和防冰机组人员,在整个除冰和防冰过程中,与飞机机组人员保持积极的通信联系。与机组人员交流可以口头或通过电子留言板。如果发生冲突,应以口头沟通为主。经有资质人员进行的最终检查确定飞机关键区域无冰、霜、雪泥和雪。所用最终液体的类型、流体混合物(体积百分比)和施用时间都将提供给飞行机组人员和其他相关人员。

(1)防冰代码。液体使用后,机组人员使用的信息代码如下:

① 定义"类型 I"是 SAE I 型液体;"类型 II"是 SAE II 型液体;"类型 III"为 SAE III 型液体;"类型 IV"为 SAE IV 型液体。

② 指定液体/水混合物中液体的百分比(例如,100 = 100% 液体,0% 水,75 =75% 液体,25% 水)。按体积报告 SAE II 型、III 型和IV型液体/水混合物的浓度,不需要报告 SAE I 型液体的浓度。

③ 以当地时间(小时和分钟)定义最后除冰和防冰步骤的开始时间(如13

点 10 分表示为 1310)。

④ 定义日期(日、月、年)。将信息①~③传送给机组人员,确认除冰和防冰后检查已完成,飞机是洁净的。

机组人员除冰和防冰信息格式示例如表 10-3 所列。

表 10-3　信息格式示例

| ① | ② | ③ | ④ |
|---|---|---|---|
| Ⅱ型 | 100% | 1400 | 20/4/90 |
| Ⅱ型 | 75% | 1100 | 20/4/90 |
| Ⅰ型 |  | 0942 | 17/2/91 |

在除冰和防冰之后起飞前,机组人员应从地勤人员那里收到"全部清除"信号,确保滑行安全。除冰和防冰检查后,将防冰代码传送给机组人员。航空器运营人应明确规定,由哪家公司负责进行后除冰和防冰检查,并向机组人员提供防冰代码。如果涉及两个不同的公司参与除冰和防冰处理、后除冰和防冰检查,必须确保在完成后除冰和防冰检查之前没有发出防冰代码。进行除冰和防冰处理的公司应负责信息处理,并将处理的所有信息传递给进行后除冰/防冰检查的公司。

(2) 紧急程序。在偏远的地点或集中的设施进行除冰/防冰时,应制定应急程序,以确保飞机或地面紧急情况能安全、迅速处理,并与机场运行应急计划相协调。

(3) 飞机移动。在偏远的地点或集中的设施进行除冰/防冰时,应制定应急程序,以确保飞机以安全协调的方式进、出除冰工作区。

# 参 考 文 献

[1] SAE AIR 4737H. Aircraft deicing/anti-icing methods[S]. SAE,2008.

# 第11章　飞机结冰术语

## 11.1　概述

　　术语是在特定科学领域用来表示概念的集合,是限定科学概念的约定性语言符号,是科技人员交流的基础工具。在结冰研究的发展历程中,产生了一些关于结冰的术语定义,但这些定义分布在不同的细分专业领域中,如飞机适航、空气动力学、热力学、气象学等。在 2002 年以前,没有集中统一的飞机结冰术语,并且由于细分应用领域不同,有些术语在使用中存在一些混淆。2002 年 9 月,SAE 发布了《飞机飞行中结冰术语》(AIR 5504),主要包括在飞机结冰系统设计、分析、研究和操作中常用的术语,也包括一些结冰分析中常用的热力学方面的术语。SAE 制定该标准的目的是期望在结冰领域形成一个统一的、集合在一起的结冰术语,探讨一些术语的不同含义。可能是出于对该标准的成熟度考虑,SAE 特别强调发布 SAE AIR 5504 不代表对其中术语定义的认可或推荐使用。

　　2008 年 3 月,SAE 对 SAE AIR 5504 进行了修订,并以 ARP 5624 标准号发布《飞机飞行中结冰术语》。2009 年 11 月,SAE 宣布取消 AIR 5504,使用 ARP 5624 替代。根据 SAE 关于标准至少每 5 年进行一次评估的规定,2013 年 4 月,SAE 对该标准进行了确认。《飞机飞行中结冰术语》的标准代号从 AIR(航空信息报告)转为 ARP(航空推荐做法),反映了 SAE 对该标准态度的改变和认可。

　　SAE ARP 5624 标准《飞机飞行中结冰术语》为结冰研究、工程技术和适航认证领域科研人员提供了共享平台,使人们在交流和探讨结冰问题时表述更为清晰。该标准对术语的解释和阐述参考许多相关标准或文献,如《环境控制系统术语》(SAE ARP 147)《美国联邦航空规范第 1 部"定义和缩写"》《飞机结冰手册的定义》(DOT/FAA/CT‒88/8)、《气象学词表》《简氏航空航天词典》等。有些术语有多种定义,对这样的术语,该标准给出了逐条释义。为了完整阐述有些术语,标准还给出了有关公式。总之,SAE ARP 5624 标准是结冰研究汇集多学科领域术语实践的成果,也是未来结冰技术探讨交流的重要基础。

　　SAE 制定的 SAE ARP 5624 标准包含术语 299 个,其中:空气动力学术语 66 个;工程术语 54 个;冰描述术语 50 个;冰防护术语 45 个;气象学术语 83 个。

## 11.2　结冰强度术语讨论

结冰强度术语的定义、应用和讨论主要在于美国联邦航空管理局及气象部门,FAA 在其出版物中有若干不同的定义和解释。1968 年,FAA 下属联邦气象服务委员会(现商务部联邦气象协调委员会)对结冰强度进行了划分和定义,这是后续其他版本划分定义的基础,该定义如下:

(1)微量(Trace)。冰变得明显。积冰速率略大于升华速率。即使不使用除冰/防冰装置也没有危害,除非在这种环境下持续飞行超过 1h。

(2)轻度(Light)。如果在这种环境下飞行时间超过 1h,积冰速率可能会造成问题。偶尔使用除冰/防冰装置消除/防止冰积聚。如果使用除冰/防冰装置,则不会出现问题。

(3)中度(Moderate)。积冰速率达到即使是短暂的积冰也有潜在危害的程度,必须使用除冰/防冰装置或绕道飞行。

(4)严重(Severe)。积冰速率达到除冰/防冰装置不能减少或控制危害的程度,必须立即绕道飞行。

2006 年 2 月 16 日,FAA 发布的《FAA 航空信息手册》第 7.1.23 条,对结冰强度的定义基本上与 1968 年的定义相同。唯一的实质性修改是:对"微量"的定义删除了"即使不使用除冰/防冰装置也没有危害"的说法,改为"不需使用除冰/防冰装置,除非在这种环境下持续飞行超过 1h"。

1996 年,FAA 发布的《咨询通告》(AC-91-51a)给出了这些定义的另一种形式,见表 11-1。《咨询通告》(AC-91-51a)从飞行安全的角度对"重度"结冰进行了较详细的探讨,其应用主要在于指导适航认证和飞行员飞行操作。

表 11-1　FAA《咨询通告》(AC-91-51a)的结冰强度定义

| 强度 | 机身积冰 | 飞行员操作 |
|---|---|---|
| 微量 | 冰变得明显。积冰速率略大于升华速率 | 除非持续 1h 或更长时间,除冰/防冰装置和/或航向或高度不需要改变 |
| 轻度 | 如果在这种环境下飞行时间超过 1h,积冰速率可能会造成问题 | 偶尔使用除冰/防冰装置消除/防止冰积聚,或者改变航向或高度 |
| 中度 | 积冰速率达到即使是短暂的积冰也有潜在危害的程度 | 需要使用除冰/防冰装置,或者改变航向或高度 |
| 严重 | 积冰速率达到除冰/防冰装置不能减少或控制危害的程度 | 需要立即改变航向或高度 |

2003 年 5 月,FAA 在《联邦公报》上发表了其"最终结冰术语",其中删除了

"微量",增加了"重度";对"严重"的定义进行重大修改;并增加了冰积聚率量化指标。结冰强度划分从定性走向定量。结冰强度划分和定义如下:

(1)轻度(Light)。积冰的速率需要偶尔循环手动除冰系统,以尽量减少机身上的积冰。作为参考,一个典型的冰积聚率是外翼段 $0.6 \sim 2.5 \text{cm/h}$。飞行员应考虑退出该环境。

(2)中度(Moderate)。积冰的速率需要经常循环手动除冰系统,以尽量减少机身上的积冰。作为参考,一个典型的冰积聚率是外翼段 $2.5 \sim 7.5 \text{cm/h}$。飞行员应考虑尽快脱离这种情况。

(3)重度(Heavy)。积冰的速率要求最大限度地使用冰防护系统,以尽量减少机身上的积冰。作为参考,一个典型的冰积聚率是外翼段 $7.5 \text{cm/h}$ 以上。飞行员应考虑立即退出该环境。

(4)严重(Severe)。积冰的速率达到冰防护系统不能消除冰积聚,并且通常不易结冰的位置出现冰积聚,如受保护表面的后部和任何其他由制造商认定的不会结冰区域。飞行员必须立即退出该环境。

长期以来,尽管飞行员一直使用"重度"这个词来描述大于中度的冰积聚,但官方预报或报告从未使用过"重度"这个词。FAA 将建议国家气象局停止预报"严重"结冰,而替代用"重度"结冰。重度结冰应根据合理的科学原则定义。

当严重结冰的新定义以及其他建议定义获得批准后,FAA 将修订所有咨询材料,纳入新术语。FAA 将为国家气象局用"重度结冰"代替"严重结冰"提供条件。解决术语的冲突,FAA 需要修订法规并与美国国家气象局合作。

综上所述,SAE 对结冰强度术语的观点是不推荐结冰强度术语的任何一种定义,原因如下:

(1)《航空信息手册》中的定义并不令人满意。FAA 承认他们在提出这些新定义时存在缺陷。

(2)强度定义隐含着监管,因为这些术语包含在 FAA 操作条例中。

(3)对《航空信息手册》中这些定义的最终结论,SAE 认为尚不具备推荐使用的条件。如《联邦公报》中所述,使用新的定义需要修订 FAA 的条例和咨询材料,并与国家气象局合作,以使天气预报方面的变化符合这些定义。这个过程可能很长,并可能导致对新定义的修改。

## 11.3 空气动力学术语

(1)附录 C 结冰条件(appendix C icing conditions):CFR 14 第 25 部或第 29 部附录 C 中的结冰环境冰防护认证条件。

（2）积聚效率（collection efficiency）：见"当地撞击效率"和"总撞击效率"（见(60)）。

（3）碰撞效率（collision efficiency）：见"当地撞击效率"和"总撞击效率"。

（4）计算的冰形（computed ice shape）：由计算流体动力学（CFD）工具生成的冰形。

（5）连续最大结冰条件（continuous maximum icing conditions）：层状云的结冰条件，见 CFR 14 第 25 部和第 29 部附录 C 中的图 1 至图 3（本书第 4 章图 4 - 1）。在特定的温度和平均有效直径下给出了 99% 的液态水含量情况。

（6）临界结冰条件（critical icing condition）：典型地用于冰防护系统设计点的飞机气象和飞行条件（SAE 1168）。

（7）基准温度（datum temperature）：①结冰环境中未加热表面的温度（FAAIH）；②穿过自由湿度云的物体表面湿空气边界层温度（ADS - 4）。

（8）小水滴雷诺数（droplet Reynolds number）：过冷云或喷雾小水滴的雷诺数，是小水滴直径和速度的乘积除以自由流空气运动粘性系数。速度可以是自由流速度，也可以是小水滴相对于空气的速度。

（9）小水滴轨迹（droplet trajectory）：小水滴在空气中走过的痕迹，通常始于自由流中某一位置，止于它撞击到研究的物体或经过该物体。

（10）干空气试验（dry air testing）：在没有可见湿气中飞行或在不喷水设备中进行的试验。

（11）动压（dynamic pressure）：等于 0.5 × 流体密度 × 流体速度的平方，与运动流体的动能有关。

（12）动态温度（dynamic temperature）：流体总温或滞止温度与静温的差值，等于运动流体单位质量动能除以定常压力下的比热容。

（13）有限差分法（finite difference method）：求解流场问题的一种计算方法。流场被离散化，即被细分为许多小而有限的单元。这个过程称为网格生成。控制流场的偏微分方程是用有限差分方程按单元处未知数的值近似得到的。这产生了一组代数方程，这些方程可以求解每个单元的未知数的值。

（14）有限元法（finite element method）：求解流场问题的一种计算方法。流场被离散化，即被细分为称为"有限元"的许多小区域，这些有限元由称为"节点"的点定义。假设两个或多个节点之间未知参数的变化用形状函数（如线性函数、二次函数等）来描述。形状函数的节点值实际上变成未知数。控制流场的方程可以用这种方式表达，即它们的解满足控制方程具有最小误差。

（15）流场（flow field）：流体流动发生的二维或三维区域。流场可以用表达为空间坐标函数的速度分量、压力、密度和温度进行数学描述。

（16）操纵品质（handing qualities）：飞机的飞行特性，与飞机的稳定性和可控性、升力面失速特性、飞机的动力学和空气动力学有关。该术语通常用于描述飞行员感知飞机对控制指令的响应，当用于结冰方面时，强调由飞行冰积聚引起的空气动力变化。

（17）前点（highlight）：翼型前缘的最前点，通常沿弦线。翼型或发动机短舱截面的最小 $X$ 坐标。

（18）冰污染尾翼失速（Ice - Contaminated Tailplane Stall，ICTS）：前缘冰积聚导致的水平尾翼吸力面过早流动分离。ICTS 发生时的尾翼迎角受尾翼翼型设计、冰形和粗糙度、雷诺数和马赫数以及升降舵偏转角的影响。

（19）冰吸入（ice ingestion）：确定发动机以规定流量吸入各种冰、融冰或冰雹能力的一类试验（源自《简氏航空航天字典》）。

（20）冰板（ice plate）：螺旋桨飞机机身蒙皮上的坚固板（源自《简氏航空航天字典》）。

（21）冰棒（ice rod）：标准吸入试验尺度：直径 3.18cm，长 30.5cm（源自《简氏航空航天字典》）。

（22）结冰（icing）：冰在物体表面上形成或积聚。

（23）结冰代码（icing code）：模拟飞机结冰条件下冰积聚过程的计算程序。

（24）结冰遭遇（icing encounter）：穿过一系列结冰区，直到经历远大于选定距离被打断（源自 FAA《飞机结冰手册定义》）。

（25）结冰事件（icing event）：一片过冷冻云的一部分，其中云特性基本不变（源自 FAA《飞机结冰手册定义》）。

（26）结冰极限（icing limits）：①前点到翼型上、下表面冰积聚末端的距离；②通常是上、下温度极限，对应一个（有时两个）飞行高度。

（27）人造结冰云飞机（icing tanker）：装备有喷水装置的飞机，因而能够产生人造结冰云，使紧随其后的另一架飞机产生结冰。

（28）结冰风洞（icing tunnel）：装备有喷雾耙和制冷系统的风洞，这样风洞空气可以保持过冷温度，为了模拟空中结冰条件，喷雾耙可以设置在模型上游。

（29）冰形确定（ice shape determination）：表示某一特定结冰代码是否具有理论上产生一个计算冰形能力的术语。

（30）撞击效率曲线（impingement efficiency curve）：作为位置的函数，给出小水滴质量撞击物体上一小块面积（冰积聚表面）速率的曲线或图，该速率可视为一个流管中自由流小水滴质量流率的一部分，流管的截面对应这个小面积的迎风面投影。

（31）撞击极限（impingement limit）：小水滴冲击物体上的最后位置。它应用在一个物体(如翼型)的上表面或下表面。这个距离可以测量从前缘开始的 $X$ 距离,或者从驻点开始的表面距离。

(32) 惯性参数(inertia parameter):当无量纲化时,出现在小水滴运动方程中的一个无量纲参数。撞击效率和撞击极限取决于惯性参数、物体形状、迎角和小水滴雷诺数。

(33) 飞行中(inflight):从重量离开飞机轮胎到施加到飞机轮胎上(源自 AS 5498)。

(34) 间断最大结冰条件(intermittent maximum icing conditions):对流云的结冰条件,见 CFR 14 第 25 部和第 29 部附录 C 中的图 4(本书第 2 章图 2-2)。在特定的温度和平均有效直径下给出了 99% 的液态水含量情况。

(35) 潜在故障(latent failure):直到机组人员或机械师发现才认识到的故障(源自 AS 5498)。

(36) 当地撞击效率(local impingement efficiency):物体表面特定位置小水滴质量通量与自由流小水滴质量通量之比(图 11-1)。其他用于该术语的称谓有撞击效率、当地捕获效率、积聚效率、水捕获效率和当地水捕获效率。

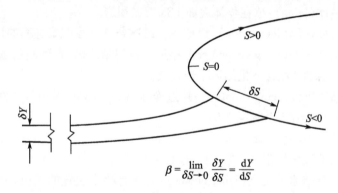

$$\beta = \lim_{\delta S \to 0} \frac{\delta Y}{\delta S} = \frac{dY}{dS}$$

图 11-1　当地水捕获效率 $\beta$(源自 SAE ARP 5624)

(37) 当地捕获效率(local catch efficiency):见"当地撞击效率"(见(36))和"总撞击效率"(见(60))。

(38) 当地水捕获(local water catch):见"当地撞击效率"和"总撞击效率"。

(39) 多步冰积聚程序(multistep ice accretion procedure):用于计算机代码结冰模拟,计算冰积聚的时间步长程序。在特定时间增量过程中,该程序计算表面冰积聚量,然后在足够多的时间增量上(加起来就是预期的暴露时间)重复计算。在每个时间步长上对前一步形成的冰形几何形状重复计算流场、撞击效率、能量和质量平衡、冰厚度分布。

246

（40）NS 方程（Navier – Stokes equations）：该偏微分方程组表示非定常、粘性、可压缩牛顿流体的动量守恒定律。对三维流，它们组成三个方程，各对应一个坐标方向。NS 方程与连续性方程和能量方程一起，组成一套对层流牛顿流能够产生精确解的方程。对湍流，这些方程用湍流模型补充，这是一个重要的误差源。对实际流动，NS 方程必须用数值方法解算，并且求解很大程度上取决于计算机资源。

（41）NS 解算器（Navier – Stokes solver）：一种数值解算 NS 方程和辅助方程的计算机代码。

（42）观察到的冰（observed ice）：由飞机上机组人员目视观察到的或机载传感器识别到的真实冰。

（43）面元法（panel method）：获得位流解的一种方法。面元法使用大量简单位流解的叠加获得复杂二维或三维物体上位流的解。物体表面被划分为大量子面元（通常是四边形的），并且非常简单的解、典型的源、汇和/或涡被置于网格上。整个流动需要正切于物体表面的控制点，通常位于每个网格中心点。这样就产生了一组代数方程，用来求解面元分布的强度。面元法非常快并且不依赖于计算机资源，因为只是物体表面而不是整个流场需要离散化，仅有单一相对简单的偏微分方程需要求解。

（44）飞行员报告（PIREPS, PIlot REPortS）：通常飞行员在飞行操作中用来记录所经历的气象事件（源自 SAE 1168/4）。

（45）势流（potential flow）：取势流函数的梯度可以获得速度分布的流动。当忽略黏性效应时，势流占据主导地位，并且自由流是均匀的。一个单独的线性偏微分方程控制不可压缩位流，可压缩势流中的扰动相对自由流很小。因此，解可以叠加并且这些流动可以用网格法求解。

（46）潜在结冰条件（potential icing conditions）：有利于飞机部件上冰积聚的大气条件。这些条件典型地定义为可见湿气和低于特定温度的温度。这些条件正常由飞机制造商定义。

（47）预测 – 校正过程（predictor – corrector procedure）：对一个给定网格点或点组成的线，在步进过程中，无论是瞬间的还是空间的，充分迭代到一个收敛解的过程。在这个过程中，首先解方程得到新预测值，然后该值用于"修正"解。在 LEWICE 3D 和 LEWICE 2.0 中，该过程用于轨迹计算。在法国航空航天研究院（ONERA）HERICE 代码中，预测 – 校正方法用于完全冰积聚计算。

（48）气压高度（pressure altitude）：在标准大气中，对应给定压力的高度。

（49）随机温度跃升（ram temperature rise）：减小飞机和环境空气之间相对速度产生的正温度增量。当相对速度降到零时，随机温度跃升等于动态温度。

（50）恢复温度（recovery temperature）：在自由流中，一个绝热壁匹配当地流动方向将达到的温度。恢复温度位于流动静温和滞止温度之间，稍微小于滞止温度，因为热从紧贴壁面运动非常迟缓的相对热的流体传到稍微离开壁面运动较快较冷的流体。

$$T_r = T_0 \left[ 1 + r \left( \frac{|\gamma - 1|}{2} \right) Ma^2 \right] \qquad (11-1)$$

式中：$T_0$ 为自由流静温；$r$ 为恢复因子；$\gamma$ 为比热比；$Ma$ 为马赫数。

（51）冗余度（redundancy）：意味着完成一个给定功能或飞行操作，存在不止一个自变量。

（52）雷诺数（Reynolds number）：流体中惯性力与黏性力之比的无量纲参数。雷诺数是流动参考长度与速度的乘积除以流体的动量黏性系数。参考长度可以是流体中物体的尺度或其他相关长度。

$$Re = \rho \frac{vL}{\mu} \qquad (11-2)$$

式中：$v$ 为特征速度；$\rho$ 为空气密度；$\mu$ 为空气黏性系数；$L$ 为特征长度。

（53）截面升力特性（section lift characteristics）：一片升力面（如机翼的截面）产生的单位展长升力性能。截面升力系数是当地迎角、雷诺数的函数，如果压缩效应明显，还包括马赫数。

（54）驻点（stagnation point）：流动中流体停滞的点，即由压力梯度而不是黏性效应导致速度到零。在驻点，流体滞止于分叉流线上，相邻的流线分往两边。驻点通常出现在流动中物体上的迎风面区域。

（55）标准高度（standard altitude）：标准大气表中对应温度和压力的高度（源自 SAE 147）。

（56）静压（static pressure）：流动中的实际当地压力或压缩应力。随流体一起运动的探头能测量到静压。

（57）静温（static temperature）：流动中的实际当地温度。随流体一起运动的测热计能测量到静温。

（58）人造结冰云飞机试验（tanker testing）：用装备有喷水装置的飞机产生人造结冰云，试验飞机紧随其后，在其产生的模拟自然结冰条件中试验。

（59）薄层 N-S 方程（thin layer Navier-Stokes equations）：一个近似版的 N-S 方程，通常适合用于薄剪切流。抛弃流向扩散限制，允许使用解算器，这比用全 N-S 方程快得多。

（60）总撞击效率 $E$（total impingement efficiency）：单位时间小水滴撞击物体的质量与单位时间通过自由流中参考面积的小水滴质量之比。参考面积通常是垂直于自由流的最大物体面积,或垂直于自由流两个坐标方向的最大物体高度。该术语的其他称谓包括积聚效率、总积聚效率、总撞击效率、总碰撞效率、碰撞效率。

（61）总积聚效率(total collection efficiency)：见"当地撞击效率"和"总撞击效率"（见(60)）。

（62）总碰撞效率(total collision efficiency)：见"当地撞击效率"和"总撞击效率"。

（63）总压(total pressure)：流动流体等熵变化到静止所达到的压力。它是驻点上达到的压力,也称为驻点压力。它是静压和动压之和。

（64）总温(total temperature)：流动流体绝热变化到静止达到的温度。它是驻点达到的温度,也称为驻点温度。

（65）总水捕获(total water catch)：它是撞击到飞机表面的总水量或冰量,单位为 kg/h,是当地捕获值的积分。对一个二维物体,如机翼上,总捕获用单位展长表示更方便（源自 SAE 1168/4）。

（66）水捕获效率(water catch efficiency)：物面实际小水滴质量与自由流小水滴质量通量之比,也称为积聚效率、撞击效率（源自 SAE 5903）。

## 11.4　工程术语

（1）1D - C 探头(1D - C probe)：一维云探测仪,是一种对细雨尺度的小水滴敏感的光学阵列测量仪。通常用于云研究,有时用于结冰适航飞行试验,探测 $50 \sim 300\,\mu\mathrm{m}$ 范围的水滴。

（2）2D - C 探头(1D - C probe)：二维云探测仪,是一种测量 $10 \sim 1000\,\mu\mathrm{m}$ 范围水滴的光学阵列测量仪,是 1D - C 探头的高级版本,能够提供探测粒子的二维图像,所以可以识别冰颗粒并按形状分类。通常用于云研究,适用于结冰适航飞行试验,探测冻雨或冰颗粒。

（3）积聚参数(accumulation parameter)：冰积聚的无量纲测量值。它正比于水撞击表面的速率和该表面置于结冰条件下的总时间。

$$A_c = \frac{(\mathrm{LWC} \cdot v \cdot \tau)}{(\rho \cdot d)} \qquad (11 - 3)$$

式中:LWC 为液态水含量;$v$ 为自由流速度;$\tau$ 为结冰暴露时间;$\rho$ 为冰密度;$d$ 为特征长度。

（4）绝热过程(adiabatic process)：发生于一个与周围没有热交换的系统中的热力学过程（源自《McGraw - Hill 物理和数学字典》）。

（5）外界温度(ambient temperature)：周围介质的静温,如与试验装置接触的气体或液体(源自《McGraw - Hill 物理和数学字典》)。

(6) 自动控制(automatic control):能按参考参数自动调节一些参数或输出的装置或系统。用于自动修改系统运行,使输出参数到达期望值或标准(源自 SAE147)。

(7) 可降解的(biodegradable):物质的一种能力,当置于阳光、空气和水中时,自然地分解为对自然环境无害的化合物。

(8) 毛细管数(capillary number):黏性力与表面张力之比。有时用于描述明冰表面水特性。

$$C_{a} = \frac{(\mu \cdot v)}{(\sigma)} \qquad (11-4)$$

式中:$\mu$ 为水的黏性系数;$v$ 为自由流速度;$\sigma$ 为水对空气的表面张力。

(9) 特征长度(characteristic length):一个合适的参考长度,如翼型弦长,用于定义具体问题的几何缩尺比。

(10) 冷浸(cold soak):物体持续置于低温一段时间的一种状态。在飞机结冰领域,该术语经常用于持续暴露于低温、燃料已经达到过冷温度(相对水来说)的状态。当降落于潮湿的地方时,机翼燃料箱冷的外表面会发生冷凝,并生成一层冰,它会导致升力降低或由于冰脱落导致损毁。

(11) 除雾(defog):冷凝后去除潮湿,一般在一个透明的区域。一般该术语在使用中也包括防止潮湿形成,或二者都可用,但这技术上是不正确的,防止潮湿是防雾。

(12) 除雾装置(demister):欧洲使用的术语,含义同"除雾"(源自 SAE 147)。

(13) 设计温度(design temperature):某系统设计基于的温度(源自 SAE 147)。

(14) 非传导的(dielectric):非导体电流,经常用作电热冰防护系统的绝缘体。

(15) 干空气额定温度(dry air rated temperature):空气和水的过饱和混合物的温度,如果混合物中整个水含量以恒定的焓值蒸发。

(16) 干球温度(dry bulb temperature):空气 - 水蒸气混合物的静温(源自 SAE 147)。

(17) 发动机导入系统(engine induction system):给发动机提供空气的系统,如进气道唇、导流片、转子。

(18) 环境控制系统(environment control system):设计用于保持飞机内期望环境(通风、温度、湿度等)的系统。

250

（19）失效（failure）：影响一个部件正常工作的事件，如此就不能正常发挥功用（源自 AS 5498）。

（20）通量（flux）：单位时间流经给定面积的一些物理量（源自《McGraw - Hill 物理和数学字典》）。

（21）外部物体损坏（foreign object damage, FOD）：由碎片或不是本系统一部分的物体导致系统的破坏。

（22）前向散射分光探头（forward scattering spectrometer probe, FSSP）：一种用于计数和测量飞行中单个云水滴的商业仪器。水滴尺寸是通过探测和分析以一个小角度从窄激光束散射出的光量来确定的。

（23）冷冻比（freezing fraction）：物体表面某点水的冷冻质量与到达该点的总水质量之比。

（24）几何学（geometry）：形状和尺寸的定性研究（源自《McGraw - Hill 物理和数学字典》）。

（25）G - 力（G - force）：表示作用在一个物体上加速度的无量纲单位，用地球重力的加速度表示（1G、2G 等）。

（26）热传导系数，整体的（heat transfer coefficient, overall）：描述通过所考虑部分的热传导率的单一热传导系数，是通过该部分所有单个热传导路径的组合，通常单位为 $W/(m^2 \cdot K)$。

（27）热传导系数，表面或油膜（heat transfer coefficient, surface or film）：直接接触物体表面流体薄层的热传导系数，通常单位为 $W/(m^2 \cdot K)$。

（28）热线风速仪（hot wire anemometer）：用置于气流中的通电薄单元测量流场热传导的速度测量装置。其最常见的形式是，装置的测量元保持恒定的温度，并测量保持该温度需要的电流。

（29）红外成像（infrared imagery）：一种非接触测量温度的方法，通过测量物体温度产生的辐射，可以确定其温度。形成的二维图像可以显示物体表面温度的变化。

（30）潜热（latent heat）：以可逆等压等热相变方式，一个系统单位质量释放或吸收的热。在气象学中，水在 0℃ 的蒸发或冷凝、融化、升华的潜热分别为 $L_v = 2.501 \times 10^6 J/kg$、$L_f = 3.337 \times 10^5 J/kg$、$L_s = 2.834 \times 10^6 J/kg$。

（31）努塞尔数（Nusselt number）：当地热传导无量纲系数，通常定义为

$$Nu_L = \frac{(h_L \cdot L)}{k} \qquad (11-5)$$

式中：$h_L$ 为热传导系数；$L$ 为特征长度；$k$ 为热导率。

（32）光学阵列探头（optical array probe, OAP）：一种用于计数和测量飞行中

251

单个小粒子的商业仪器。用线性小光电探测器,通过电测粒子经过窄光束放大阴影的截面确定粒子尺寸。

(33) 相变(phase change):从一种物理状态变化到另一种物理状态的过程。在环境控制系统中,相变通常与所选材料有关,将在特定的工作点或范围发生。大多数材料发生相变,会产生显著的热传导。这就提供了一个重要的热力学优点,在不发生相变的物质温度升高或降低过程中,可以利用相变材料吸收或释放热。相变材料是被动使用或像制冷系统蒸发周期这样的热力学周期中使用(源自 SAE 147)。

(34) 普朗特数(Prandtl number):动量扩散与热扩散之比(源自《简氏航空航天字典》)。

$$Pr = \frac{(\mu \cdot c_p)}{\lambda} \qquad (11 - 6)$$

式中:$\mu$ 为黏性系数;$c_p$ 为恒定压力下比热容;$\lambda$ 为热扩散率。

(35) 恢复因子(recovery factor):真实驻点温度不能实现应用的修正,甚至当考虑热传导效应时也应使用。它定义为表面和当地(紧邻边界层外)温度差与驻点和当地温度差之比。

$$r = \frac{(T_{\text{surf}} - T_s)}{(T_{\text{stag}} - T_s)} \qquad (11 - 7)$$

式中:$T_{\text{surf}}$ 为表面温度;$T_{\text{stag}}$ 为驻点温度;$T_s$ 为静温。

(36) 相对热因子(relative heat factor):撞击水携带到飞机表面的热与自由流空气对流带走的热之比。

(37) 旋转多圆柱(rotating multi - cylinder,RMC):一种设计用于测量过冷云液态水含量、小水滴平均有效直径和小水滴尺寸普遍形状的仪器,仔细使用精度可以达到 ±10%。它由 5 ~ 6 个堆叠在一起的同轴、直径不同的圆柱组成,直径范围为 0.2 ~ 8cm,当它在自由流中旋转时,冰均匀地积聚在各圆柱上。根据不同的圆柱直径和相关不同的积聚效率(通过小水滴质量聚集而不是直径),旋转多圆柱起到小水滴惯性分离器的作用。

(38) 缩尺方法(scaling method):获得参考条件(将模拟的条件)和缩尺条件(实际试验的条件)相似的过程,对结冰而言,相似性参数的数量可能大于缩尺条件需要解决的参数数量。因而,发展缩尺方法包括判定选择那些描述结冰机理最重要方面的参数。选定相似参数的参考值和缩尺值是一样的,并且形成的方程对未知(缩尺)试验条件同时求解。

(39) 施密特数(Schmidt number):粘性系数与质量扩散率之比,即动态粘性系数除以质量扩散率。

$$Sc = \frac{\mu}{(\rho \cdot D)} \qquad\qquad (11-8)$$

式中:$\mu$ 为粘性系数;$\rho$ 为空气密度;$D$ 为质量扩散率。

(40) 脱落(shedding):积冰从飞机部件上分离或脱离而去,可由飞机表面被动的方法或防护飞机表面主动的方法引起。被动的方法,如自然的空气动力或离心力;主动的方法,如在机翼前缘、风挡、发动机进气道、螺旋桨、直升机旋翼、空中数据测量探头等上面的除冰/防冰装置。

(41) 相似参数(similarity parameter):通常是一组无量纲条件和/或性能。它们用两种方式形成:认为对冰积聚有重要影响的参数比或从控制各种物理过程方面的方程,形成一组方便的术语。飞机结冰中最常用的一些相似参数来自小水滴轨迹和热平衡方程。相似参数的例子是积聚参数。

(42) 相似(similitude):当同一个自然现象(如冰积聚),在不同模型尺寸或环境条件的两个过程中存在,但控制该过程的物理匹配,给出相同的无量纲结果。在结冰中,相似的目标通常是对不同尺寸的模型或两组不同条件,达到一样的无量纲冰积聚形状。

(43) 烧结(sintering):材料变硬过程。例如,热调制或在基材中添加辅材,从而产生更高强度的材料。

(44) 比热容(specific heat):使单位质量物体温度升高1℃所需的热量。

(45) 稳态(steady state):一种状态条件,其中物体或系统内各点特性不随时间变化。

(46) 立体光固化打印(3D 打印)(stereolithography):计算机驱动固化激光反应树脂薄层形成零件的过程,典型的是用于快速原型加工或制造有限数量的复杂零件,如模拟的冰形。

(47) 过冷(supercooled):液体冷到冰点以下没有固化或结晶(源自 AS 5498)。

(48) 过冷水(supercooled water):冰点温度以下的液态水(源自《气象学词汇》)。

(49) 系统(system):相互联系完成一个或多个功能的多装置组合。

(50) 温度传感器(temperature sensor):①用来测量空气温度并为温度调节器反馈信号的装置(源自 SAE147);②温度感应单元,热测量仪器中直接受其热状态影响那部分(源自《气象学词汇》)。

(51) 热传导率(thermal(heat) conductivity):一种物质通过传导表示热传递率的物理特性,物质单位长度上1℃温度梯度。

(52) 瞬态(transient):一个物体或系统的特性随时间而变化的条件状态。

（53）韦伯数（Weber number）：在给定问题空气/水界面上，空气惯性与表面张力之比的无量纲参数。该定义可推广到任意两种流体，按下列公式计算，即

$$We = \rho \cdot v^2 \cdot \frac{L}{\sigma} \tag{11-9}$$

式中：$v$ 为特征速度；$\rho$ 为空气密度；$\sigma$ 为水的剪切应力；$L$ 为特征长度（源自《McGraw-Hill 物理和数学字典》）。

（54）湿球温度（wet bulb temperature）：液态水或冰通过蒸发或升华进入空气的温度，可绝热使空气达到饱和。

## 11.5 冰描述术语

（1）黏结强度（adhesion bond strength）：衡量冰与其附着（或结合）的表面（基层）之间的黏结程度（尽管垂直于基层界面的拉伸黏附也是一个重要的考虑因素），黏结程度通常在简单的搭接剪切黏结试验中进行测量。黏结程度以单位面积的力表示。温度、基层材料和冰/基层界面的表面条件是测量黏结强度时要考虑的重要因素。

（2）人造冰形（artificial ice shape）：由不是冰的材质构成的一种结构形式，但准备用它代表冰积聚。同"模拟的冰形"。

（3）人造结冰（artificial icing）：用喷水装置（如结冰风洞或人造结冰云飞机）在飞机或飞机表面积冰的过程，同"模拟结冰"。

（4）珠状冰（bead）：形成于主冰积聚之外的一种独立的、不均匀的、圆形的冰，如图11-2所示。

图 11-2　珠状冰（源自 SAE ARP 5624）

（5）鸟嘴状冰（beak ice）：通常与直升机旋翼叶片有关的一种冰，由靠近前缘上表面的小冰积聚组成。它可能像一个泥泞的山脊，也可能像一个小角状的

堆积物,向前伸到气流中,类似于鸟嘴。冰的位置由低压区(吸力区)控制,低压区产生足够的局部冷却使水冻结,如图11-3所示。

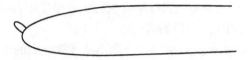

11-3  鸟嘴状冰示意图(源自SAE ARP 5624)

(6)吹出(blowoff):撞击飞机表面后重新进入空气中的水。

(7)靴脊(boot ridge):除冰器系统启动后,残留在翼型除冰器系统有效区域后的冰脊。通常会形成一个面向气流的尖锐向前的台阶。当翼型上的冰积聚面积大于除冰系统所覆盖的面积时,就会发生这种情况,如图11-4所示。

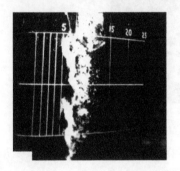

图11-4  引导冰脊(源自SAE ARP 5624)

(8)冰桥(bridging):①在充气除冰器上形成的不能通过膨胀除去的冰拱;②冰保护区域与非冰保护区域之间连接的冰(见"分隔带")。

(9)凸状冰(bumps):明冰的一部分,直径一般为4~10mm、不均匀的圆形冰,可能被粗糙物所覆盖,如图11-5所示。

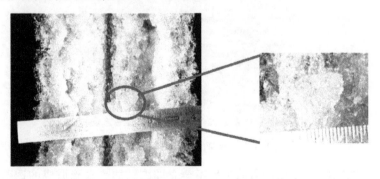

图11-5  凸状冰(源自SAE ARP 5624)

（10）清澈冰（clear ice）：①在基层上所形成的适形的透明冰；②飞行用来描述明冰的术语。

（11）干生长（dry growth）：过冷小水滴的积聚形成的典型霜冰，其表面干燥并低于0℃，除当地紧接小水滴碰撞后的时间外。

（12）羽脊（feather ridge）：生长在一起形成连续表面的冰羽线。

（13）霜（frost）：由大气中的水蒸气沉积在表面形成的冰晶。

（14）冻结溪流（frozen rivulet）：由表面张力形成的冰纹所包含的冻结的弯曲溪流，冰纹与飞机表面流线平行，如图11－6所示。

图11－6　冻结溪流（源自 SAE ARP 5624）

（15）釉羽（glaze feathers）：外观透明或半透明的冰羽，如图11－7所示。

图11－7　釉羽（源自 SAE ARP 5624）

（16）明冰（glaze ice）：由撞击后不会立即冻结的小水滴形成的透明或半透明的冰，且有角，如图11－8所示。

256

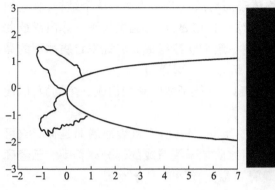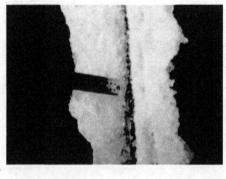

图 11 -8　明冰及角冰的照片(源自 SAE ARP 5624)

（17）模糊冰（glime）：同"混合冰"。

（18）白霜（hoarfrost）：见"霜"。

（19）角（horn）：在潮湿的生长条件下，从周围冰表面隆起的突出物。角通常形成一个连续的展向冰脊，直到低后掠角的前缘。

（20）冰（ice）：飞机上出现的任何形式冻结水的形式，包括清澈冰、明冰、混合冰、霜冰、流回冰、霜、雪、冰晶、珠状冰、羽状冰等。

（21）冰积聚（ice accretion）：飞机表面冰的生长、堆积及其形成。

（22）冰帽（ice cap）：横跨曲面形成的冰积聚，如机翼前缘的结冰。这种冰即使与飞机表面的黏结融化，可能也很难脱落。

（23）冰深度计（ice depth gage）：用来测量冰的厚度或高度特征的一种仪器装置，如测量由冰积聚所形成的物体表面冰角的高度。由于冰表面通常是不规则的，所以这些装置通常是用来测量一个小的区域，如图 11 -9 所示。

图 11 -9　冰深度计(源自 SAE ARP 5624)

257

（24）冰羽（ice feathers）：由物体表面离散点形成的冰的单个结构，当它们生长时呈扇形散开状。它们可能与主冰形状相邻，也可能生长到主冰内或彼此相互深入，或者主冰的形状本身可能由一组羽状冰组成。名称来自霜冰羽的晶体结构类似于鸟的羽毛（参见"光羽""霜羽"和"羽脊"）。

（25）冰刀（ice knife）：一种加热工具，它能把冰的形状切成一个剖面，以便进行"冰跟踪"。

（26）冰脊（ice ridge）：一种凸起的冰带，通常沿飞机表面展向延伸。它可形成于冰积聚的一部分，也可形成于由冰防护系统造成的部分冰移动。已经确定了几种不同类型的冰脊，包括"靴脊""溢流脊"和"羽脊"。

（27）冰形（ice shape）：飞机部件上形成的冰的剖面形状。这种形状可能是计算出来的，也可能是基于自然结冰、人造结冰云飞机或风洞结冰试验的实际积累。

（28）冰跟踪（ice tracing）：冰形剖面的记录。

（29）冲击冰（impact ice）：无论是在飞行中、结冰风洞中，还是在人造结冰云飞机后面，由过冷小水滴与飞机表面碰撞形成的冰。

（30）周期间冰（intercycle ice）：在除冰系统工作周期之间除冰表面上积聚的冰。

（31）拉德拉姆极限（Ludlam limit）：总温、LWC（液态水含量）、MVD（中值体积直径）和空速的组合，在此极限上并非所有过冷小水滴都在集水区内冻结，并且冰不再向前生长。

（32）混合冰（mixed ice）：同时出现明冰和霜冰的特征。它在驻点区是半透明的或透明的，在两侧过渡到不透明的冰羽，如图 11 – 10 所示。

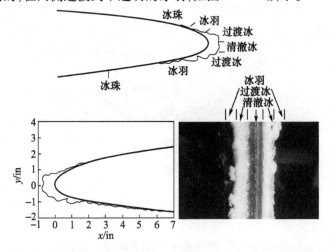

图 11 – 10　混合冰成分描述、跟踪和照片（源自 SAE ARP 5624）

（33）混合相结冰/混合结冰（mixed phase icing/mixed icing）：由过冷小水滴和冰晶组成的云中的结冰。

（34）自然结冰（natural icing）：在没有人为干预的情况下，由过冷小水滴造成的结冰。

（35）节结冰（nodules）：类似于釉羽的单个冰结构，在几乎垂直于总来流方向生长。它们通常出现在飞机表面主冰积聚的后面，如图11-11所示。

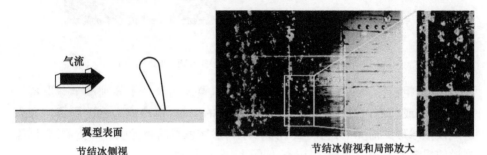

图11-11　节结冰（源自SAE ARP 5624）

（36）残留冰（residual ice）：在紧接一种类型的冰防护系统工作周期后剩余的冰。

（37）霜羽（rime feathers）：外观呈乳白色或不透明的冰羽，具有表面纹理类似于鸟的羽毛的精细晶体结构，如图11-12所示。

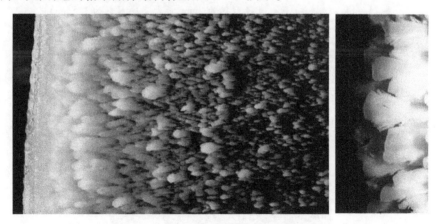

图11-12　霜羽（源自SAE ARP 5624）

（38）霜冰（rime ice）：由撞击后立即冻结液态云小水滴形成的乳状和不透明的冰，如图11-13所示。

（39）冰溪（rivulet）：飞机表面向下游流动的小溪流。

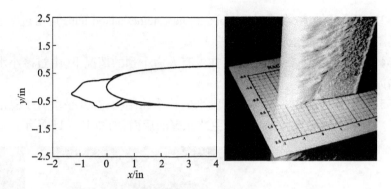

图 11 - 13　霜冰跟踪及照片（源自 SAE ARP 5624）

（40）粗糙元（roughness element）：飞机机翼表面局部不规则或半球形特征物，或由冰或其他材料（如粗糙砂纸等）形成的天然、模拟或人造冰积聚。在人造或模拟冰形的情况下，它们被用来再现自然冰积聚的粗糙度。对于明冰，试验测量的粗糙元直径上限约为 2mm，如图 11 - 14 所示。

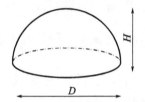

图 11 - 14　粗糙元（最大直径 $D$ 约为 2mm，最大高度 $H$ 约为 1.5mm）
（源自 SAE ARP 5624）

（41）溢流（runback）：飞机表面上的液态水顺风流动。

（42）溢流冰（runback ice）：飞机表面水离开一个区域冻结或再冻结而形成的冰，该区域高于冻结区并顺风流向一个足够冷使其冻结的区域（图 11 - 15）。这种类型的冰经常与热除冰系统的负产品相关。

图 11 - 15　溢流冰（源自 SAE ARP 5624）

260

（43）溢流脊（runback ridge）：水由飞机表面顺风流动到特定允许形成冰的区域而形成的冰脊。形成的结构往往是一个线性的展向脊（图 11 - 16）。主要在热冰防护系统运行时可以观察到。

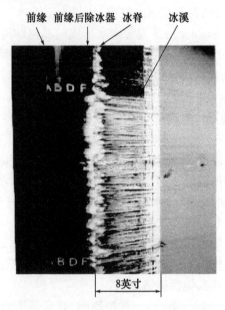

图 11 - 16　溢流脊（源自 SAE ARP 5624）

（44）沙粒冰（sandgrain ice）：同"砂纸冰"。

（45）砂纸冰（sandpaper ice）：一层薄的冲击冰，表面近似于粗砂纸。

（46）扇贝/龙虾尾冰（scallop/lobster tail ice）：仅在后掠面上形成的一种冰积聚，其特征是精心重复的尖形，这些尖形相互锁定，形成类似于龙虾身体的图形，如图 11 - 17 所示。

图 11 - 17　扇贝/龙虾尾冰（源自 SAE ARP 5624）

(47) 模拟冰形(simulated ice shape):由不是冻结水材料做成的一种构型,用它来代表某种冰积聚,同"人造冰形"。

(48) 模拟结冰(simulated icing):使用喷水装置(如在结冰风洞或人造结冰云飞机后)在飞机或飞机表面积冰的过程。同"人工结冰"。

(49) 海绵冰(sponge ice):蒸发带走水形成的晶格结构的冰。

(50) 湿生长(wet growth):过冷小水滴积聚产生的典型明冰或海绵冰,其表面潮湿并在0℃,因为冻结小水滴时释放潜热。

## 11.6 冰防护系统术语

(1) 咨询飞行结冰探测系统(advisory FIDS):飞行结冰探测系统为驾驶舱机组人员提供额外的冰或结冰指示,但是驾驶舱机组人员激活冰防护系统仍然要按照《飞机飞行手册(AFM)》规章(通常当总气温低于一个阈值水平和有可见潮湿出现时),而不是仅仅基于飞行结冰探测系统(源自 SAE AS 5498)。

(2) 空气动力性能监视系统(aerodynamic performance monitoring system):通知其他系统或驾驶舱机组人员有关空气动力性能衰减的系统。性能衰减可能是由于被监测表面的冰或其他污染造成的。

(3) 防冰阀(anti-ice valve):一种控制阀,通常是压力调节和关闭类型的,它测量输送到防冰系统的热空气。

(4) 防冰,防结冰(anti-ice,anti-icing):防止受保护表面的冰积聚(参见"除冰",除去表面积聚的冰)。

(5) 排出的空气(bleed air):从燃气涡轮发动机的压缩机中分流出的空气,用于辅助用途。通常用于热冰防护系统的热源和驱动流。

(6) 边界层(boundary layer):在飞行中直接覆盖飞机的那层空气,其速度由零过渡到当地自由流速度。为了估算薄膜热传导系数,可能需要对边界层进行分析。

(7) 电刷块(brush block):一种通过旋转机械传递电能的装置,采用静止的导电电刷(电刷块)与旋转滑环保持接触的方式。用于旋翼机和螺旋桨的电热防冰系统。

(8) 除冰或除结冰(deice or deicing):通过破坏冰和被保护表面之间的结合而使冰积聚周期性地脱落(参见"防冰",防止表面上冰的形成)。

(9) 除冰器真空(deicer vacuum):气动除冰器(不工作时)保持部分真空,以防止机翼上当地压力小于环境静压(由于空气动力压力降低)区域的自动膨胀。

（10）引射器（ejector）：一种被动的气动装置，使用压缩空气通过喷流口或文氏管来产生真空或吸力。在防冰应用中，由发动机排气产生真空，以保持气动除冰器在飞行过程中呈完全放气状态。

（11）弹性体（elastomeric）：表现出与天然橡胶相似的弹性特性。常用在气动除冰器和毡式电热冰防护系统中。

（12）电磁除冰系统（electro-magnetic deicing system）：通过使用机械加速度或通过使用电磁力使除冰表面偏转而使冰脱落的一种除冰系统。根据详细的设计和工作需求，存在几种衍生形式。

（13）电热（electrothermal）：电阻产生的能量，用于将防护表面加热到冰点以上温度、蒸发撞击小水滴、融化冰积聚或融化冰结合层，以便离心力和/或空气动力就能使冰脱落。

（14）蒸发系统（evaporative system）：提供足够的热量使所有撞击加热表面的小水滴蒸发的一种防结冰系统。

（15）错误报警（false alarm）：当没有冰存在时指示有冰（SAE AS 5498）。参见"胡乱警报"。

（16）飞行结冰探测系统（flight icing detection system，FIDS）：飞行结冰探测系统包括至少一个对结冰物理现象直接或间接敏感的传感器。飞行结冰探测系统探测参考表面上的冰积聚，并向机组人员和/或系统发送信号。飞行结冰探测系统还可用于推测冰厚度、冰积聚速率、液态水含量、小水滴尺寸和/或积聚位置。

（17）自由流（freestream）：飞行中飞机周围、不受飞机通过干扰的空气。相对于飞机结冰，未受扰动的空气被假定完全不受当地气流变化的影响，因此相对于飞机，结冰小水滴的轨迹不会改变。

（18）冰点抑制剂防冰系统（freezing point depressant ice protection system）：一种除冰或防冰系统，它将冻结点降低剂（通常为乙二醇化合物）引入撞击小水滴，使撞击水的冻结温度低于当地气流温度。撞击水混合物然后蒸发或从表面脱落。

（19）乙二醇（glycol）：一种用于液体冰防护系统的常用冻结点抑制剂。

（20）冰探测器（ice detector）：通知驾驶舱机组人员或系统有关监测飞机表面冰积聚情况的一种设备。

（21）冰检灯（ice inspection light）：安装在机身上的一盏灯，用来照亮机翼前缘或其他参考面，让机组人员在夜间能观察冰积聚。

（22）冰防护系统（ice protection system，IPS）：机载除冰或防冰系统（取决于需要的防护程度和提供防护的能力），具有保护飞机表面不受积冰影响的功能。

除冰系统允许一些冰在定期清除（部分或全部）之前在防护表面上生长，而防冰系统则防止在表面上形成冰。通常分为机身、动力装置、螺旋桨或旋翼冰防护系统。这些划分视飞机设计的不同可能重叠或相互作用。

（23）疏冰性（icephobic）：表现出对冰的附着力降低的一种表面特性，字面意思是"憎冰"（源自《FAA 结冰手册》）。

（24）结冰（icing）：冰在表面上形成或积聚。

（25）惯性分离器（inertial separator）：一种用来减少涡轮螺旋桨飞机或直升机发动机结冰影响的装置。高速进气道空气被迫急转才能进入发动机进气口。较重的小水滴无法完成这一转弯，随后被分离并从进气道排出。也可以称为粒子分离器。

（26）充气周期（inflation cycle）：气动除冰器接连充气之间的时间长度。

（27）充气顺序（inflation sequence）：气动除冰系统各段（如内侧机翼、外侧机翼、尾翼）的充气顺序。

（28）侵入式的（intrusive）：感应元件位于自由流中或靠近自由流的一种FIDS。

（29）磁致伸缩的（magnetostrictive）：受磁场作用时，铁磁性材料改变尺寸的特性。在冰探测器中，被冰覆盖的磁致伸缩材料受到交变磁场作用时，共振频率的变化用来指示冰的形成。

（30）监测面（monitored surface）：关注冰危害的表面（如机翼前缘）。监测表面上的冰积聚可以直接测量或与参考表面上的冰积聚相关得到。

（31）胡乱警报（nuisance alarm）：不期望的冰或结冰指示（SAE AS 5498），如结冰条件或持续时间不需要采取行动的指示。参见"错误警报"。

（32）分隔带（parting strips）：在受保护表面指定位置上设计用来分割冰的加热区。这些加热区防止冰延伸到非加热区，或交替性地隔开冰积聚，以便使其靠空气动力脱落。

（33）小短管（piccolo tube）：防护表面（如翼型或发动机进气道前缘）后排放热空气的高压高温管。

（34）气动靴（pneumatic boot）：同"气动除冰器"。

（35）气动除冰器（pneumatic deicer）：一种机械除冰器，通常由织物和弹性材料制成，内部有管道（或通道），沿弦向或沿展向排列，周期性充气。

（36）主自动 FIDS（primary automatic FIDS）：自动启动防结冰或除冰系统的飞行结冰探测系统（SAE AS 5498）。

（37）主手动 FIDS（primary manual FIDS）：向驾驶员提供冰或结冰指示的一种飞行结冰探测系统，并要求驾驶员根据 FIDS 激活冰防护系统（SAE AS 5498）。

（38）参考面（reference surface）：①远离冰危害表面（如螺旋桨转子）设置的有目视提醒的表面；②飞行结冰探测系统传感器测量的表面（如探头系统的侵入部分）（SAE AS 5498）。

（39）流动湿（running wet）：对表面温度保持在冰点以上的热防冰系统（电或热空气）的描述术语。

（40）脱落（shedding）：积聚的冰从飞机部件分离或脱离，对任何飞机表面通过被动方法（如依靠自然空气动力或离心力）或对防护飞机表面通过主动方法（例如，用除冰系统或延迟激活一个防冰系统，作用于机翼前缘、风挡、发动机进气道、螺旋桨或直升机旋翼叶片、空气数据探头或排水桅杆）。

（41）甩液圈（slinger ring）：一种外表面半径有孔的环形管，用作螺旋桨和旋翼叶片防冰液的分配器。

（42）滑环（slip ring）：利用与旋转导电元件（滑环）保持接触的固定电刷块，通过旋转机械传输电能的装置。用于旋翼机和螺旋桨的电热冰防护系统。

（43）下吸（suckdown）：同"除冰器真空"。

（44）涡流喷嘴（swirl nozzle）：利用涡流运动来增加内部传热的一种被动气动装置。涡流喷嘴有时用来代替"小短管"。

（45）湿度因子（wettedness factor）：在没有湿润整个加热区的小溪流中，考虑撞击水流过翼型表面情况的一个因子。

## 11.7 气象学术语

（1）气团（airmass）：一种广泛分布的气团，是由位于地球表面某一特定区域的空气，在离开源区域的移动过程中，经历特定变化形成的（源自《FAA 结冰手册》《气象学词汇》）。

（2）高积云（altocumulus）：中等高度（平均海平面为 6500 ~ 20000ft）白色和/或灰色的片或层状云，由层状、圆形团块、卷状云等组成，有时部分纤维状或弥漫状，可能融合也可能不融合在一起。

（3）高层云（altostratus）：中等高度（平均海平面为 6500 ~ 20000ft）灰白色或蓝色的云片或呈条状、纤维状或均匀的层云。

（4）卷积云（cirrocumulus）：高空（平均海平面为 20000 ~ 30000ft）白色薄碎块、片状或层状云，由融合的或分离的、或多或少规律排列的呈谷粒、波纹等状态非常小的元素组成，主要由冰晶组成，但也可能含有少量的过冷液态水。

（5）卷层云（cirrostratus）：高空（平均海平面为 20000 ~ 30000ft）透明的、看上去呈纤维状或光滑的白纱云，主要由冰晶组成，但也可能含有少量的过冷液态水。

(6) 卷云(cirrus)：高空(平均海平面为20000～30000ft) 呈白色、细丝或大部分为白色碎块或窄带形状的云,具有纤维状外观或丝般片状,主要由冰晶组成,但也可能含有少量过冷液态水。

(7) 聚结效率(coalescence efficiency)：与表面发生碰撞的水融合或附着在该表面,而不被飞溅或弹跳移除的比例。通常被气象学家使用。

(8) 碰撞聚结过程(collision coalescence process)：两个小水滴相互碰撞并结合成一个较大小水滴的水滴生长过程。

(9) 碰撞效率(collision efficiency)：实际与物体碰撞的液态水或冰的数量与当小水滴或冰晶沿直线运动时可能与物体碰撞的液态水或冰的数量之比。通常被气象学家使用。参见"收集效率"。

(10) 冷凝(condensation)：气体转化为液体的过程。反义词：蒸发。

(11) 条件不稳定性(conditional instability)：大气中某一空气柱的温度垂直梯度小于干绝热垂直梯度,但大于饱和绝热垂直梯度时的状态。如果发生冷凝,上升的空气将不稳定(比周围的空气更热)。

(12) 积云(cumuliform)：对积云族云的描述,其主要特征是以隆起的土丘、圆顶或塔状垂直发展。

(13) 积雨云(cumulonimbus)：雷雨云;以单个单元或连续云的形式出现,只有单个顶部可识别的极度垂直发展的积云。这种云的成熟形态的顶部通常具有扁平的、砧状特征。可能造成严重的结冰危害。

(14) 积云(cumulus)：通常稠密的云,其轮廓清晰,垂直发展,形成隆起的土丘、圆顶或高塔,与周围的云和云层分离。

(15) 沉积(deposition)：气体直接转化为固体而不变成液体的过程。反义词：升华。

(16) 露点温度(dew point temperature)：给定气团必须在恒压和恒水蒸气含量下冷却,以达到相对于水的饱和温度。

(17) 细雨(drizzle)：以直径为50～500μm水滴形式的液体沉降。

(18) 水滴(drop)：小的球形液体颗粒。在气象学中,尤指水滴。没有定义尺寸限制以区分水滴和小水滴,但是有时方便表示两个不同的尺寸范围,如经常使用液体云粒子(小水滴)区分液体沉降(水滴),从而暗示最大直径0.2mm是小水滴的限制。

(19) 小水滴(droplet)：同"水滴",常指小的水滴。

(20) 干绝热(dry adiabat)：表示干绝热垂直梯度的直线,可以用图表表示,也可以用方程表示。

266

（21）干绝热垂直梯度（dry adiabatic lapse rate）：一团干空气绝热上升通过静态平衡大气，其温度随高度升高的降低率（源自《FAA 结冰手册》）。

（22）干球温度（dry bulb temperature）：空气－水蒸气混合物的静态温度（源自 SAE 147）。

（23）蒸发（evaporation）：液气混合物中的液体转化为气体的过程。反义词：冷凝。

（24）预测结冰条件（forecast icing conditions）：气象部门预测的有利于飞机在飞行过程中形成结冰的环境条件。

（25）冻细雨（freezing drizzle）：以液体形式下落的细雨，但在与地面或暴露的物体撞击时冻结。

（26）冻雾（freezing fog）：一种与地面接触的过冷云，其与地面或暴露的物体撞击时冻结。

（27）冰点高度（freezing level）：0℃（32℉）温度层的高度。在多个 0℃（32℉）温度层的情况下，最低的这层高度。

（28）冻降水（freezing precipitation）：任何形式的液体降水，当与地面或暴露的物体发生碰撞时，即形成冰冻雨或冰冻细雨。

（29）冻雨（freezing rain）：以液体形式下落的雨，但与地面或暴露的物体撞击时冻结。

（30）霜（frost）：大气中的水蒸汽沉积在物体表面形成的冰晶。

（31）霜点（frost point）：为了达到关于冰的饱和，一个给定的气团必须在恒定的压力和水蒸汽含量条件下冷却到的温度。

（32）冻的降水（frozen precipitation）：降水，曾经是液体，现处于冻结状态，包括雪粒和冰粒。

（33）融合（fusion）：冻结的过程。

（34）霰（graupel）：很白的冰晶，常称为雪粒；通常很难与非常小的软冰雹区分开，除非冰雹的直径大于 5mm。有时由形状区分为圆锥形、六角形和块状（不规则）霰。（源自《气象学词汇》）。

（35）冰雹（hail）：以球或冰块的形式出现的固体降水，直径在 5～50mm 以上（源自 FAA29－2）。

（36）白霜（hoarfrost）：同"霜"。

（37）静力平衡（hydrostatic equilibrium）：流体的一种状态，其恒压和恒质量（或密度）面一致，且整个处于水平状态（源自《FAA 结冰手册》《气象学词汇》）。

（38）冰晶（ice crystal）：许多肉眼可见晶体形式（冰呈透明状）的任何一种，包括六角形柱、六角形薄片、树突状晶体、冰针以及这些形式的组合（源自《气象

267

学词汇》)。

（39）冰晶云（ice crystal cloud）：完全由冰晶组成的云；从液态水云和混合云上区分。

（40）冰针（ice needles）：针状的长冰晶。

（41）冰点（ice point）：在一个大气压下，空气饱和的纯水和纯冰的混合物可以处于平衡状态的温度（源自《气象学词汇》）。

（42）冰丸（ice pellets）：由直径5mm以下的透明或半透明的冰丸组成的沉降物，一般为冻水滴。

（43）结冰云（icing cloud）：一种含有足够浓度和尺度过冷液态水的云，能在飞机表面产生冰。

（44）结冰条件（icing condition）：存在过冷小水滴且温度有利于飞机结冰。

（45）朗缪尔分布（Langmuir distribution）：一族五列假设对称的LWC对应小水滴尺寸分布，最初用于分析旋转多圆柱（RMC）测量值。表11-2以中值体积直径（MVD）的分数或倍数的形式，给出了每列7个LWC区间中心的小水滴直径。表中的值是各组的平均直径与中值体积直径的比值。"D"分布通常用于翼型上冰积聚计算，如14 CFR-25、29附录C所假设的那样。

表11-2 朗缪尔分布

| % LWC | A | B | C | D | E |
|---|---|---|---|---|---|
| 5% | 1.00 | 0.56 | 0.42 | 0.31 | 0.23 |
| 10% | 1.00 | 0.72 | 0.61 | 0.52 | 0.44 |
| 20% | 1.00 | 0.84 | 0.77 | 0.71 | 0.65 |
| 30% | 1.00 | 1.00 | 1.00 | 1.00 | 1.00 |
| 20% | 1.00 | 1.17 | 1.26 | 1.37 | 1.48 |
| 10% | 1.00 | 1.32 | 1.51 | 1.74 | 2.00 |
| 5% | 1.00 | 1.49 | 1.81 | 2.22 | 2.71 |

（46）液态水含量（liquid water content）：在单位体积或云质量或降水液滴中所含水的总质量，通常以每立方米水的克数或干空气的千克数为单位（$g/m^3$、$g/kg$）。

（47）平均有效直径（mean effective diameter，MED）：与旋转多圆柱方法一起使用的测量云中LWC的一个术语。当一个小水滴直径被分配到朗缪尔分布的一个中点上时，它给出一组旋转多圆柱上计算与测量之间冰积聚质量差异的最佳一致性。MED（平均有效直径）近似等于MVD（中值体积直径）。

（48）中值体积直径（median volume diameter，MVD）：小水滴直径除以一半小水滴分布中总液态水含量，即一半的水体积会在较大的小水滴中，而另一半水体积会在较小的小水滴中。

（49）混合云（mixed cloud）：冰粒子与过冷小水滴混合的云。

（50）混合条件（mixed condition）：存在于相同云环境中的液态过冷小水滴和冰晶的混合。也称为混合相条件。

（51）湿绝热（moist adiabat）：表示湿性绝热垂直梯度的直线，可以用图表或方程表示。

（52）湿绝热垂直梯度（moist adiabatic lapse rate）：饱和气团通过静力平衡状态大气的温度随高度升高的降低率。

（53）湿绝热过程（moist adiabatic process）：见"饱和绝热过程"。

（54）雨云（nimbostratus）：一种灰色且常呈黑色类型的云，由或多或少连续不断的降雨、雪、雨夹雪等扩散渲染，且不伴有闪电、雷或冰雹。

（55）核化（nucleation）：在过冷（液体）或过饱和（溶液或蒸汽）环境中引发新相的过程。将一种物质变为较低的热力学能态（蒸汽变为液体冷凝，蒸汽变为固体沉积，液体变为固体冻结）的相变起始（源自《气象学词汇》）。

（56）潜在结冰条件（potential icing condition）：被诊断为将有利于空中飞机表面结冰的大气条件。

（57）雨（rain）：地面附近或空中直径大于 0.5mm（500μm）以液态水滴形态漂浮的降水。

（58）相对湿度（relative humidity）：空气中部分水蒸汽的压强与关于水的饱和蒸汽压强之比（源自《气象学词汇》）。

（59）饱和（saturation）：在现有温度和压力下，空气中水蒸气的部分压强等于其最大可能部分压强（关于液态水或冰）的条件。

（60）饱和绝热垂直梯度（saturation adiabatic lapse rate）：在饱和绝热过程中，气团随高度的升高而温度下降的速率（源自《FAA 结冰手册》）。

（61）饱和绝热过程（saturation adiabatic process）：一种通过水的蒸发或冷凝，使空气保持饱和状态的绝热过程。潜热分别由空气提供或传给空气（源自《FAA 结冰手册》）。

（62）过冷大水滴（supercooled large drop，SLD）：直径大于 50μm 的水滴，包括冻细雨和冻雨，这些水滴尺寸超过目前 FAR 25 中结冰适航认证的常规尺寸范围（10~40μm）（源自 NASA/TM1998 - 206620、AIAA 98 - 0577）。

（63）SLD 条件（SLD conditions）：包括过冷大水滴的结冰条件。

（64）冰夹雪（sleet）：在美国，同"冰粒"——一种由直径不超过5mm的透明或半透明的冰粒组成的沉降物。然而，在欧洲和其他一些地方，用来形容冰和雪的混合物。

（65）雪（snow）：由白色或半透明冰晶组成的沉降物，主要为复杂的分叉六角形，常凝结成雪花（源自《气象学词汇》）。

（66）雪粒（snow grains）：小的（一般小于1mm）白色不透明的冰粒沉降物，相当于固态细雨。

（67）雪粒（snow pellets）：由直径为2~5mm的白色、不透明、近似圆形的低密度冰粒组成的沉降物。也称为霰或软雹。

（68）比湿度（specific humidity）：空气中水蒸汽的量，一般用每千克干空气中水的克数表示。

（69）稳定性（stability）：静平衡状态的大气关于垂直位移的稳定性。稳定大气的标准是，被移动的云团受到与其位移相反浮力的作用。

（70）标准大气（standard atmosphere）：通过国际协议，一种假设代表大气的温度、压力和密度的垂直分布，它被用于压力高度计校准、飞机性能计算、飞机和导弹设计、弹道表等目的（源自《气象学词汇》）。

（71）层状的（stratiform）：广泛水平发展云的描述，相对的是垂直发展的积云（源自《气象学词汇》）。

（72）层积云（stratocumulus）：灰色或偏白色，或两者兼具的片或层云，它几乎总是含有由卷状、圆形云团等组成的黑色部分，它们不是纤维状的，可以融合或不融合。

（73）层云（stratus）：一般为灰色层状的云层，基部相当均匀。

（74）升华（sublimation）：固体直接转化为蒸汽或气体、而不变成液体的过程。相反的是"沉积"。

（75）过冷云（supercooled cloud）：含有过冷小水滴的云。

（76）过冷细雨（supercooled drizzle）：同"冻细雨"。

（77）过冷液态水（supercooled liquid water）：在冰点0℃以下的液态水。

（78）过饱和（supersaturation）：相对湿度超过100%的状态，存在比产生饱和所需的更多蒸汽。

（79）温度反向（temperature inversion）：随高度的升高使温度降低。

（80）总水含量（total water content）：对于云来说，每单位质量或体积的干空气中液体和冰的质量之和。

（81）垂直范围（vertical extent）：云的底部和顶部之间的垂直距离。

（82）湿球温度（wet bulb temperature）：液态水或冰通过蒸发或升华进入空气的温度，能使空气绝热饱和。

（83）湿雪（wet snow）：恰好在冰点（0℃）以上的雪，或含有大量液态水的沉积雪。

# 参 考 文 献

[1] SAE ARP 5624. Aircraft inflight icing Terminology[S]. SAE,2008.
[2] Dean M. NASA/FAA/NCARsupercooled large droplet icing flight research:summary of winter
96 −97 flight operation[R]. NASA/TM −1998 −206620,1998.

# 第 12 章　结冰技术目录

## 12.1　概述

20 世纪 30—80 年代是航空兴起和迅速发展的时代,也是飞机结冰研究非常重要的历史阶段。在这一时期,结冰研究在发现问题、搜集结冰气象数据、研究解决结冰导致的飞行安全问题过程中,发展和完善了结冰飞行试验、地面试验和数值模拟的综合试验体系,基本解决了飞机飞行结冰的防护问题,形成了大量结冰研究的技术文献成果。这些技术文献成果分布在国外科研机构的不同信息资源中,并且这一时期的大多数文献是以文本的形式存在,给查阅和学习带来不便。

SAE 飞机技术委员会下属的飞机结冰技术专业委员会成立了结冰技术目录小组,该小组对结冰技术文献进行了梳理,编制了《结冰技术目录》(SAE AIR 4015),并于 1987 年 11 月发布。2007 年 4 月,SAE 对该目录进行了修订。2013 年 3 月,SAE 认为修订后的目录包含了以往基本的结冰技术研究信息,而 90 年代以后的结冰研究技术文献基本都有电子版。因此,该目录版本(SAE AIR 4015D)冻结不再更新。

SAE AIR 4015D 主要收录了 1987 年以前国外主要有代表性的、公开发表的结冰技术文献,而不是全部技术文献。SAE 编制该目录的目的是将分散在世界各机构和研究组织中的重要结冰成果汇集于一册,方便业界查阅学习。SAE AIR 4015D 编制参考的主要结冰资料目录包括以下内容:

① 公开的加拿大国家研究委员会飞机结冰报告和出版物。

② 美国德克萨斯农业和机械大学《飞机防冰/除冰/冰参考文献纲要》。

③ NASA《NACA – NASA 飞机结冰出版物选择目录》。

④ 加拿大国家技术委员会参考部的文献目录。

⑤ 美国 NASA 格林研究中心《结冰研究办公室报告目录》。

⑥ 美国洛克希德·马丁公司《先进旋翼机冰防护研究》。

⑦ 英国罗托尔公司文献目录。

⑧ 飞机结冰技术专业委员会成员提供的文献材料。

SAE AIR 4015D 划分了 25 个结冰研究专题目录,它们是结冰云气象学、气象测量仪器、螺旋桨结冰、感应系统结冰、涡轮发动机和进气道结冰研究、机翼结冰、风挡玻璃结冰、冰附着和力学特性、热传导、直升机气候试验和结冰、直升机旋翼桨叶结冰、发动机雪吸入和雪测量、水滴轨迹和撞击、冰积聚建模、结冰试验设备和结冰模拟、飞机冰形成、跑道结冰、微波探测和冰防护系统、结冰翼型性能、陆地和海上结冰研究、液体和两相流动力学、液体蒸发和冰晶形成研究、电建模、整流罩结冰、其他。共计包含大约 2000 篇结冰技术文献。

## 12.2  结冰云气象学

1. D. Fraser. 结冰防护系统气象设计要求 . NRC – R – LR – 49,1953.

2. J. R. Stallabrass. 1976 年 2 月 25 日和 26 日渥太华的过冷雾和白霜条件 . NRC – R – LTR – LT – 69,1976.

3. K. G. Pettit. 1950—1953 年加拿大结冰实验中过冷云特征 . 多伦多气象会议文集,1953:269 – 275.

4. J. Jaumotte. 自由空气中的过饱和特殊现象 . Ciel et Terre,XLI,1925(3): 42 – 49.

5. W. L. Smith. 纽约 – 芝加哥航线特有的天气问题 . 天气月评,1929.

6. L. T. Samuels. 飞机结冰期间的气象条件 . NACA – TN – 439,1932.

7. W. Findeisen. 大气结冰的气象物理限制 . NACA – TM – 885,1939.

8. D. L. Arenberg. 飞机结冰条件的确定 . Trans. Am. Geophys. 1943,99 – 122.

9. J. K. Hardy. 结冰条件下云中游离水的测量 . NACA – ARR – No. 4111,1944.

10. W. Lewis. 普通降水下暖前沿系统的结冰区 . NACA – TN – 1392,1947.

11. W. Lewis. 非气旋性冬季云结冰特性 . NACA – TN – 1391,1947.

12. W. Lewis. 对有利于飞机结冰气象条件的飞行调查 . NACA – TN – 1393,1947.

13. W. Lewis,D. B. Kline,C. P. Steinmetz. 对有利于飞机结冰气象条件的进一步调查 . NACA – TN – 1424,1947.

14. W. Lewis. 冬季和春季中低云层组成的观测 . 天气月评,1948,76(1): 1 – 9.

15. W. Peppier. 过冷水和结冰云 . Abs. Bull. Am. Meteorological. soc,1948,29 (9):458.

16. D. B. Kline. 1947—1948 年冬季层云中飞机结冰的气象条件调查 . NACA – TN – 1793,1949.

17. R. Jones, W. Lewis. 飞机防冰设备设计中考虑的气象因子推荐值. NACA – TN – 1855,1949.

18. W. Lewis, W. H. Hoecker, Jr. 对 1948 年飞行中结冰情况的观测. NACA – TN – 1904,1949.

19. R. G. Dorsch, P. T. Hacker. 过冷小水滴自发冷冻温度的显微照相研究. NACA – TN – 2142,1950.

20. J. Levine. 自发冷冻小水滴的统计学说明. NACA – TN – 2234,1950.

21. D. B. Kline, J. A. Walker. 低空层状云结冰条件的气象分析. NACA – TN – 2306,1951.

22. P. T. Hacker, R. G. Dorsch. 飞机结冰气象条件综述及一种选择防冰设计准则的方法. NACA – TN – 2569,1951.

23. W. Lewis. 飞机结冰的气象学方面. 气象学概论. 美国气象学会,1951,1197 – 1203.

24. P. J. Perkins, D. B. Kline. 在高液态水含量的过冷层状云中飞行时获得的气象数据分析. NACA – RM – E51D18,1951.

25. P. T. Hacker. 过冷水表面张力的实验值. NACA – TN – 2510,1951.

26. R. G. Dorsch, B. Boyd. 过冷水内部结构的 X 射线衍射研究. NACA – TN – 2532,1951.

27. E. Brun, M. Vasseur. 悬浮力学. 密歇根大学,1952.

28. W. Lewis, N. R. Bergrun. 美国飞机结冰气象因子的概率分析. NACA – TN – 2738,1952.

29. R. G. Dorsch, J. Levine. 空气中自由下落小水滴冻结的摄像研究. NACA – RM – E51C17,1952.

30. P. J. Perkins. 洲际航线日常运行中结冰情况的初步调查. NACA – RM – E52J06,1952.

31. P. J. Perkins. 1951 年 11 月—1952 年 6 月对美国和加拿大正常航班结冰数据的统计调查 NACA – RM – E55F28a,1955.

32. P. J. Perkins, W. Lewisa, D. R. Mulholland. 北半球海洋区域上空 700 毫巴和 500 毫巴水平高度飞机结冰概率的统计研究. NACA – TN – 3984,1957.

33. P. J. Perkins. 美国在北大西洋、太平洋和北冰洋上常规飞机飞行期间测量的结冰云统计数据摘录. NASA – Memo – CCE – 169,1959.

34. R. J. Brown. 消雾. 1964—1982 年 1 月(引用自 NTIS 数据库). PB82 – 805821,1982.

35. R. K. Jeck. 低空过冷层状云结冰特性. FAA – RD – 80 – 24,1980.

36. G. W. Wilson,R. Woratschek. 人工云和天然云的微物理特征及其对 UH –1H 直升机结冰的影响. USAAEFA –78 –21 –2,1979.

37. R. T. Beaumont,高原合作项目云调查和播种机研究及相关数据处理. 科罗拉多国际公司,丹佛垦务局,大气水资源管理处,1976.

38. G. E. Hill. 根据飞机结冰报告分析冬季地形云的降水增强潜在性. 应用气象学报(美国)1982,21(2):165 –70.

39. Anon. 雷暴(飞机安全). Contoller(德国),1981,20(3):40 –42.

40. D. C. Hogg,F. O. Guiraud,E. B. Burton. 根据地面微波辐射和飞机结冰同时观测冷云液. 应用气象学报,1980,19(7):893 –895.

41. R. A. Houze,Jr. ,P. V. Hobbs,P. H. Herzech,D. B. Parsons. 锋面云中降水粒子的粒径分布. 大气科学杂志(美国),1979,36(1):156 –62.

42. G. E. Hill. 犹他州冬季随机地形结冰云实验分析. 应用气象学报,1979,18(4):413 –48.

43. J. Hallet,D. Lamb,R. I. Sax,A. S. RamachandraMurty. 佛罗里达积云中的飞机结冰测量. 英国皇家气象学会季刊,1978,104(441):631 –51.

44. G. A. Isaac,R. S. Schemenauer,C. L. Crozier,A. J. Chisholm,J. I. MacPherson. 积云播撒技术的初步试验. 应用气象学报(美国),1977,16(9):949 –58.

45. K. A. Browning,G. B. Foote. 超级单体风暴中气流和冰雹增长机制及其防雹影响. 英国皇家气象学会季刊,1976,102(433).

46. A. Heymsfield. 钩卷云产生的冰晶和卷云演变,I. 对飞机上冰相增长的观测. 应用气象学报(美国),1975,32(4):799 –808.

47. N. N. Lazarenko,S. M. Losev. 在冰漂移的航空摄影测量中飞机浮冰表面风的实验测量. 海洋学报(苏联);海洋学报(美国),1971,11(3):426 –33.

48. K. A. Vath. 结冰气象条件. AGARD 会议论文集,No236. 飞机发动机结冰试验,1978.

49. J. F. Gayet,R. G. Soulage. 结冰云的微物理结构. AGARD 会议论文集,1978.

50. C. MMiller. 空军飞行试验中心结冰喷雾云液态水含量预测的数值方法. 飞行试验研究所第 6 届年会,1975.

51. Anon. 世界气象组织（WMO）技术札记. 联合国专门机构,WMONo. 109. TP. 47,1961.

52. A. M. Borovikov,I. I. Gayvoronskiy,etal. 云物理学. Gidrometeoizdat,1961.

53. A. M. Borovikov,Ye. G. Zak. 暖锋系统的实验研究. TSAO 学报,1956(15).

54. V. A. Zaytsev. 积云中水滴的大小和分布. GGO 学报,1948(13).

55. V. A. Zaytsev. 云中水含量测定的新方法. GGO 学报,1948(13).

56. V. Ye. Minervin. 对过冷云中水含量和结冰的测量及测量误差. TSAO 学报,1956(17).

57. V. Ye. Minervin,IP. Mazin,S. Yu. Burkovskaya. 关于云中水含量的一些新数据. TSAO 学报,1958(19).

58. I. G. Pchelko. 高空飞行气象条件. Gidrometeoizdat,1957.

59. G. Abel. 第一年飞行报告和自然结冰条件的测量. A. R. C. – A. A. E. E. – 272,1953.

60. G. C. Abel. 关于发现和测量自然结冰条件的飞行测试技术发展的第二年飞行报告. A 和 AEE 报告 –278,1954.

61. G. C. Abel. 关于发现和测量自然结冰条件的飞行测试技术发展的第三年飞行报告. A 和 AEE 报告 –285,1955.

62. E. K. Bigg. 水的过冷度. 物理学会学报:SectionB,1953,66(4).

63. P. K. Das. 云滴聚合增长. 印度气象与地球物理学,1950,1(2).

64. I. Langmuir. 冻结温度下积云中链式反应产生的降雨. 气象学报,1948,5(5).

65. S. C. Mossop,E. K. Bigg. 云滴冻结. 物理学会学报:SectionB,66,1953. 英国皇家气象学会季刊,1954,80(345).

66. H. S. Appleman. 云相位图的设计. 美国气象学会学报,1954,35(5):223 –225.

67. D. Atlas. 用雷达估计云参数. 气象学报,1954,11(4):309 –317.

68. F. A. Berry,E. Bollay,N. R. Beers. 气象学手册. 纽约:麦格劳希尔公司,1945.

69. R. J. Reed. 北极天气分析与预报. 华盛顿大学,AF – Contract – No. 19 (604) –3063,1959.

70. L. D. Berman. 循环水蒸发冷却. Gosenergoizdat,1957.

71. A. M. Borovikov. 云物理学. Gidrometeoizdat,1961.

72. A. M. Borovikov. 研究云成分的一些结果. 中央气象台学报,1948(3).

73. B. Dzh. Meyson. 云物理学. Gidrometeoizdat,Leningrad,1961.

74. LG. Pchelco,A. M. Borovikov. 对结冰和不结冰云的微观结构观测数据的处理结果. 中央天气预报学会学报,1959(80).

75. G. D. Reshetov. 对流层上层的云层. 1961(81).

76. Dzh. Khaltiner,F. Martin. 动态气象学和物理气象学. 1960.

276

77. A. Kh. Khrgiyan. 大气物理学. 莫斯科,1958.

78. F. J. Bigg, D. J. Day, I. I. McNaughton. 冰晶云的测量. 飞机防冰会议,1959.

79. Anon. 雷雨. 华盛顿,1949.

80. K. S. Shifrin. 云的平均半径随高度而增加. TrudyGGO,1961,31(93).

81. D. R. Booker, L. G. Davis, C. L. Hosler. 对积云浮力的自然和人为变化的观测. 国际云物理会议论文集,日本,1965.

82. E. Uchida,论云滴群中大液滴的特性. 国际云物理会议论文集,日本,1965.

83. S. G. Cornford. 关于从飞机上测量锋面云降水的说明. 皇家气象学会季刊,1966,92:105 – 113.

84. R. R. Braham,Jr. ,P. Spyers – Duran. 晴空中的卷云晶体. 雨水物理研究,1965—1966.

85. R. R. Braham. 对雨天和雪天云层的空中观测. 国际云物理会议论文集,日本,1965.

86. R. J. Reed,C. W. Kreitzberg. 雷达数据在天气气象问题中的应用,最终报告. AFCRL – 63 – 22,1962.

87. E. E. Adderley, F. D. Bethwaite, E. J. Smith, J. A. Warbuton. 1956 年播云实验的雪山年报. 共同财富科技产业研究机构,澳大利亚,悉尼,1964.

88. V. Conrad. 云的含水量. 华盛顿天文台图书馆,1901(73).

89. W. Peepler. 在自由大气中形成霜和冰. 对自由大气物理学的贡献,1922—1923,10:38 – 50.

90. G. Schinze. 天气 – 气象气体分析在识别危险结冰条件中的重要性. 应用气象学杂志,1932,49:107 – 115.

91. D. McNeal. 大气中的冰层形成. 航空科学杂志,1937,(4):117 – 123.

92. W. H. Bigg. 在英国,云中的冰层形成. 气象局专业说明,1937(81).

93. R. Scherhag,Nr. Wetterskizzen. 天气简图,No. 38:由于空气质量变化而结冰.(翻译)水文和海洋气象年鉴,1938,(66):257 – 259

94. V. Minos' ian. 凝霜服务.(翻译)气象学和水文学,1939,(7 – 8):184 – 185,USSR.

95. K. A. Skobtsev. 凝霜服务发展的现状和前景.(翻译)气象学和水文学,1939,(7 – 8):169 – 172.

96. V. P. Veinberg. 关于该实验数据与 Al' berg 教授对过冷水结晶过程的观点是否一致.(翻译)气象学和水文学,1939,(9):3 – 20.

97. F. Eredia. 零度等温线的作用 . (翻译)航空杂志,1940,16(10):15 - 23.

98. AJelinek. 沿着挪威航线飞行的气候条件 . 德国气象局科学和经验报告 A,1940(2).

99. W. Peepler. 过冷水和冰云 . 德国气象局科学和经验报告 B,1940(1).

100. H. B. Tolefson. 云和降水区域液态水含量的飞行测量 . XC - 35 阵风研究项目简报,NACA - L4E17,1944(9).

101. I. Langmuir. 至 1945 年 7 月 1 日为止关于结冰研究的最终报告 . 通用电气公司研究实验室,1945.

102. V. J. Schaefer. 华盛顿山顶夏季云层的液态水含量 . 美国航空物资司令部,通用电气公司的基本结冰研究,1946.

103. E. Gaviola,F. A. Fuentes. 冰雹形成,垂直气流和飞机结冰 . 气象学杂志,1947(4):117 - 120.

104. P. Whipple. 与气团和锋面有关的结冰 . 1946—1947 年哈佛 - 华盛顿山结冰研究报告,美国空军物资司令部,Tech. Rept. -5676.

105. W. E. Howell. 云与干冰成核的实验 . 1946—1947 年哈佛 - 华盛顿山结冰研究报告,美国空军物资司令部,Tech. Rep. - No. 5676.

106. V. Clark. 云中最大液态水含量图 . 1946—1947 年哈佛 - 华盛顿山结冰研究报告,美国空军物资司令部,Tech. Rept. -5676.

107. H. Weickmann. 低温下冰晶核和水核形成的实验研究;关于大气冰晶生长的推论 . (翻译)1946—1947 年哈佛 - 华盛顿山结冰研究报告,美国空军物资司令部,Tech. Rept. -5676.

108. W. Schwerdtfeger. 水滴和冰粒形成条件的比较 . (翻译)1946—1947 年哈佛 - 华盛顿山结冰研究报告,美国空军物资司令部,Tech. Rept. -5676.

109. Anon. 1946 年 11 月—1947 年 5 月常规观测和云数据观测 . 1946—1947 年哈佛 - 华盛顿山结冰研究报告,美国空军物资司令部,Tech. Rept. -5676.

110. 华盛顿山天文台 . 华盛顿山每日和月度总结,1947.

111. W. E. Howell,R. Wexler,S. Braun. 对云层构成理论的贡献 . 第一部分,Ⅱ:云滴大小分布理论 . 华盛顿山天文台研究报告,1949.

112. R. J. Boucher. 对云层构成理论的贡献 . 第一部分,Ⅲ:研究导致华盛顿山结冰的气象条件 . 华盛顿山天文台研究报告,1949.

113. Anon. 华盛顿山天文台 . 对云层构成理论的贡献 . 第二部分,在华盛顿山上观察云层构成 . 华盛顿山天文台研究报告,1949.

114. B. J. Mason. 大气中形成冰核的性质 . 皇家气象学会季刊,1950(76):59 -74.

115. H. P. Kramer, M. Rigby. 云物理学与"人造雨"的选择性注释书目. 气象文摘与书目,1950,1(3):174-190.

116. R. V. Hensley. 低温下空气中的水蒸汽达到饱和的莫尔图. NACA-TN-1715,1948.

117. Anon. 冰河时代的结束. 波音杂志,1954,24:12-13.

118. S. W. Young, W. J. VanSicklen. 结晶的机械刺激. 美国化学学会期刊,1913,(35):1067-1078.

119. E. K. Plyler. 冰晶的生长. 地质学杂志,1926(34):58-64.

120. S. Petterssen. 最近的雾调查. 第一部分—雾的物理学. 第二部分—雾形成的气象条件. 航空航天科学杂志,1941.

121. J. A. Goff. 冰的蒸气压从 32 到 28. 供暖、管道与空调,1942(14):121-124.

122. E. Brun. 晴空和湿空气中对流的研究. (翻译)法国航空研究发展委员会(G. R. A.),TN9,1943;北美航空公司,1954.

123. V. G. Schaefer. 过冷水滴云中冰晶的产生. 科学,1946(104):457-459.

124. B. Vonnegut. 通过气体的绝热膨胀产生冰晶;碘化银烟雾对过冷水云的成核;丁醇对实验室形成的雪晶形状的影响. 通用电气公司,临时报告 NO.5,1948.

125. Ambrosio. 气象结冰条件的统计分析. 加州大学洛杉矶分校,1950.

126. V. A. Zaitsev. 积云中液态水含量和水滴的分布. 核管理委员会(N. R. C.),加拿大,技术翻译,TT-395,1950.

127. J. E. McDonald. 理论上的云物理学研究. 爱荷华州立大学物理系;美国海军部海军研究办公室,NRC82-093,1953.

128. B. Vonnegut. 过冷云. 密歇根大学,飞机结冰信息课程第 1 讲,1953.

129. P. M. Austin, H. E. Foster. 关于空气液态水含量与雷达反射率比较. 气象杂志,1950,7(2).

130. N. R. Pruppacher, J. D. Klett. 云和降水的微观物理学. 荷兰多德莱希特:N. D. Reidel 出版公司,1970.

131. D. Baumgardner, J. D. Dye. 1982 年云粒子测量研讨会. 美国气象学会学报,1983,64.

132. T. A. Cerni. 利用 FSSP 法测定云滴的大小和浓度. 气候与应用气象学报,1983,22.

133. R. K. Jeck. 低空过冷层云结冰特性. FAA-RD-80-24,1980.

134. R. J. Shaw, R. F. Ide. 利用三维水滴轨迹分析解释结冰云数据. AIAA-

86-0405,第24届 AIAA 航空航天科学会议,内华达州里诺,1986.

135. R. D. Ingebo. 模拟小液滴结冰云的形成与特征. AIAA-86-0409,第24届 AIAA 航空航天科学会议,1986.

136. D. M. Takeuchi,LJ. Jahwsen,L. D. Dzamba. 在结冰认证测试期间,在北部五大湖区和加拿大北部获得了测量的云数据. AMS/AIAA 第9次会议,内布拉斯加州,1983.

137. R. L. Crisci. 改进短程航空天气预报的计划. FAA-RD-78-73,1978.

138. E. P. Weigel. 进入 AFOS:新的国家气象网即将到来. 美国国家海洋和大气管理局,1978,8(2).

139. P. R. Lowe. 用于计算饱和蒸气压的近似多项式. 应用气象学杂志,1977,16.

140. R. W. Jailer. 北半球结冰概率的评估. WADC-TN-55-225,1955.

141. P. T. Hacker,R. G. Dorsch,T. F. Gelder,J. P. Lewis,H. C. Chandler,Jr.,S. L. Koutz. 涡轮喷气运输机的结冰防护:Ⅰ-冰的气象学和物理学.Ⅱ-热要求的测定.Ⅲ-用于高速飞机的低温防结冰系统. 美国国家航空咨询委员会(NACA),I. A. S.,S. M. F.,基金论文 FF-1,1950.

142. J. A. Golf,S. Gratch. 湿空气的热力学特性. 供暖、管道与空调. 1945.

143. AAF 气象服务. 阿拉斯加-阿留申地区飞机结冰的某些因素. 美国气象学会公报,1945.

144. 航空研究实验室. 穿过自然结冰云飞行中测得的结冰强度数据初步报告. USAF-WADC 技术报告,1953:53-48.

145. G. C. Able. 第一年飞行报告—关于寻找和测量自然结冰条件的飞行测试技术的发展. Report-No. A. A. E. E. /Res/272,1953.

146. J. B. Howe. 1956—1957 年度华盛顿山结冰研究附件的结冰强度数据. WADC 技术札记 57-313,1957,AD-131-038.

147. J. B. Howe. 1957—1958 年度华盛顿山结冰研究附件的结冰强度数据. WADC 技术札记 58-203,1958.

148. C. O. Masters. 10000 英尺以下过冷云的新特性. DOT/FAA/CT-83/22,1983.

149. R. KJeck. 高达 10000 英尺海拔的过冷云变量的新数据库以及对低空飞机结冰的影响. NRL 报告 8238,DOT/FAA/CT-83/21,1983.

## 12.3 气象测量仪器

1. D. Fraser. 孔型结冰传感器——用作结冰传感器、结冰速率仪和结冰强度仪的初步结冰风洞测试. NRC 报告 LR－3,1951.

2. D. Fraser,C. K. Rush,D. C. Baxter. 结冰测量仪器的热力学限制. NRC 报告 LR－32,1952.

3. D. Fraser. 孔型结冰传感器探头的特性. NRC 报告 LR－71,1953.

4. D. C. Baxter. 测量云层水含量的热探头设计的一些热现象. NRC 报告 LR－72A,1958.

5. D. Fraser,D. C. Baxter. 孔型结冰传感器的基准压力探头. NRC 报告 LR－129,1955.

6. C. K. Rush,R. L. Wardlaw. 单个旋转圆柱的结冰测量. NRC 报告 LR－206,1957.

7. J. R. Stallabrass. 直升机结冰探测研究综述. NRC 报告 LR－334,1962.

8. D. C. Baxter. 测量云滴尺寸的辐射与散射方法的综述. NRC 报告 MD－40,1954.

9. D. Fraser. 两种结冰传感器的对比试验. NRC 试验报告 TR－32,1952.

10. J. R. Stallabrass. 测量液态水含量的单一旋转圆筒法的评价. NRC 报告 LTR－LT－92,1978.

11. J. R. Stallabrass,P. F. Hearty. 结冰测量仪器——结冰传感器问题. 燃气轮机运行和维护研讨会,1974.

12. J. R. Stallabrass. 直升机结冰传感器、结冰强度及液态水含量测量. AGARD 咨询报告 127,飞机结冰,报告 2,1977.

13. T. R. Ringer,J. R. Stallabrass. 直升机动态结冰传感器. AGARD 会议录 236,飞机发动机结冰试验,报告 8,1978.

14. K. G. Pettit. 关于过冷云特性的测量. NRC－DME/NAE 季刊,1954(2).

15. A. R. Jones,W. Lewis. 导致飞机结冰的气象因素测量的仪器研制综述. NACA－RM－A9C09,1949.

16. P. J. Perkins,M. B. Millenson. 适用于螺旋桨飞行研究的电推力仪器. NACA－RM－E9C17,1949.

17. P. J. Perkins,S. Mc. Cullough,R. D. Lewis. 记录和指示飞行中遇到结冰的频率和强度的简化仪器. NACA－RM－E51E16,1951.

18. P. J. Perkins. 测量冰冻以上或以下温度时云层中液态水含量的飞行仪

器. NACA - RM - E50J12a,1951.

19. S. McCullough,P. J. Perkins. 拍摄大气中自然悬浮云滴的飞行摄像机. NACA - RM - E50K01a,1951.

20. J. Levine,K. S. Kleinknecht. 级联撞击器对云中液滴大小飞行测量的适应性. NACA - RM - E51G05,1951.

21. R. J. Brun,K. S. Kleinknecht. 利用冠状放电测定云层中液滴尺寸分布的仪器. NACA - TN - 2458,1951.

22. C. B. Neel,Jr,C. P. Steinmetz. 利用加热丝上液态水含量测量结冰严重程度的计算和测量性能特征. NACA - TN - 2615,1952.

23. W. E. Howell. 三种多圆柱结冰测量仪的比较及多圆柱测量法的评述. NACA - TN - 2708,1952.

24. W. Lewis,P. J. Perkins,R. J. Brun. 利用旋转多圆柱法测量过冷云中液态水含量和液滴大小的方法. NACA - RM - E53D23,1953.

25. R. J. Brun,H. W. Mergler. 不可压缩流场中水滴对圆柱的撞击和旋转多圆柱法测量云中水滴大小分布、水滴大小体积中值和液态水含量的评估. NACA - TN - 2904,1953.

26. C. B. Neel. 加热丝液态水含量测定仪及结冰条件下的初步飞行试验结果. NACA - RM - A54I23,1955.

27. P. T. Hacker. 利用油流显微拍摄空中微粒显微镜获取飞行过程中云层液态水含量和液滴大小分布. NACA - TN - 3592,1956.

28. R. J. Brun,D. Vogt. 在零攻角下云滴对36.5%厚度的儒科夫斯基机翼的撞击以及染料示踪技术中测云仪的应用探讨. NAGA - TN - 4035,1957.

29. G. P. Rays. 测量雷暴天气现象的机载仪器系统. 美国陆军技术情报局. ASD - TDR - 63 - 231,1963.

30. Anon. 喷气发动机和涡桨发动机飞机结冰传感器的选择. 罗斯蒙特工程报告,No. 1688P.

31. N. Golitzine. 测量云、雾和喷雾中水滴大小的方法. NRC - Report - ME - 177,1950.

32. W. A. Olsen,Jr,D. Takeuchi,K. Adams. 结冰云测量仪器的实验比较. NASA - TM - 83340,AIAA - 83 - 0026,1983.

33. D. M. Takeuchi,L. J. Jaknsen,S. M. Callander,M. C. Humbert. 现代结冰云测量仪器的比较. NASA - CR - 168008,1983.

34. R. F. Ide,G. P. Richter. 1982—1983 年结冰季飞行计划的结冰云测量仪器评估. AIAA - 84 - 0020,TM - 83569,USAAVSCOM84 - C - 1,1984.

35. M. Glass, D. D. Grantham. 云微物理测量仪器对飞机结冰条件的响应. AFGL - TR - 81 - 1092, AFGL - ERP - 747, 1981.

36. E. N. Brown. 飞机预警和过冷云中含水量测量的罗斯蒙特结冰传感器的评估. NCAR - TN - 183, 1981.

37. J. S. Patel, R. G. Onstott, C. V. Delker, R. K. Moore. 利用直升机机载散射仪对海冰进行后向散射测量. 堪萨斯大学, 遥感实验室, RSL - TR - 331 - 13, 1979.

38. H. G. Norment. 水文测量仪的 Ewer 云含水量测量仪的收集和测量效率. AFGL - TR - 79 - 0122, 1979.

39. P. L. Kebabian. 空中冰粒计数器的制造与测试. NASA - CR - 152420, 1976.

40. R. M. Morey. 利用冲激雷达对海冰厚度进行航空遥感分析. USCG - D - 178 - 75, 1975.

41. R. S. Vickers, J. Heighway, R. Gedney. 利用短脉冲雷达对冰层厚度的航空遥感分析. NASA - TM - X - 71481, 1973.

42. V. G. Plank, R. O. Berthel, A. A. Barnes, Jr. 从飞机和雷达数据中获取凝结冰含水率值的改进方法. 应用气象学期刊, 1980, 19(11):1293 - 9.

43. E. M. Turner, L. F. Radke, P. V. Hobbs. 混合云中冰粒子计数的光学技术. 大气技术(美国), 1976, 8:25 - 31.

44. T. W. Cannon. 成像设备. 大气技术, 1976, 8:32 - 37.

45. J. D. McTaggart - Cowan, G. G. Lala, B. Vonnegut. 通过飞机对冰晶云研究的冰晶计数器的设计、制造和应用. 应用气象学期刊, 1970, 9(2):294 - 9.

46. W. L. HullandL. D. Schmidt. 研究结冰传感系统在飞机上的应用. AE - 7527 - R, 1960.

47. Anon. 直升机机载无线电探空仪——俄罗斯研究的说明. AD - 637466.

48. Anon. SH - 3D 直升机结冰率系统评估. AD - 855 - 268L.

49. Lt. E. V. Warner. 直升机旋翼桨叶结冰传感器. TCRED 技术报告, 1961, 61 - 98.

50. J. K. Hardy. 结冰传感器说明. RAE 技术备忘录. ME23, 1946.

51. J. Rudman, F. J. Bigg. 关于云中使用的热含水率测量仪的设计与性能说明. RAETNME145, 1953.

52. B. Vonnegutt. 关于飞机结冰的大气因素测量仪器的报告. AAFTR5519, 1946.

53. B. D. Lazelle. NAE 结冰传感器 T260 的风洞试验. Report - DEV/TR/

137/912,1954.

54. F. J. Bigg. 制冷式转盘结冰探测仪的研制和试验. RAE – TN – ME200,1955.

55. C. J. Day. 冷冻盘式结冰探测仪. M. R. P. 916,1955.

56. H. W. Elliot. 改进液滴照相机. NRC 实验室. NoteA1 – 3 – 50,1950.

57. K. G. Pettit. NAE 结冰统计记录仪和结冰探测仪的安装. NAE – LT – 56,1952.

58. K. G. Pettit. NAE 结冰统计记录仪和结冰探测仪的操作和维护. NAE – LT – 57,1953.

59. Anon. AN/AMQ – 15 天气侦察系统. 本迪克斯航空公司,1958—1979.

60. L. J. Battan. 雷达气象学. 芝加哥大学出版社,1959.

61. 美国气象. 气象观测雷达手册. 华盛顿大学,1960.

62. R. F. Jones. 飞机观测冰冻层以上的雷达反射粒子. MRP – 683,英国,1951.

63. V. A. Zaytsev, A. A. Ledokhovich. 飞机上进行云研究的仪器和方法. Gidrometeoizdat,1960.

64. V. I. Skatskiy. 液滴云含水量的飞机仪表. 苏联科学院地球物理系列新闻,1963(9).

65. G. O. Forester,J. S. Orzechowski. 结冰及其测量. 飞机和推进系统的环境影响. 第九届全国海军航空推进试验中心年会会议录,1969.

66. G. O. Forester,K. F. Lloyd. 现代飞机结冰探测和防护的方法. 世界航空航天系统,1:86 – 88,1965;注册飞机工程师与技术学会期刊,1965,3:20 – 22.

67. R. Serpolay,U. Tunis. 过冷雾消散的地面装置. 云物理学国际会议论文集,1965.

68. S. G. Cornford. 关于从飞机上测量锋面云降水的说明. 皇家气象学会季刊,1966,92:105 – 113.

69. T. G. Thorne. 多模气象雷达. 航海学会（英国）期刊, 1966, 19: 235 – 248.

70. D. R. Fitzgerald,H. R. Byers. 飞机静电测量仪器和云起电观测. AFCRL – TR – 62 – 805,1962.

71. D. P. Howlett. 结冰传感器. 飞机防护会议,1961.

72. R. Profio,W. W. Vickers. 过冷散云设备及技术优化设计研究. TO – B – 64 – 32,AFCRL – 64 – 427,AD – 601173,1964.

73. J. E. Crowley, A. R. Konar. Alpha 辐射湿度计. Vol. II—W – 47 飞机的霜

点湿度计. AFCRL – 64 – 690, AD – 608496.

74. E. B. Underwood. 1963 年国家强风暴计划期间 F – 100F 飞机收集雷暴数据的仪器和操作. ASD – TDR – 64 – 77, AD – 435006, 1964.

75. J. Davison, C. Krollman, W. Malin. 快速响应的双元件总温传感器发展技术报告. REC – 5644A, SEG – TR – 65 – 36, AD – 622247.

76. V. P. Chirkov, S. D. Fridman, R. M. Kogan, M. V. Nikiforov, A. F. Yakovlev. 利用航空伽马测量法测定积雪中的水含量.(翻译)水文气象学, 1965(4).

77. R. Bottger. 通过气动阻力测量圆面和锥面冰层的适用性.(翻译)美国空军翻译报告 No. F – TS – 767 – RE, 1946.

78. S. Pagliuca. 华盛顿山上的结冰测量. 航空科学学报, 1937, 4:399 – 402.

79. K. O. Lange. 哈佛无线电气象仪用于结冰条件研究. 航空科学学报 1938, 6:59 – 63.

80. R. R. Gilruth, J. A. Zalovcik, A. R. Jones 适用于结冰速度指示器的 NACA 结冰传感器的飞行研究. NACA 战时报道, L364, 1942.

81. A. Simila. 利用气象测量法预测结冰的实用方法. 芬兰:中央气象研究所会议记录, 1944(22).

82. H. B. Tolefson. 云和降水区域液态水含量的飞行测量. XC – 35 研究项目公报, 1944(9).

83. Barner. C – 160 型结冰测量设备.(翻译)美国空军翻译, 1946(611).

84. V. Conrad. 华盛顿山系列结冰观测的统计调查. 华盛顿山天文台月报, 1946, 2(10).

85. E. J. Dolezel, R. M. Cunningham, R. E. Katz. 结冰研究进展. 美国气象学会学报, 1946, 27:261 – 271.

86. J. K. Goss. 旋转圆盘结冰测量仪 – IRB2. 美国航空物资司令部, 航空结冰研究实验室工程报告 No. IRB – 46 – 39 – 4P, 1946.

87. W. E. Howell. 利用多圆柱法进行结冰观测的说明. 华盛顿山天文台研究月报, 1946, 2(12).

88. D. L. Loughborough. 旋转圆柱上收集的冰的密度. B. F. Goodrich 研究报告, Prob – No. P15. 01, 1946.

89. 华盛顿山天文台. 1945—1946 年研究月报. 华盛顿山天文台图书馆.

90. V. J. Schaefer. 通用电力测云仪报告. 1946 财年通用电气公司基础结冰研究, 美国空军技术报告 5539, 1947.

91. V. J. Schaefer. 可拆卸旋转多圆柱法测量液态水含量以及冻结温度以上和以下云颗粒大小. 1946 财年通用电气公司基础结冰研究, 美国空军技术报告

5539,1947.

92. B. Vonnegut, R. M. Cunningham, R. E. Katz. 测量飞机结冰相关大气因素的仪器. 除冰研究实验室,1946;美国空军报告 5519,1946.

93. C. S. Downie. 航空研究实验室关于飞机结冰的气象研究. 华盛顿山天文台图书馆,1947.

94. C. S. Downie. 采用旋转多圆柱法获取结冰强度数据. 美国空军物资司令部,航空结冰研究实验,报告号 AIRL48 – 3 – 2P,1947.

95. V. Clark. 多圆柱结冰测量仪的冰脱落和吹脱条件. 1946—1947 年哈佛 –华盛顿山结冰研究报告 5676.

96. R. B. Smith. 稀有液滴尺寸分布的多圆柱法收集效率曲线的实用性. 1946—1947 年哈佛 – 华盛顿山结冰研究报告,美国空军物资司令部技术报告 5676.

97. W. E. Howell. 哈佛 – 华盛顿山结冰测量仪报告. 1946—1947 年哈佛 –华盛顿山结冰研究报告,美国空军物资司令部技术报告 5676.

98. R. B. Smith. 空中雪含量测量仪器的研制和测试. 1946—1947 年哈佛 –华盛顿山结冰研究报告,美国空军物资司令部技术报告 5676.

99. S. P. Ferguson. 华盛顿顶峰与近地面风的变化及测量仪器. 1946—1947 年哈佛 – 华盛顿山结冰研究报告,美国空军物资司令部技术报告 5676.

100. W. E. Howell. 评价多圆柱结冰测量仪的贡献. 1946—1947 年哈佛 – 华盛顿山结冰研究报告,美国空军物资司令部技术报告 5676.

101. W. E. Howell. 风速垂直梯度和含水量对多圆柱结冰测量仪测量结果的影响. 1946—1947 年哈佛 – 华盛顿山结冰研究报告,美国空军物资司令部技术报告 5676.

102. W. E. Howell. 对多圆柱法和冲击法测量云滴大小与大小分布的比较. 1946—1947 年哈佛 – 华盛顿山结冰研究报告,美国空军物资司令部技术报告 5676.

103. W. E. Howell. 利用测距室测量液滴大小分布的实验. 1946—1947 年哈佛 – 华盛顿山结冰研究报告,美国空军物资司令部技术报告 5676.

104. D. M. Wherry. 旋转圆盘式结冰速率测量仪. 美国航空物资司令部,航空冰研究实验室工程报告,Serial – No. AIRL46 – 67 – 1P,1947.

105. R. E. Falconer, V. J. Schaefer. 一种新型平面测云仪. 通用电气研究实验室,1948.

106. R. E. Katz, R. M. Cunningham. 飞机结冰测量仪:测量飞机结冰相关的大气因素的仪器. Ⅱ. M. I. T. 气象学系除冰研究实验室,1948.

286

107. V. R. W. Malkus, R. D. Bishop, R. O. Briggs. 测量云中液滴大小和自由含水量的光学仪器的分析与初步设计. NACA – TN – 1622,1948.

108. W. E. Howell. 三种多圆柱结冰测量仪的比较和多圆柱测量法的评述. 华盛顿山天文台报告,1949.

109. Anon. 结冰速率测量仪. 空军学报,1949,32(2):39.

110. B. Vonnegut. 利用微细管收集器测量穿过云层表面上的水滴沉积量. 科学仪器评论,1949,20:110 – 114.

111. R. L. Ives. 过冷雾滴的检测. 航空科学杂志,1941.

112. I. Langmuir. 研究结冰和沉积静电问题的气象学仪器. 通用电气研究实验室,1944.

113. J. Idrac. 结冰预警装置. 密歇根大学工程研究所,TR31,1953.

114. K. R. May. 级联撞击器:采样气溶胶粗粒子仪器. 科学仪器杂志,1945,22(10):187 – 195.

115. V. G. Schaefer. 用于除冰、沉积静电和气象侦察飞机的空气减速器. 通用电气公司,1945.

116. C. S. Downie. 旋转圆柱数据的计算. AIRL – Report – IRB – 46 – 30 – 1F,1946.

117. R. Wexler. 雨中风暴探测的最佳波长. TM – No. M1004,1946.

118. D. C. Ginnings, R. J. Corriccini. 改进的冰量热计法—0℃下测定其校准因子和冰密度. 国家标准局研究杂志,1947,38:583 – 591.

119. H. W. Elliot. 改进的液滴照相机. Note – A1 – 3 – 50,1950.

120. L. M. K. Boelter, R. W. Lockhart. 飞机加热器研究. XXXV—测量表面温度时观测热电偶传导误差. NACA – TN – 2427,1951.

121. H. Foster. AN/CPS – 9 型,雷达在天气预报中的应用. ASTI – A – AD – 5459,1952.

122. G. M. Wright. 飞机结冰速率测量计. NAE,加拿大,LR66,1953.

123. A. R. Jones, J. A. Zalovcik. 结冰条件下飞行警告指示器操作的飞行研究. NACA – RB(WRL – 503),1942.

124. R. Bottger. 通过气动阻力测量圆面和锥面冰层的适用性. Report – No. F – T5 – 767 – RE,1946.

125. W. Findeisen. 结冰温度测量计的预警指示器. (翻译)项目号 M992 – B,密歇根大学工程研究所,1952.

126. E. Brun. 结冰传感器. (翻译)项目号 M992 – 4,密歇根大学工程研究所,1953.

127. 航空结冰研究实验室. 结冰强度测量原理与测量仪器的研究. 技术报告号 53 - 225,莱特航空发展中心,1953.

128. Anon. 用于结冰条件下统计研究的飞机压力式结冰速率测量仪. NA-CA Lewis 飞行推进实验室,结冰研究分部.

129. J. B. Howe. 评价两种库克结冰探测器作为测量结冰云组成的仪器. 技术札记 557,航空研究实验室,1956.

130. M. P. Moyle,S. W. Churchill, M. Tribus, et al. 结冰指示器的研制和评价. 56 - AV - 1,434 - 56,1955.

131. R. W. Hendrick,Jr. 前向散射激光雨滴谱仪. A/C - No. 70 - 171.

132. H. G. Norment. 飞机流场对云含水量测量的影响. A/C70 - 214,1975.

133. Anon. J - WLWC 液态水含量指示器说明手册—LWH 型号. Document - 61 - WCO - 0621,约翰逊威廉姆斯公司.

134. W. D. King,D. A. Parkin,R. J. Handsworth. 具有完全可计算响应特性的热丝型液态水装置. 应用气象学杂志,1978:17.

135. J. W. Strapp,R. S. Schemenauer. 在高速结冰风洞中约翰逊威廉姆斯(Johnson - Williams)液态水含量测量仪的校准. 应用气象学报,1982,21.

136. R. G. Knollenberg. 光学阵列光谱仪与传统仪器测量液态水含量的比较. 应用气象学报,1982,2.

137. F. A. Friswold,R. D. Lewis,R. C. Wheeler,Jr. 改进的连续指示露点仪. NACA - TN - 1215.

## 12.4　螺旋桨结冰

1. M. S. Kuhring. 利用排气预防飞机机翼和螺旋桨结冰的可行性研究. NRC 报告 PAE - 19(MD - 1),1935.

2. M. S. Kuhring. 利用余热预防飞机螺旋桨结冰的可行性研究. NRC 报告 PAE - 27,1938.

3. J. D. Babbitt,D. C. Rose. 关于飞机螺旋桨除冰电学方法的观察. NRC 报告 MD - 6(PHC - 153),1939.

4. J. L. Orr. 关于热电螺旋桨除冰飞行试验中期报告. NRC 报告 MD - 25,1942.

5. J. R. Orr. 电热螺旋桨除冰技术的发展. NRC - DME/NAE 季刊公报,1947(4).

6. J. L. Orr. 电热除冰系统及其设计和控制. 飞机结冰形成课程,密歇根大学,1953.

7. L. A. Rodert. 空气动力加热对飞机螺旋桨结冰的影响. NACA – TN – 799,1941.

8. V. H. Gray,R. G. Campbell. 一种估算燃气加热空心螺旋桨叶片防冰所需热量的方法. NACA – TN – 1494,1947.

9. J. Selna,J. F. Darsow. 空气加热螺旋桨热性能的飞行研究. NACA – TN – 1178,1947.

10. J. P. Lewis. 螺旋桨叶片外部电加热器的除冰效果. NACA – TN – 1520,1948.

11. D. R. Mulholland,P. J. Perkins. 空心钢螺旋桨空气加热防冰效果的研究. I – 无隔板的叶片. NACA – TN – 1586,1948.

12. P. J. Perkins,D. R. Mulholland. 空心钢螺旋桨空气加热防冰效果的研究. II – 50% 的分区叶片. NACA – TN – 1587,1948.

13. D. R. Mulholland,P. J. Perkins. 空心钢螺旋桨空气加热防冰效果的研究. III – 25% 分区叶片. NACA – TN – 1588,1948.

14. J. P. Lewis,H. C. Stevens,Jr. 内部装有电动叶片加热器的螺旋桨的结冰和除冰. NACA – TN – 1691,1948.

15. M. Tribus. 飞机防冰的间歇加热应用于螺旋桨和喷气发动机. 飞机燃气轮机,通用电气公司,1949.

16. V. H. Gray. 燃气加热螺旋桨防冰的热量需求. SAE 年会,1950.

17. C. B. Neel,Jr. ,L. G. Bright. 结冰对螺旋桨性能的影响. NACA – TN – 2212,1950.

18. C. B. Neel,Jr. 利用带外叶靴的空心钢螺旋桨循环除冰的电模拟方法研究. NACA – TN – 2852,1952.

19. C. B. Neel,Jr. 利用内置电加热器的空心钢螺旋桨循环除冰的电模拟方法研究. NACA – TN – 3025,1953.

20. Anon. 罗尔斯·罗伊斯、达因公司的螺旋桨. 注册飞机工程师学会期刊,1963,11(9).

21. V. S. Petrovskii. 用于除冰的固体非金属螺旋桨叶片的非稳态加热. 发动机物理杂志,1965,8:593 – 596.

22. V. S. Petrovzkii. 非金属螺旋桨叶片除冰过程中的不稳定加热. (翻译) 工程物理学报,1965,8:402 – 404.

23. 空军系统司令部. 飞机螺旋桨手册. ANC – 9,1956.

24. M. Gershzohn. 螺旋桨结冰. 航空气象学报,1945,2(1):13 – 17.

25. V. J. Schaefer. 利用高速模型螺旋桨在华盛顿山天文台研究除冰涂层. 通用电气公司的基本结冰研究, 1946 财年, 美国空军科技报告 5539, 1947.

26. W. C. Clay. 螺旋桨结冰预防. NACA – ACR, 1937.

27. Anon. 螺旋桨飞机的除冰装置. 巴特勒纪念研究所, 航空技术服务指挥部, Engr. Div., S – 660 – 2, 1946.

28. E. W. Jensen. 电厂防冰模型 377, 波音 D8209, #9. 1947.

29. Anon. 在 23E50/6491A – 0 螺旋桨上 50 英寸叶片加热器（HSP 编号 70101）的飞行试验. 汉密尔顿标准螺旋桨分部, HSP – 547, 1947.

30. Anon. 螺旋桨除冰试验, C – 632S – A. Curtiss – Wright 公司, C – 1907, 1947.

31. Anon. 铝叶片除冰组件的安装规范. 汉密尔顿标准螺旋桨, HSP – 52, 1948.

32. Anon. 配备汉密尔顿标准 731 叶片加热器的热防冰试验 DC – 6 飞机. 联合航空公司, SFOT – 086, 1948.

33. J. D. Babbit, D. C. Rose, J. L. Orr. 热电螺旋桨除冰. 加拿大国家资源理事会, MD – 8, 1940.

34. J. L. Orr. 热电螺旋桨除冰的全尺寸地面结冰试验. 加拿大国家资源理事会, MD – 20, 1942.

35. LtW. J. Loughlin. 螺旋桨电气防结冰系统. AAF 航空技术服务指挥部, TSELA – 3C – 581 – 144 – 6, 1944.

36. R. Scherrer, L. A. Rodert. 螺旋桨热电除冰装置试验. NACA, ARR – 4A20 (WRA – 47), 1944.

37. C. D. Brown. N. R. C. 电热螺旋桨除冰设备重量分析. 加拿大国家资源理事会, L. T. Note4 – 45, 1945.

38. Anon. 螺旋桨叶片外部电加热器的除冰效果. NACA – TN – 1528, 1945.

39. W. Laughlin. P – 82 飞机的螺旋桨电除冰系统. AAF – TN – 5442, 1946.

40. Anon. 螺旋桨电气除冰系统的服务测试安装. AAF 航空技术服务指挥部, 1946.

41. W. W. Reaser. 汉米尔顿电热螺旋桨在 DC – 6NX – 37501 号上的飞行试验. SM – 12091, 1947.

42. J. H. Sheets, E. J. Sand. 电加热技术在飞机螺旋桨除冰方面的研究与应用. Curtiss – Wright 公司, 1947.

43. Anon. 液压自动螺旋桨：电除冰系统. 汉密尔顿标准螺旋桨, 1948 (171).

44. E. Mittenzwei. 内部电除冰系统的开发,附录Ⅰ. Curtiss – Wright 公司,报告号 C –2184,1951.

45. Anon. 螺旋桨除冰. 飞行杂志,1952(61).

46. Anon. 热除冰喷嘴对螺旋桨性能的影响. Curtiss – Wright 公司,报告号 C –1762 –1946,1946.

47. A. Rodert. 螺旋桨叶片上阻冰液分布的飞行研究. NACA – TN – 727,1939.

48. C. B. Neel,Jr. 螺旋桨酒精进料环特性研究 NACA – RB –4F06(WRA – 50),1944.

49. Anon. 飞行试验确定橡胶流体除冰套对水平飞行条件下螺旋桨性能的影响,Curtiss – Wright 公司,报告号 C –1794,1947.

50. S. W. Sparrow. 飞机坠毁;发动机故障分析. NACA – TN –55,1921.

51. Anon. 螺旋桨结冰对飞机性能和振动的影响. Curtiss – Wright 公司,1950.

52. Anon. C –46F 飞机上 23260/2H17B3 –48R 螺旋桨喷杆除冰试验. 汉密尔顿标准螺旋桨,报告号 HSP –559,1947.

53. A. J. Hayward,A. G. Majy. 1957—1958 年冬季,加拿大渥太华国家研究委员会对 A. S. M. D8 螺旋桨的除冰试验. Rotol 有限公司开发部,报告号 073.1.103,1958.

54. J. P. Cooper. 线性化内流螺旋桨片条分析. WADC – TR –56 –615,1957.

55. K. D. Korkan,L. Dadone,R. J. Shaw. 霜状冰结冰导致螺旋桨系统性能退化. AIAA 杂志,1984,21(1).(1982,19(1)).

56. K. D. Korkan. 霜状冰结冰导致螺旋桨/旋翼系统的性能下降. NASA Lewis 研究中心结冰分析研讨会,1981.

57. F. J. Mambretti. 汉密尔顿标准 23E50 螺旋桨的电热螺旋桨防冰设备安装说明,1943.

58. Eck. 螺旋桨结冰及其预防. AFF(翻译)No. 517,F – ts –517 – RE,1946.

59. Anon. 结冰条件下螺旋桨叶片的动力学温度. 报告号 Mech. Eng. 2,皇家飞机公司,1948.

60. Anon. 在 DC –6 飞机 NX –90725 上对 CurtissNo. 125171 –1 型号的螺旋桨除冰鞋进行结冰试验飞行. DC –6 –1934X1R,1948.

61. K. D. Korkan,G. M. Gregorek,D. C. Mikkelson. 螺旋桨性能研究方法的理论和实验研究. AIAA –80 –1240,1980.

62. B. Corson,Jr. ,J. D. Maynard. 与加热空气热除冰相关的螺旋桨效率损失分析 NACA – TN – 1112,1946.

63. B. Corson,Jr. ,J. D. Maynard. 叶尖/翼尖改进和热除冰气流对螺旋桨性能影响的研究 NACA – TN – 1111,1946.

64. W. H. Gray,R. E. Davidson. 通过风洞试验确定叶尖改进和热除冰气流对螺旋桨性能的影响. NACA – TN – 1540,1944(更新).

65. M. B. Bragg,G. M. Gregorek. 螺旋桨两段(TwoPropellerSections)结冰分析. AARL – TR – 8302,俄亥俄州立大学,1983.

66. A. B. Haines. 24 英尺风洞中模拟结冰和除冰套筒螺旋桨的对比试验. RAE 航空技术札记. 1847,1946.

67. T. LMiller. 结冰导致螺旋桨性能下降的分析测定. 德克萨斯农工大学,1984.

68. R. M. Bass. 结冰对螺旋桨性能的测量影响. DowtyRotol 有限公司,英国. 1973.

# 12.5  感应系统结冰

1. L. Gardner,G. Moon. 飞机化油器结冰研究. NRC – LR – 536,970.

2. L. Gardner, G. Moon, R. B. White. 飞机化油器结冰研究. SAE – 710371,1971.

3. L. Gardner. 飞机化油器结冰. NRC – DM 标准,1973,2(1).

4. W. D. Coles 轻型飞机发动机感应系统结冰特性的研究. NACA – TN – 1790,1949.

5. W. D. Coles,V. G. Rollin,D. R. Mulholland. 往复式发动机感应系统结冰防护要求 NACA – TN – 982,1950. (NACA – TN – 1993,1949)

6. D. J. Patterson,K. Morrison, M. Remondino, T. Slopsema. 轻型飞机发动机,汽车燃料的潜力和使用问题. 第 I 部分. 文献检索. FAA – CT – 81 – 150,1980.

7. R. L. Newman. 乙二醇单乙醚(EGME)作为一种防化油器结冰燃料添加剂的飞行试验结果. R – 79 – 9,FAA – AWS – 79 – 1,1979.

8. R. L. Newman. 化油器结冰飞行试验:防结冰燃料添加剂的使用. 航空学报,1981,18(1):5 – 6.

9. I. S. Korsakova,S. V. Akimov,E. A. Nikitina. 实验室快速测定抗冰添加剂的有效性. 化学,技术,燃油. 1979,15(7 – 8):617 – 619.

10. 外国技术部. 燃料和润滑油的化学和技术. 精选文章(翻译),FTD – TT – 65 – 324/184,AD – 618045,1965.

11. K. O. Averbakh, G. S. Goldin, G. S. Shor, O. K. Smirnov. 防止燃料中冰晶形成的方法. 燃料和润滑剂的化学和技术,1965:8 - 18.

12. F. Speranza. 凝结核和过饱和核——飞机化油器上的相对比湿度和积冰. (翻译)航空气象学杂志,1940,4(2):38 - 47.

13. H. A. Essex. 飞机发动机感应系统的除冰. NACA - ARR,3H13,WRW - 45,1943.

14. U. VonGlahn, C. E. Renner. 一种用于减少感应系统结冰的投射式进气口的开发. NACA - TN - 11343,1946.

15. H. A. Essex, H. B. Galvin. 安装在普惠公司 R - 1830 - C4 发动机中后部的 Chandler - Evans1900CPB - 3 化油器的结冰和热空气除冰的实验室研究. NACA - ARR - E4J03,(WRE - 15),1944.

16. R. E. Lyons, W. D. Coles. 洛克希德 P - 38J 飞机化油器和增压器进口弯头结冰的实验室研究. Ⅲ—热空气作为化油器和入口弯头除冰的一种方法. NACA - MR - E5L19(WRE - 172),1945.

17. C. E. Renner. 洛克希德 P - 38J 飞机化油器和增压器进口弯头结冰的实验室研究. Ⅴ—水 - 燃料混合物和水 - 乙醇 - 燃料混合物的喷射对结冰特性的影响. NACA - MR - E5L28(WRE - 174),1945.

18. L. B. Kimball. 飞机发动机感应系统结冰试验. NACA - ARR(WRW - 97),1943.

19. H. A. Essex, W. C. Keith, D. R. Mulholland. 洛克希德 P - 38J 飞机化油器和增压器进口弯头结冰的实验室研究. Ⅱ—限制结冰条件的确定 NACA - MR - E5L18a,(WRE - 171),1945.

20. G. E. Chapman. 对 Chandler - Evans58CPB - 4 化油器结冰特性的初步研究. NACA - MR - D6G11(WRE - 284),1946.

21. G. E. Chapman, E. D. Zlotowski. 洛克希德 P - 38J 飞机化油器和增压器进口弯头结冰的实验室研究. Ⅳ—节流阀设计和运行方式对感应系统结冰特性的影响. NACA - MR - E5L27,(WRE - 173),1946.

22. D. R. Mulholland, G. E. Chapman. 洛克希德 P - 38J 飞机化油器和增压器进口弯头结冰的实验室研究. Ⅵ—喷油嘴改造对结冰特性的影响. NACA - MR - E6A23(WRE - 175),1946.

23. H. A. Essex, E. Zlotowski, C. Ellisman. 洛克希德 P - 38J 飞机感应系统中结冰的研究. Ⅰ—地面试验. NACA - MR - E6B28(WRE - 176),1946.

24. C. D. Coles. 大型双引擎货机感应系统中冰层形成和除冰的实验室研究. NACA - TN - 1427,1947.

25. Capt. R. W. Broeshe, S/Sgt. R. P. Johnson. F-94 空气感应系统的飞行结冰试验. WACD-TN-52-75,1952.

26. W. C. Lawrence. 化油器空气预热的研究. 美国航空公司,1943.

## 12.6 涡轮发动机和进气道结冰研究

1. J. J. Samolewicz, G. A. McCaulay. 涡轮喷气发动机结冰研究的第一份中期报告. NRC-Report-ME-159,1947.

2. D. G. Samaras, A. J. Bachmeier. 利用酒精进行防冰及其对轴流式燃气涡轮机性能的影响. NRC-Report-MT-3,1948.

3. D. G. Samaras, A. J. Bachmeier. 对具有酒精除冰功能的轴流式涡轮喷气发动机的性能研究. NRC-Report-MT-7,1948.

4. D. A. J. Millar. 模拟高速飞行的喷气发动机结冰试验台的评估. NRC-Report-LR-124,1955.

5. D. Quan, C. K. Rush. 飞机燃气涡轮机防冰—热风表面加热系统的设计与开发. 加拿大航空期刊,1957,3:318-324.

6. W. Grabe, G. K. Vanslyke. JT15D 涡扇发动机结冰试验. 第 10 届全国航空器和推进系统环境影响会议,新泽西州特伦顿,1971.

7. W. Grabe, D. Tedstone. 小型燃气涡轮机惯性分离防冰系统的结冰试验. PEP 第 51 届(A)航空发动机结冰试验专家会议,AGARD 会议论文集,1978,236.

8. M. S. Chappell, W. Grabe. 飞机发动机防冰. NRC-DME 通讯,1972,1(4).

9. M. S. , Chappell. 固定式燃气涡轮机结冰问题:结冰环境. NRC-DME/NAE 季刊,1972,4.

10. M. S. Chappell, W. Grabe. 固定式燃气涡轮发动机的结冰问题. 第 11 届全国航空器和推进系统环境影响会议,特伦顿,纽约州,1974.

11. J. R. Stallabrass, R. D. Price. 结冰和直升机动力装置. 阿加德会议录,No. 31,直升机推进系统,1968,22.

12. L. W. Acker. 轴流式涡轮喷气发动机自然结冰的初步结果. NACA-RM-E8C18,1948.

13. L. W. Acker. 单结冰条件下轴流式涡轮喷气发动机在飞行中的自然结冰. NACA-RM-E8F01a,1948.

14. M. Tribus. 用于飞机防冰的间歇加热应用于螺旋桨和喷气发动机. 通用

电气公司飞机燃气涡轮机部,(马萨诸塞州林恩市),1949;SAME,1951,73.

15. R. V. Hensley,F. E. Rom,S. L. Koutz. 热功率提取对涡喷发动机性能的影响. Ⅰ－压缩机－出口排风系统进行性能评价的分析方法. NACA－TN－2053,1950.

16. S. L. Koutz,R. V. Hensley,F. E. Rom. 热功率提取对涡喷发动机性能的影响. Ⅲ—轴功率提取效果的不良分析测定. NACA－TN－2202,1950.

17. U. H. vonGlahn,R. E. Blatz. 用于涡轮喷气发动机防冰的水惯性分离进气道的气动和结冰特性研究. NACA－RM－E50E03,1950.

18. U. H. vonGlahn,R. E. Blatz. 具有内置电加热器的进口导叶防冰和循环除冰的动力需求研究. NACA－RM－E50H29,1950.

19. V. H. Gray,D. T. Bowden. 中空和内部改进的燃气加热进口导叶的结冰特性和防冰加热要求. NACA－RM－E50I08,1950.

20. S. L. Koutz. 热功率提取对涡喷发动机性能的影响. Ⅳ－热气排放效应的分析测定. NACA－TN－2304,1951.

21. U. H. vonGlahn,E. E. Callaghan,V. H. Gray. NACA 对涡轮喷气发动机结冰防护系统的研究. NACA－RM－E51B12,1951.

22. J. E. O'Neil,J. A. Zdrazil. 防冰燃气涡轮机进气道组件方法研究. 莱特空气开发中心,电厂实验室,WADC 技术报告 56－202,1956.

23. R. J. Brun. 入口速度比分别为 1.0 和 0.7 的发动机进气道的云滴摄入. NACA－Report1317,1956.

24. E. E. Striebel. 涡轮发动机的结冰防护. FAA 飞机防冰研讨会报告,1969.

25. NACAT. F. Gelder. 亚声速结冰条件下锥心超声速进气道总压畸变及恢复. NACA－RM－E57G09,1957.

26. J. J. Kim. 三维发动机进气道粒子轨迹的计算分析. AIAA－85－0411,1985.

27. G. W. Zumwalt. 发动机进气道和高速机翼的电脉冲除冰的结冰风洞试验. AIAA－85－0466,1985.

28. D. Bender. BO105 发动机装置在下雪和结冰条件下进行试验. AGARD 会议,236,航空发动机结冰试验,10,1978.

29. R. G. J. Ball,A. G. Prince. 使用 NGTE 发动机试验设备对涡轮喷气发动机和涡扇发动机进行结冰试验. AGARD 会议,236,航空发动机结冰试验,11,1978.

30. G. D. Pfeifer. 飞机发动机结冰技术综述. AGARD 会议,236,航空发动机结冰试验,9,1978.

31. J. D. Hunt. AEDC 的发动机结冰测量能力. AGARD 会议,236,航空发动机结冰试验,4,1978.

32. R. G. Keller. 室外自由射流发动机地面试验设施结冰条件模拟环境的测量和控制. AGARD 会议,236,航空发动机结冰试验,5,1978.

33. Anon. 1978 年飞机发动机结冰试验. AGARD 会议,236,1978.

34. C. E. Willbanks,R. G. Schulz. 高空试验舱中涡轮发动机结冰仿真分析研究. 航空学报,1975,12(12):960-967.

35. J. J. Lacey,Jr. 涡轮发动机结冰和结冰检测. ASME-Paper72-GT-6,1972.

36. C. D. Stephenson,H. N. Shohet,K. M. Rosen. CH-54A/B 发动机空气颗粒分离器防冰系统的设计、制造和测试. 第 10 届飞机和推进系统环境影响的国家研讨会,1971.

37. B. N. Klopov,R. N. Plakhova. 在机场环境下快速测定飞机燃料中抗结冰添加剂的含量.

38. C. E. Willbanks,R. J. Shulz. 高空试验舱中涡轮发动机结冰仿真分析研究. 阿诺德工程开发中心,AEDC-TR-73-144(AD770069),1973.

39. P. T. Hacker,others. 涡轮喷气飞机的防冰装置. Ⅰ气象学和结冰物理学. Ⅱ热需求的确定. Ⅲ高速飞机的低温防结冰系统. 航空科学研究所,特刊,FF-1,1950.

40. Anon. T58-GE-10、H-3 发动机进气管和 T58 水冲洗歧管结冰评价. AD-476442L.

41. R. L. House,M. L. Potash. CH-53A 发动机进气道防结冰试验报告 AD-483125,1966.

42. P. M. Bartlett,T. A. Dickey. 华盛顿山的燃气涡轮机结冰试验. SAE,1950.

43. Anon. 喷气发动机和涡轮螺旋桨飞机结冰探测器的选择. 罗斯蒙特工程报告 1688P.

44. J. Delhaye. 涡轮喷气发动机结冰. (翻译)Bull. deI'A. I. A. ,1957(1).

45. B. S. Stechkin. 喷气发动机理论,叶轮发动机. 1958.

46. A. I. Teslenko. 飞机燃气涡轮发动机结冰. (翻译)Voyenizdat,1961.

47. D. Barlett. 华盛顿山的燃气涡轮机结冰试验. SAE 期刊,1951.

48. B. T. Cheverton,C. R. Sharp,L. G. Badham. 用于模拟喷气发动机结冰测试中云条件的喷嘴. NAEC,渥太华,1951,14.

49. A. B. Haines. 24 英尺风洞中模拟结冰和除冰套筒螺旋桨的对比试验.

ARCRS&M,1946(2397).

50. W. Sherlaw. 发动机结冰的一些方面. 飞机结冰防护会议,1958.

51. G. L. Shires,G. E. Munns. 压缩机叶片的结冰及其表面加热防护. ARCR&MNo. 3041,1955.

52. 1963 年 9 月 19 日至 20 日,第 3 届飞机和推进系统环境影响年会论文集. AD－432801L,1963.

53. WV. Stetz,J. Lezniak. 太阳能型号 T－62T－11 发动机转动和起动试验. AD－455409L,1965.

54. J. T. Salvino. 波音 T50－BO－10 发动机——官方海平面低温和高温 B 测试及高度校准 NAEC－AFL－1835,NAEC－RAPP22017;AD－484574L,1966.

55. H. D. Seielstad,J. J. Sherlock. 用于涡轮发动机进气道防护的动力离心式分离器. 海军航空推进试验中心,第 9 届全国航空器和推进系统的环境影响会议录,1969.

56. K. M. Rosen,D. B. Roy. H－3 直升机发动机进气道导冰板的分析设计. 第 8 届全国航空器和推进系统环境影响会议论文集,1968.

57. la. B. Chertkov. 喷气推进飞机/勘测的燃料添加剂. 化学技术与燃油,1963,16(8):59－61.

58. Zh. S. Chernenko,P. F. Maksiutinskii,V. P. Vasilenko. 喷气式飞机燃油系统组件的结冰. 飞机工程和机队工程,1965,14:125－128.

59. 航空航天研究与发展咨询小组. 直升机推进系统. AGARD－CP－31,1968.

60. J. G. Keenan. 超声速运输机的发动机问题. 劳斯莱斯有限公司航空航天发动机,英国,1963,1:21－31.

61. J. D. Rogers,J. A. Krynitsky,A. V. Churchill. 喷射燃料污染——水,表面活性剂,污垢和微生物. 附录——评估燃料污染物对飞机燃料和飞机材料相容性影响的试验程序. SAE,1963,71:281－292.

62. E. Payne. 飞机涡轮喷气发动机的传热应用. 世界航空航天系统,1966,2:158－160.

63. J. P. Beauregard. STOL 飞行器和高速地面车辆小型涡轮的进展报告. 第 10 届英美航空会议,洛杉矶,1967;加拿大航空航天期刊,1968,14,AIAA－67－744.

64. T. I. Ligum. 涡轮喷气飞机的空气动力学和飞行动力学. 莫斯科:Izdatel Stvo Transport,1967.

65. D. A. Wysucki. 第六届航空器和推进系统环境影响年会会议录,1966.

66. Anon. 喷气机结冰. 加拿大航空,1948,21(1).

67. W. Deacon. 飞机涡轮发动机防结冰的保护. 国家燃气涡轮机评估,GB, Report – No. R30.

68. R. Hawthorne. 喷气发动机结冰防护系统. 航空应用,1950,14:24 – 25.

69. P. M. Bartlett,T. A. Dickey. 华盛顿山顶的涡轮发动机防结冰测试. SAE 期刊,1951,59:25 – 28.

70. B. F. Morrell,N. F. Frischnertz. J – 47 涡轮喷气发动机防冰. SAE 期刊,1951,59:43 – 47.

71. L. H. Hayward. 燃气涡轮机除冰,飞机,1952,82:243 – 246.

72. J. J. Samolewicz,G. A. McCaulay. 轴流式涡轮喷气发动机充电加热防结冰试验注意事项. 加拿大国家资源委员会,报告号 ME – 173,1948.

73. 涡轮喷气运输飞机的防冰、结冰的气象和物理、热量需求确定,高速飞机的热防冰系统. SMF 基金论文 FF – 1,航空科学研究所,1950.

74. B. C. Look. 用于热防冰的排气对空气换热的涡轮增压发动机性能的影响. NACA – MR – A5H23(WRA – 30),1945.

75. XP5Y – 1 飞机的涡轮螺旋桨发动机进气道防冰试验. 联合乌尔梯飞机公司项目峰会,报告号 ZJ – 117 – 009,1950.

76. Anon. 燃气涡轮机防冰. 飞行,1951,59:414 – 415.

77. Anon. 超声波作为涡喷发动机防结冰手段的研究. 航空项目公司,报告号 52 – 7,1952.

78. Anon. 项目高峰下燃气涡轮机结冰试验. 海军航空司令部,航空工程实验室,NAM – PP3216,1950.

79. G. W. Brock,E. C. Luck. 喷气式飞机结冰的气象问题. 美国空军技术报告,1952.

80. D. A. J. Millar. 喷气发动机在云中高速飞行时水截留量的计算. NAE,实验报告号 78,1953.

81. L. W. Acker,K. S. Kleinknecht. 自然结冰条件下进气道结冰对轴流式涡喷发动机性能的影响. NACA – RM – D50C15,1950.

82. Anon. 发动机结冰. 飞行安全,1953,9:16 – 19.

83. Anon. 发动机结冰. 飞行安全,195,10:134.

84. Anon. 进气管结冰试验报告. 德国报告,F – TS – 2641 – RE,1947.

85. Anon. 涡轮喷气发动机结冰. 海军部技术说明,No. 5 – 55,1955.

86. D. T. Bowden. 商用运输涡轮发动机防冰系统设计标准. 报告号 TG – 61,康维尔,1956.

87. A. L. Berg, H. E. Wolf. AEDC 飞机发动机结冰试验技术和能力. 麦克唐纳·道格拉斯公司, 1976.

88. C. Jones, J. Palmieri. "猎鹰 10 号"发动机进气道防冰系统性能分析. 麦克唐纳·道格拉斯公司, 1971.

89. 军用规范——发动机, 飞机, 涡轮喷气发动机, 通用规范. MIL - E - 5007B, 1951.

90. D. O. Nelepovitz, H. A. Rosenthal. 飞机发动机进气道电脉冲除冰. AIAA 第 24 届航空航天科学会议, AIAA - 86 - 0546, 1986.

91. R. L. House. 用于降雪和吹雪作业的涡轮驱动直升机的开发和认证试验. DOT/FAA/CT - 82/99, 1982.

## 12.7　机翼结冰

1. M. S. Kuhring. 利用排气防止机翼和螺旋桨结冰的可能性研究. NRC - Report - PAE - 19(alsoMD - 1), 1935.

2. J. L. Orr, D. Fraser, J. A. Lynch, et al. 防止飞机结冰的电热方法. NRC - Report - MD - 34, 1950.

3. J. L. Orr, J. H. Milsum, C. K. Rush. 电热除冰系统:设计与控制. NRC - Report - LR - 70, March1953.

4. D. Fraser, C. K. Rush. 高比功率输入对电热除冰的优势的说明. NRC - Report - LR - 149, 1955.

5. C. K. Rush. 小攻角下对 10 英尺尖边三角翼进行破冰试验. NRC - Report - LR - 364, 1962.

6. J. L. Orr, D. Fraser, J. H. Milsum. 飞机的热法除冰. 第四届英美航空会议, 英国, 1953.

7. L. A. Rodert, A. R. Jones. 具有橡胶充气装置的飞机机翼外形阻力研究. NACA - Confidential - Report, 1939.

8. L. A. Rodert, W. H. McAvoy, L. A. Clousing. 具有排气加热机翼的飞机飞行试验初步报告. NACA 机密报告, 1941.

9. L. A. Rodert, R. Jackson. 洛克希德 12 - A 飞机空气加热机翼的初步研究与设计. NACA 战时报告(WartimeReport) A - 34, A. R. R., 1942.

10. C. W. Frick, Jr., G. B. McCullough. 加热的低阻力翼型试验. NACA - ACR, 1942.

11. C. B. Neel, Jr. C - 46 货机防热系统的研究. I - 机翼、尾翼和风挡玻璃的热设计分析. NACA 战时报告(WartimeReport)A-52,1945.

12. A. R. Jones, R. J. Spies, Jr. C-46 货机防热系统的研究. Ⅲ-机翼、尾翼和风挡玻璃的热防冻设备简述. NACA-ARR-No. 5A03b,1945.

13. M. Tribus, J. R. Tessman. 关于加热机翼的发展和应用的报告. AAF-TR4972,1946.

14. J. M. Naiman. DC-6 翼型热防冰系统设计的基本原理. 道格拉斯航空公司,SM-11911,1946.

15. M. Harris, B. A. Schlaff. 货机热防冰系统的研究. Ⅷ-热力系统运行225 小时后机翼前缘结构的金相检验. NACA-TN-1235,1947.

16. D. L. Loughborough, H. E. Green, P. A. Roush. 华盛顿山机翼除冰器性能的研究. 航空发动机期刊,1948,7(9):41-50.

17. W. H. Gowan, D. R. Mulholland. 热气动机翼防冰系统的有效性. NACA-RM-E50K10a,1951.

18. V. H. Gray, D. T. Bowden, U. vonGlahn. 燃气加热机翼循环除冰的初步结果. NACA-RM-E51J29,1952.

19. J. P, Lewis, D. T. Bowden. 利用外部电加热器对机翼进行循环除冰的初步研究. NACA-RM-E51J30,1952.

20. H. H. Hauger, Jr. 利用热空气间歇加热用于机翼防冰. 加州大学洛杉矶分校,工程系,1953.

21. V. H. Gray, D. T. Bowden. 气体加热机翼循环除冰方法的比较. NACA-TN-E53C27,1953.

22. D. T. Bowden. 多孔气体加热前缘段对三角翼防冰研究. NACA-TN-E54103,1955.

23. D. T. Bowden. 气动除冰器和结冰对机翼气动特性的影响. NACA-TN-3564,1956.

24. V. KGray, U. H. vonGlahn. 具有部分翼展前缘缝翼的36°后掠机翼循环气体加热的防冰热要求. NACA-RM-E56B23,1956.

25. U. H. vonGlahn. 利用截断襟翼翼型进行全尺寸前缘截面的冲击和结冰试验 NACA-RM-E56E11,1956.

26. J. A. McDonald, B. L. Rigney, Jr. 外部空气喷射机翼防冰方法的试验评估. ASD-TR55148,1955.

27. D. L. Kohlman, A. E. Albright. 利用多孔前缘防冰系统达到防冰性能所需流量的预测方法. NASA-CR-168213,1983.

28. G. W. Zumwalt. 发动机进气道和高速机翼电脉冲除冰风洞试验. AIAA-

300

85 -0466.

29. J. W. Flower. 细长翼结冰量的测定:实验技术与简化理论,第九届 ICAS 会议,1974,1.

30. Anon. 机翼加热简化方法研究. TR57 -587,1958.

31. J. R. Hardy. C -46 飞机机翼截面结冰条件下的热耗散分析. NACA -831,1946.

32. A. G. Smith,C. Jones. 采用狭缝吹气防结冰和边界层控制. 飞机防冰会议,1961.

33. Anon. 全世界机翼结冰情况. 美国航空气象服务报告 270,1943.

34. R. Smith - Johannsen. 剥离机械翼除冰器. 1946 年度通用电气公司基础结冰研究,美国空军技术报告 5539,1947.

35. L. Ritz. 结冰. 德国航空研究年鉴,106 -111,1938.

36. N. W. Thielman. 机翼除冰定时器,测试 - 型号 F -94C. 洛克希德飞机公司,报告号 5196.

37. Anon. 机翼和尾翼飞机除冰的新方法. 国际视野,1950,5:644 -646.

38. M. Tribus. 加热机翼开发与应用. SAE 期刊,1946.

39. J. Jonas. F -89 热防冰性能:机翼和整机. 诺斯罗普飞机公司,A68 - I,1947,1949 年 11 月修订.

40. F. R. Weiner. 计算模拟飞机机翼和尾翼防冰的表面热量. Vultee 飞机公司,圣地亚哥分区,1950.

41. K. G. Pettit,J. A. Lynch,W. Ainley,et al. 电热机翼除冰飞行试验中期报告. 加拿大国家研究委员会报告(未发表),1948.

42. Anon. B -36 喷气机加热板除冰襟翼. 航空周刊,1950,53.

43. J. L. Orr. NRCW7 -1 型加热垫电热机翼除冰的一般规范. 加拿大国家资源委员会,1950.

44. Anon. 薄翼喷气机的新型热除冰器. 美国航空,1951,15.

45. R. G. Jackson,R. Graham. 直接应用排气除冰的飞机机翼结构效果. 英格兰,1950.

46. Anon. GlobemasterII 的翼尖加热器. 航空周刊,1951,55.

47. Anon. 机翼和飞机其他结构部件的结冰. (初步报告)NACA -MR20,1928.

48. L. Ritz. 机翼结冰. NACA -TM -888,1939.

49. R. W. Larson. C -124 型飞机机翼和尾翼安装的 60 万/BTU 防冰加热器的评估,第一和第二卷. 道格拉斯飞机,测试部门,报告号 Dev. -1020,1953.

50. R. E. Brumby. 机翼表面粗糙度,因果关系. 直升机飞行路径,1979.

51. T. Paramasivam,G. W. Zumwalt. 电脉冲除冰技术在 LearFanKevlar 复合材料前缘的结构动力学. 威奇托州立大学航空航天工程系,堪萨斯州.

52. R. Ross,飞机机翼前缘防冰系统的热力学性能,罗斯航空协会,AIAA,1984.

53. R. Ross,J. G. Stone. 机翼前缘防冰分析 - 最终报告. 罗斯航空公司,RAA81 - 2,1981.

54. B. Ljungstroem. 在有和没有高升力装置的二维机翼剖面上模拟白霜的风洞研究. FAA,AU - 902,瑞典航空研究所,1972.

55. R. C. McKnight,R. L. Palko,R. L. Humes. 飞行中机翼积冰的摄影测量. 美国航空航天局第 24 届航天科学会议,AIAA - 86 - 0483,1986.

56. C. H. Franklin. 模型机翼在高速结冰风洞中的试验. 技术说明 569 号,航空结冰研究实验室,1960.

57. J. K. Thompson. 高性能飞机机翼和尾翼防冰系统要求的考虑因素. 联邦航空局备忘录报告,1962.

## 12.8 风挡玻璃结冰

1. J. H. Milsum. 电加热飞机的风挡玻璃. 美国核管理委员会报告 LR - 43,1952.

2. C. B. Neel,Jr. C - 46 货机加热防冰系统的研究. I - 机翼、尾翼和风挡玻璃的热设计分析. NACA 战时报告 A - 52,1945.

3. A. R. Jones,R. J. Spies,Jr. C - 46 货机加热防冰系统的研究. III - 机翼、尾翼和风挡玻璃的热防冻设备说明. NACA - ARR - No. 5A03b,1945.

4. A. R. Jones,G. H. Holdaway,C. P. Steinmetz. 自然结冰条件下基于大量飞行试验计算风挡玻璃防冰所需热量的方法. NACA - TN - 1434,1947.

5. K. S. Kleinknecht. 飞机风挡玻璃防冰热要求的飞行研究. NACA - RM - E7G28,1947.

6. R. S. Ruggeri. 高速喷气 - 空气冲击波作用下飞机风挡玻璃降雨变形的初步数据. NACA - RM - E55E17a,1955.

7. J. L. Kushnick. 双层空气加热风挡玻璃防冰热力学设计. NACA - RB - No. 3F24,1943.

8. W. E. Griffith II,C. F. Mittag,M. L. Hanks,M. A. Hawley. UH - 1H 直升机的人工结冰测试. II - 加热风挡玻璃. USAASTA - 73 - 04 - 4,1974.

9. K. H. Wilcox. 改进发动机,风挡玻璃防冰和安装在 CH－46A 直升机上的旋翼叶片系统的环境测试. 海军航空测试中心,帕图森特河,Md. NATC－ST－18R－66,1966.

10. S. S. Dekalenkov. 民用飞机上的电热玻璃.(翻译)雷迪兹达特,航空公司,1957.

11. G. J. Wiser. 电加热风挡玻璃和座舱盖的设计和操作经验. 飞机防冰会议,1959.

12. D. G. Collingwood. 电加热透明度. 飞机工程,1963,4.

13. L. A. Rodert. 飞机风挡玻璃防冻的研究. NACA－TN－754,1940.

14. A. C. Waine. 风挡玻璃除冰,航空学报,1950,22.

15. Anon. F－89 风挡玻璃的加热防冰. 航空周刊,1953,59:29.

16. T. M. Dahm,D. A. Webster. NESA 双层风挡玻璃除冰试验,附录 A－F94－C 模型. ASTIAAD5126,洛克希德飞机公司报告 8392,1952.

17. Anon. 用于风挡玻璃除冰的镀锡技术. 航空周刊,1952,56.

18. M. Jakob,S. C. Kezios,A. Sinila,et al. 飞机风挡玻璃传热传质. 伊利诺伊州技术研究所,AF－TR－6120,1952.

19. R. Scherrer,C. F. Young. 用于飞机风挡玻璃防冰的乙醇分布管特性研究. NACA,ARR－4B26(WRA－20),1944.

20. H. H. Hauger,Jr. 风挡玻璃发热问题的图解法. 道格拉斯飞机公司,1944.

21. J. Selna,J. E. Zerbe. 防止飞行过程中单层防弹风挡玻璃内表面防雾形成所需热量的计算方法. NACA－TN－1301,1947.

22. Anon. 用于飞机透明区的除霜、除冰、除雾的雨水清理系统. MIL－T－5842B(AS),1985.

23. Anon. 喷涂设备,飞机风挡玻璃,防冰,MIL－S－6625(ASG),1953.

24. Anon. 喷涂设备,飞机风挡玻璃,防冰,MIL－S－6625A,1951.

25. Anon. 透明区域防冰、除霜和除雾系统的通用规范. MIL－T－5842A,1950.

26. J. W. Ward. 通过传输导电薄膜加热的飞机风挡玻璃. AIEE.

27. Anon. 确定风窗除霜所需的空气流量. 波音飞机公司报告,D－5528,1945.

28. S. H. Hasinger,L. V. Larson. 运用红外线加热对飞机透明区域进行防冰、除冰和除霜. 美国空军技术报告,1950,6113.

29. J. D. Rudolph. F－86D 飞机风挡玻璃防冰系统测试和附加部件结冰研

究. NA -165, NA -51 -961, ASTI - A - AD -36003, 1950 -51 结冰季项目峰会,华盛顿, 1952.

30. J. A. Dunham. 运用边界层防冰系统的空气排放喷嘴进行风挡玻璃和侧板除雨试验. 适用于 F -100A 飞机, NA -180 型, 战斗机, NA -52 -663, 1952.

31. J. A. Dunham. 防止热冲击造成玻璃开裂进行的风挡装甲玻璃防冰喷嘴的研制试验. 适用于 N. A. A. F -86E 战斗机, N. A. A. 3NA -172, NA -52 -918, 1952.

32. Anon. 在华盛顿山顶进行 B -57B 模型风挡玻璃喷嘴防冰性能试验. 格伦马丁公司工程报告, 5580(机密), 1953.

33. Anon. 层压式飞机风挡玻璃的研究与开发. 伊利诺伊理工学院装甲研究基金会, 项目编号 90 -692 - D - ATI -152809.

34. F. J. Burke. 喷射式风挡玻璃除雨系统的评估. 飞行和全天候试验理事会技术说明 WC -55 -117, 1955.

35. Anon. 喷射式风挡玻璃除雨的进展报告集. 研究公司, 明尼苏达州, 霍普金斯市.

36. H. R. Meline, I. D. Smith. 风挡玻璃喷气式除雨和除冰设计手册. WADC - TR -58 -444, ASTI - A - AD -208282, 1958.

37. P. A. Miller. 直升机风挡玻璃的防冰设计. 国际直升机结冰会议, 1972.

38. J. B. Olson, T. R. Stefancin. 优化电防冰直升机风挡玻璃. 旋转翼结冰研讨会, 1974.

39. G. C. Letton. 飞机风挡玻璃防冰系统的分析研究. 俄亥俄州立大学硕士论文, 1972.

40. G. C. Letton. 飞机风挡玻璃防结冰系统的分析研究. AFML - TR -73 -126, 透明飞机外壳会议, 1973.

41. J. S. Islinger. 层压飞机风挡玻璃的工程设计因素. WADC - TR -53 -99, ASTI - A - AD -51601, 1954.

42. J. Qureshi, T. R. Screen, W. F. Sharpe. F -5A/B(G)风挡玻璃防冰分析研究. NOR65 -11, 1965.

43. R. C. Foster. A -7D/E 型飞机风挡玻璃防结冰分析报告. 2 -53910/9R -8239, 1969.

44. S. N. Rea, R. S. Wriston. 用于侦察和武器运载的硫系玻璃除冰方法的发展. AFAL - TR -73 -340, 1973.

45. H. L. Paynter. TF -102A 模型 8 -12 飞机的风挡玻璃除雨和防冰系统. 2J -8 -022, ASTI - A - AD -20925, 1955.

304

46. H. L. Paynter. F – 102A 模型 8 – 10 飞机风挡玻璃防雨和防冰系统 2J – 8 – 021(增编 1),ASTI – A – AD – 20922,1956.

47. R. K. Breeze,J. Conway. 以普惠 J75 发动机为动力的 AF 模型 F – 107A 飞机防冰和防雨系统性能的初步分析. 北美航空报告,NA54 – 297 – 3,1955.

48. R. K. Breeze,R. A. Paselk. B – 1 喷射式/模拟丙烯酸风挡玻璃试验结果和飞行安全验证的初步总结. TFD – 74 – 715,1974.

## 12.9　冰附着和力学特性

1. J. R. Stallabrass,R. D. Price. 论冰对各种材料的附着力. NRC 报告 LR – 350,1962.

2. J. R. Stallabrass,R. D. Price. 论冰对各种材料的附着力. 加拿大航空航天期刊,1963,9:199 – 204.

3. A. M. Rothrock,R. F. Selden. 冰附着力与飞机除冰的关系. NACA – TN – 723,1939.

4. H. L. Dryden. 综述粗糙度对层流向湍流转捩的影响. 航空科学期刊,1953,20(7):477 – 482.

5. Anon. 清洁润滑表面结冰的附着力和抗剪强度. NRL – Report5832,1962.

6. L. D. Minsk. 一些影响垂直起降运行的冰雪属性. AHS,AIAA 和德克萨斯大学,德克萨斯州阿灵顿举行的垂直起降设计的环境影响联合研讨会,1970.

7. R. Smith – Johannsen. 水杂质对冰附着力的影响. 1946 年度通用电气公司基础结冰研究,美国空军技术报告,5539,1947.

8. D. L. Loughborough,E. G. Hass. 降低冰和除冰器表面附着力. 航空科学期刊,1946,13:126 – 134.

9. W. J. H. Murphy,T. E. Waterman. 各种结构形态的釉面结冰特征. RADC – TN – 59 – 411,1959.

10. W. R. Meyer,E. F. Foley,Jr. 有机极性材料薄膜的冰附着力试验. WADC 技术报,56 – 591,1957.

11. E. H. Andrews,H. A. Majid,N. A. Lockington. 冰对柔性基质的附着力. 材料科学期刊,1984.

12. M. Assefpour – Dezfuly,C. Vlachos,E. H. Andrews. 钛表面的氧化物形态和附着力. 材料科学期刊,1984.

13. Anon. 界面上原子间黏结能的机械测量. 材料科学期刊,英国普莱南出版公司,1984.

14. E. H. Andrews, N. A. Lockington. 冰的附着力和附着强度. 材料科学杂志,1983.

15. I. Hawkes, M. Mellor. 冰在单轴应力作用下的变形和断裂. 美国陆军寒冷地区研究与工程实验室,冰川学期刊,1972.

16. S. G. Eskin, W. D. Fontain, O. W. Witzell. 冰与各种表面接触的强度特性. 普渡大学制冷工程,1957.

17. LE. Raraty, D. Tabor. 冰附着力和强度特性. 剑桥大学物理化学系,表面物理与化学研究实验室,1957.

18. M. A. Lange, Thomas J. Ahrens. 冰和冰硅酸盐混合物的动态拉伸强度. 地球物理研究期刊,1983,88(B2).

19. R. Scavuzzo. NASA 结冰研究风洞的剪切试验数据. 俄亥俄州阿克伦市阿克伦大学,1984.

20. L. M. Tint. 测定冰的抗拉、抗剪强度及其与氯丁橡胶的附着力. 艾姆斯航空实验室,1943.

21. Anon. 附着问题的综述. 莱特空气发展中心,报告号 52 − 69,1952.

22. H. H. G. Jellinek. 冰的附着特性,美国陆军冰雪和永久冻土研究所,1957.

23. Anon. 固体表面冰附着的化学 − 物理性质研究. WADC 技术报告,53461,1953.

# 12. 10  热传导

1. C. D. Brown, J. L. Orr. 动力加热对飞机螺旋桨叶片结冰影响的理论和实验研究. NRC 报告 MD − 30,1946.

2. R. L. Wardlaw. 估算除冰垫上瞬态热流分布的近似方法. NRC 报告 LR − 95,1954.

3. W. F. Campbell. 计算复合板早期瞬态温度的快速分析方法. NRC 报告 MT − 32,1956.

4. J. R. Stallabrass. 除冰器设计的热现象. 国际直升机结冰会议,渥太华,1972.

5. E. P. Lozowski, J. R. Stallabrass, P. F. Hearty. 液滴/冰晶云中未加热非旋转圆柱的结冰. NRC 报告 LTR − LT − 96,1979.

6. J. R. Stallabrass, RFHearty. 在未加热非旋转圆柱中进行进一步结冰实验. NRC 报告 LTR − LT − 105,1979.

7. L. W. Bryant，E. Ower，A. S. Halliday，et al. 气流中机翼表面的热对流. BritishA. R. C. R. ，M. – No. 1163，1928.

8. T. Theodorsen，W. C. Clay. 利用发动机排热和克拉克 Y 型机翼传热研究技术防止飞机结冰 NACA – TR – 403，1931.

9. E. Brun. 基于结冰现象的飞机机翼温度分布. NACA – TM – 883，1938.

10. L. A. Rodert. 利用发动机排气加热防止飞机结冰的初步研究. NACA – TN – 712，1939.

11. A. Kantrowitz. 空气动力加热和气流中障碍物引起的液滴偏转与飞机结冰的关系. NACA – TN – 779，1940.

12. L. A. Rodert，A. R. Jones. 排气加热除冰的飞行研究. NACA – TN – 783，1940.

13. LA. Rodert，LA. Clousing. 洛克希德 12 – A 型飞机排气加热机翼除冰系统热性能的飞行研究 NACA 战时报告 A – 45，ARR，1941.

14. Anon. 关于动力加热的说明，特别是结冰条件. 技术札记，674，1942.

15. J. K. Hardy，G. Mann. 预测结冰速度和防冰必需的加热速度. 技术札记，1942.

16. C. W. Frick，Jr. ，G. B. McCullough. 确定流线型机翼体传热速率的方法. NACA 报告，830，1945. （代替 NACAACR，1942）.

17. A. R. Jones，L. A. Rodert. B – 24D 飞机热防冰设备的研制. NACA 战时报告 A – 35，1943.

18. H. B. Squire. 机翼传热的计算 NACA – MRR – No. 3E29，1943.

19. A. R. Jones，L. A. Rodert. B – 17F 飞机防热设备的研制. NACA – ARR – No. 3H24，1943.

20. J. K. Hardy. 湿表面的运动温度，计算防冰所需乙醇的方法，以及干湿方程的推导. NACA 战时报告 A – 8，1945. （原 NACAARR5G13，1945）.

21. J. K. Hardy. C – 46 型飞机机翼部分结冰时的散热分析. NACA – TR – 831，1945，（原 NACA – ARR – 4111a）.

22. R. Jackson. C – 46 货机热防冰系统的研究. II – 排气换热器的设计、建设及初步试验，NACA – ARR – No. 5A03a，1945.

23. L. M. K. Boelter，R. C. Martinelli，F. E. Romie，et al. 飞机加热器的研究. XVIII – 排气和空气交换器设计手册，NACA – WR – W – 95，1945. （原 NACA – ARR – 5A06. ）

24. J. Selna，H. L. Kees. C – 46 货机热防冰系统的研究. VI – 在不同高度热系统的双发动机和单发动机运行条件下干空气性能. NACA – ARR –

No. 5C20,1945.

25. J. M. Naiman. DC − 6 型机翼热结冰系统设计的基本原理. 道格拉斯飞机公司,SM − 11911,1946.

26. J. F. Darsow,J. Selna. 空气加热螺旋桨热性能的飞行研究. NACA − TN − 1178,1946.

27. C. B. Neel,Jr,N. R. Bergrun,D. Jukoff,B. A. Schlaff. 在特定结冰条件下机翼热防冰所需热量的计算. NACA − TN − 1472,1947.

28. A. R. Jones,G. H. Holdaway,C. P. Steinmetz. 根据自然结冰条件下各种飞行试验计算风挡玻璃防冰所需热量的方法. NACA − TN − 1434,1947.

29. V. H. Gray,R. G. Campbell. 估算气热空心螺旋桨叶片防冰所需热量的方法. NACA − TN − 1494,1947.

30. LM. K. Boelter,L. M. Grossman,R. C. Martinelli,E. H. Morrin. 飞机加热器的研究. XXIX − 计算机翼热损失方法的比较. 美国加州大学,NACA − TN − 1453,1947.

31. J. Selna,J. F. Darsow. 空气加热螺旋桨热性能的飞行研究 NACA − TN − 1178,1947.

32. J. K. HardyandR. Morris. 加热机翼内部的热量传递. BritishR. A. E. ,1948.

33. QB. Neel,Jr. 计算特定结冰条件下机翼热防冰所需热量. SAEQuart. Trans. ,1948,2(3):369 − 378.

34. D. M. Patterson. 确定飞机固定区域防冰所需热量的简化程序. 技术资料摘要(中央航空文件办公室),1949.

35. H. A. Johnson,M. W. Rubesin. 气动加热和对流换热 − 文献综述. ASME,1949,71(5):447 − 456.

36. V. H. Gray. 对带有内翅片和隔板的气热机翼防冰传热的改进. NACA − TN − 2126,1950.

37. B. Pinkel,R. N. Noyes,M. F. Valerino. 确定任意热输入分布的恒定区域通道空气压降的方法. NACA − TN − 2186,1950.

38. TF. Gelder,J. P. Lewis. 机翼在自然结冰和模拟结冰条件下传热的比较. NACA − TN − 2480,1951.

39. E. E. Callaghan,R. S. Ruggeri. 垂直热空气射流的下游温度分布与气流的一般相关性. NACA − TN − 2466,1951.

40. V. H. Gray. 从表面加热到防冰的传热和蒸发的简单图解. NACA − TN − 2799,1952.

308

41. R. S. Ruggeri. 不同角度热空气射流下游温度分布与气流的一般相关性. NACA – TN – 2855, 1952.

42. B. L. Messinger. 未加热结冰面的平衡温度与空气速度的关系. 航空航天科学期刊, 1953, 20(1): 29 – 42.

43. W. L. Torgeson, A. E. Abramson. 对干湿表面防冰整流罩形状所需热量的研究. WADC 技术报告 53 – 284, 赖特空军发展中心, 赖特 – 帕特森空军基地, 1953.

44. R. M. Drake, Jr., R. A. Seban, D. L. Dought, S. Levy. 高速气流中椭圆柱表面局部传热系数, 轴比 1:3. A. S. M. E., 1953, 75(7)1291 – 1301, discussion, 1301 – 1302.

45. K. S. Kleinknecht. 飞机风挡玻璃防冰所需热量的飞行研究. NACA – RM – E7G28.

46. J. L. Kushnick. 双面、气热风挡玻璃防冰的热力学设计. NACA – RB – No. 3F24, 1943.

47. R. C. Martinelli, A. G. Guibert, E. H. Morrin, L. M. K. Boelter. 飞机加热器的研究. VIII – 计算机翼单位导热系数的简化方法. NACA – WR – W – 14, 1943.

48. G. Xenarkis, A. E. Amerman, R. W. Michelson. 强制对流范围换热特性的研究. WADC 技术报告 53 – 117, 航空结冰研究实验室, 1953.

49. J. P. Lewis. 整流罩防冰所需热量的分析研究. NACA – RM – E53A22, 1953.

50. U. H. vonGlahn. 固定和旋转椭球旋转器传热的初步结果. NACA – RM – E53F02, 1953.

51. L. M. K. Boelter, V. D. Sanders, F. E. Romie. 飞机加热器的研究. XXXVIII – . 矩形和梯形内通道热性能的测定. NACA – TN – 2524, 1951.

52. E. E. Callaghan. 传质和传热与湍流之间的类比. NACA – TN – 3045, 1953.

53. W. D. Coles, R. S, Ruggeri. 亚声速和超声速下冰升华实验研究及其与传热的关系. NACA – TN – 3104, 1954.

54. W. D. Coles. 低密度冰导热系数的实验测定. NACA – TN – 3143, 1954.

55. J. P. Lewis, R. S. Ruggeri. 细度比为 3 的固定和旋转椭球前体传热研究. NACA – TN – 3837, 1956.

56. E. R. VanDriest. 气动加热问题. 北美航空公司, 1956.

57. R. S. Ruggeri, J. P. Lewis. 固定和旋转锥形前体的传热研究. NACA – TN – 4093, 1957.

58. J. L. Orr. 电热除冰系统. 低温实验室, 加拿大渥太华, 密歇根大学, 第八讲.

59. E. Eckert, O. Drewitz. 高速气体流动下未加热物体层流边界层温度场的计算. R. T. P. Trans. No. 1594, British M. A. P.

60. K. J. DeWittandG. Baglia. 相变复合材料一维传热的数值模拟. NASA – CR – 165607, 1982.

61. D. F. Chao. 适用于飞机部件除冰的复合材料二维传热的数值模拟. NASA – CR – 168283, 1983.

62. G. J. VanFossen, R. J. Simoneau, W. A. Olsen, Jr, R. J. Shaw. NASA 路易斯研究风洞中圆柱体上名义冰形的热传导分布. AIAA – 84 – 0017, 1984.

63. R. V. Arimilli, M. E. Smith, E. G. Keshock. 冰形局部对流传热系数的测量. AIAA – 84 – 0018, 1984

64. M. A. Mikheyev. 传热的基础. 国家动力工程出版社, 1956.

65. M. Tribus, G. B. Young, LM. K. Boelter. 华盛顿山结冰条件下小气筒传热分析. 美国机械工程学会学报, 971, 1948.

66. B. L. Messinger. 结冰过程中的能量交换. 密歇根大学, 飞机结冰信息课程, 第6讲, 1953.

67. F. H. Ludlam. 圆筒的热经济性. 皇家气象学会季刊, 1951, 77 (334): 663.

68. Ruskin. NRL 轴流涡旋温度计的研制. NRL – Report – No. 4008.

69. R. L. Bosvort. 传热过程. (翻译) GITTL, 1957.

70. VanDrayst. 气动加热问题. 火箭技术的问题, 1957, 5(41).

71. Greber, G. Erk, U. Grigull. 热交换原理. (翻译) IL, 1958.

72. P. N. Kamenev. 供暖和通风 II – 通风. (翻译) Stroyizdat, 1964.

73. Kh. S. Karslou. 导热系数理论. GITTL, 1947.

74. G. M. Kondrat'yev. 常规热状况. Gostekhizdat, 1954.

75. G. M. Kondrat'yev. 热测量. 莫斯科, 1957.

76. Ts. Lin. 湍流和传热. (翻译) IL, 1963.

77. A. V. Lykov. 导热系数理论. (翻译) Gostekhizdat, 1962.

78. V. Kh. MacAdams. 热传导. (翻译) 冶金技术, 1961.

79. K. A. MironovandL. I. Shipetin. 热力工程测量仪. (翻译) Mashgiz, 1958.

80. M. A. Mikheyev. 传热原理. (翻译) Gosenergoizdat, 1956.

81. B. S. Petukhov. 传热过程的实验研究 (翻译) 莫斯科: Gosenergoizdat, 1962.

82. V. P. Preobrazhenskiy. 热工测量和仪器. (翻译) Gosenergoizdat, 1946.

83. N. I. Rykalin. 焊接的热工过程计算.(翻译)Mashgiz,1951.

84. A. Shak. 工业传热.(翻译)莫斯科:冶金技术,1961.

85. E. R. Ekkert,R. M. Dreyk. 传热与传质理论.(翻译)莫斯科,Gosenergiozdat,1961.

86. M. Yakob. 传热问题.(翻译)IL,1960.

87. B. H. Anderson. 改进的传热系数测量技术.行星第 3 空间科学,1961,4(1).

88. I. E. Beckwith,J. J. Gallagher. 在马赫数为 4 和 15 以及高雷诺数下的偏转圆柱上的局部传热和恢复温度.NASA – TR – R – 104,1961.

89. N. Curie. 通过定常特性层流边界层的传热.ARC – R&M,No. 3300,1962.

90. R. M. Drake. 倾斜平板上层流的单位传热系数变化研究.应用力学杂志,1949,16(1).

91. W. H. Giedt. 垂直于气流的圆柱体周围的点单位传热系数变化研究.美国机械工程学会学报,1949,71(4).

92. LGoland. 机翼层流区域传热的理论研究 JAS,1950,17(7).

93. J. R. Hardy. 结冰条件下螺旋桨叶片的动力学温度.ARC – R&M,No. 2806,1947.

94. J. R. Hardy. 湿面的动力学温度.ARC – R&M,No. 2830,1945.

95. H. H. Hauger. 利用热空气进行机翼防冰的间隙加热.美国机械工程学会学报,1954,76(2).

96. E. L. Knuth. 维京头锥上气动加热和边界层转捩的飞行测量评论.喷气推进,1956,26(12).

97. J. C. J. Koh,J. P. Barnett. 测量凹半球上气流的压力分布和局部传热率.ARS – 11460 – 60,1960.

98. R. L. Ledford. 测量超高速风洞传热速率的设备.超高速技术进展,纽约,1962.

99. G. Liebmann. 利用电阻网络模拟法求解瞬态传热的问题.美国机械工程师学会学报,1956,78(6).

100. T. A. Pearls,S. S. Hartog. 用于传热测量的热电传感器.ActaIMEKO,Budapest,1961,4.

101. H. G. Robinson. 用于对流加热问题的模拟计算机.A. R. C. 技术报告 C. P. 5No. 374,1957.

102. V. J. Schaefer. 华盛顿山结冰风暴期间设备和机翼所需热量.美国机

械工程学会学报,1947,69(8).

103. R. A. Seban,R. M. Drake. 高速流中椭圆柱表面的局部传热系数. 美国机械工程学会学报,1953,75(2).

104. R. A. Seban,R. Bond. 轴向不可压流中圆柱上层流边界层的表面摩擦和传热特性. JAS,1951,18(10).

105. H. B. Squire. 机翼的传热计算. ARC – R&M,No. 1986,1942.

106. M. Tribus,G. B. Young,L. M. KBoelter. 华盛顿山结冰条件下小汽缸的传热分析. 美国机械工程学会学报,1948,70(8).

107. M. Dutt,T. M. Stickney. 空气总温度传感器的温度恢复和精度. 第16届国际航空航天仪器研讨会,16,华盛顿,西雅图,1970.

108. E. Payne. 飞机涡轮喷气发动机传热的应用. 世界航空航天系统,1966,2:158 – 160.

109. I. Langmuir. 利用雾的高速运动冷却汽缸. 通用电气研究实验室,1945.

110. E. W. Still. 喷气式飞机的温度控制. 皇家航空航天社会期刊,1953,57:89 – 103.

111. F – 89 防热结冰性能:罩唇入口. 诺斯罗普报告(Northrop Rept). No. A – 68 – Ⅲ.

112. F – 89 防热结冰性能:尾翼. 诺斯罗普报告(Northrop Rept). No. A – 68 – Ⅱ.

113. Anon. 热防冰供应系统. 诺斯罗普报告(Northrop Rept). No. A – 68 – Ⅳ.

114. J. S. Klein,G. Corcos. 热除冰所需热量的说明. 密歇根大学工程技术学院,1952.

115. R. L. Wardlow. 间歇加热除冰垫中热量分布的近似估计方法. NAE,加拿大,1953.

116. L. A. Rodert,L. A. Clousing. 洛克希德12 – A 型飞机的排气加热机翼除冰系统热性能的飞行研究(SupplementNo. 1). NACAARR,1941.

117. L. A. Rodert,L. A. Clousing. 洛克希德12 – A 型飞机的排气加热机翼除冰系统热性能的飞行研究(Supplement No. 2). NACA – ARR,1941.

118. B. C. Look. 涡轮增压发动机的排气到空气热交换对防冰性能的影响. NACA – MR – A5H23(WRA – 30),1945.

119. J. K. Hardy. 湿表面的动力学温度. 英国,R&MNo. 2830.

120. R. C. Martinelli,M. Tribus,L. M. K. Boelter. 飞机加热器的研究. Ⅰ – 考虑飞机的基本传热效应. NACA – ARR(WR – 23),1942.

121. 关于动力加热的说明,尤其是结冰条件的说明. RAE – TN – Inst. 674, 1942;NACA 重印本,1942.

122. A. LLondon,R. A. Seban. 结冰速率. 美国机械工程学会学报,1943,65:771 – 778.

123. J. K. Goss. 利用电加热手套确定传热系数的局部值. 西北航空公司,工业和信息化部20 – 46,报告号46 – A – 33,1947.

124. J. Jonas. 防冰波纹中热翅片效应. 航空工程师,诺斯罗普飞机公司,(RP – 1147),1947.

125. J. Selna,J. E. Zerbe. 分段飞行期间单层防弹风挡玻璃内表面防雾需热量的一种计算方法. NACA – TN – 1301,1947.

126. J. C. Johnson. 蒸发水滴表面温度的测量. 270A,1949.

127. C. LFricke,F. B. Smith. 确定边界层传热系数的表面温度遥测. NACA,RM – L50J17,1951.

128. Y. Chia – S,J. E. Cermak,R. T. Shen. 滞流边缘具有热源线的飞机机翼边界层中的温度分布 – 对称流中的对称机翼. 海军研究部,华盛顿特区,ASTI – A – AD9799.

129. T. A. Dickey. 结冰过程中径流对局部能量交换的影响. (项目峰会春季规划会议上提出的未经检验理论的初步报告.)PA;航空航天工程实验室,海军航空物资中心,1952.

130. Y. S. Tang,J. M. Duncan,H. E. Schweyer. 球形颗粒与气流之间的热与动量传递. NACA – TN – 2867,1953.

131. J. T. Cansdale. 横向于气流的圆柱表面的动力学温度恢复因子. RAE 技术报告78008,1978.

132. J. T. Cansdale,I. I. McNaughtan. 对混合水滴/冰晶云表面温度和积冰速率的计算. RAE 技术报告77090,1977.

133. J. R. Welty,C. E. Wicks,R. E. Wilson. 动量、传热和传质的基本原理. Wiley,1969.

134. E. Achenbach. 表面粗糙度对圆柱传热向空气横流的影响. 国际传热传质期刊,1977,20.

135. Anon. 飞机空调工程数据 – 传热 SAE 报告 No. 24,1952.

136. Anon. DC – 6 机翼防冰系统温度变化的研究. 美国联合航空公司,F – 240,1950.

137. E. H. Morrin. 预测热防结冰系统的说明. 加利福尼亚大学为空中技术服务司令部编写,1945.

138. Anon. DC - 6 热防冰试验. F - 81 - 14,联合航空公司,1947.

139. J. Klein,M. Tribus. 非等温表面强制对流. 项目 M - 992 - B,密歇根大学工程研究所,1952.

140. J. F. Werner,M. M. Freidlander. 确定防冰所需热量和空气流量的简化图解法. 洛克希德飞机公司,报告号 8530;ASTIA - ATI - 159 - 453,1952

141. IcingResearchStaff. 均匀导电表面. 项目编号 M992 - 4,密歇根大学工程研究所,莱特空气开发中心,美国空军合同 AF18(600) - 51,E. O. No. 462BR - 1,1953.

142. Anon. 热防冰器的计算. 密歇根大学工程研究所,1953.

143. E. Brun. 研究干湿空气中的对流(翻译)技术札记 9,北美航空公司,1954.

144. Anon. 催化加热在飞机上的应用.(翻译)密歇根大学工程研究所,1954.

145. Anon. DACO 机翼通气管除冰系统截面的热分析. 赫尔默斯,计算机工程协会,1954.(道格拉斯 P. O. T&M2755ABC).

146. B. E. Mahon. 377 模型飞机的热防冰系统温度. 测试 85 - 1,86 - 7,88 - 1和93 - 1,147,波音飞机公司,1948.

147. M. Jakob,S. P. Kezios,R. L. Rose,et al. 飞机风挡玻璃传热传质. 美国空军技术报告,6120,伊利诺斯理工学院,1950.

148. H. M. Cousins,B. R. Rich,R. E. Smith,Jr. L - 206 中型货机的热力学. 报告号 7938.(机密)

149. B. Gurr. 热分析仪 - C - 133A 分析工作(拟议测试程序). 1954.

150. L. A. Kennedy,J. Goodman. 结霜条件下的自由对流的传热传质. 1973.

151. K. E. Yeoman. 结冰保护系统的有限元热分析. AIAA - 83 - 0113,1983.

152. D. Fu - KuoChao. 复合材料二维传热数值模拟应用于飞机部件的除冰. 托莱多大学;NASA 路易斯研究中心,1983.

153. R. W. Gent,J. T. Cansdale. 电除冰直升机旋翼叶片热瞬态的一维处理. RAE - TR - 80159,1980.

## 12.11　直升机气候试验和结冰

1. E. O. Robertson. 直升机结冰初步飞行试验. NRC 报告 LR - 106,1954.

2. J. R. Stallabrass. 贝尔 HTL - 4 直升机结冰飞行试验. NRC 报告 R -

197,1957.

3. J. R. Stallabrass. 西科斯基 H04S－2 直升机结冰飞行试验. NRC 报告 LR－219,1958.

4. J. R. Stallabrass,R. D. Price. 直升机地面起飞过程中结冰的影响. NRC 测试报告 MET－491,1967.

5. J. R. Stallabrass. 直升机结冰研究 NRC－DME/NAE 季刊,1957,1957(2).

6. J. R. Stallabrass. 直升机结冰的部分研究. 加拿大航空学报,1957,3(8)：273－283.

7. J. R. Stallabrass,R. D. Price. 结冰引起的结构问题. AHS－AIAA－UTA 联合举办的 VTOL 设计环境影响研讨会,德克萨斯大学,1970.

8. J. R. Stallabrass. 直升机结冰综述. 国际直升机结冰会议,渥太,1972.

9. J. R. Stallabrass,E. P. Lozowski. 气缸和旋翼桨叶上结冰的形状. 直升机结冰研讨会,伦敦,1978.

10. Capt. G. C. Dostal. CH－3C 直升机在恶劣天气下的测试. 航空系统司,莱特－帕特森空军基地,技术报告 ASD－TR－64－92,1965.

11. Capt. D. A. Reilly. HH－53C 直升机在恶劣天气下的测试. 航空系统司,莱特－帕特森空军基地,技术报告 ASD－TR－70－51,1970.

12. J. B. Werner. 美国陆军直升机先进的防冰/除冰能力的开发,Ⅰ－设计标准和技术考虑因素. USAMRDL－TR－75－34A,1975.

13. J. B. Werner. 美国陆军直升机先进的防冰/除冰能力的开发,Ⅱ－防冰系统在 UH－1H 直升机上的应用. LR－27180－VOL－2,USAAMRDL－TR－75－34B,AD－A019049/6SL,1975.

14. R. I. Adams. 结冰定义的评估. 直升机防冰研讨会,阿拉巴马州,拉克,1977.

15. R. Adams. 直升机结冰研究,会议录. 第二届航空系统气象和环境投入年度研讨会,FAA－RD－78－99,NASA－CP－2057,1958.

16. A. A. Peterson,L. Dadone,D. Bevan. 旋翼机航空结冰研究要求、研究综述及建议. NACA－CR－165344,1981.

17. W. E. GriffithⅡ,M. L. Hanks,C. F. Mittag,J. S. Reid. UH－1H 直升机自然结冰试验. 陆军航空系统测试活动,EdwardsAFB,USAASTA－74－31,1974.

18. W. E. GriffithⅡ,R. B. Smith,L. K. Brewer,M. L. Hanks,J. S. Reid. UH－1H 直升机人工结冰试验,PartⅠ. USAASTA－73－04－4,AD－779503,1974.

19. C. F. Mittag,J. C. O'Connor,L. Kronenberger,Jr. CH－47C 直升机人工结冰试验. USAAEFA－73－04－AD/A－004008/9SL,1974.

20. C. F. Mittag, R. B. Smith, M. L. Hanks, J. S. Reid. AH – 1G 直升机人工结冰试验. USAAEFA – 73 – 04 – 2, AD – A009712/1SL, 1974.

21. D. Gibbings. 直升机在结冰条件下飞行的发展. AGARD 会议, 299; 子系统测试和飞行测试仪器, 1 – 12, 1981.

22. A. A. Peterson, L. Dadone. 直升机结冰综述. D210 – 11583 – 1; FAA – CT – 80 – 210, AD – A094175/7, 1980.

23. G. W. Wilson, R. Woratschek. 人工云和天然云的微物理特性及其对 UH – 1H 直升机结冰的影响. USAAEFA – 78 – 21 – 2, AD – A084633/7, 1979.

24. T. C. Don. 直升机结冰讨论会. 英国国防部, 伦敦, AD – A067981/1SL, 1978.

25. R. H. Cotton. 具有电热防冰系统的 UH – 1H 直升机在模拟和自然结冰条件下的结冰试验 LR – 28667; USARTL – TR – 78 – 48, AD – A067737/7SL, 1979.

26. C. E. Lovrien, Jr. HH – 53C 直升机的 II 类结冰试验. AFFTC – TR – 71 – 26, AD – 904773/9SL, 1972.

27. D. J. Dowden, G. A. M. Etzel, C. E. Lovrien, Jr. HH – 53C 直升机的 II 类结冰试验. AFFTC – TR – 71 – 24, AD – 893311/1SL, 1971.

28. J. L. Barbagallo. HH – 53C 直升机的气候实验室评估. 数据补充. ASD – ASTDE – TR – 70 – 29 – SUPPL, AD – 911413/3SL, 1973.

29. D. J. Dowden, T. E. Angle. UH – 1N 仪表飞行, 湍流和结冰试验 AFFTC – TR – 71 – 9, AD – 889752/2SL, 1971.

30. D. A. Reilly. HH – 53C 直升机在恶劣天气下的测试. 航空系统部门, 赖特 – 帕特森, AFB, ASD – TR – 70 – 51, AD – 861186/1SL, 1970.

31. D. R. Artis, Jr. 军用旋翼飞机的防冰涂层. USAAMRDL – TN – 19, AD – B004715/9SL, 1975.

32. J. B. Werner. 先进旋翼飞机防冰研究. LR – 25327 – 10; 美国陆军空中机动研究与发展实验室, USAAMRDL – TR – 73 – 38, AD – A771182/3, 1973.

33. K. D. Korkan, L. Dadone, R. J. Shaw. 直升机旋翼系统在霜状结冰下前飞的性能下降. AIAA – 83 – 0029, 1983.

34. R. L. Palko, P. L. Cassady. 美国陆军 UH – 1H 直升机主旋翼悬停飞行结冰的摄影测量分析. AEDC – TR83 – 43, 1983.

35. K. D. Korkan, E. J. Cross, Jr, C. C. Cornell. 对带模拟冰形的直升机模型主旋翼进行性能退化实验研究. AIAA – 84 – 0184, 1984.

36. J. D. Lee. 直升机旋翼桨叶在悬停中结冰的气动特性评估. AIAA – 84 –

0608,1984.

37. K. D. Korkan,E. J. Cross,T. LMiller. 带有一般冰形的直升机模型主旋翼悬停及前飞的性能退化. AIAA – 84 – 0609,1984.

38. J. D. Lee,R. Harding,R. Palko. 记录 UH – 1H 直升机在悬停状态下主旋翼的结冰形状. NASA – CR – 168332,1984.

39. K. D. Korkan,L. Dadone,R. J. Shaw. 直升机旋翼在自然结冰条件下性能退化. 飞机学报,1984,21(1).

40. R. J. Shaw,G. P. Ritcher. UH – 1H 直升机结冰飞行测试计划:概述. AIAA – 850338,1985.

41. J. R. Somsel. UH – 1N II 类测试计划摘要. AFFTC – TR – 72 – 29,AD – 902264/1SL,1972.

42. B. L. White. YUH – 1D 型直升机在北极的 II 类低温评估. ASD – TDR – 63 – 564,N64 – 12680,AD – 422643.

43. K. M. Rosen,M. LPotash. 西科斯基公司 40 年的直升机防冰经验. 美国直升机学会期刊,1981,26(3):5 – 19.

44. K. M. Rosen,M. L. Potash. 西科斯基公司 40 年的直升机防冰经验. AIAA – 81 – 0407,1981.

45. J. Boulet,J. C. Lecoutre. "美洲狮"的防冰系统. 第四届欧洲旋翼飞机与动力升降飞机论坛,51,1978.

46. P. F. Ashwood,R. D. Swift. 直升机在模拟前飞条件下前机身和发动机进气道的结冰试验. AGARD 咨询报告,127,1977.

47. C. Young. 威塞克斯直升机桨叶结冰对起飞着陆能力影响的理论研究. Vertica,1978,2(1):11 – 25.

48. W. E. GriffithII,M. L. Hanks. 美国陆军直升机结冰试验. 第五届飞行测试工程师学会年会,47 – 61,1974.

49. H. Hermes. 直升机除冰系统. AEG – Telefunken 计划,No. 2,1970.

50. W. E. GriffithII,L. K. Brewer. 直升机结冰的操作品质. 第三十届 V/STOL 论坛,1974.

51. T. P. Casimiro. HSS – 2 直升机的功能性寒冷天气试验. S/N148035,报告号 SER – 61523,西科斯基飞机部联合飞机公司,1961.

52. Anon. 卡曼 HU2K – 1 直升机的结冰和除冰飞行试验. NRC 航空航天报告,LR – 308,1961.

53. Anon. 直升机结冰检测综述. NRC 航空航天报告 LR – 334,1962.

54. Anon. CH – 3C 直升机的补充结冰试验. AD – 834179L.

55. E. J. Bourdeaux,III. UH-1F 直升机的Ⅱ类恶劣天气测试. ASD-TR-66-7,AD-486740L,1966.

56. Anon. 关于冬季北极直升机作业的说明. AD-849184.

57. Anon. SH-3D 直升机的结冰试验. AD-852331L.

58. Anon. 威塞克斯 Mk3 直升机的进一步自然结冰/降雪试验. AD-511958.

59. Anon. 旋翼飞机北极环境试验. AD-867368.

60. Anon. OH-58A 直升机/XM27E1 武器分系统的北极运行试验. AD-875563L.

61. K. Wagner. 直升机结冰. 弗格里韦/弗格韦尔国际,德国,31-34,1971.

62. J. RStallabrass. 加拿大直升机结冰领域的研究. 英国直升机协会杂志,1961,12(4).

63. R. E. Stanford,D. B. Griggs. YCH-47A 直升机的Ⅱ类北极评估. ASD-TDR-64-86,AD-611581,1964.

64. I. F. Fairhead. 寒冷天气工程试验. 飞机与武器实验设施,AAEE/931/2-PT-6,AD-482533L,英国,1966.

65. F. N. Murphy,R. B. Skillings. 希勒 CH112 寒冷天气试验. AD-446225L,1964.

66. F. C. Bunn. 佛罗里达州埃格林空军基地"诚实约翰"轻型直升机运输系统的冷测试. 陆军火箭和导弹机构,ARGMA-TN1E146-8,AD-472752,1959.

67. 陆军航空试验局(ArmyAviationTestBoard). CH-47A 直升机的气候实验室检查试验. AD-410743L.

68. F. C. Bunn. 温带气候条件下"诚实约翰"(分载斩波器约翰)系统的可行驶性和战术部署. ARGMA-TN1E146-7,AD-474025,1959.

69. B. L. White. CH-3C 直升机的Ⅱ类气候实验室试验. ASD-TR-64-89,AD-465084,1965.

70. 陆军航空学校,FortRucker. YHC-1B(CH-47A)直升机气候实验室试验. AVN162CL,AD-294929L,1962.

71. 陆军北极试验中心. 北极冬季条件下 CH-47A 直升机的运行试验. AD-451633,最终测试报告.

72. W. R. Mathews. QH-50C 型无人机在受控温度和结冰条件下工作. 海军航空测试中心,ST36396R64,AD-451677L,1964.

73. 陆军北极试验中心,HU-1B 型直升机运行试验. AD-277268L,1962.

74. J. Brendel,P. J. Balfe. H-43BⅡ/Ⅲ类系统及运作评估. AFFTC-TR60-

21,AD－249－824,1960.

75. M. M. Kawa,F. Burpo. 在 H－13H 直升机上实验性直升机除冰系统的试验.Ⅰ. 加拿大渥太华 NAE 喷雾塔实验直升机除冰系统试验结果 NOAS58－109C,AD－242－230,1958.

76. F. Burpo,M. M. Kawa. H－13H 直升机实验性直升机除冰系统的试验. 埃格林空军基地气候机库实验性直升机除冰系统试验结果. NOAS58－109C,AD－242－232.

77. P. A. Krajeck. CH－3C 直升机在北极的Ⅱ类低温评估. ASDTR－65－17,AD－482622L,1966.

78. R. Brigoglio,J. Panaszewski. H－34ARS－58 直升机结冰控制系统的飞行评估. AD－234676L.

79. B. B. Finn,G. W. Fulton,E. D. Stark,W. C. Gelling,D. J. Langdon. CH－113 飞行试验计划. AD－456－092,1964.

80. 美国陆军北极试验中心. 具有吹洗系统的 HU－1 加热器. AD－234－240,1960.

81. F. N. Murphy,R. B. Skillings. 希勒 CH112 低温发动机启动试验. AD－446226L.

82. C. W. Campbell,B. L. White,W. G. Mouser. H－43B 直升机在气候实验室的极低温评估. ASD－TN－60－147,AD－240－168.

83. P. J. Williams. H－34A 直升机防冰系统原型的设计与评估. AD－234－678L.

84. C. P. Cooms,R. E. Stanford. YCH－47A 直升机的Ⅱ类气候实验室重新评估. ASD－TDR63－948,AD－436－113,1964.

85. F. Burpo,M. Kawa. 在 H－13H 直升机上实验性直升机除冰系统的试验. PartⅡ. 实验性直升机除冰系统在华盛顿山的试验结果,NOAS58－109C,AD－242－231,1958.

86. F. Burpo. 在 H－13 直升机上实验性直升机除冰系统的试验. PartⅣ 实验性直升机除冰系统试验结果总结:1. 国家航空机构喷淋塔,加拿大,渥太华. 2. 华盛顿山 3. 埃格林菲尔德气候机库. NOAS58－109C,AD－242－233,1959.

87. 汤普森(HI)玻璃纤维公司. YHU－1D 直升机的运行试验. AATB－AVN1562,AD－405－552L,1963.

88. L. B. Marshall. YUH－1D 直升机在恶劣天气下的试验. ASD－TDR63－414,AD－410－533.

89. 陆军航空学校. YUH－1D 直升机的气候实验室试验. AVN－1562,AD－

294 – 337L,1962.

90. RE. Blatz. 低速结冰研究 AF33 – 038 – 7947,AD – 2 – 289,1951.

91. P. J. Williams. H – 34A 直升机防冰系统原型设计. AD – 234 – 679L.

92. E. D. Smith,E. G. Flanigen. UH – 1FII 类性能. TR – 65 – 5,AD – 467 – 095,1965.

93. W. E. Hooper. 波音直升机的若干技术问题. 皇家航空学会半日研讨会,伦敦,1968;航空学报,1968,73.

94. 陆军试验局(ArmyTestBoard). CH – 37B 直升机的玻璃纤维扩压器在北极冬季条件下的产品改进试验 AD – 478 – 130,1965.

95. I. H. Colley,R. D. Price,T. R. Ringer,J. R. Stallabrass,F. T. Thomasson. 直升机的危害. AGARD 救援直升机,在战术形势下直升机作战的工作方面,1967.

96. 航空航天研究与发展咨询小组. 战术形势下直升机作战的航空医学方面. AGARD 航空航天医学小组讨论会论文集,巴黎,1967,AGARD – CP – 24.

97. G. W. Wilson. 直升机结冰 – 测试和认证. 美国直升机学会期刊,1982,27(22).

98. W. Y. Abbott,D. Belte,R. A. Williams,et al. 旋翼结冰引起 UH – 1H 悬停性能退化的评估. USAAEFA 项目号 82 – 12,1983.

99. W. Y. Abbott,J. L. Linchan,R. A. Lockwood,et al. 旋翼结冰引起 UH – 1H 水平飞行性能退化的评估. USAAEFA 项目号 83 – 23,1984.

100. K. D. Korkan,J. C. Narramore,L. Dadone,et al. XV – 15 倾转旋翼飞机在自然结冰情况下的性能评估 AIAA – 83 – 2534,1983.

101. K. D. Korkan. 霜状结冰引起的螺旋桨/直升机旋翼系统的性能退化. NASA 刘易斯研究中心结冰分析研讨会,1981.

102. Anon. "奇努克"结冰试验. 国际航班,1984.

103. J. R. Stallabrass. 直升机防冰综述. NRC – LR – 334.

104. J. B. Werner. 先进旋翼飞机防冰研究. USAAMRDL 技术报告 7338,1973.

105. R. N. Ward. 美国陆军直升机结冰发展. SAE 技术报告 821504,1982.

106. R. W. Gent,J. T. Cansdale. 直升机旋翼结冰数学建模技术的发展. AIAA – 85 – 336,1985.

107. F. S. Atkinson. 直升机结冰环境调查报告. BEAH/ENG/TD/R/113,1971.

108. KD. Korkan,LDadone,R. J. Shaw. 结冰导致直升机旋翼在前飞中的性能退化的研究—综述. AHS 第 41 届年会,1985.

109. L. A. Haworth, R. G. Oliver. JUH – 1H 气动启动除冰系统飞行试验评估. USAAEFA – 81 – 11, 1983.

110. H. B. Lake. 直升机结冰问题定义. 第二届欧洲旋翼飞行器与动力升力飞行器论坛, 1976.

111. D. R. Shepherd. 旋翼防冰系统. 第二届欧洲旋翼飞行器与动力升力飞行器论坛, 1976.

112. K. T. McKenzie, D. R. Shepherd. 结冰情况下最大存活率的设计. 关于直升机结冰的英国皇家航空学会全天研讨会, 1975.

113. A. A. Peterson. 旋翼结冰评估方法综述. AHS 旋翼系统设计全国专家会议, 1980.

114. A. A. Peterson. VSTOL 飞机旋翼防冰设计的热分析技术. AIAA – 85 – 340, 1975.

115. P. J. Dunford. 结冰条件下直升机优化和认证的新技术. AHS 直升机试验技术全国专家会议, 1984.

116. A. A. Peterson. VSTOL 飞机防冰设计考虑因素. AHS 第 41 届年度论坛会议录, 1985.

117. G. A. Etzel, J. L. Barbagallo, C. E. Lovrien. HH – 53C 直升机的 II 类北极试验(ArtictTests). FTC – TR – 71 – 12, 1971.

118. L. A. Haworth, M. S. Graham. 直升机气动除冰系统飞行试验. AHS 全国专家会议, 1984.

119. L. AHaworth. 直升机气动除冰系统飞行试验. AHS 第 41 届年会论文集, 1985.

120. Hanks, Reid, Merrill. AH – 16 直升机人工结冰试验. 项目号 73 – 04 – 7, 美国陆军航空工程飞行活动, 1974.

121. Smith, Mittag, Hanks, Reid. AH – 16 直升机人工结冰试验. 美国陆军航空工程飞行活动, 1974.

122. Kronenberger, Merrill, Hanks. 人工结冰试验—安装在 UH – 1H 直升机上的洛克希德先进防冰系统. 美国陆军航空工程飞行活动, 1975.

123. Hanks, Dickmann. YAH – 64 结冰研究. 美国陆军航空工程飞行活动, 1982.

124. Haworth, Graham, Kimberly. JUH – 1H 重新设计的气动启动除冰系统飞行试验评估. 1984.

## 12.12 直升机旋翼桨叶结冰

1. J. M. H. Heines. 对模型旋翼上的两种电热直升机旋翼除冰垫样品进行对比试验. NRC 报告 LR - 167,1956.

2. J. M. H. Heines,D. L. Bailey. 直升机电热除冰垫样品对比试验. NRC 试验报告 MET - 148,1957.

3. J. R. Stallabrass. 实验性直升机旋翼桨叶电除冰器的飞行试验. NRC 报告 LR - 263,1959.

4. J. R. Stallabrass,G. A. Gibbard. 直升机旋翼桨叶除冰的翼向和弦向脱落方法的比较. NRC - Report - LR - 270,1960.

5. J. R. Stallabrass. 除冰器设计的热工方面. 国际直升机结冰会议,1972.

6. B. Maggenheim,F. Hains. 直升机旋翼桨叶微波除冰器的可行性分析. US-AAMRDL - TR - 76 - 18,1977.

7. H. E. Lemont,H. Upton. 直升机旋翼叶片的振动防冰. USAAMRDL - TR - 77 - 29,1978.

8. J. S. Tulloch,R. B. Smith,F. S. Dolen,J. A. Bishop. 对 UH - 1H 直升机旋翼桨叶上的防冰涂层进行人工结冰试验. USAAEFA 项目号 77 - 30; AD - A059875/5SL,1978.

9. B. J. Blaha,P. L. Evanich. 应用于直升机旋翼除冰的气动靴. NASA - CP - 2170,1980.

10. K. D. Korkan,L. Dadone,R. J. Shaw. 霜状结冰导致螺旋桨/旋翼系统性能下降. AIAA - 82 - 0286.

11. K. H. Wilcox. 安装在 CH - 46A 直升机中改进的发动机和风挡玻璃防冰及旋翼桨叶装置系统的环境试验. NATC - ST - 18R - 66, AD - A011116/1SL,1966.

12. P. M. Morris,R. Woratschek. JUH - 1H 防冰涂层的结冰试验. USAAEFA - 79 - 02; AD - A096361/1,1980.

13. J. R. Niemann,F. J. BowersIII,S. C. Spring. CH - 47C 直升机玻璃纤维旋翼桨叶的人工结冰试验. USAAEFA - 78 - 18,AD - A081860/9,1979.

14. D. E. Wright. 旋翼结冰研讨会. 总报告卷I. USAAEFA - 74 - 77 - VOL - 1,AD - A061 -445/3SL,1974.

15. D. E. Wright. 旋翼结冰研讨会. 总报告卷II. USAAEFA - 74 - 77 - VOL - 2,AD - A061 -422/2SL,1974.

16. D. E. Wright. 旋翼除冰研讨会. 总报告卷Ⅲ. USAAEFA – 74 – 77 – VOL – 3, AD – A061 – 423/OSL, 1974.

17. R. H. Cotton. UH – 1H 直升机防冰系统的渥太华喷雾试验台. 洛克希德 – 加州公司, LR – 27694; USAAMRDL – TR – 76 – 32, AD – A034 – 458/OSL, 1976.

18. G. D. Coyle. 直升机旋翼桨叶结冰. WADD – TR – 60 – 241, AD – 239 – 962.

19. J. H. Sewell. 直升机旋翼桨叶防结冰涂层的研制. RAE – TR – 71238, 1971.

20. J. H. Sewell, G. Osborn. 运用混合加热器/浆体和加热器/柔性涂层方案对直升机旋翼桨叶除冰. 第 4 届欧洲旋翼飞机与动力升降飞机论坛, 1978, 53.

21. R. D. Crick. 直升机桨叶的电除冰. 飞机防冰会议, 1961.

22. Lt. E. V. Warner. 直升机旋翼桨叶结冰探测. TCREC 技术报告 61 – 98, 1961.

23. G. C. Bartlett. 直升机旋翼结冰研究综述. HB – 973 – A – 3, 1959.

24. A. Gail. 直升机旋翼防冰气动危险性的估算. WADC 技术报告 58286, AD – 155 – 617, 1958.

25. V. H. Larson, J. A. Zdrazil. 结冰对旋翼桨叶的影响. AD – 202 – 299, 1958.

26. D. A. Richardson. 直升机旋翼叶片结冰的解决方案. JAS Paper810, 1958.

27. W. L. Mathews. QH – 50C 型无人机在受控温度和结冰条件下工作. ST36396R64, AD – 451677L, 1964.

28. T. Casimiro. H – 34 旋翼除冰系统. AD – 234677L, 1961.

29. F. Burpo, M. Kawa. H – 13H 直升机上的实验性除冰系统的试验. NO-AS58109C, AD – 242231, 1958.

30. F. Burpo, J. Vanwyckhouse. HU – 1 型直升机主旋翼和尾旋翼电热除冰系统的研制与地面试验. AF3360836779, AD – 241661, 1960.

31. R. W. Gent, J. T. Cansdale. 电除冰直升机旋翼桨叶热瞬态的一维处理. RAE – TR – 80159, 1980.

32. J. F. Vanwyckhouse. 直升机旋翼防冰系统开发与试验综述. 贝尔直升机有限公司, Rept. 529 – 099 – 001, 1961.

33. J. VanWyckhouse. HU – 1 系列直升机旋翼液态防冰系统开发及液态和电热防冰系统的飞行试验. 贝尔直升机公司, 1960.

34. H. E. Lemont. 适用于全天候操作的 XH – 16 桨叶除冰. 垂直起落飞机, Rept. No. 15 – X – 19.

35. K. D. Miller, Jr. 直升机循环除冰的动力要求及附录 A,最终报告. 普林斯顿大学,航空航天工程实验室.

36. E. F. Katzenberger. H－5 直升机旋翼桨叶热防冰系统的研究. 航空航天工程综述,1951,10:25－33.

37. R. W. McJones. 直升机旋翼利用脉冲喷射冷却护罩的热空气防冰. ASTI－A－AD18203,1953.

38. J. T. Cansdale. 直升机旋翼结冰与防冰研究. 第六届欧洲旋翼飞行器和动力升力飞行器论坛,英国,33,1980.

39. J. D. Lee. 直升机旋翼桨叶在悬停中结冰的气动特性研究. AIAA－84－0608,1984.

40. K. D. Korkan,L. Dadone,R,J. Shaw. 霜状结冰导致螺旋桨系统性能退化. AIAA 飞机杂志,1984,21(1).

41. K. D. Korkan,L. Dadone,R. J. Shaw. 结冰导致直升机性能下降的综述. 第41届美国直升机论坛暨技术展示,1985.

42. J. T. Cansdale. 直升机旋翼结冰与防冰研究. 第六届欧洲旋翼飞行器和动力升降飞机论坛,英国,1980.

43. RW. Gent,J. T. Cansdale. 直升机旋翼结冰数学建模技术的发展. 皇家航空公司,1985.

44. J. E. Clark. 英国开发的旋翼除冰系统. 第六届欧洲旋翼飞机与动力升降飞机论坛,1980.

45. M. Oleskiw,E. P. Lozowski. 直升机旋翼叶片结冰:数值模拟. 世界气象组织第三次人工影响天气科学会议,1980.

46. D. P. Guffond. ONERAS1MA 风洞中的小型旋翼的结冰和除冰试验. AIAA－86－0480,AIAA 第24届航空航天科学会议,1986.

47. H. J. Coffman. 直升机旋翼防冰方法. AHS 第 41 届年度论坛会议录,1985.

48. K. D. Korkan,E. J. Cross,T. LMiller. 通用冰形的模型直升机旋翼的性能退化. 飞机杂志,1984,21(10).

49. K. D. Korkan,L. Dadone,R. J. Shaw. 结冰导致直升机旋翼前飞性能下降. 飞机杂志,1985,22(8).

50. K. D. Kockan. 霜状结冰导致螺旋桨/旋翼系统性能下降. NASA 路易斯研究中心结冰分析研讨会,1981.

51. J. D. Lee. 悬停和前飞中冰形积聚的旋翼桨叶的空气动力特性. AHS 第41 届年度论坛会议录,1985.

52. G. E. Treanor，M. J. Williams. 计算直升机旋翼叶片的水分截留. 1978.

53. K. Lunn，R. Curtis. HC – Mk1(Chinook)热动旋翼桨叶结冰试验，Ⅰ – 试验车辆，试验现场，试验方法及总结. 第十届欧洲旋翼飞行器论坛，104，1984.

54. P. Dunford，R. Finch. HC – Mk1(Chinook)加热旋翼桨叶结冰试验，Ⅱ – 大气条件、飞机和系统特性分析. 第十届欧洲旋翼飞行器论坛，105，1984.

55. D. Guffond. ONERA 结冰研究综述. AIAA – 85 – 335，1985.

56. Anon. 直升机旋翼桨叶的气动除冰器. Report – No. 85 – 32 – 008，1985.

57. Anon. 旋翼桨叶电热防冰设计考虑因素. SAE – AIR – 1667，1985.

58. R. W. Gent，R. H. Markiewicz，J. T. Cansdale. 直升机旋翼结冰与防冰的进一步研究. 皇家航空公司，1985.

59. T. Oaks. 在 NGTE 风洞 3 中 EH101 振动旋翼结冰试验的可行性研究. Report – G1/48965/1，Westland 直升飞机有限公司.

60. C. Young. 预测直升机和旋翼性能的计算机程序的用户指南. RAE 未发表的工作.

## 12.13　发动机雪吸入和雪测量

1. J. R. Stallabrass. 贝尔 206A 喷气突击直升机发动机雪吸入. NRC 试验报告 MET – 513，1971.

2. Anon. 雪浓度的初步测量. NRC 报告 LTR – LT – 42，1972.

3. J. R. Stallabrass. 空气中落雪浓度. NRC – DME/NAE 季刊，1976(3).

4. J. R. Stallabrass. 雪浓度测量与可见度的关系. AGARD 会议集，236，飞机发动机结冰试验，1，伦敦，1978.

5. J. R. Stallabrass. 空降雪浓度和能见度. 美国运输研究委员会特别报告，185，除雪和冰控研究，1979：192 – 199.

6. W. Harms. 消除雪的限制. 壳牌航空新闻，371：22 – 23，1969.

7. M. A. Meyer. 冰雪厚度遥感. 第四届密歇根州大学环境遥感研讨会论文集，1966：183 – 192.

8. LD. Minsk. 影响 VTOL 运行的冰雪特性. AHS，AIAA，关于 VTOL 设计对环境影响的联合研讨会，1970.

9. J. Wyganowski. 运输飞机的除雪和除冰. 宇航科学技术，25：28 – 33，波兰.

10. U. Nakaya，I. Sato，Y. Sekido. 人工制作雪晶的初步实验研究. 北海道帝国大学教授科学期刊，1938(10、2)：1 – 11.

11. B. Vonnegut. 气体绝热膨胀产生冰晶:碘化银烟雾对过冷水云成核的影响:丁醇对实验室形成的雪晶形状的影响. 通用电气公司,1948,5.

12. 雪、冰和永久冻土的注释书目. SIPRE,Report12,1951.

13. M. A. Bilello. 雪和冰的表面测量与飞机和卫星观测的相关性. CRREL – SR – 127,AD – 689 – 449,1969.

14. R. L. House. 在飘雪和吹雪中运行的涡轮动力直升机的开发和认证测试. DOT/FAA – CT – 82/99,1982.

## 12.14　小水滴轨迹和撞击

1. M. Glauert. (1)不同直径的雨滴在圆柱体周围运动的路径的构造方法,(2)不同直径的雨滴在均匀气流中的机翼周围运动的路径的构造方法;以及确定水滴在表面沉积的速率和被捕获水滴的百分比. R. &M, No. 2025,英国A. R. C.,1940.

2. I. Langmuir,K. B. Blodgett. 水滴轨迹的数学研究. 技术报告5418,AAF 航空装备司令部,1946.

3. M. Tribus,L. L. Rauch. 一种计算流线型物体水滴运动轨迹的新方法. 密歇根大学,1951.

4. P. Sherman,J. S. Klein,M. Tribus. 利用斯托克斯定律的推广确定水滴下落的轨迹. 密歇根大学,1952.

5. M. Tribus,A. Guibert. 空气中超声速球形水滴撞击楔块上. 航空科学杂志,1952,19(6):391 – 394.

6. F. E. Lenherr,J. E. Thomson. 0°和4°攻角下 6% 机翼的水滴轨迹的计算报告. TDM – 67A,诺斯罗普飞机公司,1952.

7. R. J. Brun,J. S. Serafini,G. J. Moshos. 4°攻角下 NACA651 – 212 翼型上水滴的撞击. NACA – RM – E52B12,1952.

8. N. R. Bergrun. 用于计算水滴撞击到机翼的面积、速度和阻力的经验推导依据. NACA – Rep. 1107,1952.

9. R. G. Dorsch,R. J. Bmn. 一种确定后掠机翼上云滴撞击的方法. NACA – TN – 2931,1953.

10. R. J. J. Serafini,H. M. Gallagher. 受空气流动压缩性影响的气流水滴对空气动力学体的撞击. NACA – TN – 2903,1953.

11. R. J. Brun,H. M. Gallagher,D. Vogt. 在 4°攻角 NACA651 – 208 和 651 – 212 翼型上水滴的撞击. NACA – TN – 2952,1953.

12. J. S. Serafini. 超声速下楔形和钻石型机翼上水滴的撞击 . NACA –
Rep. 1159,1954. (Supersedes NACA – TN – 2971. )

13. P. T. Hacker,R. J. Brun,B. Boyd. 水滴撞击具有势流的 90°弯头 . NACA –
TN – 2999,1953.

14. R. J. Brun,H. M. Gallagher,D. E. Vogt. NACA65A004 翼型上水滴的撞击
以及 4°攻角下机翼厚度从 12% 到 4% 变化的影响 . NACA – TN – 3047,1953.

15. R. G. Dorsch,R. J. Brun,J. L. Gregg. 轴对称流中细度比为 5 的椭球体上
水滴的撞击 . NACA – TN – 3099,1954.

16. R. G. Brun,R. G. Dorsch. 轴对称流中细度比为 10 的椭球体上水滴的撞
击 . NACA – TN – 3147,1954.

17. R. G. Dorsch,R. J. Brun. 细度比为 5 的椭球在液滴场中运动时局部液态
水浓度的变化 . NACA – TN – 3153. 1954.

18. R. G. Brun,H. M. Gallagher,D. E. Vogt. 在 8°攻角下 NACA65A004 机翼
的水滴撞击 . NACA – TN – 3155,1954.

19. N. R. Bergmn. 云层中机翼前缘水滴撞击的面积与分布的数值计算方
法 . NACA – TN – 1397,1947.

20. A. G. Guibert,E. Janssen,W. M. Robins. 根据从微分分析仪上获得的轨迹
确定水滴撞击各种机翼的速率、面积和分布 . NACA – RM – 9A05,1949.

21. N. R. Bergrun. 快速测定亚声速下机翼任意截面的水滴撞击面积、速率
和分布的经验方法 NACA – TN – 2476,1951.

22. R. J. Brun,W. Lewis,P. J. Perkins,J. S. Serafini. 云滴撞击圆柱及用旋转
多圆柱法测量过冷云中液态水含量和液滴尺寸的方法 . NACA Rep. 1215,1955.
(Supersedes NACATN's – 2903,2904,NACA – RM – E53D23)

23. R. J. Brun,D. E. Vogt. 0°攻角下 NACA65A004 机翼上的水滴撞击 . NACA –
TN – 3586,1955.

24. R. G. Dorsch,P. G. Saper,C. F. Kadow. 水滴撞击球体 . NACA – TN –
3587,1955.

25. W. Lewis,R. J. Brun. 二维不可压缩流场中水滴撞击矩形半体 . NACA –
TN – 3658,1956.

26. P. T. Hacker,P. J. Saper,C. F. Kadow. 水滴撞击具有势流的 60°弯头 .
NACA – TN – 3770,1956.

27. T. F. Gelder,W. H. Smyers,Jr. ,U. H. vonGlahn. 水滴撞击厚度比为 6% –
16% 的多种二维机翼的实验 . NACA – TN – 3839,1956.

28. V. H. Gray. 机翼结冰及其气动效应与撞击和飞行条件的相关性 . (发表

于 SAE 国家航空会议上,1957)SAE – PreprintNo. 225.

29. R. J. Brun,D. E. Vogt. 0°攻角下云滴撞击 36. 5% 厚度的 Joukowski 机翼及利用染料示踪技术作云测量仪的讨论 . NACA – TN – 4035,1957.

30. J. P. Lewis,R. S. Ruggeri. 水滴撞击四个旋转物的实验 . NACA – TN – 4092,1957.

31. V. H. Gray. 非后掠的 NACA65A004 翼型的冰力测量、撞击速率、结冰条件和阻力系数之间的相关性 . NACA – TN – 4151,1958.

32. T. F. Gelder. 亚声速风洞条件下超声速头部进气道的水滴撞击和摄入 . NACA – TN – 4268,1958.

33. F. E. Lenherr,R. W. Young. 计算轴对称飞机整流罩的集水 . 诺斯罗普飞机公司,TDM – 77,1951.

34. M. Tribus. 水滴的轨迹 . 密歇根州大学飞机结冰基础课程,第 3 讲,1953.

35. R. J. Brun,H. W. Mergler. 不可压缩流场中水滴撞击气缸及利用旋转多圆柱法测量云中水滴大小分布、体积中值水滴大小和液态水含量的评价 . NACA – TN – 2914,1953.

36. U. H. vonGlahn,T. F. Gelder,W. H. Smyers,Jr. 实验获取任意体撞击特性的染料示踪技术及测量水滴大小分布的方法 . NACA – TN – 3338,1955.

37. R. J. Brun,D. Vogt. 0°攻角下云滴撞击 36. 5% 厚度的 Joukowski 机翼及利用染料示踪技术作云测量仪的讨论 . NACA – TN – 4035,1957.

38. A. E. Abramson,W. L. Torgeson. 利用电子模拟计算机计算水滴的轨迹 . 第三届中西部流体力学会论文集,明尼苏达大学,1953.

39. F. J. Bigg,J. E. Baughen. 水滴撞击机翼 . R. A. E. – TN – Mech. Eng. 208,1955.

40. F,J. Bigg,G. C. Abel. 飞行中云滴取样及拍照说明 . RAE – TN – ME156,1953.

41. W. R. Lane,J. Edwards. 稳定气流中的水滴分裂 . PortonTechnicalPaper-No. 71.

42. W. R. Lane,R. G. Dorman. 通过超声速空气冲击分裂水滴的进一步实验 . Porton Tech. PaperNo. 279.

43. L. M. Levin. 云滴和雨滴的大小分布函数 . DAN – SSSR,1954,94(6).

44. T. R. Goodman. 水滴撞击的线性化理论 . J. A. S. ,1956,23(4).

45. D. C. Jenkins. 水滴通过恒定的相对速度的气流加速 . ARC – CP, No. 539,1961.

46. E. Uchida. 论大液滴在云滴群体中的特性．国际云物理会议论文集，日本，1965.

47. P. B. McCready, Jr, D. M. Takeuchi, C. J. Todd. 特定对流云系中的水滴分布和降水机制．国际云物理会议论文集，日本，1965.

48. D. C. Jenkins, J. D. Booker, J. W. Sweed. 研究水滴与高速运动表面之间碰撞的实验方法．航空研究理事会，GB，HMSO，1961.

49. H. Kohler. 云中的水．格奥菲西克·普普利卡斯约纳，1928,5(1).

50. D. L. Arenberg, P. Harney. 华盛顿山结冰研究项目．美国气象学会学报，1941,22:61 – 63.

51. I. Langmuir. 冷饱和空气上升气流中的过冷水滴．降水静态研究，1944.

52. V. F. Clark. 1945 年 6 月和 7 月间进行液态水量和水滴尺寸测量．华盛顿山天文台结冰报告，1945,1(7).

53. I. Langmuir. 通过雾高速运动冷却汽缸．通用电气公司研究实验室，1945.

54. Anon. 旋转圆柱数据的处理；计算从平均速度飞机获得的旋转圆柱数据的液态水含量、有效液滴尺寸和有效液滴分布的说明．M. I. T. 除冰实验室，1945.

55. G. W. Brock. 大气云层中液态水含量和水滴的大小．美国航空物资司令部，航空结冰研究实验室，Report, No. IRB – 46 – 24 – 1P，1946.

56. W. Howell. 云滴在均匀冷却空气中增长．气象学报，1949,6:134 – 1493.

57. W. Lewis, W. H. Hoecker, Jr. 对 1948 年飞行中结冰情况的观测．NACA – TN – 1904,1949.

58. B. Vonnegut. 利用毛细管收集器测量穿过云层表面的水滴沉积．科学仪器评论，20:110 – 114,1949.

59. P. Squires. 云滴通过冷凝增长．I – 一般特征．科学研究期刊 SeriesA，物理科学，1952,5(1).

60. D. Atlas, S. Bartnoff. 云层能见度、雷达反射率和水滴大小分布．气象学期刊，1953,10(2).

61. A. G. Guibert. Cont. 从差示分析器获得的轨迹测量水滴撞击不同机翼的速度、面积及分布——附录I水滴轨迹研究工程．加州大学工程系，Cont. NAW – 5677,1949.

62. H. Drell, P. J. Valentine. 水量计算方法及相关新数据的评述．洛克希德报告 8552,1952.

63. F. E. Lenherr. 在数字计算机上计算圆柱体的水滴轨迹．诺斯罗普飞机公司,AF339 - 38 - 1817,TDM - 78,1952.

64. M. O. Kloner. 计算机翼和进气道结冰量的方法. LR23373,加州洛克赫德公司,1970.

65. R. W. Wilder. C - 133A 飞机尾翼和机翼防冰系统水滴撞击的设计分析. 道格拉斯报告,No. SM - 18516,1956.

66. A. O. Morton. 测量气流中水滴轨迹的实验技术研究. ProjectNo. M992 - D,密歇根大学工程研究所,硕士论文,1952.

67. W. F. Schmidt. 利用势流场中的轨迹分析预测发动机进气道的水滴撞击 - 最终报告. 波音报告. D3 - 6961,1965.

68. R. J. Hansman,Jr. 大气水滴大小的分布对飞机结冰的影响. AIAA - 84 - 0108,第 22 界 AIAA 航天科学会议,1984.

69. R. J. Hansman,Jr. 水滴大小的分布对飞机结冰的影响. 飞机杂志, 1985,22(6).

70. J. J. Kim. 三维发动机进气道粒子轨迹计算分析. AIAA - 85 - 0411,第 23 界 AIAA 航空航天科学会议,1985.

71. W. Frost,H - P. Chang,C - F. Shieh,K. R. Kimble. 二维粒子轨迹计算程序. Contract - NAS3 - 22448,NASA 路易斯研究中心,1982.

72. R. W. Gent. 计算在稳定、二维、可压缩气流中机翼的水滴轨迹. 技术报告 84060,皇家航空公司,1984.

73. P. McComber,G. Touzot. 利用有限元法计算圆柱体的云滴撞击. 大气科学杂志,1981,38.

74. M. B. Bragg. 水滴轨迹方程的相似性分析. AIAA - 82 - 4285,AIAA 期刊,1982,20(12).

75. H - P. Chang,K. R. Kimble. 雾滴粒径分布对结冰收集效率的影响. AIAA - 83 - 0110,第 21 届 AIAA 航天科学会议,1983.

76. H. G. Norment. 计算势流中任意三维升力体和无升力体的水滴轨迹. Contract - NAS3 - 22146,1985.

77. H. G. Norment. 计算势流中任意三维体的水滴轨迹. NASA - CR - 3291,1980.

78. R. Gunn,G. D. Kinser. 滞留空气中水滴下落的末速. 气象学报,19496,.

79. K. V. Beard. 云的末速和形状及高空降水量. 大气科学杂志,1976,33.

80. HLG. Norment,R. G. Zalosh. 飞机流场对水文气象浓度测量的影响 AF-CRL - TR - 74 - 0602,AD - A006 - 690,1974

81. R. J. Shaw,H. G. Norment,A. Quaely. 利用三维水滴轨迹分析来辅助解释

结冰云数据. AIAA – 86 – 0405, 第 24 届 AIAA 航天科学会议, 1986.

82. M. Papadakis, G. W. Zumwalt, J. J. Kim, R. Elangovan, G. A. Freund, W. Seibel, M. D. Breer. 测量二维和三维体的水滴撞击效率的实验方法. AIAA – 86 – 0406, 第 24 届 AIAA 航天科学会议, 1986.

83. J. J. Kim, R. Elangovan. 水滴轨迹刚性方程的有效数值计算方法. AIAA – 86 – 0407, 第 24 届 AIAA 航天科学会议, 1986.

84. C. Hofelt, G. Batuik. 在高于冰点温度时各种机翼截面上的水滴拦截研究. DGAI – Report – No. 159, 丹尼尔·古根海姆飞艇研究所, 1949.

85. A. G. Guibert. 从差分分析仪上获得水滴撞击各种机翼的轨迹. 附录 I 水滴轨迹研究工程. 加利福尼亚大学工程系. 1949.

86. RE. Lenherr, J. E. Thomson. 关于 6% 机翼水滴轨迹计算的初步报告. Report – No. TDM67, ASTIA – AD – 160 – 107, 诺斯罗普飞机公司, 1952.

87. R. C. Stark. NACA65A005 和 1S – (50)002 – (50)002 翼型的水滴轨迹研究. 技术札记 No. 545, 航空结冰研究实验室, 1954.

88. Anon. 多圆柱法. 华盛顿山天文台月刊研究报, 1946, 2(6).

89. W. Lewis. 修正大雨中最高含水浓度的估计. NACA 运营问题委员会, 1954.

90. J. R. Howe. 旋转多圆柱法在结冰风洞中的应用 – 初步报告. 技术札记 No. 552, 莱特空气发展中心, 项目号 R560 – 74 – 6.

91. P. Savic, G. T. Boult. 与液滴撞击固体表面有关的流体流动. Report-No. Mt – 26, 加拿大国家研究委员会, 1955.

92. M. B. Bragg. 两种螺旋桨旋流器水滴撞击分析. AARLTR – 8403, 1984.

93. N. R. Pruppacher, J. D. Klett. 云和降水的微观物理学. 荷兰多德莱希特: D. 雷德尔出版公司, 1970.

94. H. G. Norment. 三维粒子轨迹计算. 第二次结冰分析, NASA 路易斯研究中心, 1983.

95. M. B. Bragg, G. M. Gregorek. 对 30 个中低速机翼的不可压缩水滴撞击分析. NASA – CR.

96. C. F. Hess, F. Li. 用于表征暴雨的光学技术. AIAA – 86 – 0292, 第 24 届 AIAA 航天科学会议, 1986.

## 12.15　冰积聚建模

1. E. P. Lozowski, J. R. Stallabrass, P. F. Hearty. 液滴/冰晶体云中未加热的非

旋转圆柱结冰 . NRC – Report – LTR – LT – 96,1979.

2. J. R. Stallabrass,P. F. Hearty. 对未加热非旋转圆柱的进一步结冰实验 . NRC – Report – LTR – LT – 105,1979.

3. J. R. Stallabrass,E. P. Lozowski. 圆柱和螺旋桨叶上的冰形 . 北约陆军装备小组,第十届直升机结冰研讨会,伦敦,1978.

4. E. E. Callaghan,J. S. Serafini. 菱形机翼超声速流和跨声速流的结冰极限分析研究 . NACA – TN – 2861,1953.

5. E. E. Callaghan,J. S. Serafini. 根据气流条件快速测定物体结冰极限的方法 . NACA – TN – 2914,1953.

6. W. D. Coles. 模拟的高速飞行条件下两个机翼的结冰极限和湿表面温度变化 . NACA – TN – 3396,1955.

7. R. W. Wilder. 确定无防护机翼表面的人工冰形和冰脱落特征的技术 . 发表于联邦航空管理局飞机防冰研讨会,华盛顿,1969.

8. D. M. Millar. 疏水材料的冰积聚特性研究 . FAA – DS – 70 – 11,1970.

9. M. B. Bragg. 霜状冰积聚及其对机翼性能的影响 . NASA – CR – 165599,1982.

10. K. D. Korkan,L. Dadone,R. J. Shaw. 由于霜状冰积聚导致螺旋桨/螺旋系统性能下降 . AIAA – 82 – 0286,1982.

11. R. J. Brun,R. G. Dorsch. 细度比为 10 的椭球体在液滴场中运动时局部液态水浓度的变化 NACA – TN – 3410,1955.

12. B. Magenheim,J. K. Rocks. 微波冰积聚测量仪(MIAMI)的开发和测试 . NASA – CR – 3598,1982.

13. C. D. McArthur,J. L. Keller,J. K. Luers. 机翼冰积聚的数学模型 . AIAA – 820284,1982.

14. B. Magenheim,J. Rocks. 微波冰积聚测量仪器(MIAMI). AIAA – 82 – 0385,航空学报,1983.

15. M. B. Bragg,G. M. Gregorek. 机翼冰积聚的气动特性 . AIAA – 82 – 0282,1982.

16. M. B. Bragg,G. M. Gregorek. 对冰积聚导致飞机性能下降的预测 . SAE 技术报告 830742,1983.

17. C. D. McArthur. 机翼冰积聚的数值模拟 . AIAA – 83 – 0112,1983.

18. R. J. Flemming,D. A. Lednicer. 旋翼飞机机翼上的高速冰积聚 . 美国直升机协会论文 A – 83 – 39 – 04 – 000,1983。

19. M. B. Bragg. 利用霜冰和明冰的积聚预测机翼性能 . AIAA – 84 –

0106,1984.

20. R. J. Flemming,D. A. Lednicer. 高速飞行的旋翼飞机机翼的冰积聚实验研究. AIAA – 84 – 0183,1984.

21. R. L. Palco,P. L. Cassady,R. C. McKnight,et al. 测量直升机旋翼桨叶在前飞中积冰形状的摄影测量系统的初步可行性基础试验. AEDC – TR84 – 10,1984.

22. J. D. Lee. 直升机旋翼桨叶在悬停中冰积聚的气动特性研究. AIAA – 84 – 0608,1984.

23. R. J. Zaguli. 机翼上明冰积聚的势流分析. NASA – CR – 168282,1984.

24. T. L. Miller,K. D. Korkan,R. J. Shaw. 由于冰积聚导致螺旋桨性能下降的分析测定. AIAA – 85 – 0339,1985.

25. R. J. Hansman,M. S. Kirby. 利用超声脉冲回波技术测量冰积聚. AIAA – 85 – 0471,1985;航空学报,1985,22(6).

26. J. T. Cansdale. 直升机旋翼冰积聚与防冰研究. 第六届欧洲旋翼飞行器和动力升降飞机论坛,1980;Vertica,1981,5(4):357 – 368.

27. R. W. Wilder. 利用预测飞机积冰形状的理论和实验手段评估飞机的操纵和性能特性. AGARD 咨询报告 127,Paper5,1977.

28. B. Laschka,R. E. Jesse. 冰积聚及其对无防护飞机部件气动特性的影响. AGARD 咨询报告 127,Paper4,1977.

29. M. Dietenberger,P. Kumar,J. Luers. 机翼结霜:数学模型Ⅰ. NASAContractRep. CR – 3129,1979.

30. N. P. Mazin. 计算圆柱面上水滴的积聚. Transactions of TSAO,1952,7.

31. A. C. Beat. 飞机高积冰率的原因. 空军气象局,专业说明,1952(106).

32. CornellAeroLab. 对直升机旋翼冰积聚的气动危害性的估计. Report – No. HB – 973 – A – 2;WADC – TR – 58 – 286,AD – 155617.

33. Anon. 某些变量对确定冰积聚形式的影响分析. A. E. L. Report – 1206,1952.

34. A. C. Best. 飞机高积冰率的原因. MRP310,伦敦,1951.

35. R. F. Jones. 飞机冰积聚报告分析. MRP1017,AD – 139538,伦敦,1956.

36. G. C. Simpson. 飞机冰积聚,飞行员须知. H. M. Stationary Office,1939;Prof. Notes No. 82,GBMet. Office,1942.

37. L. D. Minsk. 对雨水侵蚀的涂层进行冰积聚试验. CRREL – Special – Report – 80 – 28,1980.

38. G. O. Forester,K. F. Lloyd. 现代飞机结冰探测和防冰方法. 世界航空航天系统,1965,1:86-88;注册飞机工程师与技术人员学会期刊,1965,3:20-22.

39. V. la. Al'tberg. 关于水结晶的中心.(翻译)Glavnaia Geofizica Observatoriia,Izvestiia,2:3-10,1929.

40. P. O. Epperly. 不稳定性和含水量是飞机飞行中冰积聚的影响因素及预测结冰面积的实用图表. 美国气象局,1940.

41. J. Hogan. 在澳大利亚飞机的冰积聚. 澳大利亚气象局报,1940,26.

42. J. A. Brown. 对流层内的冰积聚. 技术札记 No. 4,1941.

43. E. J. Minser. 1943 年 3 月 5 日冰积聚报告. 技术札记 No. 7,1943.

44. W. F. Benum,H. Cameron. 对加拿大落基山脉上空飞机上的积冰现象研究. 美国气象学会,1944,25:28-33.

45. P. M. A. Burke. 飞机冰积聚. 气象服务,技术札记,5:1-14,爱尔兰,1944.

46. W. E. Howell. 机翼、球体、锥体、薄带、固定和旋转圆筒上冰积聚比较观察的初步报告.1946—1947 年度哈佛-华盛顿山结冰研究报告,技术札记 5676.

47. W. Deacon. 对飞机涡轮发动机防止冰积聚的保护. 天然气涡轮,英国,Rept. No. R30.

48. H. Schwartz. 测定机翼在结冰条件下冰积聚速率的修正方法. WADC-TN-No. WCT54-106,Rept. No. R-208-17,1954

49. D. F. Lucking. 冰积聚的指示、测量和控制. 英国皇家航空学会杂志,1951,5:382-385.

50. B. Quan,H. G. Wenham. 用于测量冰积聚的冷藏旋转圆筒的试验 NAE,加拿大,实验室报告 No. 45,1952.

51. A. Spence. 进一步的风洞试验研究了冰积聚对控制特性的影响. RAE,TN-No. AERO2048,1950.

52. J. T. Cansdale,R. W. Gent. 二维可压缩流动中机翼的冰积聚.-理论模型. RAE-TR-82128,1983.

53. R. J. Hansman,Jr. 水滴大小分布对飞机冰积聚的影响. 第 22 届 AIAA 航空航天科学会议,1984;航空学报,1985,22(6).

54. S. F. Ackley,M. K. Templeton. 大气冰积聚的计算机模拟. CRREL79-4,陆军寒冷地区研究与工程实验室,1979.

55. J. T. Cansdale,I. I. McNaughtan. 计算混合水滴/冰晶云中表面温度和积冰速率. RAE 技术报告 77090,1977.

56. M. M. Oleskiw. 机翼上随时间变化的霜冰的计算机模拟. 阿尔伯塔大

学,气象学博士,1981.

57. J. E. Newton, W. Olsen. 结冰研究风洞的冰积聚研究. AIAA - 86 - 0290, 第24届 AIAA 航空航天科学会议,1986.

58. E. M. Gates, E. P. Lozowski, A. Liu. 大气霜冰的随机模型. AIAA - 86 - 0408, 第24届 AIAA 航空航天科学会议,1986.

59. R. J. Hansman, M. S. Kirby. 利用超声脉冲回波技术实时测量模拟和自然结冰条件下冰生长情况. AIAA - 86 - 0410, 第24届 AIAA 航空航天科学会议,1986.

60. R. J. Hansman, Jr. 大气水滴大小分布对飞机冰积聚的影响. AIAA - 84 - 0108, 第22届 AIAA 航天科学会议,1984.

61. R. J. Flemming, D. A. Lednicer. 旋翼飞机机翼的高速冰积聚. NASA - Contractor - Report3910,1985.

62. M. B. Bragg, G. M. Gregorek. 霜状冰积聚对机翼性能的影响,1981.

## 12.16　结冰试验设备和结冰模拟

1. N. Galitzine, C. R. Sharp, L. G. Badham. 用于模拟喷气发动机结冰试验中云层条件的喷头. NRC - Report - ME - 186,1950.

2. E. LSmith, O. R. Ballard. 计算结冰风洞喷水口蒸发量的方法. NRC - Report - LR - 60,1953.

3. C. K. Rush. N. R. C. 的结冰风洞及其问题. NRC - Report - LR - 133,1955.

4. D. L. Bailey. 对研究飞行中直升机结冰的喷雾装置的描述. NRC - Report - LR - 186 - A,1960.

5. M. S. Chappell. 加拿大国家研究委员会发动机实验室的模拟技术和结冰活动简介. NRC - Report - LR - 305,1961.

6. 低温实验室工作人员. 喷雾液滴冷却度的实验测定. NRC - Report - LTR - LT - 24,1970.

7. D. Fraser. 结冰飞行试验和风洞试验的比较. AGARD 第五届大会, 渥太华,1955.

8. T. R. Ringer. 加拿大的结冰测试设施. AGARD 咨询报告 No. 127, 飞机结冰,1977,7.

9. M. Knight, W. C. Clay. 防止结冰的表面涂层的冷冻风洞试验. NACA - TN - 339,1930.

10. G. I. Taylor. 飞机结冰实验设备和技术的说明 . R. &M. No. 2024,英国 A. R. C. ,1940.

11. B. W. Corson,Jr. ,J. D. Maynard. 模拟结冰对螺旋桨性能的影响 . NACA – TN – 1084,1946.

12. J. P. Lewis. 发动机冷却风扇装置结冰的风洞试验研究 . NACA – TN – 1246,1947.

13. B. D. Lazelle. 结冰云模拟的喷水雾化过程中防止冻结的条件 . 参考 DEV/TN262/778,纳皮尔父子有限公司,1958.

14. T. F. Gelder. 在亚声速风洞中超声速机头进气道的水滴撞击和摄入 . NACA – TN – 4268,1958.

15. F. R. Weiner. K 相关在初步设计和尺度模型结冰中的应用 . 北美航空, Report – No. NA – 64 – 126,1964.

16. E. S. Gaal,F. X. Royd. 发动机试验设备推进研究试验舱(J – 1)的结冰试验能力 . 阿诺德工程开发中心,Report – AEDC – TR – 71 – 94 (AD729205),1971.

17. C. E. Willbanks,R. J. Shulz. 高空试验舱中涡轮发动机结冰仿真分析研究 . 阿诺德工程开发中心,Report – AEDC – TR – 73 – 144(AD770069),1973.

18. P. F. Kitchens,R. I. Adams. UH – 1H 防冰的模拟和自然结冰试验 . 美国直升机协会第 33 届年度全国论坛上发表,华盛顿,Preprint – No. 77 – 33 – 25,1977.

19. M. B. Bragg,G. M. Gregorek,R. J. Shaw. 结冰导致机翼性能退化的风洞研究 . AIAA – 82 – 0582,1982.

20. R. J. Shaw,R. G. Sotos,F. R. Solano. 机翼结冰特性的实验研究 . NASA – TM – 82790,1982.

21. J. C. Henderson,R. Woratschek,L. A. Haworth. 直升机结冰喷雾系统 (HISS)校准、IcePhobics 和 FAA 研发评估 . USAAEFA – 80 – 13,AD – A114435/ 1,1981.

22. M. L. Hanks,V. L. Diekmann,J. O. Benson. UH – 60A 直升机的有限人工和自然结冰试验(重新评估). USAAEFA – 80 – 14,AD – A112582/2,1981.

23. R. M. Buckanin,J. S. Tulloch. SikorskyYUH – 60A 直升机通用战术运输系统(UTTAS)的人工结冰实验 . USAAEFA – 76 – 09 – 1,AD – A109530/6,1977.

24. J. F. Hagen,E. J. Tavares,J. C. O' Connor. 波音 VERTOLYUH – 61A 直升机通用战术运输系统(UTTAS)的人工结冰试验 . USAAEFA – 76 – 09 – 2,AD – A109 – 515/7,1977.

25. P. R. Bonin, R. P. Jefferis. 结冰风洞试验 – 热膜风速仪. USAASTA – 73 – 04, AD/A – 005044/3SL, 1974.

26. U. Clareus. 结冰模拟具:有单开槽襟翼的 NACA652A215 翼段的二维风洞研究,第 2 部分:运输飞机的典型构型. FFA – TN – AU – 995 – PT – 2, 1974.

27. K. Ikrath. 冰雪云中沉积静电对飞机无线电导航和通信的干扰(静电风洞试验)ECOM – 4244, AD – 784623/1, 1974.

28. D. Belte. 直升机结冰喷雾系统(HISS)喷嘴改进评估. USAAEFA – 79 – 02 – 2, AD – A109405/1, 1981.

29. D. L. Kohlmann, W. G. Schweikhard, A. E. Albright, P. Evanich. 通用航空机翼上乙二醇挥发的多孔前缘防冰系统的结冰风洞试验. NASA – CR – 164377, KU – FRL – 464 – 1, 1981.

30. M. L. Hanks, L. B. Higgins, V. L. Diekmann. UH – 60A 直升机的人工和自然结冰试验. USAAEFA – 79 – 19, AD – A096 – 239/9, 1980.

31. C. S. Wilson, P. B. Atkins. "飞马"结冰喷雾系统的喷嘴结冰研究. ARL7MECH – ENG – TM – 397, AD – A094 – 389/4, 1979.

32. L. V. Delgado. 1979 年 1 月结冰喷嘴元件优化试验. AFGL – TR – 79 – 0193, AFGL – IP – 279, AD – A081 – 175/2, 1979.

33. F. Charpin, G. Fasso. 在莫当(Modane)大型风洞中进行全尺寸和缩尺模型的结冰试验. NASA – TM – 75373, 1979.

34. R. H. Cotton. 采用电热防冰系统的 UH – 1H 直升机的自然结冰飞行试验和附加模拟结冰试验. LR – 28240, USAAMRDL – TR – 77 – 36, AD – A059704/7SL, 1978.

35. G. L. Bender, M. S. MatthewsIII, J. S. Tulloch. 对改进的直升机结冰喷雾系统的评估. USAAEFA – 75 – 04, AD – A055039/2SL, 1977.

36. C. Armand, F. Charpin. 直升机旋翼缩尺模型在莫当(Modane)大型风洞中的结冰试验. CRREL – TL – 523, AD – A030 – 110/1SL, 1976.

37. J. S. Hayden, E. E. Bailes, J. C. Watts, L. K. Brewer. 直升机结冰喷雾系统的评定. USAASTA – 72 – 35, AD – 775 – 803/0, 1973.

38. W. A. Olsen. 北美飞机结冰模拟试验设施概况. NASA – TM – 81707, 1981.

39. M. Bragg, R. Zaguli, G. Gregorek. 利用模拟冰形对机翼性能进行风洞评估. NASA – CR – 167960, 1982.

40. W. D. Bernhart, G. W. Zumwalt. 电脉冲除冰:结构动力学研究,结冰风洞试验和应用. AIAA – 84 – 0022, 1984.

41. R. Zaguli, M. B. Bragg, G. Gregorek. 模拟结冰对带襟翼 NACA - 63A415 机翼性能影响的实验项目研究结果. NASA - CR - 168282,1984.

42. D. Belte. 直升机结冰喷淋系统的改进和飞行经验. 加拿大航空航天杂志,1981,27(2):93 - 106.

43. C. E. Frankenberger. 1980 年美国陆军直升机结冰评定. AIAA - 81 - 0406, AIAA 航天科学会议,1981.

44. D. Belte. 直升机结冰喷雾系统. 第十一届飞行试验工程学会年度研讨会论文集,1980.

45. C. Armand, F. Charpin, G. Fasso, G. Leclere. 用于在 ONERA 莫当中心进行结冰试验的技术和设施. AGARD 咨询报告 127, PaperA6,1977.

46. R. D. Swift. 国内燃气轮机装置结冰试验设施. AGARD 论文集 No. 236, 4,1978.

47. J. Bongrand. 结冰试验设施. AGARD 论文集 No. 236,5,1978.

48. C. E. Willbanks, R. J. Schulz. 高空试验舱中涡轮发动机结冰仿真分析研究. 航空学报,1975,12(12):960 - 967.

49. B. D. Lazelle. 结冰风洞. 飞机防冰会议,1962.

50. P. Schumaher. 空中加油机的模拟飞行结冰试验. 飞机防冰会议,1962.

51. 研究公司. 有限型除冰与防冰系统的风洞评估. WADC - TR - 56 - 413, AD - 110714,1956.

52. G. J. Gowlin, B. D. Lazelle. 在阿廷顿冷库高速风洞的安装和校准. 纳皮尔父子有限公司报告 DEV/TR/116/915,1953.

53. B. D. Lazelle. 劳斯莱斯空气雾化喷嘴. 纳皮尔报告 DEV/TR/158/928.

54. B. D. Lazelle. 利用直径 0. 018 英寸的水射流校准纳皮尔空气喷射水雾化器. 纳皮尔报告 DEV/TR/133/913.

55. F. J. Bigg. 利用空气雾化喷嘴的水雾化进行模拟云条件下的结冰研究. SAE Tech. Note Mech. Eng. 203,1955,

56. 德州石油公司(宾西法尼亚州). 喷雾参考书目. 1953.

57. J. A. Nicholls. 结冰风洞设计. 密歇根大学, M. 992 - C,1952.

58. C. K. Rush, R. LWardlaw. 大气结冰条件的机翼风洞模拟试验. N. A. E. ,1955.

59. M. Tribus, J. Klein. 结冰风洞中水滴尺寸增长和空气超饱和的计算. 密歇根州大学, M. 992 - 3,1953.

60. RE. Cullen. 结合结冰风洞的水滴制冷和生产的空气循环系统的一些考虑和初步实验. 密歇根州大学, WADC 技术报告 54 - 256,1954.

338

61. B. T. Cheverton, R, C. Sharp, L. G. Badham. 利用喷雾喷嘴模拟喷气发动机结冰试验中云条件. N. A. E. C., Rept. – No. 14, 1951.

62. A. B. Haines. 在 24 英尺风洞中螺旋桨模拟结冰和除冰的对比试验. ARCR&M, No. 2397, 1946.

63. E. G. Wilson 实验性流体防冰系统的喷雾装置. AAEE/874/6 – PT. 8, AD – 462351L, 1964.

64. M. M. Kawa, F. Burpo. H – 13H 直升机上实验性直升机除冰系统的试验. 第一部分,加拿大渥太华 NAE 喷雾塔中实验性直升机除冰系统试验结果. NOAS58, AS – 242230, 1958.

65. F. Burpo, M. M. Kawa. H – 13H 直升机上实验性直升机除冰系统的试验. 第三部分,埃格林空军基地气候机库实验性直升机除冰系统试验结果. NOAS58, AD – 242232, 1969.

66. F. Burpo. H – 13H 直升机上实验性直升机除冰系统的试验. 第四部分,实验性直升机除冰系统测试结果摘要:1. 加拿大渥太华国家航空机构喷雾塔; 2. 华盛顿山;3. 埃格林气候机库. NOAS58109C, AD – 242233, 1959.

67. F. R. Mastroly, A. M. Petach, J. B. Werner. AH – 56A 复合直升机结冰喷雾试验. AHS, AIAA 和德克萨斯大学, VTOL 设计环境影响联合研讨会论文集, 1970.

68. G. Fasso. 在风洞中进行降雨和除冰实验. 第 8 届法国航空工程师和技术人员协会, 1967.

69. H. Rifkin, A. E. Gensemer. C – 141 水平稳定器循环电除冰系统结冰风洞试验结果. 1962.

70. J. R. Krouse. 高熵低密度风洞试验段特性的初步估计. DTMB – 1921, AD – 455149, 1964.

71. C. K. Rush. 结冰模拟注意事项 NAE,加拿大, No. LT – 29, 1952.

72. A. Spence. 进一步的风洞试验研究了冰积聚的控制特性影响. RAE, TN-No. AERO. 2048, 1950.

73. Anon. 模拟结冰条件下飞行中的涡轮发动机前端的喷水装置试验. RAE, TNMech. Engr58. 1961.

74. G. W. Zumwalt, A. A. Muller. 电脉冲除冰系统的飞行试验和风洞试验. AIAA/NASA 通用航空技术会议.

75. W. H. Gray, R. E. Davidson. 通过风洞试验确定叶尖改造和热除冰气流对螺旋桨性能的影响. NACA – TN – 1540, 1944.

76. G. W. Zumwalt. 发动机进气道和高速机翼电脉冲除冰的风洞试验. Pa-

per – No. 85 – 0466,第 23 届 AIAA 航空航天科学会议,1985.

77. A. Ivaniko,O. K. Trunov,V. Yelistratov. 利用结冰模拟器技术评估结冰对气动特性的影响. 国家民航研究所,苏联工作组第 3 次会议,1974.

78. E. D. Dodson. 结冰风洞试验的比例模型类比. D6 – 7076,波音飞机公司,1966.

79. 联邦航空局技术中心举行的全国结冰设施协调会议的会议记录和会议纪要,新泽西州,1980.

80. K. Adams. 空军飞行试验中心托盘化机载喷水系统. AIAA – 83 – 0030,1983.

81. H. E. Stubbs,H. H. Canfield,A. Nichols. 结冰风洞中的水滴大小的研究. ProjectM992 – 3,密歇根大学工程中心研究所;莱特航空发展中心,1953.

82. F. E. Lenherr. 喷雾系统的最终发展报告. TDM – 68 – Ⅲ,诺斯罗普飞机公司,1953.

83. P. J. Sibley,R. E. Smith,Jr. 结冰风洞中的模型试验. Report – No. LR10981,洛克希德飞机公司,1955.

84. Anon. 结冰风洞设备. 研究公司,霍普金斯,明尼苏达州.

85. C. B. Berg,R. Stark. 设计研究—临时结冰风洞. Project – No. R208 – 19 – 16(保密).

86. Anon. 有限型除冰和防冰系统的风洞评估. WADC – U – TR – 56 – 413,1956.

87. Anon. 洛克希德加州分公司关于道格拉斯 DC – 9 水平稳定器模型的结冰风洞试验. 洛克希德报告 LFL – T – 32,1965.

88. J. K. Thompson. 云模拟系统的技术和实践方面的飞行试验评估. WADC – TM – 59 – 3,1959.

89. B. D. Lazelle. 结冰风洞. 飞机防冰会议,1962.

90. P. Schumacher. 利用加油机模拟飞行结冰试验. 飞机防冰会议,1962.

91. B. FCheverton. 飞机结冰研究. 飞机防冰会议,1960.

92. G. F. Barlow. "Knollenberg"云粒子尺寸测量仪的直升机飞行试验. RAE 技术报告 81054,1981.

93. J. S. Tulloch,R. B. Smith,F. S. Doten,et al. UH – 1H 直升机旋翼桨叶防冰涂层的人工结冰试验. USAAEFA – 77 – 30,1978.

94. J. E. Newton,W. Olsen. 结冰研究风洞的冰积聚研究. AIAA – 86 – 0290,第 24 届 AIAA 航空航天科学会议,1986.

95. K. Aaron,M. Hernan,P. Parikh,et al. 基于数字图像处理技术的风洞天然

雨模拟与分析. AIAA - 86 - 0291,第 24 届 AIAA 航空航天科学会议,1986.

96. R. D. Ingebo. 模拟小水滴结冰云的形成与特征. AIAA - 86 - 0409,第 24 届 AIAA 航空航天科学会议,1986.

97. Ross. EIDI 在 NASALewisAWT 转向叶片上的应用. AIAA - 86 - 0548,第 24 届 AIAA 航空航天科学会议,1986.

98. J. Flemming,R. J. Shaw,J. D. Lee. 旋翼飞行器模拟结冰的性能特点. AHS 第 41 届年会论文集,1985.

99. P. F. Ashwood,R. L. Brooking. 直升机在模拟结冰条件下的试验. 英国皇家航空学会研讨会,1975.

100. L. Kronenberger,Jr. UH - 1H 直升机上洛克希德先进的防冰系统的人工结冰试验. USAAEFA - 74 - 13,1975.

101. D. Guffond. 摆动旋翼桨叶结冰与除冰的风洞研究. 第八届欧洲旋翼飞行器论坛,1982.

102. G. W. Zumwalt. 电脉冲除冰系统的飞行试验和风洞试验. AIAA - 85 - 2234,1985.

103. Griffith,Smith,Reid,Brewer,Hanks. UH - 1H 直升机的人工结冰试验,第一部分,最终报告. USAAEFA - 73 - 04 - 4,1974.

104. Hanks,Reid,Merrill. AH - 16 直升机的人工试验. USAAEFA - 73 - 04 - 7,1974.

105. Mittag,O'Connor,Hanks,Kronenberger. CH - 47C 直升机的人工结冰试验,最终报告. USAAEFA - 73 - 04 - 1,1974.

106. Smith,Mittag,Hanks,Reid. AH - 16 直升机的人工结冰试验,最终报告. USAAEFA - 73 - 04 - 2,1974.

107. Niemann,Spring,Bovvers. CH - 47C 直升机玻璃纤维旋翼桨叶人工结冰试验的最终报告. USAAEFA - 78 - 18,1979.

108. Wilson,Woratschek. UH - 1H 装备飞机鉴定的人工和自然结冰试验. USAAEFA78 - 21,1979.

109. Tulloch,Mullen,Belte. UH - 60A 直升机飞行的人工和自然结冰试验. USAAEFA - 78 - 05,1979.

110. Adam,Bowers,Abbott. YCH - 47D 直升机人工和自然结冰试验的最终报告. USAAEFA - 79 - 07,1981.

111. Wilson,Woratschek. HISS 评估和改进. USAAEFA - 80 - 04,1981.

112. Woratschek. HISS 评估和改进. USAAEFA - 80 - 04 - 2,1982.

113. Robbins,Gilmore. OV - 1D 的有限人工结冰试验. USAAEFA - 80 -

16,1981.

114. Carpenter,Ward,Robbins. OV –1D 有限的人工和自然结冰试验 – 最终报告. USAAEFA – 81 – 21,1982.

115. Hanks,Woratschek. 玻璃纤维桨叶的全息摄影测光系统吊杆结构的动力学评估. USAAEFA – 82 – 05 – 1,1982.

116. Tavares,Hanks,Sullivan,Woratschek. YEH – 60A 快速定位直升机的人工和自然结冰试验,最终报告. USAAEFA – 83 – 21.

117. Hanks,Woratschek. 安装在 UH – 60A 飞机上的 ESSS 的有限人工和自然结冰试验,最终报告. USAAEFA – 83 – 22.

## 12.17 飞机结冰

1. D. Fraser. 学习更多关于飞机结冰的知识. NRC – DME/NAE 季刊,1951,(3).

2. C. K. Rush. 高速飞机结冰问题. 纳皮尔飞机防冰会议,1960.

3. T. Carroll,W. H. McAvoy. 飞行中飞机暴露部件上的冰形成. NACA – TN – 293,1928.

4. E. Hebner. 飞机上结冰的危害. 德国气象局报告第 25 号,1928.

5. T. Carroll,W. H. McAvoy. 飞行中飞机上冰的形成. NACA – TN – 313,1929

6. W. Kopp. 飞机结冰的危险. NACA – TN – 499,1929

7. T. Carroll,W. H. McAvoy. 关于飞机上结冰的气象记录. 气象评论月报,1930,(1):23.

8. C. G. Andrus. 飞机结冰的气象记录. 气象评论月报,1930,(6).

9. W. J. Humphreys. 过饱和与飞机结冰. 气象评论月报,1930,(6).

10. M. Scott. 飞机上冰形成及其预防. 富兰克林学院学报.1930,(11).

11. R. O. Steiner. 飞机结冰. 气象杂志,1930,l47.

12. W. C. Geer,M. Scott. 防止飞机结冰危害. NACA – TN – 345,1930

13. C. G. Andrus. 飞机结冰. 航空气象学,罗纳出版社,1930.

14. A. Hansen. 飞机上不寻常的结冰类型. Hergesell Band,1932.

15. 陆军航空兵规范 R – 40395. 飞机防冰设备,通用规范(表面加热型). 陆军航空兵,1942.

16. W. Bleeker. 飞机上冰的形成. NACA – TM – 1028,1942.

17. L. A. Rodert,R. Jackson. Ju –88 型飞机防冰设备简介. NACA – WR – A –

39,1942.

18. M. Robitzsch. 飞机结冰. NACA – TM – 1028,1942.

19. M. Tribus,L. M. K. Boelter. 飞机加热器研究,Ⅱ – 气体特性. NACA – ARR,1942.

20. A. R. Jones,LA. Rodert. 为 B – 24D 飞机开发的热防护设备. NACA – WR – A – 35,1943.

21. C. B. Neel,A. R. Jones. XB – 24F 飞机上热防冰设备飞行试验. NACA – WR – A – 7,1943.

22. R. Scherrer. 洛克希德 12A 飞机上热防冰设备飞行试验. NACA – WR – A – 49,1943.

23. B. C. Look. B – 17F 飞机上热防结冰设备的飞行试验. NACA – ARR – 4B02,1944.

24. J. Selna. C – 46 运输机热防冰系统研究,第 5 部分 – 热系统对飞机巡航性能的影响. NACA – ARR – A – 9(NACA – ARR – 5D06),1945.

25. M. Kanter. 1945 年 2 ~ 4 月期间,XB – 25E 飞机(NO. 42 – 32281)自然结冰飞行性能. AAF – TR – 5403,1945.

26. J. Selna,C. B. NeelJr,E. LZeiller. C – 46 运输机热防冰系统研究,第 4 部分 – 干空气和自然结冰条件下飞行试验结果. NACA – ARR – 5A03c,1945.

27. A. R. Jones,B. A. Schlaff. C – 46 运输机热防冰系统研究,第 7 部分 – 热系统对飞行中形成的机翼结构应力影响. NACA – WR – W – 95,1945.

28. J. K. Hardy. 防止飞机结冰. RAE – SME – 3380,1946.

29. A. R. Jones. 双引擎运输机热防冰系统研究. NACA – 862,1946.

30. NACA 员工论文汇编. NACA 飞机防冰会议,1947.

31. C. G. Andrus. 向冰积聚开战的问题. 航空,1928,(4).

32. Anon. 机械除冰设备. 航空工程协会航空文摘,1935,27(2):34 – 35.

33. D. Fraser,K. G. Pettit,E. H. Bowler. 防冰系统的设计、评估和控制准则. 航空工程评论,1952,11(7).

34. D. Fraser. 冰防护系统飞行试验和评估的说明,NRC – R – LR – 50,1953.

35. T. R. Ringer,J. R. Stallabrass,R. D. Price. 结冰和救援直升机. AGARD 直升机研讨会,1967.

36. L. A. Rodert,L. A. Clowsing,W. H. McAvoy. 近期防冰飞行研究. NACA – ARR,1942.

37. W. H. Hillendah. 机翼前缘着陆灯安装热防冰系统的试验. NACA – WR –

A – 3,1944.

38. W. H. Hillendahl. 机翼前缘着陆灯安装热防冰系统分析. NACAARR – 4A11,1944.

39. W. H. Hillendahl. 美国海军 k 型飞艇防冰条件的飞行实验. NACA – WR – A – 4,1945.

40. G. M. Preston,C. C. Blackman. 在水平巡航飞行中结冰对飞机性能的影响. NACA – TN – 1598,1948.

41. B. A. Schlaff,J. Selna. 运输机热防冰系统研究,第 9 部分 – 飞行中机翼前缘结构的温度. NACA – TN – 1599,1948.

42. D. L. Loughborough. 飞机机械除冰的物理学. 航空工程评论,1952,11 (2):29 – 34.

43. T. F. Gelder,J. P. Lewis,S. L. Koutz. 涡轮喷气运输机冰防护:加热要求、保护方法和性能损失. NACA – TN – 2866,1953.

44. J. P. Lewis,R. J. Blade. 整流罩结冰及防冰试验研究. NACA – RM – E52J31,1953.

45. C. B. Neel. 空气加热防冰系统的设计规程. NACA – TN – 3130,1954.

46. W. Lewis. 高空高速飞机飞行中预计出现的结冰条件. NACA 关于飞机飞行问题的会议,1954.

47. U. H. vonGlahn. 高空高速飞机防冰的一些思考. NACA 飞机飞行问题会议,1954.

48. NACA 气象问题专委会工作组编写. 商用飞机飞行有关的气象问题,NACA – RM – 54L29,1955.

49. W. Lewis,P. J. Perkins. PG – 2 飞艇结冰条件影响分析和飞行评估. NA-CA – TN – 4220,1958.

50. P. J. Perkins. 战斗机爬升和下降过程中的结冰频率. NACA – TN – 4314,1958.

51. O. K. Trunov. 在自然结冰条件下飞行试验的一些结果和飞机热冰防护系统的运行情况. 国际防冰会议,1960.

52. D. T. Bowden,A. E. Gensemer,C. A. Skeen. 机身结冰技术资料工程总结. FAA – TR – ADS – 4,AD – 608865,1964.

53. Anon. 飞机防冰研讨会报告. 联邦航空管理局,1969.

54. Anon. 航空气象服务. 飞机结冰预报员指南. AWSM – 105 – 39. 1969.

55. Anon. 飞机防冰. 美国联邦航空管理局,AC – 20 – 73. 1971.

56. M. Ingelman – Sundberg,O. K. Trunov,A. Ivaniko. 结冰对飞机飞行特性影

响的预测方法.瑞典－苏联飞行安全工作组第6次会议,R－JR－1,1977.

57. Anon. 飞机结冰.NASA－CP－2086(FAA－RD－78－109),1978.

58. D. W. Newton. 飞机结冰问题的综合方法.飞机杂志.1978,15(6).

59. M. Dietenberger,J. Luers. 预测霜冻严重性对飞机起飞性能影响的计算机模拟研究进展.航空航天系统和应用气象大气环境会议.1978.

60. W. J. Humphreys. 飞机的过饱和与结冰.气象月报,58,254.

61. A. Petach. 飞机结冰准则摘要.波音飞机公司垂直起降部.

62. AGARD. 旋翼机结冰－现状和前景.AGARD－AR－166,AD－A106100/1,1981.

63. Anon. 飞机防冰和保护.国家运输安全委员会科技局,NTSB－SR－81－1,1981.

64. R. KhTenishev, B. A. Stroganov, V. S. Savin, V. K. Kordinov, A. I. Teslenko. 飞行器除冰系统,试验设计方法基础,第1部分.FTD－ID(RS)T－1163－79－PT－1,AD－A090980/4,1979.

65. R. Kh. Tenishev,B. A. Stroganov,V. S. Savin,et al. 飞行器除冰系统,试验试设计方法基础,第2部分.FTD－ID(RS)T－1163－79－PT－2,AD－A090981/2,1979.

66. H. G. Lake. B－29雷达罩除冰问题研究.WADC－TR－52－46,AD－A075868/0,1952.

67. ArmyTest,EvaluationCommand. 飞机防冰/除冰.TOP－7－3－528,AD－A074128/0,1979.

68. AGARD. 飞机结冰.AGARD－AR－127,AD－A063794/2SL,1978.

69. D. Tedstone. 飞机发动机结冰推进和能量小组的第51(A)次专家会议技术评估报告.AGARD－AR－124,AD－A060294/6SL,1978.

70. AGARD. 飞机发动机结冰试验.AGARD－CP－236,AD－A059452/3SL,1978.

71. M. L. Coppock,M. D. Gerke. 飞机机炮结冰评估.RIA－R－TR－77－021,AD－A039834/7SL,1977.

72. 陆军航空试验委员会.L－23F飞机的验证试验.ATBG－DT－AVN－1861,AD－A031573/9SL. 1961.

73. 陆军航空试验委员会.U－8F产品改进测试(ECP－BEA－L23－138).AD－A031987/1SL,1964.

74. V. S. Savin,R. Kh. Tenishev,B. A. Stroganov,et al. 飞机防冰系统:设计原理和试验方法.FSTC－HT－23－411－69,AD－719922,1971.

75. M. Friedlander. 飞机结冰条件下性能和冰防护系统试验方法. AGARD – CP – 299,1981.

76. P. B. Hobbs,R. J. Farber,R. G. Joppa. 使用减速器从飞机上收集冰粒. 应用气象学报,1973,12(3).

77. Anon. NACA – NASA 飞机结冰出版物精选书目. NASA – TN – 81651,1981.

78. J. J. Reinman,R. J. Shaw,W. A. Olsen,Jr. NASA 的飞机结冰研究,第一个关于物体大气结冰的国际讲习班. NASA – TM – 82919,1982.

79. K. J. DeWitt,T. G. Keith,D. F. Chao,et al. 电热除冰系统的数值模拟. AIAA – 83 – 0114,1983.

80. M. B. Bragg,G. M. Gregorek. 几种中低速翼型结冰性能的分析评估. AIAA – 83 – 0109,1983.

81. D. F. Chao. 复合材料二维传热的数值模拟及其在飞机部件除冰中的应用. NASA – CR – 168283,1983.

82. W. A. Olsen,Jr. ,E. D. Walker,R. G. Sotos. 显微高速视频显示了小水滴结冰冻结过程. AIAA – 84 – 0019,1984.

83. T. G. Keith,Jr,K. J. DeWitt,K. C. Masiulaniec,et al. 飞机桨叶的电热除冰预测. AIAA – 84 – 0110,1984.

84. R. J. Ranaudo,K. L. Mikkelsen,R. C. McKnight. 典型双引擎通勤型飞机在实测自然结冰条件下的性能衰减. AIAA – 84 – 0179,1984.

85. G. M. Gregorek,M. B. Bragg,J. B. Shilling. 结冰条件下飞机性能分析. AIAA – 84 – 0180,1984.

86. M. B. Bragg,G. M. Gregorek,J. D. Lee. 翼型结冰实验与分析研究. 第十四届航空科学大会,1984.

87. A. E. Albright. 冰点降凝剂流体防冰系统的实验与分析研究. NASA – CR – 174758,1984.

88. R. J. Flemming,D. A. Lednicer. 二维翼型模型与全尺度旋翼结冰试验数据的相关性. AIAA – 85 – 0337,1985.

89. K. K. Masiulaniec,T. G. Keith,K. J. DeWitt,et al. 电热飞机桨叶除冰的全二维瞬态解. AIAA – 85 – 0413,1985.

90. K. L. Mikkelsen,R. C. McKnight,R. C. Ranaudo,et al. 结冰飞行研究:结冰的空气动力效应和三维影像冰形文件. AIAA – 85 – 0468,1985.

91. C. B. Neel,Jr. 空气加热防冰系统的设计. 密歇根大学,1953.

92. G. D. Pfeife,G. P. Maier. 动力装置结冰技术数据工程总结. FAA – RD –

77 - 76,1977.

93. PL. Evanich. NASA 刘易斯研究中心的结冰研究计划. NASA - CP - 2192,1981.

94. R. J. Shaw. NASA 飞机结冰研究计划. NASA - CP - 2274,1982.

95. A,E. Albright. 改进的预测流体防冰系统的防结冰流量. AIAA - 84 - 0023,1984.

96. G. W. Zumwalt,A. A. Mueller. 电脉冲除冰系统的飞行和风洞试验. AIAA - 85 - 2234,1985.

97. M. A. Dietenberger. 模拟带结霜机翼的飞机起飞性能. AIAA - 81 - 0404,1981.

98. C. M. Core,Jr. F - 16 地面和飞行结冰试验. 第 11 届飞行试验工程协会年度会议,1980.

99. W. Kleuters. 关于结冰参数的一些最新结果. AGARD - 127,1978.

100. D. W. Newton. 飞机结冰问题的综合办法. 飞机杂志,1978,15(6): 374 - 380.

101. M. Ya. Moroshkin, V. N. Smolin, Yu. A. Skobel' tsyn, A. F. Komlev. 用于清除飞机表面积冰、霜和冻雪喷嘴的选择及其工作方式. 苏联航空,1977,20 (1):111 - 113.

102. B. Laschka,R. E. Jesse. 确定冰的形状及其对 A300 无防护尾翼气动特性的影响. 国际航空科学理事会(ICAS)第 9 届会议录,1974,1:409 - 418.

103. L. D. Smith. 当今商业喷气飞机的防冰. SAE - 690333,1969.

104. S. Hufnagel. 飞机在 32 华氏度以上结冰的危险. 德国国防军,1970, (11):499 - 502.

105. R. F. Jones. 飞机上冰的形成. 世界气象组织,TN - 39,1961.

106. L. D. Smith. 想飞的时候能飞,飞机必须应对最大的结冰条件. SAE 杂志,1970,78(6):39.

107. Anon. 除冰. 飞机工程师,1974,46(6):20 - 21.

108. M. Schulz,L. J. Comerton. 飞机除冰剂对机场暴雨径流的影响. 水污染控制联合会杂志,1974,46(1):173 - 180.

109. A. M. Mkhitaryan,V. S. Maximov,A. V. Selen'ko,et al. 热气射流防冰系统的实验研究. 流体力学 - 苏联研究,1973,2(6):144 - 150.

110. A. M. Mkhitaryan,V. A. Kas'yanov,L. P. Golyakov,et al. 对称升力面的结冰模式研究. 流体力学 - 苏联研究,1973,2(6):151 - 156.

111. F. Rothe. AIRCON 电热丙烯酸. SAE - 790600,1979.

112. G. A. Simons. 高超声速飞行中冰晶的气动破碎. AIAA 杂志,1976,14 (11):1563 – 1570.

113. I. A. Levin. 苏联电脉冲除冰系统设计. 飞机工程. 1972,44(7): 7 – 10.

114. A. G. Datnov. 地面飞机结冰与抑制. Voyenizdat,1962.

115. A. S. Irisov. 飞机结冰的物理条件. 朱可夫航空学院学报. 1939,(52).

116. N. V. Lavedev. 防止飞机结冰. Oborongiz,1939.

117. I. P. Mazin. 飞机结冰的物理基础. Gidrometeoizdat,1957.

118. O. K. Trunov. 结冰条件下的试飞实验的一些结果. GosNIIGVF 学报, 1957,(19).

119. O. K. Trunov. 结冰条件下的飞行实验结果 – 结冰问题国际会议报告. Redizdat,1960.

120. O. K. Trunov. 在结冰条件下着陆. 民用航空,1963,(1).

121. O. K. Trunov. 飞机地面结冰的危险. 民用航空,1956,(1).

122. O. K. Trunov,A. A. Kharikov. 飞机结冰问题. Redizdat 航空公司,1954.

123. A. Kh. Khragian,N. P. Fomii. 飞机结冰. Redizdat 民用航空,1938.

124. B. T. Cheverton. 结冰研究飞机. 飞机防冰会议,1960.

125. M. Derek. 结冰试验. 壳牌航空新闻,1951,(171).

126. J. K. Hardy. 防止飞机结冰. IRAS,1947,51(435).

127. J. A. Hay. 电热气 – 热防冰. 飞机防冰会议,1958

128. Hinton – Lever,N. R. Chick. 结冰的先锋遭遇者. 飞机防冰会议,1962.

129. C. E. G. Payne,G. F. Pitts. 变形结冰经验. 飞机防冰会议,1959,6

130. R. A. Roper. 飞机电气防冰及未来发展. 飞机防冰会议,1962.

131. I. B. Shaw. 在极低温下的飞机结冰. 气象学杂志,1954,83(987).

132. H. E. LeSueur. 结冰标准和用于确定飞机适宜在结冰条件下飞行的方法. 飞机防冰会议,1958.

133. D. C. Tanner. 液体除冰. 飞机防冰会议,1961.

134. M. Tribus. 飞机防冰的间歇加热. ASME 杂志,1951,73(8).

135. M. Tribus,C. B. W. Young,J. M. K. Boelter. 从缩尺模型研究预测飞机结冰特性的局限性和数学基础. ASME 杂志,1948,70(8).

136. O. K. Trunov,R. H. Tenishev. 飞机和直升机防冰的一些问题. 飞机防冰会议,1961.

137. Anon. 飞行表面的高能空气防冰系统研究. WADC – TR – 54 – 35,1953.

138. 防护研究基金会. 有限型除冰防冰系统研究,化学阶段,WADC – TR – 55 – 261,1955.

139. 研究公司. 有限型除冰与防冰系统研究. 机械阶段. WADC – TR – 55 – 262,1955.

140. Anon. CH – 113,CH – 46A,CH – 53A 研究,防冰系统. AD – 802952,1958.

141. A. G. Bodrik, V. A. Pavlov. 防止飞行器结冰的问题. Vychislitel' naiai Prikladnaia Matematika,1970,(12):138 – 141.

142. 陆军测试和评估司令部阿伯丁试验场. 飞机防冰/除冰最终报告. AD – 724082,MTP – 7 – 3 – 528,1971.

143. E. A. Brun. 悬浮物力学. 密歇根大学飞机结冰信息课程,1953.

144. V. J. Schaefer. 华盛顿山结冰风暴期间仪器和翼型的热量要求. 通用电气公司研究实验室报告,1946.

145. E. Z. Gilutin. 结冰飞行观测的统计分析. 航空协会杂志,1953,(12):856.

146. J. H. Milsum. 北极星结冰研究飞机的第三次年度报告. NAE – TP – 266,1955.

147. J. K. Thompson. 1954 年美国空军 WADC 主要指令结冰演示,TN – WCT55 – 26. 1955.

148. 飞机防冰设备军用规范,加热表面型,MIL – A – 9482 通用规范. US-AF,1954.

149. K. G. Pettit. 飞机结冰研究用悬浮物散射仪,NRC – R – MD33,1950.

150. Anon. 预测飞机长距离飞行结冰. 预报公告 C – 14,1959.

151. H. Ashley. 欧洲西北部空中的飞机结冰. AWS – TR – 105 – 46,1945.

152. M. K. Cox. 一种预测飞机结冰程度和强度的半客观技术. 气象小组未发表的报告,1959.

153. S. C. Cummings. 1946 年 1 月 1 日至 1958 年 12 月 31 日,冰是因素之一的飞机事故. 美国空军飞行安全研究局,未发表的报告,1959.

154. W. C. Jacobs. 露天停放飞机机翼表面白霜形成预测. 美国空军司令部气象局,R – 897,1944.

155. R. W. Jailer,J. M. Ciccotti. 结冰天气的飞机操作. WADC – TN – 55 – 226,AD – 80238,1955.

156. D. Mason. 飞机和结冰研究 – I 和 II. 天气,1953,8(8):243 – 246;天气,1953,8(9):261 – 267.

157. J. L. Orr,etal. 热除冰. AD – 127343,1954.

158. L. A. Rodert. 飞机结冰的物理和操作方面. 气象概论,1951.

159. R. Smyth. 结冰飞行. 加拿大航空,1952,25(3-4).

160. A. Teteryukov. 结冰条件下的飞行. Grazhdanskaya Aviatsiya,1955,(2)：12-15. (USAF 翻译报告 IR1006-55.)

161. J. K. Thompson. 停机坪飞机上的霜. WADC-TN-57-197, AD-118313,1957.

162. J. K. Thompson. 高空速除冰和升华的能力. WADC-TN-58-19, AD-142292,1958.

163. V. S. Vedrov, M. A. Tayts. 飞机飞行试验. Oborongiz,1951.

164. M. B. Zavarina. 飞机结冰的航空气象因素. Gidrometeoizdat,1951.

165. V. Kozharin. 评估层云和层积云中的飞机结冰条件. 民用航空,1957,(11).

166. M. G. Kotik, A. V. Pavlov, I. M. Pashkovskiy, et al. 飞机飞行试验. Mashinostroyeniye,1965.

167. V. V. Lavrov. 冰的物理和力学问题. 莫斯科伊运输,1962.

168. N. V. Lebedev. 对飞机结冰宣战. Oborongiz,1939.

169. I. P. Mazin. 根据云的含水量和温度评估飞机热防冰器效率的方法. TrudyTsAO,1962,(39).

170. LM. Pashkovskiy. 高速飞机的稳定性和控制特性. Voyenizdat,1961.

171. O. K. Trunov. 飞机结冰及其控制. Mashinostroyenie,1965.

172. V. M. Sheynin. 运输机的重量和运输效率. Oborongiz,1962.

173. O. R. Ballard, B. Guan. 冰晶———一种新的结冰危害. 加拿大航空学杂志,1958,(1).

174. J. K. Bannon. 极低温度下的飞机结冰. 气象杂志,1955,84(997).

175. N. R. Bergrun. 1945—1946 年冬季自然结冰条件下 NASA 飞行研究总结. 宇航工程师评论,1948,(1).

176. F. L. Boelke, F. L. Pasel. 结冰问题和热防结冰系统. JAS,1946,13(9).

177. E. Bolley. 飞机结冰. 气象手册,1945.

178. B. T. Cheverton. 结冰的飞行发展. RAS 杂志,1959,63(587).

179. D. G. Collingwood. 电热穿透度. 飞机工程,1963,(4).

180. A. G. Guilbert. 华盛顿山防结冰热测量. 美国机械工程师学会学报,1947,69(8).

181. H. E. LeSueur. 用于确定飞机是否适合在结冰条件下飞行的方法和结冰标准. 飞机防冰会议,1958.

182. Anon. 冰的融化试验. 波音杂志,1960,30(Ⅱ).

183. B. L. Messinger,S. B. Werner. 为洛克希德·伊莱克特拉公司设计和开发的冰保护系统. 飞机防冰会议,1959.

184. Palmer. 帕尔默翼型除冰设备. 帕尔默公司说明书,1965.

185. S. S. Schaetzel. 一种预估结冰严重程度的快速方法. 飞机工程,1950, 22(258).

186. F. Weiner. 关于飞机防冰间歇加热的进一步说明. 美国机械工程师学会,1951,73(8).

187. 北极冬季条件下 CH – 37B 直升机用玻璃纤维扩散器. USATECOM – 4 – 4 – 0180 – 02,AD – 478130,1965.

188. Anon. "临时小约翰"直升机便携式发射系统处理设备 XM85E1(系列 NR. 2). AD – 211554.

189. W. A. Lane. H – 34A 冰控系统地面试验评估. AD – 234681L.

190. Anon. 铰接工具载体,XM571,中期报告. AMC – TIR – 30. 7. 2. 2,AD – 482133L,1966.

191. J. W. Thigpen. 在北极冬季条件下,低成本、环形槽、12 英尺直径高速降落伞货物空投试验. USATECOM – 4 – 3 – 7030 – 15,RDT/E – 1M141812D18310, AD – 478990L,1966.

192. R. J. Followill. 在极低温度条件下,结合 H – 13H 防冻系统中改进的贝尔两级加热器对 Stewart – Warner940 型燃烧加热器的性能评估,AD – 212437,1959.

193. I. Weiss. 飞机结冰对现代空中交通不再是问题了吗? 天气和生命, 1960,21(5 – 6):8997.

194. V. K. Kordinov, V. N. Lenntev, V. S. Savin, B. A. Stroganov, R. Th. Tenishev,A. ITeslenko. 飞机除冰系统设计基本方法. Izdatel' stvoMashintroenie,莫斯科.

195. V. S. Savin. 飞机防结冰系统设计原理和试验方法. 陆军外国科学技术中心,1967.

196. J. Wyganowski. 运输机的除雪与除冰. 宇航科学技术,1970,25: 28 – 33.

197. L. D. Minsk. 影响垂直起降操作的一些冰雪特性. AHS/AIAA/德克萨斯大学关于垂直起降设计的环境影响联合会议,1970.

198. D. A. Tuck. 垂直起降飞机 IFR 适航标准. AHS/AIAA/德克萨斯大学关于垂直起降设计的环境影响联合会议,1970.

199. H. Flosdorff. 民用喷气式飞机发展中的若干问题. Hermann Blenkand Werner Schulz,1968.

200. H. G. Beaird. 完全防止商务机结冰. 试飞员技术评论,1968,9(2):169 –172.

201. A. Mihail. 关于机身结冰问题的说明. 法国海事航空技术协会公报,(67):177 –204.

202. Anon. 向业界提交的研究及发展报告. 联邦航空管理局,1971.

203. O. Trunov. 在结冰条件下冬季着陆. 外国技术部门,FTD – HT – 23 – 643 –67,AD –674335.

204. M. Smith. 飞机润滑油及特殊产品,注册飞机工程师学会杂志,1996,11(7):8 –12.

205. Anon. 除冰试验 – 迈向 SPEY 认证的重要一步. 飞机与商业航空新闻,1963,105.

206. B. T. Cheverton. 飞机结冰危险. 工程师,1963,216:183 –185.

207. D. K. Smith,F. A. Hatcher. 飞机地面除冰. 注册飞机工程师和技术人员学会杂志,1963,1(2):5 –8.

208. E. C. Fox. 飞机系统. 飞机工程,1963,35:265 –271.

209. J. H. McLean. 辅助和辅助设备,飞机工程,1963,35:281 –283.

210. Anon. 系统的简洁性———一个主要的设计目标. 因特维亚特别补编,1963,18(11):1609 –1612.

211. F. Weber. 飞机结冰——空中交通的危险. 航空评论,1964,39:662 –665.

212. Anon. 飞机系统. 飞机工程,1965,37(17 –21).

213. G. O. Forester,K. F. Lloyd. 现代飞机冰探测和防护方法. 世界航空航天系统,1965,1:86 –88;注册飞机工程师及技术人员学会杂志,1965,3:20 –22.

214. H. F. Butter,R. G. Ireland,D. L. Raffle,A. F. Thornton,A. J. Troughton. 阿格斯战斗机座舱和飞机系统. 飞机工程,1965,37:250 –257.

215. H. F. Butter,R. G. Ireland,D. L. Raffle,A. E. Thornton,A. J. Troughton. 阿格斯战斗机—辅助和辅助设备. 飞机工程,1965,37:260 –263.

216. L. L. Aspelin,H. W. Kaatz,L. Tobacma,F. Wilheim. 涡轮增压和/或增压飞机仪表和燃料系统的最新发展. SAE 商务飞机会议,P –670262,1967.

217. M. S. Anderson,LR. Jackson. 一种用于高超声速飞机液氢储罐的二氧化碳净化和热防护系统. 第十二届低温工程年会论文集第 12 卷低温工程的进展,1966.

218. A. E. V. Page. 飞机系统和设备. 飞机工程,1967,39:38-41.

219. R. F. Jones. 气象与超声速飞行. 自然,1966,212:1181-1185.

220. A. I. Teslenko. 飞机结冰的危险. 飞机燃气轮发动机结冰,Voyenizdat,1961.

221. Anon. 飞机电气系统防冰装置. 第52届斯图加特航空讨论会,1961.

222. W. D. Kingery. 总结报告—冰跑道项目,空军剑桥研究实验室,AFCRL-62-498,1962.

223. H. Rifkin,A. E. Gensemer. C-141平尾周期电除冰系统结冰风洞试验结果. 通用动力/康威尔公司,1962.

224. L. Cowdrey. 1961年飞机防冰会议. 英国 D. NapierandSon. 有限公司,1961.

225. A. G. Smith,C. Jones. 缝隙吹气边界层控制和防冰. 飞机防冰会议,1961.

226. O. K. Trunov,M. S. Egorov. 自然结冰条件下飞行试验的一些结果和飞机热防冰系统运行情况. 苏联国家民用航空局研究所,1957.

227. E. A. Brun. 第三届 AGARD 大会会议录. 伦敦 AGARD 会议,1953.

228. J. C. Cooke. 滑行. 英国皇家航空研究院,RAE-TR-65058,1965,3.

229. J. M. Ciccoti,R. W. Jailer. 面向任务的飞机结冰分析—方法论的延伸. WACD-TR-57-60,AD-118016,1956.

230. 海军研究实验室. NRL 进展报告. PB-169123,1966.

231. H. R. Baker,R. N. Bolster. 影响飞机军械润滑油抗结冰性能的因素. NRL 进展报告,1966.

232. J. R. Hicks. 过冷雾期间改善能见度. CRREL-TR-181,AD-648484,1966.

233. L. G. Katz. 飞机结冰的气候概率. AWS-TR-194,1967.

234. R. L. House,H. N. Shohet. CH-53A 防冰系统. 第六届国家年会会议录—环境对飞机和推进系统影响,P-66-ENV-4,1966.

235. S. Palmieri,C. Todaro. 现代航空导航有关环境的一些新发现. 意大利航空杂志,1962,38:699-716.

236. K. H. Greenly. 飞机防冰进展. 飞机工程,1963,35:92-96.

237. T. W. Harper. 飞机除冰垫的设计和使用. 世界航空航天系统,1967,3.

238. 美国国家航空咨询委员会. 机翼和飞机其他结构部件上的冰形成. 初步报告,1928.

239. K. Wegener. 飞机结冰. 气象学,1930,47:145-147.

240. V. Mironovitch, A. Viaut. 与天气类型有关的结冰风险. 气象学, 1935, 11:498 - 503.

241. H. Noth, V. APolte. 飞机结冰. 英国皇家航空学会杂志, 1937, 41: 595 - 608.

242. O. Reinbold. 对飞机结冰问题的贡献. 气象学, 1935, 52:49 - 54.

243. A. E. Clouston. "D. H. 彗星 G - ACSS"飞机在伦敦角至伦敦航线上结冰的报告, 1937/11/13 - 1937/11/20. 大不列颠气象局图书馆, 1937.

244. J. H. Parkin. 北大西洋航空公司, 结冰危害, 附录十二. 工程学报, 1937, (20):611 - 647.

245. J. A. Riley. 奥克兰 - 夏延航线上的飞机结冰区. 天气月报, 1937, (65):104 - 108.

246. F. Speranza. 冰的形成. 航空气象学家, 1937, 1(2):19 - 30.

247. D. Arenburg. 水的三相点和飞机结冰. 美国气象学会公报, 1938, (19):383 - 384.

248. J. Dentan. 飞机上冰的形成. 航空学, 1938, (20):183 - 193; 航空科学杂志文摘, 1939, (6):123.

249. 法国冰形成研究委员会. 飞机上冰形成报告. NACA - TM - 919, 1938.

250. N. L. Hallanger. 飞机结冰研究. 美国气象学会公报, 1938, (19): 377 - 381.

251. E. J, Minser. 飞机结冰的自由大气条件研究. 美国气象学会公报, 1938, (19):111 - 122.

252. Rossi, Veikko. 飞机表面抛光和结冰. 应用气象学报, 1938, (55): 48 - 51.

253. A. R. Stickley. 关于飞机结冰问题物理学方面的评论. 航空科学杂志, 1938, (5):442 - 446.

254. N. B. Barakan. 飞艇结冰的可能原因. 气象学和水文学, 1939, (10 - 11):188 - 192.

255. F. Eredia. 飞机上的冰形成. 航空气象学报, 1939, 3(2):46 - 83.

256. W. C. Geer. 飞机结冰问题分析. 航空科学学报, 1939, (6):451 - 459.

257. M. Guiraud. 结冰. 法国国家气象局, 1939.

258. M. V. Lebedev. 向飞机结冰宣战. 飞机上结冰进展及其调查方法. 1939.

259. A. Viaut. 冰形成研究. 气象学, 1959, (3):159 - 186.

260. M. P. Golovkov. 飞机上冰形成的研究. 苏联科学院杂志,1940,(1):119-134.

261. A. Jelinek. 沿挪威航线飞行气象条件. Reichsamtfur Wetterdienst, Forschungs - und Erfahrungberichte,1940,(2).

262. J. K. Lacey. 影响飞机结冰的气象因素和物理因素研究. 美国气象学会公报,1940,(21):357-367.

263. P. A. Vorontsov. 飞机上冰形成的气象条件. 苏联科学院杂志,1940,(3):334-362.

264. D. L. Arenberg,P. Harney. 华盛顿山结冰研究项目. 美国气象学会公报,1941,(22):61-63.

265. L. P. Harrison. 从确保程序和术语标准化的角度讨论飞机结冰的主要因素. 美国气象局,1941.

266. R. L. McBrien. 运输机飞行中的结冰问题. SAE,1941,(49):397-408.

267. D. L. Arenberg. 影响飞机结冰的气象因素. 麻省理工学院,1942.

268. E. J. Minser. 飞机结冰. 美国气象学会公报,1935,(16):129-133.

269. G. Severo. 飞机飞行中冰形成. 气象杂志,1942,1(3):54-66.

270. W. E. Snell,P. G. Hannon. 飞机结冰. 加州理工学院气象系,1942.

271. E. V. Ashburn. 对有利于飞机结冰气象条件预报的初步报告. 美国气象局,1943.

272. W. Findeisen,B. Walliser. 支持结冰极限与飞行速度有关的实验证据. 美国空军译文,1939,(405).

273. W. Findeisen. 关于 D(空气)1209 的气象评论,结冰. 德国国家气象局研究和经验报告,1943,(20).

274. 美国海军航空局. 飞机上冰形成. 航空学,1943,(1).

275. J. B. Blake. 北大西洋航线上的结冰情况. 美国新罕布什尔州天气区域控制办公室,1944.

276. A. D. Zamorski. 冰形成的气象条件. NAVAER-50-IR-106,1944.

277. R. A. Allen. 关于华盛顿山结冰研究会议记录. 美国气象局,1945.

278. I. Langmuir. 截至 1945 年 7 月 1 日的结冰研究最终报告. 通用电气公司研究实验室,1945.

279. D. North. 1944—1945 年冬季 DC-3 飞机在结冰条件下飞行摘要. 美国航空公司工程部,DC-3-1999XIR.

280. O. Serbein. 在阿拉斯加-阿留申地区的飞机结冰情况. 美国气象学会公报,1945,(26):419-425.

281. F. LBoeke,R. A. Paselk. 结冰问题和热防冰系统. 航空科学学报,1946,(13):485-497.

282. L. M. K. Boelter. 结冰研究最终报告. 加州大学,CW-33-038-ac-13489J,1946.

283. C. M. Christenson. 飞机结冰揭示减轻设计师和飞行员的试飞任务. SAE 杂志,1946,54:103-204.

284. V. Conrad. 华盛顿山一系列结冰观测的统计调查. 华盛顿山天文台研究月报,1946,2(10).

285. MDiem. 对冰形成问题的贡献. 美国空军译文,F-TS-533-RE,1946.

286. E. J. Dolezel,R. M. Cunningham,R. E. Katz. 结冰研究进展. 美国气象学会公报,1946,(27):261-271.

287. 月度研究公告/旋转多圆柱. 华盛顿山天文台/月结冰报告系列,1945-1946,1.

288. A. F. Olsen. 结冰研究概况. 美国航空技术服务司令部工程处技术说明,TN-TSEST-5-9,1946.

289. B. F. Taylor. 阿拉斯加-阿留申地区结冰案例研究补充报告. 美国空军气象中心,1946.

290. V. J. Schaefer. 截至 1946 年 7 月 1 日的结冰研究最终报告. 1946 财年通用电气公司基本结冰研究,美国空军技术,Rept. 5539,1947.

291. V. J. Schaefer. 华盛顿山结冰风暴期间仪器和翼型热条件. 1946 财年通用电气公司基本结冰研究,TR-5539,1947.

292. V. J. Schaefer. 一种测量在恶劣结冰条件下空气速度的加热、翼型皮托管和记录仪. 1946 财年通用电气公司基本结冰研究,TR-5539,1947.

293. P. C. Whipple. 与气团和风向相关的结冰. 1946.

294. C. W. Brock. 美国各地与飞机结冰有关的气象条件分析. AIRL46-56-1P,1947.

295. C. S. Downie. 航空研究实验室关于飞机结冰的气象研究. 华盛顿山天文台图书馆,1947.

296. E. Gaviola,A. F. Fuentes. 冰雹形成,垂直气流和飞机结冰. 气象学杂志,1947,(4):117-120.

297. R. Gunn. 高度电气化飞机的飞行结冰. 航空科学杂志,1947,14(9):527-528.

298. 总结研究. 1946—1947 年哈佛-华盛顿山结冰研究报告,TR-5676.

299. W. E. Howell,P. Whipple. 与结冰有关的流失率. 1946 – 1947 哈佛 – 华盛顿山结冰研究报告,TR – 5676.

300. R. W. Burhoe. 华盛顿山上特定强度的结冰持续时间. 1946 – 1947 哈佛 – 华盛顿山结冰研究报告,TR – 5676.

301. R. W. Burhoe. 华盛顿山上的结冰和天气状况. 1946 – 1947 哈佛 – 华盛顿山结冰研究报告,TR – 5676.

302. R. B. Smith. 华盛顿山近云层顶部的结冰. 1946 – 1947 哈佛 – 华盛顿山结冰研究报告,TR – 5676.

303. W. E. Howell. 华盛顿山结冰与湍流关系的初步报告. 1946 – 1947 哈佛 – 华盛顿山结冰研究报告,TR – 5676.

304. V. Conrad. 关于结冰统计调查的第二份报告,第三份报告. 1946 – 1947 哈佛 – 华盛顿山结冰研究报告,TR – 5676.

305. W. E. Howell. 皮托管压力管道防冰系统. 1946 – 1947 哈佛 – 华盛顿山结冰研究报告,TR – 5676.

306. R. B. Smith. 表面处理对小型仪器防冰热条件的影响. 1946 – 1947 哈佛 – 华盛顿山结冰研究报告,TR – 5676.

307. C. F. Brooks. 是否有一个海拔高度以上不会发生结冰,或者可以忽略不计? 1946 – 1947 华盛顿山结冰研究报告,TR – 5676.

308. K. T. Spencer. 飞机结冰. 冰川学杂志,1947,(1):68 – 69.

309. J. Cocheme. 关于飞机结冰的情况说明. 气象学杂志,1948,(77):33 – 38.

310. R. Cunningham,R. Miller. 五个气象雷达的飞行试验. 麻省理工学院,TR – 7,1948.

311. C. Kramer. 霜覆盖表面的电荷. 荷兰尼德兰气象研究所,TR – 12,1948.

312. R. Becker. 根据气候确定结冰风险的简便方法. 气象回顾,1949,2(5 – 6):175 – 176.

313. W. E. Howell. 华盛顿山上结冰情况与飞行中遭遇情况的比较. 华盛顿天文台,1949.

314. W. Lewis,W. H. Hoecker,Jr. 1948 年飞行中结冰情况观测. NACA – TN – 1904,1949.

315. J. L. Murray. 飞机在自然结冰条件下飞行情况. 技术数据文摘,1949,14(24):12 – 18.

316. M. Tribus. 利用间歇加热进行飞机防冰. 加州大学工程系博士论

文,1949.

317. Anon. 结冰物理学方面的研究. 日本中央气象台报告,R-31-3,1950.

318. K. Anders. 空战期间防止结冰. 德国飞行员,1941.

319. H. C. Chandler,Jr. 飞机防冰设备概况. NACA,1942.

320. 麻省理工学院实验室. 飞机除冰方法研究. C-W33-038ac336 (11069),1944.

321. Berner,Greiger. 什么是最佳防冰设计? 格林马丁公司,P-48-SA-38,1948.

322. M. Jacob. 除霜和防冰. USAF-C-W33-038AC16808,1949.

323. F. E. Lenherr. 整流罩的防冰方法. SAE 国家航空会议,1952.

324. B. L. Messinger. 与机身设计有关的防冰. SAE 国家航空会议,1952.

325. J. R. Vaughan,E. Hile. B-36 喷气短舱在佛罗里达州埃格林空军基地进行除冰和防冰试验. 康瓦尔飞机公司,R-F-Za-36-274,1952.

326. E. Brun,R. Caron,M. Petit. 热防冰. 法国国家航空大会 N-42-136,1946.

327. W. C. Droege. 热防冰系统飞行试验设备. ASME,1947.

328. A. G. Guibert. 华盛顿山热防冰调查. ASME,1947.

329. D. North. 民用航空热防冰. ASME-P-48SA-40,1948.

330. J. Jonas. F-89 热防冰性能—机翼和整机. 诺斯罗普飞机公司 R-A68-I,1949.

331. M. G. Beard,D. North. 航空运营商的结论:热防冰系统保留. SAE 杂志,1950,58:56-60.

332. C. K. McBaine. 除冰系统重量比较. 航空文摘,1952,63.

333. T. Long. RF-84F 飞机余热的防冰和舱室加热. AD11276,1952.

334. M. Tribus. 飞机防冰在德国的一些发展回顾. ASME 传热技术年会,1946.

335. D. L. Joiner,C. J. Heirich. F-94 飞机上古德里奇电热除冰套飞行试验. 洛克希德飞机公司,1951.

336. B. L. Messinger,B. R. Rich. F-94C 飞机的循环电热除冰. 洛克希德飞机公司,AD-4950,1951.

337. T. M. Dahm,R. A. Holloway. 间歇加热表面设计的评估. 应用与工业,1954.

338. V. Cleeves,O. Schur,H. Hauger. 热气防冰系统的飞行试验. 道格拉斯飞机有限公司,SM-11952,1946.

339. F. E. Lenheir, R. W. Young. 整流罩防冰喷雾系统研制 - 最终报告. 诺斯罗普飞机公司, R – TDM – 68 – Ⅲ, 1953.

340. H. North, W. Polte. 飞机上冰形成. NACA – TM – 786, 1936.

341. T. Svensson. 飞机上冰形成的数据. 飞行, No. 20B, 1940.

342. S. S. Schaetzel. 结冰问题. 飞行, 1951, 60:246 – 248.

343. E. A. Gilutin. 结冰飞行观测的统计分析. 航空科学杂志, 1953, 20.

344. M. A. Brull, M. Tribus. 飞机结冰领域法国报告的精选目录. 密歇根州大学, AD – 18638, 1953.

345. W. R. Sand. 飞机结冰条件 - 常见的和不常见的. 第 19 届 JALC 航空法研讨会, 1985.

346. P. R. Leckman. 轻型飞机在结冰条件下飞行的资质. SAE – 710394, 1971.

347. R. L. Newman. 单引擎飞机上一种液体防冰系统试验. SAE – TP – 850923, 1985.

348. B. Laschka, R. E. Jesse. 冰积聚及其对无保护机翼零件的气动影响. AGARD – 127, 1978.

349. R. I. Adams. 结冰定义的评估. 直升机防冰研讨会, 1977.

350. C. O. Masters. 美国联邦航空局的飞机结冰工程发展计划. AIAA – 85 – 15, 1985.

351. O. Guffond. ONERA 结冰研究综述. AIAA – 85 – 335, 1985.

352. Kronenberger. 洛克希德先进防冰系统测试. USAAEFA – 75 – 26/76 – 04, 1976.

353. Benson, Thomas, Woratschek, Stewart. U – 21A 飞机低反射涂料结冰评估. USAAEFA – 77 – 05, 1977.

354. J. K. Thompson. 建议描述飞机结冰的标准. WADC – TN – 56 – 516, 1956.

355. O. K. Trunov. 飞机结冰及其预防措施. FTD – MT – 65 – 490, 1967.

356. L. A. Rodert. 飞机热防冰——一些建议规范. ASME 航空会议, 1946.

357. Anon. C – 54A 飞机结冰条件飞行综述. R – C54A – 1999XIR, 1945.

358. Anon. 低速结冰研究. AIRL – 613751 – 7 – 1, 1951.

359. R. M. Dunbar. B – 47 涡流发生器的结冰试验. WADC – TR – 53 – 51, 1953.

360. R. E. Blatz, A. W. Haines. 1952—1953 年结冰强度数据. WADC – TR – 53 – 224, 1953.

361. H. Dornbrand. 红外线技术除霜和除冰. AF – TR – 5874,1952.

362. A. Budenholzer,I. B. Fieldhouse,T. E. Waterman,J. Yampolsky. 飞机表面高能空气防冰系统研究. WADC – TR – 54 – 35,1953.

363. E. M. Knoernschild,L. V. Larson. 高性能战斗机除霜. AF – 6118,1950.

364. Anon. 飞机结冰 – 冰形测量和分类. 国际民用航空组织,1955.

365. V. Hudson. NACA 专委会结冰问题进展报告,1957.

366. Anon. C – 124 防冰缺陷的研究. WADC – TR – 54 – 58,1954.

367. G. E. Henschke,A. A. Peterson,K. Lunn,C. O. Masters. 非自然结冰试验的飞机结冰认证研究工作计划. AIAA – 86 – 0479,1986.

368. D. H. Gollings,D. W. Newton. 轻型飞机在结冰情况下飞行的简化认证标准. SAE – 740349,1974.

## 12. 18　跑道结冰

1. P. C. Ulrich. 湿牵引试验 – 马西小口轮胎. AFWAL – TR – 81 – 3068,1982.

2. L. K. McCallon. MF – 4 雨胎性能飞行试验. AFFTC – TR – 74 – 3,1974.

3. BNorrbom. 关于跑道上的雪、冰和雪泥的研究. FFA – MEMO – 106,FFA – MU – 792/862/934,1975.

4. J. Cobb,W. B. Horne. 侧风湿滑跑道上的飞机性能. NASA – TM – X – 54600,1964.

5. W. B. Home,W. P. Phillips,H. C. Sparks,T. J. Yager. 比较飞机和地面车辆在干、湿、水淹、雪泥、雪、覆冰跑道上的刹车性能. NASA – TN – D – 6098,L – 7565,1970.

6. R. R. Rice. 机场跑道上使用的液体冰防控化学品. AFCEC – TR – 74 – 4,1974.

7. 陆军工程水航道试验站. 车辆机动、环境和路面术语的分类汇编. PSTI-AC – 1,Proj. DA – 1 – E – 865803 – M – 761,1975.

8. F. S. Dotsenko. 非定常重力 – 弹性和重力 – 毛细管状船行波. 流体动力学报,1978,13(5):658 – 663.

9. B. Norrbom,K. Fristedt. 关于跑道上的雪、冰和雪泥的研究. FAA – Memo106,1975.

10. F. E. Illston. 从飞机/飞行员角度看跑道牵引. SAE – P – 740499,1974.

11. 行业研究与发展报告. FAA.

12. J. E. Dykins,J. S. Hopkins. 南极海冰承载力 – 1967 年 6 月 ~ 1968 年 12 月麦克默多冰跑道飞机载荷曲线技术报告. NCEL – TR – 641,AD – 694954.

13. J. M. N. Willis. 水和冰对着陆的影响. RAE,英国飞机起飞和着陆问题研讨会,1962;壳牌航空新闻,1963,(296):6 – 20.

14. O. Trunov. 冬季结冰条件下着陆. 民航(俄罗斯),1963,(1):23 – 24.

15. C. Teodorescu – Tintea. 目前清除机场跑道的积雪、冰和污垢的程序. 运输杂志(罗马尼亚),1964,2:535 – 540.

16. F. J. Rhody. 跑道牵引. 美国土木工程师学会,航空航天运输部杂志,1965,91:51 – 56.

17. W. D. Kingery. 摘要报告 – 冰跑道项目. 空军剑桥研究实验室,AFRCL – 62 – 498,1962.

18. J. C. Cooke. 滑水现象. RAE – TR – 65058,1965.

19. R. C. Coffin. 南极洲的压实雪跑道 – 深度冻结 1961—1964 年试验技术报告. AD – 629675,1966.

20. H. R. Herb. 跑道上水、雪泥、雪和冰的相关问题. AGARD – 500,1965.

21. W. B. Horne,G. R. Taylor,T. J. Yager. 改善水、雪泥或冰道路上轮胎牵引的研究进展. NASA – TM – X – 56836,1965.

22. R. W. Sugg. 大型和小型充气轮胎通过水、雪泥和雪的阻力. S&T – MEMO – 9/66,1966.

23. V. G. Averianov. 南极洲中部起飞和降落跑道刚性支承面的制备试验. 苏联南极考察,第 3 卷;阿姆斯特丹:爱思唯尔出版公司,1965.

24. G. Abele,R. O. Ramseier,A. F. Wuori. 雪跑道的设计准则. 工程学报,1966,49.

25. H. Herb. 雪泥对飞机起飞滑跑的影响. DFL – 188,1962.

26. G. Abele. 在世纪营地建造一条轻型飞机轮式着陆的雪跑道. CRREL – SR – 62,AD – 609981,1964.

27. E. H. Moser,Jr.,G. E. Sherwood. 南极洲的压实雪跑道—污染雪的限制. R – 533,AD – 654140,1967.

28. A. F. Wuori. 采用干燥处理方法的雪稳定. TR – 68,AD652710,1960.

## 12.19 微波探测和冰防护系统

1. B. Maggenheim,J. K. Rocks. 微波冰积聚测量仪研制与试验(MIAMI). NASA – CR – 3598,1982.

2. B. Maggenheim, J. Rocks. 一种微波冰积聚测量仪(MIAMI). AIAA - 82 -
0285, 飞机杂志, 1983, (5).

3. M. Tiuri, M. Hallikainen. 被动微波系统探测海冰的能力. 赫尔辛基科技
大学无线电实验室, NASA, REPT - S - 113, 1979.

4. B. Maggenheim. 微波防冰概念的演示. USAAMRDL - TR - 77 - 34, 1978.

5. B. Maggenheim, F. Hains. 直升机旋翼桨叶微波除冰器的可行性分析. US-
AAMRDL - TR - 76 - 18, 1977.

6. R. J. Powell. 源自 ERS - 1 和飞机的未来高度测量和海洋微波测量计划.
波高度和方向测量座谈会, 英国, 1982.

7. D. C. Hogg, F. O. Guiraud, E. B. Burton. 利用地面微波辐射和飞机结冰同
时观测冷云液体. 应用气象学报. 1980, 19(7): 893 - 95.

8. C. T. Swift, R. F. Harrington, H. F. Thornton. 航空微波辐射计遥感湖泊冰.
IEEE 电子和航空航天系统大会, 1980.

9. B. L. Jackson, W. D. Stanley, W - L. Jones, Jr. 利用微波散射测量法测量北
极海冰特征. 1979 年东南大会论文集, IEEE, 1979.

10. W. J. Campbell, J. Wayenberg, J. B. Ramseyer, R. O. Ranseier,
M. R. Vant. AIDJEX 主要实验中的海冰微波遥感. 边界层气象学(荷兰), 1978,
13(1 -4).

11. T. Wilheit, W. Nordberg, W. Campbell, J. Blinn, A. Edgerton. 飞机对北极海
冰微波辐射的测量. 遥感环境(美国), 1972, 2(3).

12. M. Tiuri. 利用微波辐射计进行海冰遥感实验. 赫尔辛基科技大学, 无线
电实验室, Rept. No. S - 67, ISBN951 - 750 - 329 - 6, 1974.

13. S. Hunt, A. S. Orange, K. Glick. 高空 x 波段噪声测量研究报告. AFCRL -
63 - 87, 1963.

## 12.20 结冰翼型性能

1. T. L. Miller, K. D. Korkan, R. J. Shaw. 机翼明冰阻力相关性的统计学研
究. SAE - TP - 830753, 1983.

2. M. G. Potapczuk, P. M. Gerhart. 利用具有体拟曲线坐标系的 N - S 解算器
评估结冰机翼性能. AIAA - 84 - 0107, 1984.

3. R. J. Shaw. 结冰导致机翼性能下降的实验测量. AIAA - 84 - 0607, 1984.

4. M. B. Bragg, W. J. Coirier. 明冰翼型附近流场的详细测量. AIAA - 85 -
0409, 1985.

5. M. G. Potapczuk,P. M. Gerhart. 机翼性能评估的 N - S 解算器研制进展. AIAA - 85 - 0410,1985.

6. M. B. Bragg,G. M. Gregorek,R. J. Shaw. 机翼结冰的分析方法. AIAA - 81 - 0403,第19届 AIAA 航天科学会议,1981.

7. E. P. Lozowsky,M. M. Oleskiw. 无溢流机翼结冰的计算机模拟. AIAA - 81 - 0402,第19届 AIAA 航空航天科学会议,1981.

8. J. Bongrand. 结冰翼型各种参数影响的理论和实验研究. 飞机发动机结冰试验. AGARD 会议论文集,No. 236;1978.

9. R. J. Shaw,R. G. Sotos,F. R. Solano. 机翼结冰特性的实验研究. NASA - TM - 82790,1982.

10. E. N. Jacobs. 隆起对机翼段特性的影响. NACA - R - 446,1932.

11. B. J. Gulick. 模拟冰形对机翼气动特性的影响. NACA - WR - L292,1938.

12. U. H. Gray,U. H. vonGlahn. 冰与霜的形成对各种热防冰模式的 NACA65 (1)-212 机翼阻力的影响. NACA - TN - 2962,1953.

13. U. H. vonGlahn,V. H. Gray. 结冰对各种热防冰模式的带局部前缘缝翼的后掠 NACA63A - 009 翼段的阻力影响. NACA - RM - E53J30,1954.

14. W. D. Coles. 模拟高速飞行条件下两种翼型的结冰极限和湿表面温度变化. NACA - TN - 3396,1955.

15. D. T. Bowden. 气动除冰器和冰积聚对翼型气动特性的影响. NACA - TN - 3564,1956.

16. V. H. Gray. 翼型结冰和撞击气动效应与飞行条件的相关性. SAE - P - 225,1957.

17. V. H. Gray. 无后掠 NACA - 65A004 翼型的结冰量、撞击速率、结冰条件和阻力系数之间的关系. NACA - TN - 4151,1958.

18. V. H. Gray,U. H. vonGlahn. 结冰对无后掠 NACA65A004 翼型的气动力影响. NACA - TN - 4155,1958.

19. V. H. Gray. 各种翼型上结冰导致的气动性能降低预测. NASA - TN - D - 2166,1964.

20. M. B. Bragg,G. M. Gregorek,R. J. Shaw. 风洞试验评估结冰引起的机翼性能降低. AIAA - 82 - 0582,1982.

21. M. B. Bragg,R. J. Zaguli,G. M. Gregorek. 利用模拟冰型风洞试验评估机翼性能. NASA - CR - 167960,1982.

22. R. J. Zaguli, M. B. Bragg, G. M. Gregorek. 模拟结冰对带襟翼 NA-

CA63A415 翼型性能影响的实验研究结果.NASA – CR – 168288,1984.

23. M. B. Bragg,G. M. Gregorek. 翼型冰积聚的气动特性.AIAA – 82 – 0282,1982.

24. M. B. Bragg. 带霜冰和明冰翼型性能预测.AIAA – 84 – 0106,1984.

25. R. J. Flemming,D. A. Lednicer. 高速旋翼飞行器机翼冰积聚的实验研究.AIAA – 84 – 0183,1984.

26. R. R. Perez,T. R. Shafer. NACA0004 翼型结冰极限的理论分析.WADC – TN – 57 – 106,AD – 118263,1957.

27. H. H. Hauger. 利用热空气进行间歇加热用于翼型防冰.美国机械工程学会学报,1954,76(2).

28. J. R. Thompson,C. W. Mathews. 测量厚度比和展弦比对跨声速矩形平面机翼阻力的影响.NACA – RM – L7E08,1947.

29. S. Lai. 低阻力翼段结冰,第二部分.印度航空科学学报,1951,3(2).

30. W. K. Holmes. 机翼除冰试验仪器(通用型).道格拉斯飞机公司,1944.

31. K. D. Korkan,E. J. Cross,Jr,C. C. Cornell. 带模拟冰形的 NACA0012 翼型的试验气动特性.AIAA 飞机杂志,1985,22(2).

32. J. K. Thompson. 用于评估删除飞机防冰系统效果的操作分析技术.WADC – TN – 59 – 163,AD – 216082,1959.

33. M. B. Bragg,G. M. Gregorek,dJ. D. Lee. 翼型结冰试验与分析研究.俄亥俄州立大学.

34. J. P. Lewis,D. T. Bowden. 利用外置电加热器对机翼进行循环除冰的试验研究.NACA – RM – E521J30,1953.

35. E. N. Jacobs,I. H. Abbott. 在支撑干扰和其他修正条件下 NACA 变密度风洞中获得的翼段数据.NACA – TR – 669,1939.

36. D. L. Kohlman,W. G. Schweikhard,A. E. Albright. 通用航空机翼的乙二醇多孔前缘防冰系统的结冰风洞试验.NASA – CR – 165444,1981.

37. M. B. Bragg,G. M. Gregorek. 几种中低速翼型的结冰性能的分析评估.AIAA – 83 – 0109,1983.

38. M. B. Bragg. 霜冰及其对翼型性能的影响.NASA – CR – 165599,1982.

39. R. W. Wilder. 确定人工冰形和无防护翼型表面的冰脱落特性技术.FAA 飞机防冰专题讨论会,1969.

40. J. M. Naiman. 确定热防冰机翼表面的内侧气流分布新方法.麦道公司结冰报告,1946.

41. J. A. McDonald,B. L. Rigney,Jr. 外部吹气机翼防冰试验评估.WADC –

R – 55 – 148,1955.

42. V. H. Gray,U. H. vonGlahn. 带局部前缘缝翼的 36°后掠翼循环气体加热除冰的 NACA 热条件. NACA – RM – E56B23,CR – 5903.

43. M. B. Bragg,W. J. Collier. 热膜法测量明冰机翼上的分离泡. AIAA – 86 – 0484,第 24 届 AIAA 航天科学会议,1986.

44. M. B. Bragg. 几何形状对机翼结冰特性的影响. 飞机杂志,1984,21(7).

45. E. P. Lozowski,M. M. Oleskiw. 无溢流机翼结冰的计算机模拟. AIAA – 81 – 0402,第 19 届航天科学会议,1981.

46. M. B. Bragg,W. J. Collier. 模拟明冰机翼的气动测量. AIAA86 – 0484,第 24 届 AIAA 航天科学会议,1986.

47. W. Olsen,R. J. Shaw,J. Nowlan. NACA0012 机翼的冰形和导致的阻力增加. NASA – TM – 83556,1983.

48. M. B. Bragg,G. M. Gregorek. 霜冰对机翼性能的影响. 1981.

49. J. H. Berger,T. J. McDonald. 结冰改变翼型和带除冰靴的翼型风洞试验. Fluidyne R – 1402,1984.

## 12.21　陆地和海上结冰研究

1. R. G. Onstott,S. Gogineni,R. K. Moore,C. V. Delker. 夏季北极海冰雷达后向散射的测量,附录 A 和附录 B. 堪萨斯大学/研究中心 CRINC/RSL – TR – 331 – 22,AD – A105736/3,1981.

2. R. G. Onstott,R. K. Moore,S. Gogineni,C. Delker. 四年的低海拔海冰宽频后向散射测量. CRINC/RSL – TR – 331 – 21,AD – A105587/0,1980.

3. R. G. Onstott,S. Gogineni,C. V. Delker,R. K. Moore. 夏季北极海冰雷达背向散射的测量. CRINC/RSL – TR – 331 – 20,AD – A105586/2,1981.

4. C. V. Delker,R. G. Onstott,R. K. Moore. 波弗特海的海冰雷达后向散射研究的中期成果 Cont. N00014 – 76 – C – 1105,AD – A083644/5,1980.

5. H. Serson,D. Finlayson. 根据浮冰覆盖程度的测量水位. DREP – TM – 77 – 17,AD – A056833/7SL,1977.

6. V. V. Betin,S. V. Zhadrinskii,N. S. Uralov. 从飞机上观测海冰的方法. 海军海洋办公室,R – N00 – TRANS – 123,AD – 720161,1961.

7. A. K. McQuillan. 海冰遥感的优势. R – RR – 73 – 3,1973.

8. M. Tiuri. 利用微波辐射计进行海冰遥感实验. 赫尔辛基科技大学,R – S – 67,1974.

9. R. G. Onstott, R. K. Moore, S. Gogineni, C. Delker. 四年期间对低海拔海冰宽频后向散射测量. IEEE 海洋工程(美国),1982,OE-7(1):44-50.

10. F. Leberl, M. L. Bryan, C. Elachi, T. Farr. 利用飞机合成孔径雷达图像绘制海冰图及其漂移测量. 地球物理研究期刊(美国),1979,84(C4).

11. J. R. Rossiter, K. A. Gustajtis. 脉冲雷达探测冰山. 自然(GB),1978,271(5640).

12. H. Kohnen. 利用雷达测绘南极基岩. Umsch. Wiss. andTech. (德国)1977,77(6).

13. E. A. Bespalova, Yu. I. Rabinovich, E. A. Sharkov, T. A. Shiryaeva, V. S. Etkin. 基于飞机上热辐射测量研究结冰过程. Meteorol. andGidrol. (苏联),1976,2:68-72;Sov. Meteorol. and Hydrol. (美国),1976,2:68-72.

14. W. D. HiblerIII. 从北极浮冰群的激光剖面图中消除飞机高度变化的影响. 地球物理研究期刊(美国)1972,77(36).

15. T. Wilheit, W. Nordberg, W. Campbell, J. Blinn. 飞机测量来自北极海冰的微波散射. 遥感环境(美国),1972,2(3):129-39.

16. W. J. Campbell, P. Gloersen, W. Nordberg, T. T. Wilheit. 从卫星飞机和浮动站确定的波弗特海冰的动力学和形态学. 通过使用空间技术解决地球调查问题的方法,COSPAR 会议文集,311-327,1973.

17. J. S. Patel, R. G. Onstott, C. V. Delker, R. K. Moore. 直升机机载散射仪测量海冰的后向散射. 堪萨斯大学/劳伦斯遥感研究中心实验室. RSL-TR-331-13,AD-A077614/6,1979.

18. R. M. Morey. 利用脉冲雷达进行机载海冰厚度剖面分析. USCG-D-178-75,CGR/DC-28/75,AD-A031306/4SL,1975.

19. M. A. Meyer. 冰雪厚度的遥感测量. 密歇根州大学第四届环境遥感专题讨论会 183-192,1966.

20. J. E. Dykins, J. S. Hopkins. 南极洲海冰承载力—1967 年 6 月~1968 年 12 月麦克默多冰跑道飞机载荷曲线技术报告. NCEL-TR-641,AD-694954.

21. Anon. 重点参考波弗特海的北冰洋海道测量. 日本低温科学研究所,1962.

22. R. W. Popham, D. O. Wark. 气象卫星 TirosI 和 TirosII 拍摄的冰照片. 气象卫星实验室,华盛顿特区气象局,1962.

23. W. R. Farrand. 冰河时代研究. 北极浮冰群的地球物理学研究最终报告,1963.

24. V. P. Chirkov, S. D. Fridman, R. M. Kogan, M. V. Nikiforov, A. F. Yakovlev.

通过飞机伽马测量确定积雪中的水分储量．气象学和水文学,1965,4.

25. E. S. Lir. 苏联欧洲部分冰霜的天气条件．地球物理与气象学报,1927,
4:23 - 28.

26. V. Dezhordzhio. 1930 年 12 月 13 ~ 15 日在克拉斯诺达尔斯基铁路区的冰
霜．地球物理学报,1933,(9):312 - 325,.

27. H. Prestin. 欧洲山脉的霜冻沉积物．弗里德里希威廉大学,1935.

28. J. A. Riley. 内华达山脉冰冻带.1936.

29. B. Hrudicka. 关于霜的问题．捷克斯洛伐克:地球物理学,1937,51:335 - 342.

30. S. Pagliuca. 华盛顿山的结冰测量．航空科学学报,1937,4:399 - 402.

31. K. S. Turoverov. 关于分析明冰和风载荷现行计算方法的问题．气象学
和水文学,1939(7 - 8).

32. N. T. Zikeev. 罗斯托夫和克拉斯诺达尔地区的冰霜. Rostovon Don Bris
Rostovskogo Upravleniia GMS,1940.

33. N. T. Zikeev. 斯大林格勒地区和卡尔穆克阿斯尔的明冰. Rostovon Don,
Bris Rostovskogo Upravleniia GMS,1940.

34. W. Kreutz. 对霜研究的贡献．应用气象学报,1941,58:137 - 150.

35. N. T. Zikeev. Ordzonikidzev 等地区的冰霜．顿河畔罗斯托夫,1941.

36. O. Devik. 开阔水域的过冷和结冰——冰研究 I. 地理出版物,1942,13
(8):1 - 10.

## 12. 22　液体和两相流动力学

1. C. Gazley,Jr. 亚声速和超声速流中边界层稳定性和转捩．航空科学杂
志,1953,20(1):29 - 42.

2. R. M. Drake,Jr. 任意自由流速度和任意壁面温度变化的三维旋转轴对称
层流边界层的计算方法．航空科学杂志,1953,20(5):309 - 316.

3. H. LDryden. 关于粗糙度对层流向湍流转捩影响的公开数据综述．航空
科学杂志,1953,20(7):477 - 482.

4. G. A. Simmons. 高超声速飞行中冰晶的气动破碎. AIAA 期刊,1976,14
(11):1563 - 1570.

5. R. F. Probstein,F. Fassio. 尘埃的高超声速流动．瑞德力学实验室,1969.

6. E. J. Durbin. 利用包含光散射的光学方法测量过冷高超声速流中凝结粒
子的浓度. NACA - TN - 2441,1951.

7. R. vonMises. 飞行理论．麦格劳希尔,1945.

8. D. P. Kellog. 位势理论基础. 弗雷德里克·昂加出版公司,1929.

9. A. D. BrysonJr. 利用 Mach – Zehnder 干涉仪对二维楔和圆弧截面上跨声速流的实验研究. NACA – R – 1094,1952.

10. G. N. Abramovich. 应用气体动力学. GITTL,1953.

11. S. Gol'dshteyn. 粘性流体动力学现状,卷 I,II,IL,1948.

12. I. Ye. Idel'chick. 液 压 阻 力 手 册 . 莫 斯 科 列 宁 格 勒:Gosenergoizdat,1960.

13. P. L. Kapitsa. 粘性流体薄层的波流. 苏联科学院实验与技术物理学报,1948,18(1).

14. V. G. Levin. 物理化学流体力学. 苏联科学院,1952

15. Ts. Lin. 湍流和热传导. IL,1963.

16. A. P. Mel'nikov. 高速空气动力学. Voyenizdat,1961.

17. N. N. Suntsev. 空气动力学中的类推方法. Fizmatgiz,1958.

18. I. O. Khintse. 湍流. IL,1964.

19. G. Shlikhting. 初步的湍流研究. IL,1962.

20. T. I. Ligum. 涡轮喷气飞机的空气动力学和飞行动力学. 莫斯科:Izdatel'stvoTransport,1967

21. H. U. Thommen. 稀释反应气体的非平衡流动. ASME – 64 – WA/APM – 36,1964;应用力学杂志,1965,32:169 – 176.

22. A. N. Kraiko. 对存在任意数量非平衡过程的弱扰动超声速流研究. 应用数学和力学,1966,30:661 – 673.

23. R. A. Brown,M. Holt. 非定常超声速流动中圆柱壳上气动力的计算. GrantAF – AFOSR – 268 – 63,AS – 63 – 1,1963.

24. J. L. Hess. 计算任意三维升力体的势流. R – MDCJ5679 – 01,AD – 755480,1972.

25. J. L. Hess,A. M. O. Smith. 计算任意三维物体非升力位流. 麦克唐纳道格拉斯报告 E. S. 40622,AD – 282255,1962.

26. J. L. HessandA. M. O. Smith. 计算任意物体的势流. 航空科学进展,1967,8.

27. D – P. Mack. 计算任意三维升力体的势流. 用户手册,R – MDCJ5679 – 02,AD – 755933,1972.

28. C. N. Davies. 球的流体阻力的确定方程. 物理学会会议录,1945.

29. S. R. Keim. 加速运动中液压缸的流体阻力. 水力学杂志,美国土木工程学会会议录,1956.

30. C. T. Crowe, J. A. Nicholls, R. B. Morrison. 惰性粒子和燃烧粒子在气流中加速的阻力系数. 第九届国际燃烧研讨会, 1963.

31. W. R. Sears. 高速空气动力学和喷气式推进中的小扰动理论. 普林斯顿大学出版社, 1954.

32. Anon. 利用电模拟势流的工作原理. A250 - AERO - 56 - 52, 1956.

33. H. G. Norment, R. G. Zalosh. 飞机流场对降水量测量的影响. 1979.

34. M. R. Collier. 用于计算翼型上跨声速流包含边界层和尾流影响的 Garabedian 和 Korn 方法扩展. RAE - TR - 77104, 1977.

## 12.23  液体蒸发和冰晶形成研究

1. E. A. Bespalova, Yu. I. Rabinovich, E. A. Sharkov, T. A. Shiryaeva, V. S. Etkin. 基于飞机无线电热发射测量的结冰过程研究. Sov. Meteorol. Hydrol, 1976, 2: 54 - 57.

2. R. Ballard, B. Quan. 冰晶: 一种新的结冰危害. 加拿大航空学报, 1958, 4 (1).

3. J. K. Hardy. 液滴蒸发. RAE Report Meeh. Eng. 1947, 1.

4. E. N. Dorsey. 过冷水的冻结. 美国哲学学会学报, 1948, 38(3): 248 - 328.

5. S. W. Young. 过冷液体中结晶的机械性刺激. 美国化学学会杂志, 1911, 33: 148 - 162.

6. S. Miyamoto. 升华速率理论. 法拉第学会会刊, 1933, 29: 794 - 797.

7. W. J. Altberg. 水中的结晶核. 物理学报, U. R. S. S., 1938, (8): 677 - 678.

8. W. Altberg, W. Lavrov. 水结晶实验 - II. 物理学报, U. R. S. S, 1939, (11), 286 - 290.

9. Anon. 所有的冰. 纽约: 莱茵霍尔德出版公司, 1940.

10. W. Altberg, W. Lavrov. 水结晶实验 - III. 物理学报, U. R. S. S, 1940, (13): 725 - 729.

11. F. C. Frank. 深度过冷水的分子结构. 自然, 1946, (3): 157.

12. V. G. Schaefer. 过冷水滴云中冰晶的产生. 科学, 1946, 104: 457 - 459.

13. W. Schwerdtfeger. 冰与水颗粒形成的比较. 华盛顿山天文台月报, 1946, 2(8).

14. A. R. Ubbelohde. 过冷水产生的亚稳态冰. 自然, 1946, 157: 625.

15. B. Vonnegut. 气体绝热膨胀产生冰晶: 碘化银烟对过冷水云的成核作用; 丁醇对实验室形成的雪晶形态的影响. 通用电气公司, 临时报告 - 5, 1948.

16. H. H. Lowel. 接近大气障碍物的水滴最大蒸发速率. NACA – TN – 3024,1953.

17. M. Diem. 对结冰过程中问题的贡献. 美国空军翻译,No. F – TS – 533 – RE,1946.

18. S. W. Young,W. J. VanSicklen. 结晶的机械刺激. 美国化学学会杂志, 1913,35:1067 – 1078.

19. E. K. Plyer. 冰晶的生长. 地质学报,1926,34:58 – 64.

20. U. Nakaya,I. Sato,Y. Sekido. 人工生成雪晶的初步实验,雪的研究. 学院科学杂志,北海道帝国大学,19532(10,2):1 – 113.

21. N. Fuchs. 关于气体中小水滴蒸发速度的研究. NACA – TM – 1160,1947.

22. R. Smith – Johannsen. 关于水冻结的实验. 通用电气公司,临时报告 No. 3,1948.

23. V. J. Schaefer. 自由大气中冰晶核的产生. 通用电气公司,临时报告 No. 20;R – RL – 308,1950.

24. K. Feniger. 自然对流和霜形成引起的冷传播研究. 法国国家科学研究中心,研究杂志,1949,8:248 – 265.

25. W. Olsen. 关闭结冰过程的动态图片. NASA 路易斯研究中心,1985.

26. I. Hawkes,N. Mellor. 单轴应力下冰的变形与断裂. 美国陆军寒区研究与工程实验室.

27. H. H. G. Jellinek. 冰上的类液(过渡)层. 克拉克森理工学院化学系,1966.

28. N. Maeno. 冰雪物理学. 日本北海道大学,1967.

29. Hobbs. 结冰物理学. 克拉伦敦出版社,1974.

30. R. D. Kirchner. 飞机结冰粗糙度特征及其对结冰过程的影响. AIAA – 83 – 0111,1983.

31. E. P. Lozowski,J. R. Stallabrass,P. F. Hearty. 水滴 – 冰晶云中未加热的非旋转圆柱的结冰. NRC – LTR – LT – 96,1976.

32. J. R. Stallabrass,P. F. Hearty. 对未加热的非旋转圆柱进行进一步结冰实验. NRC – LTR – LT – 105,1979.

33. J. C. Marek. NASA – Lewis 结冰喷嘴的水滴结晶研究. AIAA – 86 – 0289, 第 24 届 AIAA 航天科学会议,1986.

34. R. J. Scavuzzo,M. L. Chu,W. A. Olsen. 冲击冰的结构特性. AIAA – 86 – 0549,第 24 届 AIAA 航天科学会议,1986.

## 12.24 电测量建模

1. L. I. Gutenmarkher. 电测量模型. 苏联科学院,1949.

2. I. M. Tetel'baum. 电测量建模. Gizmatgiz,1951.

3. A. M. Turichin. 非电变量的电测量. Gosenergoizdat,1951.

4. P. F. Fil'chakov, V. I. Panchishin. 电流体动力模拟积分器. 导电纸上电位场建模. 乌克兰 SSR 科学院,1961.

5. L. G. Kachurin. 航空物理变量的电测量. LGU,1962.

6. R, L. Schrag, G. W. Zumwalt. 电脉冲除冰:概念与电动力学研究. AIAA - 84 - 0021,1984.

7. K. J. DeWitt. 电热除冰系统的数值模拟. AIAA - 83 - 0114,1983.

8. J. J. Marano. 电热除冰垫的数值模拟. NASA - CR - 168097,1983.

9. T. G. Keith,Jr. 飞机叶片的电热除冰性能预测. AIAA - 84 - 0110,1984.

10. G. M. Zumwalt, R. A. Friedberg. 电脉冲除冰系统的设计. AIAA - 86 - 0545,第 24 届 AIAA 航天科学会议,1986.

11. DO. Nelepovitz,H. A. Rosenthal. 飞机发动机进气道电脉冲除冰. AIAA - 86 - 0546,1986.

12. G. J. Lewis. 电脉冲除冰系统的电动操作. AIAA - 86 - 0547,1986.

13. Anon. 位流的电模拟工作原理. A250 - AERO - 56 - 52,1956.

14. G. W. Zumwalt. 发动机进气道和高速机翼电脉冲除冰的结冰风洞试验. AIAA - 85 - 0446,1985.

15. A. A. Mueller,D. R. Ellis,D. C. Bassett. 轻型通用航空飞机电脉冲除冰系统的飞行评估. Paper84 - 2495, AIAA/AHS/ASEE 飞机设计系统和操作会议,1984.

## 12.25 整流罩结冰

1. J. P. Lewis. 整流罩防冰热条件分析研究. NACA - RM - E53A22,1953.

2. W. L. Torgeson, A. E. Abramson. 整流罩干、湿表面防冰的热条件研究. WADC - TR53 - 284, AD - 25909,1953.

3. D. T. Bowden,H. WMilton. 结冰和乙二醇对 C - 5A 缩尺整流罩传输效率的影响 LGITC - 1 - 17,1966.

4. R. G. Sandoval. C - 133A 飞机整流罩防冰系统的设计. 道格拉斯 LB -

21842,1955.

5. C. L. Ray. C – 130A 飞机 AN/APS – 42 型机头整流罩防冰. 洛克希德 ER – 1324,1955.

6. W. Sowa. C – 130 飞机整流罩防冰设计发展报告,第 1 部分—热设计. GER – 7067,1955.

7. A. E. Amerman. 加热模型整流罩的试验安装和结冰飞行试验. WADC – TN – 55 – 60,1955.

8. J. P. LewisandR. J. Blade. 整流罩结冰及防冰实验研究. NACA – RM – E52J31,1953.

9. H. G. Lake. B – 29 整流罩除冰问题研究. WADC – TR – 52 – 46, AD – A075868/0,1952.

10. F. E. Lenherr. 整流罩防冰的一种方法. SAE – PN – 811B,1952.

11. F. E. Lenherr, R. W. Young. 整流罩防冰喷雾系统发展的最终报告. RN – TDM – 68 – Ⅲ,诺斯罗普飞机公司,1953.

12. A. A. Fyall. 各种整流罩材料绝缘测量及吸湿性和温度的影响. TN – Chem. 1209,麦克唐纳·道格拉斯公司.

13. Anon. 整流罩工程手册. 航空局局长指示出版,1948.

## 12. 26  其他

1. G. N. Patterson. 管道中的转角损失. 飞机工程,1937,9(102):205 – 208.

2. G. N. Patterson. 管道系统转角设计的说明. R. &M. No. 1773, 英国 A. R. C. ,1937.

3. G. N. Patterson. 现代扩散器设计. 飞机工程,1938,10(115):267 – 273.

4. R. G. Robinson. 充气橡胶除冰器的阻力. NACA – TN – 669,1938.

5. W. Mutchler. 连续风化对飞机上轻金属合金的影响. NACA – R – 663,1939.

6. G. N. Patterson. 飞机进气道的设计. 飞机工程,1939,11(125):263 –268.

7. F. M. Rogallo. 飞机内流系统. NACA – R – 713,1941.

8. T. B. Gardner. 溢流研究. 空军物资司令部结冰研究基地,Rep – No. IRB46 – 36 – 1F,1946.

9. R. D. Bowers. 1946 财年加利福尼亚大学结冰报告. AAF – TR – 4429,1946.

10. R. D. Bowers. 1946 财年通用电气公司基础结冰研究. AAF – TR –

5539,1947.

11. E. E. Callaghan,R. S. Ruggeri. 垂直于气流的空气射流穿透性研究. NACA – TN – 1615,1948.

12. J. H. Quinn,Jr. 实际构建翼型的阻力特性综述. NACA – R –910,1948.

13. E. E. Callaghan,D. T. Bowden. 圆孔、方孔和椭圆孔在高压力比下的流动系数研究. NACA – TN – 1947,1949.

14. R. S. Ruggeri,E. E. Callaghan,D. T. Bowden. 垂直于气流的圆形、方形和椭圆形喷嘴射流穿透性问题. NACA – TN – 2019,1950.

15. Anon. 维克斯维京式流体除冰试验. T. K. S.（飞机除冰）有限公司,1950.

16. J. D. Rudolph. 1950—1951 年冰霜季节计划高峰会议期间北美航空公司在华盛顿山试验概述. 北美航空公司,1951.

17. P. R. Tarr. 连接旋转热电偶的方法. NACA – RM – E50J23a,1951.

18. M. Tribus. 现代结冰技术 – 第二章. 密歇根大学,1952.

19. R. S. Ruggeri. 用于弦向冰脱落的三周期电动外置除冰靴的除冰和溢流特性. NACA – RM – E53C26,1953.

20. J. P. Lewis. 一种嵌入式交变感应系统进气口的空气动力及结冰特性试验研究. NACA – RM – E53E07,1953.

21. O. D. Miller. 古德里奇高压气动除冰装置的飞行试验结果. 赖特 – 帕特森空军基地,赖特空军发展中心 TN – WCT – 54 – 48,1954.

22. H. H. Sogin. 热防冰系统设计手册. 莱特空气发展中心 WADC – TR – 54 – 313,1954.

23. U. H. vonGlahn. 结冰问题:NACA 技术研究现状. 渥太华 AGARD 会议,1955.

24. K. Ikrath. 电磁天线对沉积静电噪声的敏感性（在某静电风洞中的实验）. ECOM – 4319,AD – A012166/5SL. 1975.

25. R. G. Smith. 先进旋翼飞行器二次动力系统. AGARD – AG – 206, AGARDograph – 206,1975.

26. L. P. Koegeboehn. 民用航空结冰研究要求. NASA – CR – 165336,1981.

27. R. K. Breeze,G. M. Clark. 轻型运输和通用飞机结冰研究要求. NASA – CR – 165290,1981.

28. J. J. Marano. 电热除冰垫的数值模拟. NASA – CR – 168097,1983.

29. J. J. Reinmann,R. J. Shaw,W. A. Olsen. NASA 路易斯研究中心结冰研究计划. AIAA – 83 – 0204,NASA – TM – 83031,1983.

30. R. J. Shaw. 飞机结冰分析能力进展. AIAA – 84 – 0105, NASA – TM – 83562,1984.

31. H. G. Norment. 三维流和水汽凝结体轨迹计算及应用. AIAA – 85 – 0412,1985.

32. A. E. Albright. NASA 流体防冰系统研究综述. AIAA – 85 – 0467,1985.

33. J. M. Davis,C. VogelandS. K. Cox. 利用多向光电二极管阵列测量太阳辐射. 科学仪器评论(美国),1982,53(5):667 – 73.

34. R. Stahlberg. 冰与木材破裂机理的探讨. 材料试验(德国),1978,20(3):126 – 131.

35. D. E. Davis. 火箭系统的圆顶环保型防护罩. Rept. PAT – APPL – 6 – 217890,1980.

36. C. Hardersen,W. Blackburn. OH – 58 直升机复合材料主旋翼桨叶的初步设计研究,第 1 卷—OH – 58 复合材料主旋翼桨叶的综合分析与初步设计研究. Rept. R – 1532 – VOL – 1,USARTL – TR – 78 – 29A,1978.

37. B. F. Kay. 直升机透明外壳,第 1 卷—设计手册. Rept. SER – 50966,US-ARTL – TR – 78 – 25A,1979.

38. FAA. 直升机运营发展计划. FAA – RD – 78 – 101,1978.

39. C. J. Campagnuolo,H. S. Duff,H. C. Lee. 用作 SUU – 53/A 弹箱环境和安全装置的流体发生器. Rept. HDL – TM – 77 – 1,1977.

40. 陆军航空试验局. U – 8F(ECP – BEA – L23 – 138)的产品改进试验. 1964.

41. R. W. Olson. 对 F – 111D、DT 和 E 的环境控制、机身、飞行控制及二级动力子系统的评估. 附件 I. AFFTC – TR – 73 – 6 – APP – 1,1973.

42. D. Davis. 1975 年 12 月—1976 年 2 月期间 2.75 英寸火箭发射装置的防冰试验. RL76 – 13,1976.

43. P. C. Linder. 燃料添加剂对滤清器性能的影响. AFAPL – TR – 73 – 97,1974.

44. E. A. McDonald. 极地船舶操纵性. NSF – GA – 105,1965.

45. G. Abele. 格陵兰冰帽地区气垫车的性能试验. Rept. SR – 91,1966.

46. J. R. Hicks, M. Kumai. 利用直升机人工影响冰雾. CRREL – SR – 162,1971.

47. D. Eyre. 机载等动态冰晶减速器的风洞试验. NOAA – TM – ERL – APCL – 18,NOAA – 74102104,1974.

48. F. S. Doten. 结冰过程管理技术. 第 11 届飞行测试工程学会年会会议

录,1980.

49. A. S. Rudnev. 利用飞机观测的冰塞类型数据预测丽娜河最大水位. 苏联水文气象学报,1978,17(1):53-56.

50. T. M. Kutty. 结冰认证的综合方法. SAEprepr. No. 750507,1975.

51. D. H. Gollings,D. W. Newton. 轻型飞机在结冰条件下飞行的简化验证准则. SAEprepr. No. 740349,1974.

52. B. E. Jank,H. M. Guo,V. W. Cairns. 活性污泥法处理机场污水. 水研究杂志,1974,8(11):875-880.

53. 结冰研究人员. 均匀导电表面. 密西根大学,proj. M992-4,1953.

54. D. C. McPhail. 加拿大航空研究与开发中的一些问题. AGARD 第四届研讨会,1954.

55. L. M. Levin. 障碍物中的气溶胶颗粒沉降. 苏联科学院报告,1953,9(6).

56. M. Crippen. M5 直升机武器装备子系统初步生产试验. DPS-1797,AD-473933L,1965.

57. C. W. Campbell. Ch-3C 直升机的 II 类高温荒漠评估. ASDTR-65-12,AD-476245,1965.

58. N. Shakhov. 苏联在地球物理学、天文学和太空方面的研究. 华盛顿特区联合出版物研究所,1962.

59. V. J. Schaefer. 用于云粒子取样的水敏涂料制备和应用. 1946 财年通用电气公司基础结冰研究,美国空军,TR-5539,1947.

60. D. Fraser,C. K. Rush. 电热除冰高比功率输入优点的说明. R-LT-149,加拿大国家航空公司,1955.

61. G. A. Ruff. 结冰缩尺方程的验证与应用. AIAA-86-0481,1986.

62. W. Olson. 结冰缩尺律的实验评估:进展报告. AIAA-86-0482,1986.

63. Anon. 防冰和除冰除霜液. MIL-A-8243C,1965.

## 参 考 文 献

[1] SAE AIR 4015. Icing technology bibliography[S]. SAE,2013.

# 附录 A　SAE 其他结冰相关标准简介

## A.1　《飞机燃油系统结冰的考虑》(SAE AIR 790C)

该标准目的是为飞机燃料系统考虑结冰问题提供指南。该标准给出了建议的试验程序,用以证明燃料系统、子系统和部件在可能结冰环境中的适用性。它不涉及飞机发动机或油箱通风系统的结冰考虑,也不包括使用防冰燃料添加剂的说明。该标准主要内容有燃料存储/地面处理和运输系统、飞机燃料系统、燃料系统或部件试验、试验方法等。本标准最初基于 1959 年举行的空军/海军/工业界联合会议达成的结果,总结了来自航空燃料系统工程行业代表性的经验做法,反映了行业共识和美国汽车工程师学会 AE - 5 专委会的实践。

## A.2　《增稠型飞机防冰液的现场黏度试验》(SAE AIR 5704)

航空公司在冬季运行期间需要使用防冰液,对飞机提供一定时间段内的保护,防止飞机在地面结冰。该标准是一种现场验证试验指南,它不需要太复杂的设备,用于验证防冰液是否具有足够的低剪切黏度,这对保持防冰液最低可接受性能很重要。标准给出了试验方法、结果分析和报告等要求,试验报告包含防冰液产品名称、取样点、取样日期、试验日期、所有下降时间、平均下降时间和每次测量的样品温度等指标,最终试验报告将确定防冰液是否满足要求、不满足要求或需要做更深入的黏度试验来确定。有时可能需要进行其他现场试验,以确定防冰液的折射率、外观或进行液体制造商建议的额外试验。

## A.3　《跑道和滑行道除冰/防冰化学品的冰渗透试验方法》(SAE AIR 6211)

该标准阐述除冰/防冰化学品(液体或固体)对冰渗透能力的试验方法。通过测量融冰渗透时间,为跑道除冰化学品制造商、除冰/防冰化学品运营商和机场当局提供跑道除冰/防冰化学品的相对融冰渗透能力。跑道除冰/防冰化学品除用于跑道除冰外,也用于机场滑行道和其他铺助地面区域。标准中给出了在受控实验室条件下,根据时间和温度确定液态或固态跑道除冰/防冰化学品冰渗透能力的最低要求。本试验方法不能定量测量液态或固态跑道除冰/防冰化学品的理论或延长冰渗透时间。

## A.4 《飞机表面涂层与飞机除冰/防冰液的相互作用》(SAE AIR 6232)

飞机表面涂层和除冰/防冰液的相互作用应根据保持时间性能和空气动力学性能进行评估。本标准规定了飞机表面涂层耐久性、硬度、风化、气动阻力、冰附着性、结冰、接触角和热导率评估试验方法。这些试验方法可为操作人员了解涂层特性提供信息数据。标准旨在为评估飞机表面涂层与飞机除冰/防冰液滞留时间性能和空气动力学性能的相互作用提供参考方法,同时提供可用于表征飞机表面涂层附加信息的试验方法。

## A.5 《SAE Ⅱ、Ⅲ和Ⅳ型非牛顿(假塑性)飞机除冰/防冰液》(SAE AMS 1428G)

本标准涵盖三种类型的除冰/防冰材料,每种材料都以非牛顿流体的形式存在。这种液体可以使用如下:①未加热和未稀释,或稀释以防结冰;②加热和未稀释除冰/防冰;③用水稀释加热除冰/防冰;④用水稀释,除冰阶段加热,通常与未加热和未稀释的液体一起使用时作为第二个步骤。标准给出了除冰/防冰液分类、技术参数、品质保证规定和运输保障要求等。

## A.6 《跑道和滑行道除冰/防冰通用液体》(SAE AMS 1435C)

本标准对用于飞机跑道、滑行道和其他机动区域的液体除冰和防冰材料提出技术要求。跑道和滑行道的除冰/防冰液能催化氧化飞机的碳刹车系统,并在不同程度上腐蚀镉板。用户需要了解这些液体对碳刹车系统和镉板的影响。标准给出了除冰/防冰液分类、技术参数、品质保证规定和运输保障要求等,应对除冰/防冰液按照此标准进行试验和报告。此类除冰/防冰液用来防止和清除飞机地面活动区域结冰和结冰沉积物,不得将该类液体用于飞机表面除冰/防冰。

## A.7 《用于控制机场雪和冰的沙》(SAE AMS 1448A)

本标准给出了沙的技术参数、品质保证规定和运输保障要求。沙包括颗粒状的天然沙。这种沙通常用于改善跑道、滑行道和斜坡表面的摩擦性能,用于飞机刹车目的,但其用途并不限于此类应用。沙会对飞机涡轮发动机产生不利影响。因此,作为控制冰雪的最后手段在地面上应尽量少撒沙子,即使必须使用,也应仔细监测并在实际操作时去除任何多余的砂砾。

## A.8 《自行式飞机除冰车》(SAE ARP 1971C)

本标准给出配备有除冰/防冰液喷射系统的自行臂式航空设备(除冰车)的要求。根据 SAE ARP 4737 标准,该设备应具有高机动性,可用于商用飞机所有外部表面除冰,设备尺寸条件由买方和制造商确定。除冰车也用于飞机维修和检查并适合昼夜作业。设备包括一个底盘、一个根据国家安全标准建造和安装的带吊篮的空中装置、液体供给罐、液体泵供给系统和一个封闭式燃烧加热器。除冰车的主要功能是在地面飞机周围,将加热的除冰液和加热或未加热的防冰液混合物通过可变高度的长臂喷洒到飞机表面。辅助动力设备将为喷洒系统、空中装置和加热器提供动力,或者这些系统由推进发动机直接提供动力,或者通过一个或多个动力输出装置从起落架驱动发动机来提供动力。该标准给出了除冰车技术条件、验收检查、维护要求和技术支持等要求。

## A.9 《航空航天 – 自行式除冰/防冰车性能要求》(SAE ARP 4806)

本标准规定了装备有飞机除冰/防冰液喷射系统的自行式除冰设备的一般功能和性能要求。除冰车可用于宽体和窄体飞机的外表面除冰和防冰,能适应昼夜作业。车辆和所有相关系统能适应在 −40~50℃、持续湿度高达 100% 情况下正常运行。除冰车的主要功能是通过可变高度长臂将加热的除冰/防冰液及其混合物喷洒在地面飞机表面。该除冰车可在航站楼大门区域、机场服务道路和飞机停靠道附近使用。该标准不包括飞机除冰/防冰车辆全套技术设计准则,只涉及相关功能和性能要求。标准给出了总的性能要求、设计尺寸、机动性和稳定性、控制要求等。

378

## A. 10　《飞机除冰设备操作规程》(SAE ARP 5660A)

本标准目的是为除冰设备(中央除冰设备/远程除冰设备)安全使用提供规范化的操作指导,这些设备在飞机地面除冰/防冰或检查时使用,应考虑当地适用环境、操作和经济性要求,按照各种批准的地面结冰计划执行。监管机构和机场当局应遵循本标准的规定。在批准除冰设备的设计计划之前,相关方应进行协调。在开始除冰操作之前,航空运营商、机场管理部门、监管机构和服务提供商必须书面同意操作规程。标准包括操作规程、通信、除冰/防冰液环境条件考虑、培训、应急处置计划、除雪、安全、液体管理、品质控制和批准等。

## A. 11　《飞机除冰设备设计》(SAE ARP 4902B)

本标准为航站区或远程除冰/防冰设备的规划、设计和施工提供指南。其目的是给机场运营商和除冰设备规划者/设计师提供相关信息,这些信息都是除冰设备设计需要的,它将影响设备尺寸、安放位置和操作,信息包括机场和飞机操作特征、物理限制和环境因素等。虽然本标准不推荐任何特定类型或配置的除冰设备,但它提出了评估除冰设备应了解的一般问题和关注点。本标准由 SAE 飞机除冰设备委员会编制,内容涉及场地考虑、除冰设备设计和建设、环境考虑和操作考虑。

## A. 12　《飞机地面除冰设备的封闭式操作舱》(SAE ARP 5058A)

本标准是移动式和固定式除冰设备操作舱的设计规范和指南。操作舱位于除冰臂的末端,它采用符合人体工程学的设计。以往操作员是在除冰臂末端的开放式篮筐内工作,现在开放式篮筐被封闭式操作舱代替。该设计能够使操作员更有效地将除冰/防冰液施加到飞机控制面、机翼、尾部和机身上区域,并对操作员提供射流爆燃、烟雾、液体喷洒和恶劣天气的防护。主要功能是操作员能在封闭的舱内,将变高度吊杆上的热水或除冰/防冰液体混合物喷洒到飞机表面。标准给出了操作舱容积、操作和防护设备技术、品质保证等要求。

## A.13 《SAE Ⅱ型、Ⅲ型和Ⅳ型飞机除冰/防冰液耐久性试验》(SAE ARP 5485A)

本标准是进行 SAE Ⅱ型、Ⅲ型和Ⅳ型飞机除冰/防冰液样品选择和耐久时间试验的规范。标准除了户外雪地试验程序外,还给出了两个实验室室内雪地试验程序。经 SAE G-12 小组委员会审查,这三种方法都可用于获得耐久时间数据。耐久时间定义为液体在失效前能够承受可控和定义的温度和沉淀条件的时间。温度和沉淀条件制定考虑了气象因素。如果质量可接受,试验数据用于更新相应液体类型的保持时间,同时考虑在时间和空间上液体沉淀自然变化的影响。保持时间指南由监管机构发布,如美国联邦航空管理局 8000 系列通告和加拿大运输部保持时间指南。美国联邦航空管理局或加拿大运输部可能要求对液体进行额外试验,以便将其纳入指南。该标准给出试验液体采样要求、试验方法以及多种气候条件下的具体试验流程。

## A.14 《用于机场的固体除冰/防冰物料播撒机》(SAE ARP 6059)

本标准定义了永久性车载或滑入式附属设备的要求,这些设备设计用于向机场跑道、滑行道、坡道和航站楼区域等其他铺装地面运输和配送特种材料,如除冰、防冰、摩擦改性固体材料和湿固体材料。该标准描述了一种料斗式物料播撒机,或与液体储存器相结合的料斗式物料播撒机,用于预湿化学品播撒,配有后端播撒装置和必要的操作控制装置,适用于撬装或底盘安装应用于机场的车辆上。标准给出了该种设备的具体技术要求。物料播撒由单个操作者控制,通常是该车辆的驾驶员,操作控制面板靠近驾驶员位置,方便操作。物料播撒机规格主要由料斗的容量和路/物料播撒宽度来定义。物料播撒机可以永久安装在运载工具、挂车、半挂车上,也可以临时安装在运载车、半挂车上,仅供季节性使用。本标准不包括对载货车辆、除雪机或载货车辆的其他应用要求。

## A.15 《飞行结冰探测系统最低工作性能规范》(SAE AS 5498)

本标准由 EUROCAE 54 工作组和 SAE AC-9C 委员会联合制定,给出了机载结冰探测系统的最低性能。飞机结冰系统分为两类,即飞行结冰探测系统(FIDS)和气动性能监测系统(APMS)。FIDS 的目的是监测飞机表面飞行中有结冰存在,或告知有大气结冰条件。FIDS 向机组人员和飞机系统提供关心的飞行结冰信息。该系统的组件可以是接触式或是非接触式的,可以直接或间接地对飞行结冰的物理现象进行敏锐捕捉,如结冰厚度、冰积聚率、液态水含量、云中小水滴尺寸等。APMS 告知机组人员和飞机系统由于结冰飞机表面空气动力性能下降,进而可能导致飞机性能和操纵质量下降。APMS 对冰增长不敏感。本报告不考虑地面结冰的检测。标准给出了 FIDS 总的设计条件、标准条件下最低性能要求、大气环境下最低性能要求、试验流程和飞机上安装要求指南。

## A.16 《冬季天气实报系统的除冰决策气象支持》(SAE AS 5537)

本标准是冬季天气实报系统中除冰决策气象支持(WSDDM)的指南,该系统一般在机场特定位置部署。标准给出了:①系统的规模、位置、操作和维护信息;②建造和运行该系统的设备硬件指南。WSDDM 系统是一个自动化系统,可以对机场区域的冬季天气状况进行分析和短期预报,系统的核心组件是雪测量仪,可以实时估算每分钟的液态等量下雪率。系统的输入数据由雪测量仪、气象雷达、地面气象站和国家气象局提供。这些数据经过软件算法处理,生成当前天气状况的图形和文本描述以及一个小时的预期降雪速度和机场积雪量预测。结果的分析和预测显示在计算机屏幕上,便于工作人员及时接收。标准给出了WSDDM 系统描述、雪测量仪推荐、气象传感器/数据记录仪/无线电调制解调器推荐、传感器选位、校准方法、计算机和操作系统等。

## A.17 《远程地面冰探测系统的最低运行性能规范》(SAE AS 5681A)

本标准规定了远程地面冰探测系统(ROGIDS)的最低性能要求,该系统能探测地面飞机表面是否存在结冰。标准阐述了为什么需要 ROGIDS 及其特性和试验要求;给出了标准撰写的参考资料,包括相关报告、缩写和定义;介绍了系统一般设计要求。标准详细介绍了 ROGIDS 最低运行性能要求,定义了地面运行中在可能遇到的结冰条件下的性能要求;描述了实验室环境试验条件,这些试验条件是实际运行中会遇到的,试验需要给出所有这些条件下的性能特性。标准给出了推荐的试验流程。

## A.18 《飞机除冰/防冰液的喷水和高湿度耐久性试验方法》(SAE AS 5901B)

本标准规定了环境试验箱的最低要求,并根据飞机除冰/防冰液的现行材料规范,制定了进行防冰性能试验的流程。试验液体应暴露于两种冻结条件下的试验板上,并通过测量特定冻结程度发生前的最小暴露时间来评价其防结冰性能。这种试验方法的主要目的是确定 SAE AMS1424 中 Ⅰ 型和 SAE AMS1428 中 Ⅱ 型、Ⅲ 型和 Ⅳ 型液体在受控实验室条件下的防冰耐久性。标准给出了喷水耐久性试验和高湿度耐久性试验的基本方法;介绍了试验设备和参数;阐述了设备校准和试验流程。

## A.19 《起飞前除冰》(SAE AIR 1335A)

除冰是去除飞机表面积冰和积雪的过程。之所以需要这样做,是因为飞机表面的冰雪沉积物严重影响飞机的性能和可控性。该标准的目的是提供一般的起飞前除冰背景信息,以便更好地了解和操作飞机起飞前除冰。由于不同机场大气条件差异很大,因此所给出的数据是一些有代表性的,并将作为有关起飞前除冰的一般指南。目前,飞机起飞前除冰设备发展已历经了四代,这四代除冰设备现在仍都在广泛使用,根据实际需要应用于大型喷气飞机和小型喷气飞机。这四代除冰设备:第一代是小型三轮自行式电加热器;第二代是更大的三轮自行式明火汽油加热器,采用更大的泵;第三代是卡车安装、中型容器、开放式和封闭式的火焰汽油燃烧加热器,采用大型泵;第四代是大卡车安装,大型容器,大型封闭式汽油燃烧即时加热器,采用大型泵。标准阐述了飞机起飞前除冰的发展历史;给出了除冰气象条件;介绍了飞机表面除冰液性能要求;总结和展望了起飞前飞机除冰方法。

## A.20 《跑道和滑行道除冰/防冰化学品的融冰试验方法》(SAE AIR 6170)

本标准是确定机场跑道和滑行道除冰/防冰所用化学品融冰性能的规范。通过测量化学品随时间变化而融化的冰量,为跑道除冰化学品制造商、除冰/防冰化学品运营商和机场当局提供除冰化学品的性能参数。标准给出了试验方法、测量装置和试验流程。本试验方法不能定量测量液态或固态跑道除冰/防冰化学品的理论或延长时间融冰能力。

## A.21 《跑道和滑行道除冰/防冰化学品的冰下切试验方法》(SAE AIR 6172)

本试验方法通过测量作为时间和温度函数的冰下切图形面积,为跑道除冰化学品制造商、除冰/防冰化学品运营商和机场当局提供跑道除冰化学品的相对冰下切能力。这种跑道除冰化学品也经常用于滑行道。本试验方法不能定量测量即将使用的液体或固体跑道除冰/防冰化学品除冰能力的理论或延长时间。本标准给出了测量材料和装置、冰的准备和试验方法。

## A.22 《增稠飞机除冰/防冰液黏度试验》(SAE AIR 9968A)

在寒冷的天气条件下,可能会遇到飞机在地面结冰的情况。为了保证防冰液质量,飞机运营商和除冰公司对增稠的防冰液进行黏度试验。由于对防冰液的质量控制和审查由各公司执行,因此选择了参考黏度测量方法来转换和解释结果。本标准提供了增稠防冰液黏度试验的参考方法。如果不同单位采用的确定黏度限值或其他黏度值的方法与本标准方法相同,则测量所得的粘度值可相互进行比较,方法不同则可能产生不同的结果。标准给出了测量方法和结果分析。

## A.23 《SAE I型飞机除冰/防冰液》(SAE AMS 1424K)

SAE I型防冰液通常直接或用水稀释加热后使用,用于起飞前飞机表面除霜、雪或冰。本标准给出了此类液体的材料类型、物理特性、液体稳定性、液体对飞机材料的影响、除冰性能特性等;在液体品质保证条款中,明确了检验责任、试验分类、采样和试验方法等;对防冰液的包装、运输等给出了具体要求。防冰液的使用应参考飞机制造商的维修手册或相关标准,以保证飞机型号对使用的除冰/防冰液没有任何限制。液体制造商应确定并报告液体推荐稀释浓度的最低操作使用温度。

## A. 24 《跑道和滑行道除冰/防冰的固体化合物》(SAE AMS 1431D)

本标准是针对除冰和防冰固体化合物的。这些固体化合物通常用于飞机停机坪、跑道和滑行道,用于预防和清除雪、霜和冰冻沉积物。本标准给出了此类固体的材料类型、物理特性、固体稳定性、化合物对跑道/飞机有关部件的影响、除冰性能特性等;在化合物品质保证条款中,明确了检验责任、试验分类、采样和试验方法等;对化合物的包装、运输等给出了具体要求。跑道和滑行道除冰/防冰化合物对飞机碳刹车部件有催化氧化和腐蚀作用,用户需要了解这些影响。

## A. 25 《飞机燃油系统及部件结冰试验》(SAE ARP 1401B)

本标准旨在解决与进行结冰试验方法有关的几个工业问题。这些问题有的与实际试验设置有关,有的与含水率分析方法有关,还有一些与试验的有效性和实际应用有关。标准探讨解决这些问题,并提供一种改进的燃油中水分析方法。标准简要讨论了飞机燃油系统结冰问题以及用于结冰试验的不同方法,给出了三种结冰试验流程:①连续运行,模拟的是巡航状态;②紧急运行(组件或系统),模拟的是低空燃油系统中有冷凝水等情况;③带旁路功能运行的过滤器,模拟验证过滤器有冰堵塞情况。飞机燃油系统和部件的燃油制备程序和结冰试验仅作为固定翼飞机运行环境的一种推荐做法。同时,还要对飞机燃油系统和燃油系统组件进行结冰试验,避免昂贵组件或系统的过度设计和过度试验,同时确保燃油系统在结冰条件下的可靠性。标准简要介绍了燃油系统结冰试验历程、试验标准化、水变冰的演变、推荐的试验方法和流程、试验的其他注意事项。

## A. 26 《飞机地面除冰/防冰训练大纲》(SAE ARP 5149A)

本标准是为训练地面、飞行和空管人员提供飞机地面除冰和防冰准则。暴露在地面结冰气象条件下,会导致飞机表面和部件上霜冻、冰和雪,从而对飞机性能、稳定性以及控制和操作产生不利影响,如控制表面、传感器、襟翼和起落架等。如果存在冰冻沉积物,不仅核验过程需要考虑,飞机的适航性可能也是无效的,在飞机恢复清洁状态之前,不应试图起飞。本标准规定了对航空乘运人进行培训的最低标准,以确保飞机在地面结冰条件下安全运行。标准给出了飞行和地面运行管理计划、训练和资质、液体存储和处理、除冰和防冰设备操作流程、健康和安全援助、环保、除冰和防冰合约、除冰和防冰方法/流程、保持时间、起飞前检查要求、飞机表面污染识别。

## A. 27 《飞机地面除冰/防冰质量计划指南》(SAE ARP 5646)

本标准提供地面除冰/防冰质量保证和审查指南,帮助确认地面除冰/防冰质量的有效性。为了验证地面飞机除冰/防冰的有效性,质量计划应包括审查和检查过程。审查是对飞机在地面上的除冰/防冰程序是否按照运营商设定的标准进行确认。检查过程是验证地面除冰/防冰计划的组成部分,可供航空公司运营商、监管机构和其他除冰运营利益相关方使用。标准给出了审查数据、审查结果、检查项目、检查意见、检查发现的情况等要求。

## A. 28 《获得 SAE Ⅱ型、Ⅲ型和Ⅳ型飞机除冰/防冰液保持时间的过程》(SAE ARP 5718A)

本标准帮助液体制造商和用户了解 SAE Ⅱ型、Ⅲ型或Ⅳ型飞机除冰/防冰液保持时间的获得过程。该标准流程列入了加拿大运输部和美国联邦航空管理局的液体清单。标准描述了按照 SAE AMS1428 标准试验Ⅱ型、Ⅲ型、Ⅳ液体的准备步骤;按照 SAE ARP5485 要求,制定保持时间试验样品的制备建议等。标准给出了液体采样和实验室试验方法、现场喷洒试验、液体清单和保持时间指南起草;介绍了 SAE G - 12 飞机除冰液委员会、液体保持时间委员会的作用。

## A. 29 《SAE Ⅰ型飞机除冰/防冰液的耐久性试验》(SAE ARP 5945)

本标准提出了一种新的试验方案,用于现场实际操作测量 SAE Ⅰ型液体的耐久性。新方法模拟了自然环境中真实机翼上实际除冰/防冰操作过程。在自然室外条件下使用加热的Ⅰ型流体后,试验显示可更准确地表示机翼表面温度衰减率。本标准目的是提供 SAE Ⅰ型飞机除冰/防冰液的样品选择和耐久性试验程序,以生成质量合格的耐久性数据,供 SAE G - 12 小组委员会审查。标准给出了 SAE Ⅰ 型除冰/防冰液进行耐久性试验合格采样的要求、耐久性试验一般方法和流程;给出了多种气象条件下冷浸机翼表面的具体耐久性试验方法,如雾、霜冻、雪、雨、冻细雨等条件下。

## A.30 《飞机除冰/防冰液空气动力验收的标准试验方法》(SAE AS 5900B)

在飞机地面加速起飞和爬升过程中,为确保除冰/防冰液在升降舵或控制面上流动时的空气动力学特性符合要求,SAE 制定了该标准。标准规定了用于除冰/防冰 SAE Ⅰ ~ Ⅳ型液体的气动流动特性要求。标准给出了风洞试验设备条件参数、试验液体参数、试验流程、除冰/防冰液验收准则、试验结果和试验报告等要求。

## A.31 《飞机窗口防冰、除油和清洗系统的通用安装规范》(SAE AS 18259)

本标准源自美国军用标准 MIL‒I‒18259,SAE 只对其进行了编辑和格式调整,以满足 SAE 技术标准出版的要求。标准规范了军用飞机上安装的液体防冰、除油和清洗系统的设计和安装一般要求;阐述了详细的技术参数要求,如系统各种零部件设计图和安装图要求等;提出了品质保证要求,如各种验证试验。军用飞机上各类窗口,如驾驶舱窗口、侧窗、轰炸机窗口、照相窗口等透明部分,都可以按此标准执行。

## A.32 《旋翼叶片电热防冰的设计考虑》(SAE AIR 1667A)

本标准总结了在直升机旋翼叶片冰防护系统的设计、开发、认证和试验过程中应考虑的各种因素。标准简要介绍了各种防冰技术概念,详细分析了设计和验证适用于直升机旋翼叶片防护的循环电热防冰系统。电热防冰应用主要包括主旋翼叶片、常规尾旋翼叶片和其他类型的反扭矩装置。本报告对设计者、制造商、采购机构和适航当局均有帮助,可以避免由于疏忽而造成耗时和昂贵的重新设计。本标准由飞机环境系统委员会下属的飞机结冰技术专委会 AC‒9C 编写,参与编写人员具有直升机旋翼叶片防冰设计、分析和试验的丰富经验。标准介绍了电热防冰系统组成和工作原理;分析了系统设计考虑;给出了系统研制和风洞/低速设备/飞行/计算四种手段的认证试验考虑。

## A. 33 《消毒剂、除冰液和清洁剂接触起落架结构时的建议措施》(SAE AIR 5541A)

2001 年欧洲爆发口蹄疫,各国大量使用防护消毒剂对接触外国地面的飞机起落架/轮胎进行消毒杀菌,这可能导致飞机部件的腐蚀。本标准目的是提高公众对飞机接触消毒、除冰和清洁等具有腐蚀性化学品的风险意识。标准告知:一些用于飞机消毒、除冰和清洁的化学品可能导致起落架部件腐蚀或退化,如起落架设备的减震支柱、支架、执行机构、车轮、制动器、轮胎和电气元件等,给出了一些被认为具有潜在危害性的化学品,并提出了减轻损害的建议。

## A. 34 《冰、雨、雾和霜冻防护》(SAE AIR 1168/4)

本标准是 SAE AC-9B 专业委员会编制的《SAE 航空航天应用热力学手册》中收录的 14 个标准之一。标准给出了计算非透明和透明表面冰保护的基本公式,简化的图表适合于初步设计,描述了各种类型的冰、雾、霜冻和防雨系统。飞机在恶劣天气条件下飞行的能力是大多数军用飞机和商用飞机的关注点。结冰会增加阻力和重量,影响飞行稳定性和安全。在远低于冰点的环境温度下,云中可能存在过冷小水滴。当飞机撞击小水滴时,机翼表面、雷达罩、发动机进气口、风挡玻璃和其他区域会产生结冰。因此,必须提供一些方法来防止在飞机关键部位大规模结冰。标准阐述了热防冰方法和影响热参数的外部因素;介绍了翼型蒸汽防冰、电热循环除冰;给出了如何确定冰防护设计点和翼型/发动机进气口防冰例子;详细分析了驾驶舱风挡冰、雾、霜冻和雨气象条件下的防护。

## A. 35 《皮托和皮托静压管冰和雨最低资质标准》(SAE AS 5562)

本标准提供了评估电加热皮托和皮托静压管是否满足在冰和雨条件下飞行要求的方法,建立飞机和直升机对电加热皮托和皮托静压管的最低防冰和雨的性能要求。标准阐述了皮托管一般工作环境条件;讨论了飞机飞行参数条件、结冰风洞中校准;介绍了资质试验方法、试验条件和最低试验性能要求。

# 参 考 文 献

[1] SAE AIR 790C. Considerations on ice formation in aircraft fuel systems[S]. SAE,2006.

[2] SAE AIR 5704. Field viscosity test for thickened aircraft anti – icing fluids[S]. SAE,2007.

[3] SAE AIR 6211. Ice penetration test method for runways and taxiways deicing/anti – icing chemicals[S]. SAE,2012.

[4] SAE AIR 6232. Aircraft surface coating interaction with aircraft deicing/anti – icing fluids [S]. SAE,2013.

[5] SAE AIR 1428G. Fluid, aircraft deicing/anti – icing, non – newtonian (pseudoplastic), SAE Types II , III ,and IV[S]. SAE,2010.

[6] SAE AIR 1435C. Fluid,generic,deicing/anti – icing runways and taxiways[S]. SAE,2012.

[7] SAE AIR 1448A. Sand,airport snow and ice control[S]. SAE,1994.

[8] SAE AIR 1971C. Aircraft deicing vehicle – self – propelled[S]. SAE,2011.

[9] SAE AIR 4806. Aerospace – deicing/anti – icing self – propelled vehicle function requirements [S]. SAE,1994.

[10] SAE AIR 5660A. Deicing facility operational procedures[S]. SAE,2011.

[11] SAE AIR 4902B. Design of aircraft deicing facilities[S]. SAE,2013.

[12] SAE ARP 5058A. Enclosed operators cabin for aircraft ground deicing equipment [S]. SAE,2004.

[13] SAE ARP 5485A. Endurance time tests for aircraft deicing/anti – icing fluids SAE Type II , III ,and IV[S]. SAE,2007.

[14] SAE ARP 6059. Solid de – Icing/anti – icing material spreader for airport application [S]. SAE,2013.

[15] SAEAS 5498. Minimum operational performance specification for inflight icing detection systems [S]. SAE,2001.

[16] SAEAS5537. Weather support to deicing decision making (WSDDM) winter weather nowcasting system – contains color[S]. SAE,2004.

[17] SAEAS 5681A. Minimum operational performance specification for remote on – ground ice detection systems[S]. SAE,2012.

[18] SAEAS 5901B. (R) Water spray and high humidity endurance test methods for SAE AMS1424 and SAE AMS1428 aircraft deicing/anti – icing fluids[S]. SAE,2010.

[19] SAEAIR 1335A. Ramp de – icing[S]. SAE,2000.

[20] SAEAIR 6170. Ice melting test method for runways and taxiways deicing/anti – icing chemicals[S]. SAE,2012.

[21] SAEAIR 6172. Ice undercutting test method for runways and taxiways deicing/anti – icing chemicals[S]. SAE,2012.

[22] SAEAIR 9968A. Viscosity test of thickened aircraft deicing/anti – icing fluids [S]. SAE,2004.

[23] SAEAMS 1424K. Deicing/anti – icing fluid, aircraft, SAE Type I[S]. SAE,2012.

[24] SAEAMS 1431D. Compound, solid runway and taxiway deicing/anti – icing[S]. SAE,2012.

[25] SAEARP 1401B. (R) Aircraft fuel system and component icing test[S]. SAE,2012.

[26] SAEAS 6286. Training and qualification program for deicing/anti – icing of aircraft on ground [S]. SAE,2016.

[27] SAEARP 5646. Quality program guidelines for deicing/anti – icing of aircraft on the ground [S]. SAE,2008.

[28] SAE ARP 5718A. Process to obtain holdover times for aircraft deicing/anti – icing fluids, SAE AMS1428 Types II, III, and IV[S]. SAE,2012.

[29] SAEARP 5945. Endurance time tests for aircraft deicing/anti – icing fluids SAE Type I [S]. SAE,2007.

[30] SAEAS 5900B. (R) Standard test method for aerodynamic acceptance of SAE AMS 1424 and SAE AMS 1428 aircraft deicing/anti – icing fluids[S]. SAE,2007.

[31] SAEAS 18259. Installation of window anti – icing, de – greasing, and washing systems (general specification for) DoD adopted[S]. SAE,1997.

[32] SAEAIR 1667A. (R) Rotor blade electrothermal ice protection design consideration [S]. SAE,2002.

[33] SAEAIR 5541A. Recommended actions when disinfectants, de – icers, and cleaners come in contact with landing gear structure[S]. SAE,2012.

[34] SAEAIR 11684. Ice, rain, fog, and frost protection[S]. SAE,1990.

[35] SAEAS 5562. Ice and rain minimum qualification standards for pitot and pitot – static probes [S]. SAE,2015.

# 附录B 世界主要结冰研究设备及气候地图

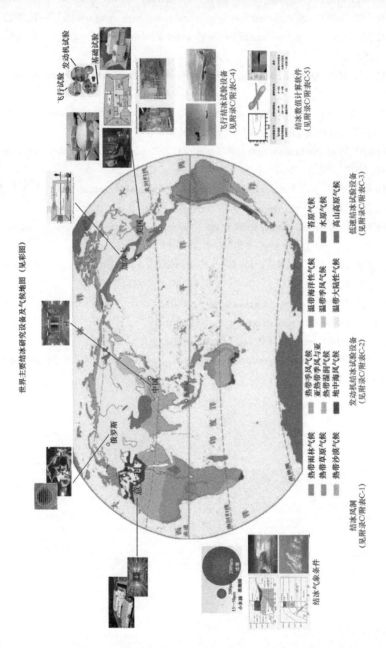

世界主要结冰研究设备及气候地图（见彩图）

# 附录 C 世界结冰试验设备汇总表

附表 C-1 结冰风洞

| 序号 | 风洞名称 | 试验段尺寸（宽×高×长，或直径）/m | 试验速度/(m/s) | 最低总温/℃ | LWC/(g/m³) | MVD/μm |
|---|---|---|---|---|---|---|
| 1 | NASA 结冰研究风洞 | 2.7×1.8×6.1 | 26~180 | -30 | 0.2~3 | 15~50 50~500 |
| 2 | 意大利 CIRA 结冰风洞 | 2.4×2.3 2.4×1.2 2.4×3.6 2.4×2.3(开口) | ~136 ~238 ~85 ~136 | -32 -40 -32 -32 | | 5~300 |
| 3 | 加拿大 NRC 结冰风洞设备 | 0.6×0.6×1.8 (0.5×0.3×0.6) | 5~100 (180) | -40 | 0.1~3.5 | 8~200 150~250 500~2000 |
| 4 | 法国 ONERA S1MA 风洞 | 8 | 10~100 | 冬季气温 | 0.4~10 | 10~300 |
| 5 | 俄罗斯 TsAGI EU-1 结冰试验台 | 0.2×0.2 | 0~100 | 冬季气温 | 0.1~3 | 15~50 |
| 6 | 美国波音气动研究结冰风洞 | 2.4×1.5×6 1.8×1.2×6 | 5~128 | -40 | 0.3~3 | 15~40 |
| 7 | NASA 高空风洞 | 6 | 3~340 | -40 | 0.2~3 | 10~50 |
| 8 | 美国古德里奇结冰风洞 | 1.1×0.6×1.5 | 14~85 | -30 | 0.4~3 | 10~50 |
| 9 | 美国考克斯结冰风洞 | 0.7×1.2 1.2×1.2 | 98 53 | -30 | | 10~40 |
| 10 | 美国 Fluidyne 公司结冰风洞 | 0.6×0.6×1.5 | 31~274 | -32 | 0.1~5 | 10~35 |

| 序号 | 风洞名称 | 试验段尺寸<br>(宽×高×长,<br>或直径)/m | 试验速度<br>/(m/s) | 最低总温<br>/℃ | LWC<br>/(g/m³) | MVD<br>/μm |
|---|---|---|---|---|---|---|
| 11 | 加拿大魁北克大学结冰风洞 | 0.6×0.6×1.6 | 1~60 | -40 | 0.1~3 | 10~500 |
| 12 | 美国洛克希德结冰风洞 | 0.8×1.2 | 25~95 | -20 | 0.7~4 | 10~25 |
| 13 | 美国罗斯蒙特结冰风洞 | 0.3×0.3×0.6 | 15~93 | -30 | 0.1~3 | 15~40 |
| 14 | 美国罗斯蒙特低速风洞 | 0.1×0.2×0.3 | 25~48 | -20 | 0.2~1.5 | 20~40 |
| 15 | 美国罗斯蒙特高速风洞 | 0.3×0.2×0.8 | 25~207 | -25 | 0.1~3 | 10~40 |
| 16 | 美国加州大学洛杉矶分校风洞 | 0.2×0.2×0.5 | 0~55 | -30 | 0.1~3 | 2~50 |
| 17 | 美国陆军内蒂克研究中心空调室 | 4.5×3×18 | 4~55 | -30以下 | 10cm/h<br>(雨量) | — |
| 18 | NASA 立式结冰研究风洞 | 1.6×0.8 | 25 | -15 | 0.1~1.5 | 20~2000 |
| 19 | NASA 小水滴成像流风洞 | 0.2×0.28 | 78 | — | — | — |
| 20 | 法国 Givragc 风洞 | 0.5×0.3×0.8 | 20~90 | -30 | 0.5~10 | 10~40 |
| 21 | 法国 PAG 风洞 | 0.2×0.2×1 | 30~187 | -40 | 0.1~10 | 15~50 |
| 22 | 英国克兰菲尔德大学结冰风洞 | — | 136 | -35 | — | 20~300 |
| 23 | 英国阿廷顿结冰风洞 | 0.5×0.5×5.5 | 6~183 | -27 | 0.1~5 | 12~100 |
| 24 | 加拿大阿尔伯塔大学 Broat 风洞 | 0.5 | 3~67 | -20 | 0.4~3 | 20~50 |

| 序号 | 风洞名称 | 试验段尺寸（宽×高×长，或直径）/m | 试验速度/(m/s) | 最低总温/℃ | LWC/(g/m³) | MVD/μm |
|---|---|---|---|---|---|---|
| 25 | 加拿大 NRC 高速风洞 | 0.3×0.3 | 25~272 | -30 | 0.2~2 | 15~25 |
| 26 | 加拿大魁北克大学冻雨/冻细雨设备 | 1.8×8 | 1~60 | -40 | 5~10mm/h | 200~2000 |
| 27 | 加拿大 NRC 研究高空试验设备中混合相冰风洞 | 0.13×0.25 | 80 | -15 | 0.5~1.6 | 15-290（粒径分布） |

附表 C-2　发动机结冰试验设备

| 序号 | 设备名称 | 试验段尺寸（宽×高×长，或直径）/m | 试验速度/(m/s) | 最低总温/℃ | LWC/(g/m³) | MVD/μm |
|---|---|---|---|---|---|---|
| 1 | NASA PSL-3 | 7.3×12 | 51~272 | -50 | 0.5~9 | 40~60 |
| 2 | 美国 AEDC T1、T2、T4 | (0.9,2.1,3.8)×5.2~22.9 | 30~275 | -32 | 0.2~3.9 | 15~35 |
| 3 | 美国 AEDC J1,J2 | 4.9×22 4.9×21 | 30~275 | -35 | 0.2~3.9 | 15~35 |
| 4 | 美国 AEDC C2 | 8.5×26 | 30~275 | -32 | 0.2~3.9 | 15~35 |
| 5 | 美国 AEDC R-1D | 0.9×2.7 | 30~275 | -29 | 0.2~3.9 | 15~40 |
| 6 | 美国 AEDC ETF | 3.7(4.5)×11 | 0~238 | -30 | 0.2~3 | 15~30 |
| 7 | 美国 AEDC 自由射流 | 3.7(4.5)×11 | 0~238 | -30 以下 | 0.2~3 | 15~30 |
| 8 | 美国 AEDC ASTF | 8×18 | 0~238 | -30 以下 | 0.2~3 | 15~30 |
| 9 | 美国底特律柴油机厂部件测试设备 | 2.3×9 | 0~238 | -30 以下 | 0.2~3 | 15~40 |
| 10 | 美国底特律柴油机厂小型发动机设备 | 0.45×1.2 | 0~238 | -30 以下 | 0.2~3 | 15~40 |

| 序号 | 设备名称 | 试验段尺寸<br>（宽×高×长，<br>或直径）/m | 试验速度<br>/(m/s) | 最低总温<br>/℃ | LWC<br>/(g/m³) | MVD<br>/μm |
|---|---|---|---|---|---|---|
| 11 | 美国通用电气公司发动机试验设备 | 户外 | 25 | 气温至 -20 | 0.4 ~ 3.5 | 15 ~ 50 |
| 12 | 美国 P&W 大型高空室 | 5.5 × 10 | 0 ~ 170 | -25 | 0.2 ~ 9 | 15 ~ 40 |
| 13 | 美国 P&W 小型高空室 | 3.7 × / | 0 ~ 170 | -30 以下 | 0.2 ~ 9 | 15 ~ 40 |
| 14 | 美国 P&W 海平面车间 | — | 0 ~ 170 | -20(环境) | 0.2 ~ 9 | 15 ~ 40 |
| 15 | 美国空军麦金利气候实验室发动机测试间 | 9 × 7.5 × 40 | 8 ~ 20 | -30 以下 | 0.1 ~ 3 | 12 ~ 60<br>800 ~ 1500 |
| 16 | 美国海军空气推进力厂五个小型发动机工作间 | 3 × 3 × 6 | 0 ~ 238 | -30 以下 | 0.1 ~ 2 | 15 ~ 50 |
| 17 | 美国海军空气推进力厂两个大型海平面工作间 | 7 × 4.5 × 17 | 0 ~ 238 | -30 以下 | 0.1 ~ 2 | 15 ~ 50 |
| 18 | 美国海军空气推进力厂三个大型高空室 | 5 × 9 | 0 ~ 238 | -30 以下 | 0.1 ~ 2 | 15 ~ 50 |
| 19 | 美国 Teledyne 高空室 1 号室 | 2.7 × 5 | 0 ~ 238 | -30 以下 | 0.1 ~ 3 | 15 ~ 25 |
| 20 | 美国 Teledyne 高空室 2 号室 | 2.5 × 2.5 × 4 | 0 ~ 238 | -30 以下 | 0.1 ~ 3 | 15 ~ 25 |
| 21 | 美国 Avco Lycoming 部件厂设备 | — | 0 ~ 104 | -30 以下 | 0.1 ~ 3 | 15 ~ 40 |
| 22 | 美国 Avco Lycoming 部件厂发动机测试设备 | 3.7 × 2.7 × / | 0 ~ 56 | -30 以下 | 0.1 ~ 3 | 15 ~ 40 |

| 序号 | 设备名称 | 试验段尺寸（宽×高×长，或直径）/m | 试验速度/(m/s) | 最低总温/℃ | LWC/(g/m³) | MVD/μm |
|---|---|---|---|---|---|---|
| 23 | 美国 Carret 结冰室 | 4×3×10 | 3~238 | -30 以下 | 0.1~6 | 10~50 |
| 24 | 美国德仕隆莱康明公司发动机/进气道结冰设备 | 0.9×/ | 3~200 | -40 | 0.5~3 | 15~40 |
| 25 | 美国德仕隆莱康明公司涡扇发动机结冰试验设备 | 1.3×/ | 3~200 | -50 | 0.2~3 | 15~40 |
| 26 | 加拿大 NRC 4 号试验舱 | 7.6×10 | 5~125 | -30 | 0.1~2 | 15~40 |
| 27 | 加拿大 NRC H 操作间 | 7.5×7.5×/ | 0~182 | -20 以下 | 0.2~2 | 15~40 |
| 28 | 英国皮斯托克高空试验设备 | 7.6×12.2 6.1×17.1 | 15~180 | -37 | 0.3~2.5 | 10~40 |
| 29 | 英国 AIT 公司高空试验设备 | 4×12.2 | 10~142 | -65 | 0.2~2.5 | 10~50 |
| 30 | 英国劳斯莱斯结冰风洞 | 0.5×/ | 0~152 | -34 | 0.1~5 | 10~50 |
| 31 | 法国 CEPr R6 | 5×10 | 10~270 | -50 | 0.1~10 | 15~50 |
| 32 | 法国 CEPr S1 | 3.5 | 7~270 | -50 | 0.2~10 | 15~50 |
| 33 | 俄罗斯 CIAM C-1A | 5.7×/ | M<3 | — | — | — |
| 34 | 俄罗斯 CIAM U-9M | 3.5×11.8 | M<0.6 | — | — | — |
| 35 | 俄罗斯 CIAM C-22 露天试验台 | — | 100 | — | — | 30 |

附表 C-3　低速结冰试验设备

| 序号 | 设备名称 | 试验段尺寸（宽×高×长，或直径）/m | 试验速度/(m/s) | 最低总温/℃ | LWC/(g/m³) | MVD/μm |
|---|---|---|---|---|---|---|
| 1 | 加拿大 NRC 直升机结冰设备（HIF） | 60 | 环境风速2.2~13.4 | -20,环境温度 | 0.1~1 | 30~60 |
| 2 | 美国通用电气公司结冰设备 | — | 25.2 | -20,环境温度 | 0.4~3.6 | 15~50 |
| 3 | 美国麦金利气候实验室,主操作室 | 76×21×76 | 8.4~21 | -30以下 | 0.1~3 | 12~60;800~1500 |
| 4 | 美国麦金利气候实验室,发动机测试间 | 9×7.5×40 | 8.4~21 | -30以下 | 0.1~3.0 | 12~60;800~1500 |
| 5 | 美国麦金利气候实验室,气象间 | 6.5×4.5×12 | 8.4~21 | -30以下 | 0.1~3.0 | 12~60,800~1500 |
| 6 | 美国陆军 CRREL 冷房 | 0.7×1.1×1.5 | 0~5.6 | -30以下 | 1~2.5 | 10~60 |
| 7 | 美国华盛顿山天文台山顶自然结冰 | — | 0~5.6 | -20以下 | — | — |
| 8 | 美国海军 TMPC（Pt. Magu）CB-matic Hanger | 18×7.6×18 | 0~21 | -30以下 | 30cm/hr（雨量）;5cm/hr（雪量） | 500~4500;50~100 |
| 9 | 美国阿克顿环境测试公司实验设备 | 4.5×6×7.5 | 0~12.6 | -30以下 | 10cm/hr（雨量） | 1000~40 |
| 10 | 美国怀尔实验室,冷房 | 4.5×5×11 | 0~9.8 | -30以下 | 12cm/hr（雨量） | — |

| 序号 | 设备名称 | 试验段尺寸（宽×高×长，或直径）/m | 试验速度/(m/s) | 最低总温/℃ | LWC/(g/m³) | MVD/μm |
|---|---|---|---|---|---|---|
| 11 | 加拿大 NRC 1 号冷工作间 | 4.5×4.3×15.2 | 0~15.4 | -30 以下 | 0.3cm/hr（雨量） | 500~1000 |
| 12 | 加拿大 NRC 2 号冷工作间 | 5×5×7 | 0~15.4 | -30 以下 | 0.3cm/hr（雨量） | 500~1000 |
| 13 | 加拿大 Arctec 有限公司,冷房 | 5.5×3.7×9 | 9.8 以下 | — | — | — |

附表 C-4　飞行结冰试验设备

| 序号 | 设备名称 | 人造云(宽×高,或直径)/m | 试验速度/(m/s) | 环境温度/℃ | LWC/(g/m³) | MVD/μm |
|---|---|---|---|---|---|---|
| 1 | 美国"双水獭"DHC-6 结冰研究飞机 | 大气云层 | 95 | -20 左右 | 飞行环境 | 飞行环境 |
| 2 | 美国空军 KC-135R 人造结冰云飞机 | 3 | 77~154 | -20 左右 | 0.05~1.5<br>0.5~32 | 20~90<br>200~800 |
| 3 | 美国陆军 CH-47D 人造结冰云直升机 | 11×2.4 | 41~67 | -20 左右 | 0.1~1.0 | 20~80 |
| 4 | 美国空军 C-130 人造结冰云飞机 | 5 | 53~109 | -20 左右 | 0.05~1.5<br>0.05~32 | 23~35<br>200~800 |
| 5 | 美国陆军 H-188 人造结冰云直升机 | 12×3 | 31~39 | -20 左右 | 0.1~1.0 | 25~30 |
| 6 | 美国 Cessna-404 人造结冰云飞机 | 6 | 46~92 | -20 左右 | 0.05~4.0 | 20~49 |
| 7 | 美国雷神 B-200 人造结冰云飞机 | 1.2 | 82 | -20 左右 | 0.4~3.5 | 111~150 |

| 序号 | 设备名称 | 人造云(宽×高,或直径)/m | 试验速度/(m/s) | 环境温度/℃ | LWC/(g/m³) | MVD/μm |
|---|---|---|---|---|---|---|
| 8 | 德国 DO228 - 200 人造结冰云飞机 | — | — | -20 左右 | 0.3 ~ 1.6 | 40 |
| 9 | 美国 Piper Cheyenne 人造结冰云飞机 | 5 × 3 | 56 ~ 84 | -20 左右 | 0.1 ~ 1.7 | 30 ~ 50 |
| 10 | 美国 T - 33 人造结冰云飞机 | 2.5 | 64 ~ 118 | -20 左右 | 0.1 ~ 1.0 | 17 ~ 50 |

附表 C-5　结冰数值模拟软件

| 序号 | 软件名称 | 类型 | 撞击极限 | 水捕获效率 | 冰型确定 | 用途 |
|---|---|---|---|---|---|---|
| 1 | 美国 LEWICE 2.0 | 二维 | √ | √ | √ | 机翼、尾翼、发动机、机身、螺旋桨;旋翼机 |
| 2 | 美国 LEWICE 3D | 三维 | √ | √ | √ | 机翼、尾翼、发动机、机身、螺旋桨;旋翼机 |
| 3 | 加拿大 CANICE2.5 | 二维 | √ | √ | √ | 机翼、尾翼、翼梢小翼、短舱、挂架 |
| 4 | 加拿大 FENSAP - ICE | 三维 | √ | √ | √ | 机翼、尾翼、发动机、机身、螺旋桨;旋翼机 |
| 5 | 意大利 HELICE | 三维 | √ | √ | √ | 机翼、尾翼、发动机、机身、螺旋桨;旋翼机 |
| 6 | 意大利 MULTI - ICE | 三维 | √ | √ | √ | 机翼、尾翼、发动机、机身、螺旋桨;旋翼机 |
| 7 | 美国 FLUENT | 二维/三维 | √ | √ | / | 机翼、尾翼、发动机、机身、螺旋桨;旋翼机 |
| 8 | 美国 ICE3.3 | 三维 | √ | √ | / | 机翼、尾翼、发动机、机身、螺旋桨;旋翼机 |
| 9 | 英国 ICECREMO V2.1 | 三维 | √ | √ | √ | 机翼、尾翼、发动机、机身、螺旋桨;旋翼机 |
| 10 | 英国 SPINNICE | 二维 | √ | √ | √ | 发动机、机身、螺旋桨 |

| 序号 | 软件名称 | 类型 | 撞击极限 | 水捕获效率 | 冰型确定 | 用途 |
|------|----------|------|----------|------------|----------|------|
| 11 | 英国 TRAJICE2 | 二维 | √ | √ | √ | 机翼、尾翼、发动机、机身、螺旋桨;旋翼机 |
| 12 | 英国 MTRAJ | 二维 | √ | √ | √ | 机翼 |
| 13 | 法国 ONERA 2D | 二维 | √ | √ | √ | 机翼、尾翼、发动机、机身、螺旋桨;旋翼机 |
| 14 | 法国 ONERA 3D | 三维 | √ | √ | √ | 机翼、尾翼、发动机、机身、螺旋桨;旋翼机 |

| 结冰数据方法 | 获得的数据点 | 需要的时间 | 成本 |
|---|---|---|---|
| 飞行试验 | 10~50 | 2~3月 | 超过100万美元 |
| 结冰风洞试验 | 100~150 | 2~3周 | 大约50万美元 |
| LEWICE | 超过1000 | 1天 | 一天的工资 |

图 1-9　结冰数值计算(源自 N2013-11558)

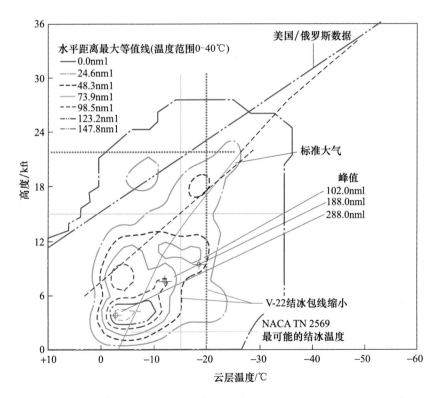

图 2-12　实景水平范围列线图样例(源自 SAE AIR 5396)(1kft = 304.8m)

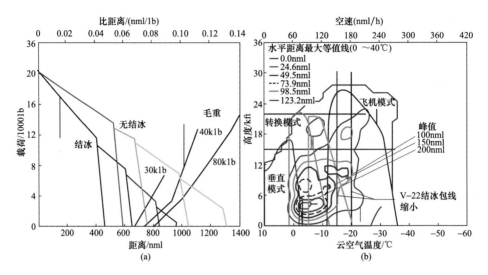

图 2 - 13　V - 22 飞机结冰列线图样例(源自 SAE AIR 5396)(1000lb = 453. 59kg)

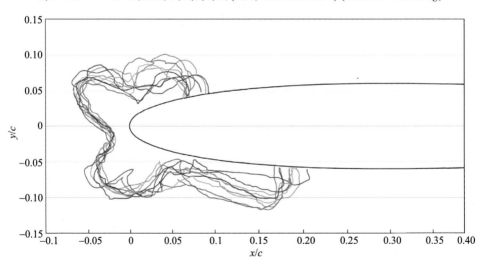

图 6 - 1　12in NACA 0012 翼型在风洞 F 中获得的所有冰形(对应表 6 - 2 试验条件 6)

2

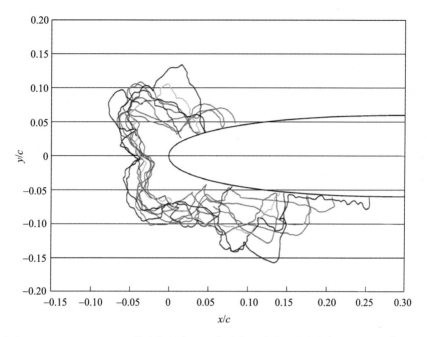

图 6 – 2　12in NACA 0012 翼型在所有风洞中的中心线冰形(对应表 6 – 2 试验条件 6)

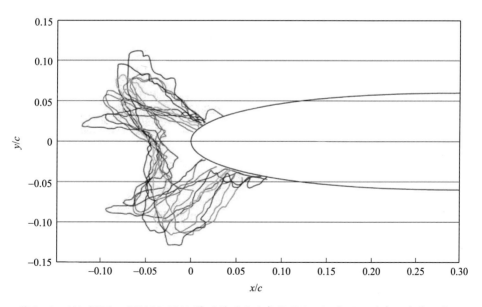

图 6 – 9　12in(305mm)NACA 0012 翼型模型试验条件 N12 – 02 各风洞的中心线截面冰形

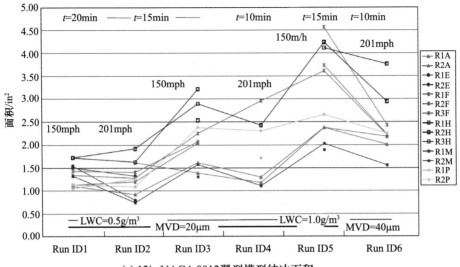

(a) 12in NACA 0012翼型模型结冰面积
(明冰(表6-2试验条件1~6)，1mph=0.45m/s)

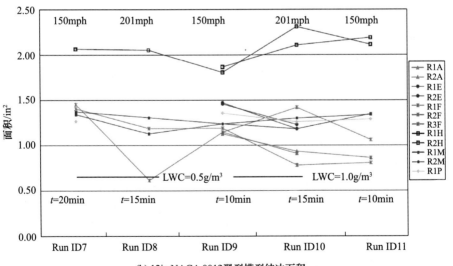

(b) 12in NACA 0012翼型模型结冰面积
(霜冰(表6-2试验条件7~11))

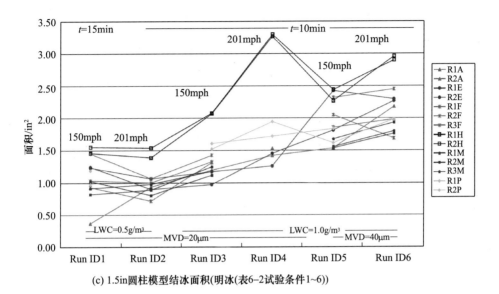

(c) 1.5in圆柱模型结冰面积(明冰(表6-2试验条件1~6))

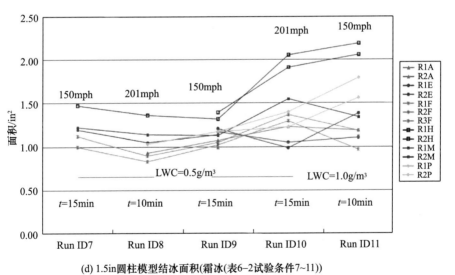

(d) 1.5in圆柱模型结冰面积(霜冰(表6-2试验条件7~11))

图 6-10  用 THICK 软件计算的各风洞 12in NACA 0012 翼型和 1.5in 圆柱模型结冰面积

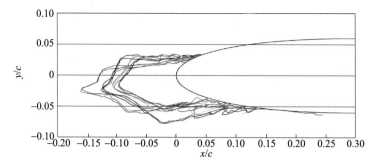

图 6 – 11　12in NACA 0012 翼型模型各风洞中心线截面冰形（表 6 – 2 试验条件 9）

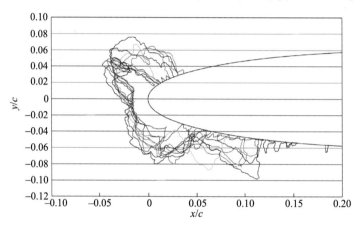

图 6 – 12　36in NACA 0012 翼型模型各风洞中心线截面冰形（表 6 – 2 试验条件 5）

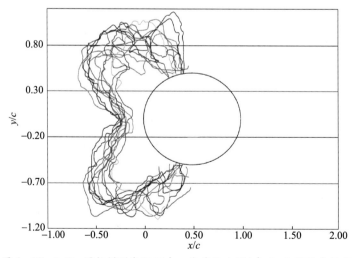

图 6 – 13　1.5in 圆柱模型各风洞中心线截面冰形（表 6 – 2 试验条件 6）

6

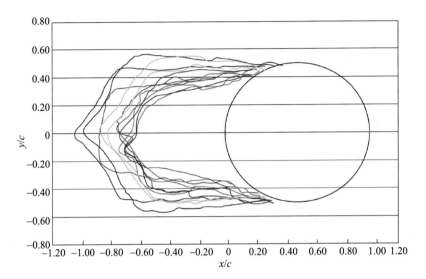

图 6 - 14　1.5in 圆柱模型各风洞中心线截面冰形(表 6 - 2 试验条件 11)

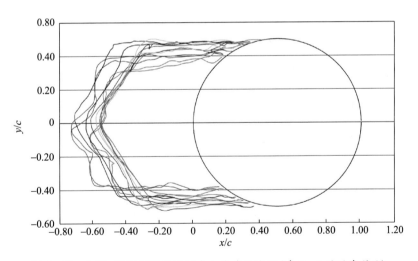

图 6 - 15　1.5in 圆柱模型各风洞中心线截面冰形(表 6 - 2 试验条件 9)

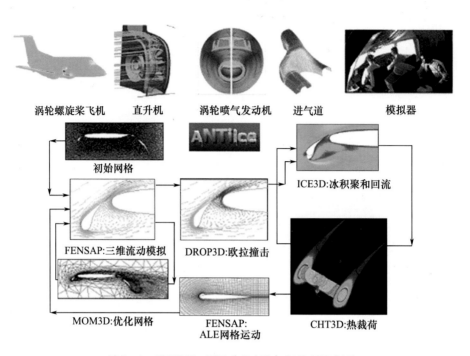

涡轮螺旋桨飞机　　直升机　　涡轮喷气发动机　　进气道　　　　模拟器

初始网格

ICE3D:冰积聚和回流

FENSAP:三维流动模拟　　DROP3D:欧拉撞击

MOM3D:优化网格　　　FENSAP:
　　　　　　　　　　 ALE网格运动　　　　CHT3D:热裁荷

图 9 - 1　FENSAP - ICE 系统(源自 SAE ARP 903)

*Cp*
0.91

图 9 - 14　机翼后的尾迹(源自 SAE ARP 5903)

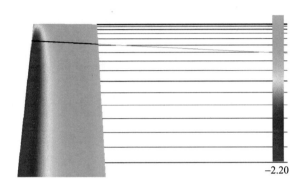

−2.20

图 9 – 15　前缘后掠效应的切面(源自 SAE ARP 5903)

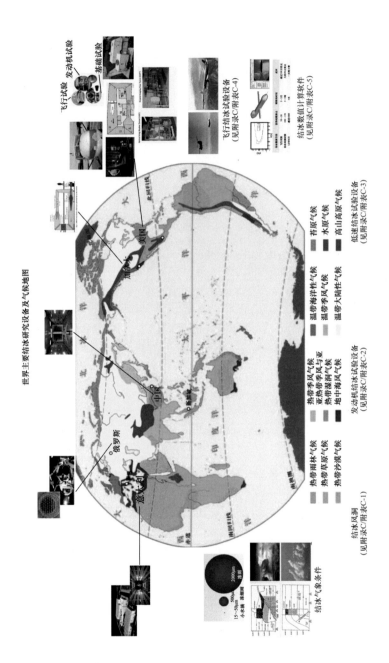

世界主要结冰研究设备及气候地图

飞行试验　发动机试验　基础试验

飞行结冰试验设备
（见附录C/附表C-4）

结冰数值计算软件
（见附录C/附表C-5）

低速结冰试验设备
（见附录C/附表C-3）

苔原气候
水原气候
高山高原气候

温带海洋性气候
温带季风气候
温带大陆性气候

发动机结冰试验设备
（见附录C/附表C-2）

热带季风气候
亚热带季风与亚
热带湿润气候
地中海气候

热带雨林气候
热带草原气候
热带沙漠气候

结冰风洞
（见附录C/附表C-1）

结冰气象条件

10